MBA MPA MPAcc MEM MPA 5版

管理类联考

老吕综合
真题超精解

主编 吕建刚

试卷版

全新改版升级

北京理工大学出版社
BEIJING INSTITUTE OF TECHNOLOGY PRESS

图书配套服务使用说明

一、官方学习平台：下载乐学喵 APP

下载乐学喵APP，了解更多联考课程——高分上岸指南、备考规划指导、各科干货课程等，你在备考过程中遇到的所有问题在这里都能解决。

扫码下载"乐学喵 APP"
（安卓/ios 系统均可扫描）

二、官方答疑平台：专业老师在线免费答疑

专为199/396联考考生开设的免费答疑平台，群内有专业老师在线免费答疑，解决个性化难题；添加助教进入学习交流群，参与更多研友交流讨论，免费获取更多考研资料。

扫码加助教
进群享答疑服务

三、官方新媒体平台：获取最新联考资讯/干货

扫描下方二维码，获得各专业最新资讯和备考指导。

老吕考研公众号（所有考生均可关注）	老吕教你考MBA（MBA/MPA/MEM/MTA专业可关注）	396经济类联考官方公众号
会计/审计专硕官方公众号	图书情报专硕官方公众号	物流与工业工程官方公众号
老吕官方微博号	老吕官方B站号	老吕官方视频号

如何高效使用真题？

所有同学都知道，真题是考研备考的重中之重，那么，如何高效使用真题呢？老吕的观点如下：

1. 限时模考

本书为你提供了答题卡，请你严格按照 3 小时的做题时间，排除一切干扰，从写名字到做题、涂卡、写作文，进行限时模考。

限时模考的目的，一是了解命题人的命题思路，二是调整做题顺序和节奏，三是进行自我测试，从而进行查缺补漏。

模考时，应该用什么做题顺序呢？老吕为你总结如下：

做题顺序	优势	风险	适用人群
数学—论证有效性分析—逻辑—论说文	①作文分开写，手不易累。②先做论效，再做逻辑，二者有一定的相似性，有利于逻辑解题。	①数学可能会遇到难题，影响心态。②前面耽误太多时间，导致论说文写不完。	适用于数学好的同学。
逻辑—论证有效性分析—数学—论说文	①作文分开写，手不易累。②先做逻辑，再做论效，二者有一定的相似性，有利于逻辑解题。	①综合推理可能会遇到难题，甚至有个别题目会卡住，影响做题速度。②前面耽误太多时间，导致论说文写不完。	适用于逻辑好的同学。
论证有效性分析—逻辑—数学—论说文	①作文分开写，手不易累。②一上来先做论效，不易出错，并且写字会让人心静，让你摆脱紧张的情绪。③先做论效，再做逻辑，有利于逻辑解题。	此种顺序的风险最小。只需要注意控制好做题时间，别耽误了论说文的写作即可。	适用于绝大多数同学。
数学—逻辑—论证有效性分析—论说文	按照试卷顺序做题，符合试卷结构。	①最后写两篇作文，手会很酸。②前面数学和逻辑可能会遇到难题，影响速度。	适用于平时没用上述三种顺序模考过，习惯了卷面顺序做题的同学。

2. 数学如何获取高分

管理类联考总分 200 分，其中数学 75 分，共 25 题，推荐用时 50~60 分钟，即平均每道题仅 2 分钟。因此考生须运用技巧快速求解简单题，中档的题能够看到出题的本质，灵活求解，这样就能给难题留下时间。

2.1 数学真题的命题特点

(1)**符合大纲，整体稳定**。真题的命题必须符合大纲要求，近几年数学考纲也几乎没有变化，所以题目一定脱离不了大纲的范围，且每年题目的考点分布也基本趋于稳定。

(2)**重点题型反复考**。对于重点题型，真题喜欢反复考，只是换一种形式或换一个角度，核心考点还是一样的。经统计，数学每年有90%以上的题目是以前考过的。因此，往年真题具有很高的借鉴意义。

(3)**题目灵活性、综合性增强**。近几年真题的很多题目会场景化，更注重知识的应用，也会出现综合题考查多个知识点。2022年的真题有两道改编自小学奥数题，灵活性进一步增强。因此，同学们需深入理解知识点，学会灵活应用，同时加强综合性题目的训练。

2.2 数学真题的学习方法

如何高效利用管理类联考真题？第一步当然是限时模考，之后按照以下步骤进行巩固：

(1)**总结错题**。总结错题并非是将错题摘抄重新做一遍，而是理清这道错题的来龙去脉，"何种题型""错误原因""怎么规避同类问题""相关知识要点"，等等。

(2)**总结有代表性的题**。何为有代表性的？一个最直观的方法，解析中版块越多的题越具有代表性。对于这些题，你要深挖其背后的考点、模型、技巧等。这些东西老吕都帮你整理好了，可以参看《老吕数学母题800练》等书籍。

2.3 数学解析的精妙之处

相较往年，此次真题的解析做出了很大的改版。数学解析进一步完善，逐题详解，每步有理有据，不跳步，旨在让学生学会解题；与此同时，还新增了很多模块，例如【思路点拨】【秒杀技巧】【易错警示】等。通过这些模块，考生可以：

(1)**学习解题思路**。解题最重要的是找对突破点，【思路点拨】就是为此而设置的，教会考生通过题干的关键词和考查形式定位其所属题型和所需技巧。

(2)**开拓解题思路**。前面提过考试时间紧迫，因此【秒杀技巧】可以帮助大家节约时间，快速求解，部分题目一题多解，方便学生找到更契合自己的解题方式。

(3)**分析失误原因**。【易错警示】是大家考试中极易疏忽的点，此类问题须有则改之无则加勉，避免重复出错。

3. 逻辑如何获取高分

管理类联考总分200分，其中逻辑推理60分，共30小题，推荐用时60分钟，即平均每道题仅用时2分钟，因此考生必须学会运用技巧快速解题。

3.1 逻辑真题的命题特点

(1)**重点题型反复考**。自1997年起，仅管理类联考和管理类联考的前身MBA联考，就考了1500余道逻辑题，而逻辑只有四十多个知识点、五十多个命题模型，这就意味着，所有题型都考过十几二十次，"新瓶装旧酒"而已。以近10年真题为例，考查匹配题的共27道、考查论证的削弱的共27道、考查论证的支持的共44道，等等。可见，逻辑得高分的关键，在于学习知识点、总结命题模型、掌握解题技巧。

(2)推理题依然是重中之重。 推理题是整个联考中占比最高、分值最多的部分。比如"串联推理""二难推理""匹配题""排序题"等题型,考试概率均为100%且会考多道题。近年来,推理题的已知条件逐渐呈复杂化趋势,比如假言命题和至多至少等数量关系的结合、多重假言命题,等等。而且,综合推理也是以多种命题模型组合的方式去命题,大大增加了解题的难度。而解决这类复杂的推理题,老吕帮你总结了很多命题模型、秒杀技,以及综合推理的模型优先级和综合推理的条件优先级,可参看《老吕逻辑要点7讲》《老吕逻辑母题800练》等书籍。

(3)论证逻辑模型化突出。 有很多同学认为论证逻辑很难,总是找不到考点、找不到命题模型,于是凭感觉做题,正确率不高。其实,论证逻辑的命题考点明确、模型化突出,如搭桥法模型、现象分析模型、预测结果模型等,年年必考。掌握了这些模型,我们基本不会受到干扰项的干扰,可以直接锁定正确答案。这些模型老吕全部总结到了《老吕逻辑要点7讲》《老吕逻辑母题800练》这两本书中,其中《老吕逻辑要点7讲》可用于学习、《老吕逻辑母题800练》可用于训练。

3.2 逻辑秒杀思维的养成

在逻辑备考中,相信很多同学都学习了很多解题方法,总结了很多秒杀技巧,但是,我们做真题的目的,不是通过真题掌握解题的秒杀技巧,而是养成正确的秒杀思维。

与去年相比,本书的逻辑推理解析进行了全部优化,基本分为【论证结构】【秒杀思路】【详细解析】(或【选项详解】)模块。【论证结构】是通过锁定关键词或者关键句等帮助考生快速把握题干结构;【秒杀思路】是通过题干已知条件或者题干结构,分析每道题的命题特点,识别命题模型,再根据相应的秒杀方法,快速解题;【详细解析】(或【选项详解】)是具体的解题方法及各选项的分析。

正确秒杀思维的养成有三步:

第1步:掌握已知条件的特征或快速把握题干结构。

第2步:通过已知条件或题干结构分析,识别命题模型。

第3步:根据命题模型,运用相应的解题方法秒杀。

更详细的命题模型及秒杀技巧、口诀,可参看《老吕逻辑要点7讲》《老吕逻辑母题800练》等书籍,掌握这些,可以秒杀逻辑95%左右的真题。

4. 写作如何获取高分

管理类联考中的两篇作文为论证有效性分析和论说文。在考试中,我们留给两篇作文的时间大约是60分钟,因此考生靠考场上的"即兴创作"时间是不够的,需要平时做好足够的训练,形成快速的写作方法,找准写作的高分策略。

4.1 论证有效性分析的高分策略

论证有效性是典型的套路化文章,常见的逻辑谬误都有固定的写作套路,而且,也都在真题里出现过。真题中可能会考的逻辑谬误,共有6大类12种,把这些谬误学会、练好,论证有效性分析拿到高分并不难。这12种谬误,可见下图:

论证有效性分析的母题

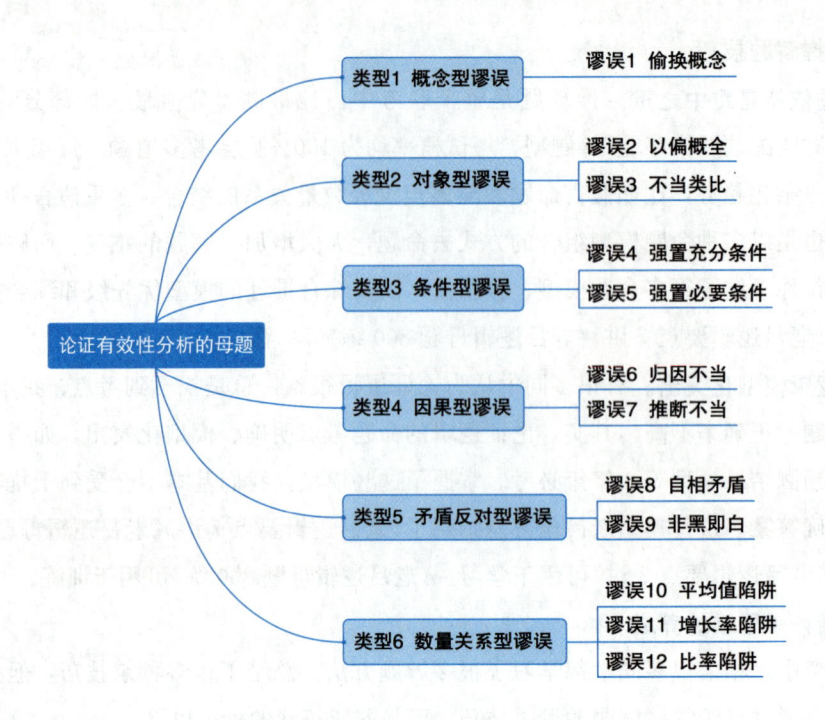

- 类型1 概念型谬误
  - 谬误1 偷换概念
- 类型2 对象型谬误
  - 谬误2 以偏概全
  - 谬误3 不当类比
- 类型3 条件型谬误
  - 谬误4 强置充分条件
  - 谬误5 强置必要条件
- 类型4 因果型谬误
  - 谬误6 归因不当
  - 谬误7 推断不当
- 类型5 矛盾反对型谬误
  - 谬误8 自相矛盾
  - 谬误9 非黑即白
- 类型6 数量关系型谬误
  - 谬误10 平均值陷阱
  - 谬误11 增长率陷阱
  - 谬误12 比率陷阱

这 12 种逻辑谬误的具体分析和写法，可参看《老吕写作要点精编》一书。

4.2 论说文的高分策略

从命题方向上来说，联考论说文统一可以分为三大类，即：反面现象类、正面提倡类、AB 二元类，如下图所示：

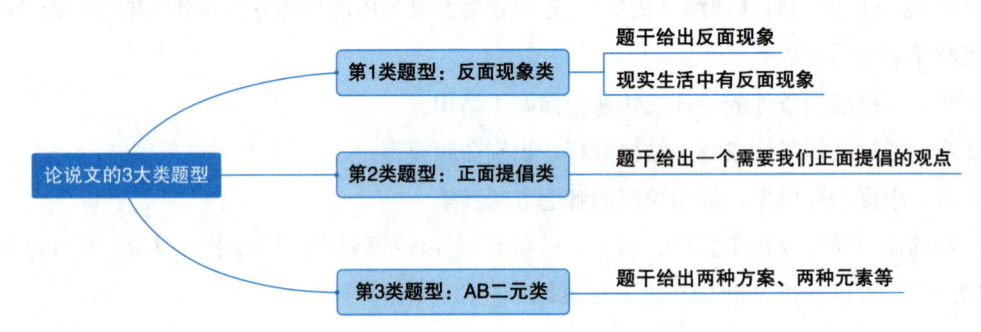

论说文的3大类题型：
- 第1类题型：反面现象类
  - 题干给出反面现象
  - 现实生活中有反面现象
- 第2类题型：正面提倡类
  - 题干给出一个需要我们正面提倡的观点
- 第3类题型：AB二元类
  - 题干给出两种方案、两种元素等

因此，我们只要学好这三类文章的写法，就可以在考场上拿到高分了。那么就要求我们无论是哪一类文章，在写作时均需要做到以下几点：

(1)立意深刻，中心突出。

(2)结构完整。

(3)行文流畅。

具体的审题立意法和高分结构可以参看《老吕写作要点精编》和《老吕写作 33 篇》。

编　者

版权专有　侵权必究

图书在版编目（CIP）数据

管理类联考·老吕综合真题超精解　试卷版／吕建刚主编．--5版．--北京：北京理工大学出版社，2022.7

ISBN 978-7-5763-1412-0

Ⅰ.①管… Ⅱ.①吕… Ⅲ.①管理学-研究生-入学考试-题解 Ⅳ.①C93-44

中国版本图书馆CIP数据核字（2022）第104059号

出版发行 /	北京理工大学出版社有限责任公司
社　　址 /	北京市海淀区中关村南大街5号
邮　　编 /	100081
电　　话 /	（010）68914775（总编室）
	（010）82562903（教材售后服务热线）
	（010）68944723（其他图书服务热线）
网　　址 /	http：//www.bitpress.com.cn
经　　销 /	全国各地新华书店
印　　刷 /	保定市中画美凯印刷有限公司
开　　本 /	787毫米×1092毫米　1/16
印　　张 /	26.5
字　　数 /	622千字
版　　次 /	2022年7月第5版　2022年7月第1次印刷
定　　价 /	69.80元

责任编辑 / 多海鹏
文案编辑 / 多海鹏
责任校对 / 周瑞红
责任印制 / 李志强

图书出现印装质量问题，请拨打售后服务热线，本社负责调换

绝密★启用前

2022 年全国硕士研究生招生考试
管理类综合能力试题

(科目代码：199)

考试时间：8：30—11：30

考生注意事项

1. 答题前，考生须在试题册指定位置上填写考生姓名和考生编号；在答题卡指定位置上填写报考单位、考生姓名和考生编号，并涂写考生编号信息点。
2. 选择题的答案必须涂写在答题卡相应题号的选项上，非选择题的答案必须书写在答题卡指定位置的边框区域内。超出答题区域书写的答案无效；在草稿纸、试题册上答题无效。
3. 填(书)写部分必须使用黑色字迹签字笔或者钢笔书写，字迹工整、笔迹清楚；涂写部分必须使用 2B 铅笔填涂。
4. 考试结束，将答题卡和试题册按规定交回。

考生编号															
考生姓名															

一、问题求解：第1～15小题，每小题3分，共45分。下列每题给出的(A)、(B)、(C)、(D)、(E)五个选项中，只有一项是符合试题要求的。请在答题卡上将所选项的字母涂黑。

1. 一项工程施工3天后，因故障停工2天，之后工程队提高工作效率20%，仍能按原计划完成，则原计划工期为( ).

    (A) 9天　　　(B) 10天　　　(C) 12天　　　(D) 15天　　　(E) 18天

2. 某商品的成本利润率为12%，若其成本降低20%而售价不变，则利润率为( ).

    (A) 32%　　　(B) 35%　　　(C) 40%　　　(D) 45%　　　(E) 48%

3. 设 x, y 为实数，则 $f(x,y)=x^2+4xy+5y^2-2y+2$ 的最小值为( ).

    (A) 1　　　(B) $\frac{1}{2}$　　　(C) 2　　　(D) $\frac{3}{2}$　　　(E) 3

4. 如右图所示，$\triangle ABC$ 是等腰直角三角形，以 A 为圆心的圆弧交 AC 于点 D，交 BC 于点 E，交 AB 的延长线于点 F. 若曲边三角形 CDE 与 BEF 的面积相等，则 $\frac{AD}{AC}=$ ( ).

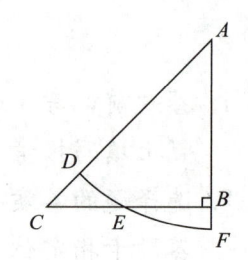

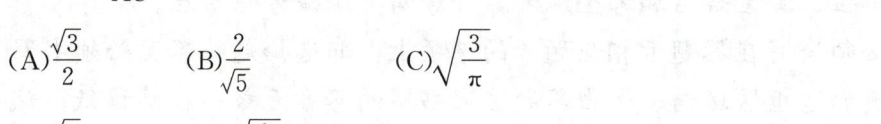

    (A) $\frac{\sqrt{3}}{2}$　　　(B) $\frac{2}{\sqrt{5}}$　　　(C) $\sqrt{\frac{3}{\pi}}$

    (D) $\frac{\sqrt{\pi}}{2}$　　　(E) $\sqrt{\frac{2}{\pi}}$

5. 如下图所示，已知相邻的圆都相切，从这6个圆中随机取出2个，这2个圆不相切的概率为( ).

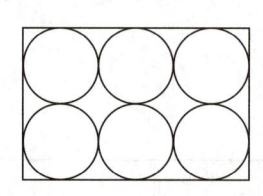

    (A) $\frac{8}{15}$　　　(B) $\frac{7}{15}$　　　(C) $\frac{3}{5}$　　　(D) $\frac{2}{5}$　　　(E) $\frac{2}{3}$

6. 如右图所示，在棱长为2的正方体中，A, B 是顶点，C, D 是所在棱的中点，则四边形 $ABCD$ 的面积为( ).

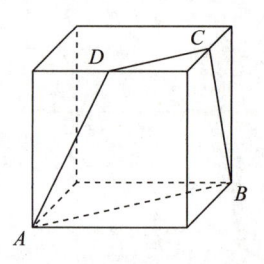

    (A) $\frac{9}{2}$　　　(B) $\frac{7}{2}$　　　(C) $\frac{3\sqrt{2}}{2}$

    (D) $2\sqrt{5}$　　　(E) $3\sqrt{2}$

7. 桌面上放有8只杯子,将其中3只杯子翻转(杯口朝上与朝下互换)作为一次操作,8只杯口朝上的杯子经过n次操作后,杯口全部朝下,则n的最小值为( ).
   (A)3 (B)4 (C)5 (D)6 (E)8

8. 某公司有甲、乙、丙三个部门,若从甲部门调26人到丙部门,则丙部门人数是甲部门人数的6倍;若从乙部门调5人到丙部门,则丙部门人数与乙部门人数相等. 甲、乙两部门人数之差除以5的余数为( ).
   (A)0 (B)1 (C)2 (D)3 (E)4

9. 在直角$\triangle ABC$中,D是斜边AC的中点,以AD为直径的圆交AB于点E,若$\triangle ABC$的面积为8,则$\triangle AED$的面积为( ).
   (A)1 (B)2 (C)3 (D)4 (E)6

10. 一个自然数的各位数字都是105的质因数,且每个质因数最多出现一次,这样的自然数有( ).
    (A)6个 (B)9个 (C)12个 (D)15个 (E)27个

11. 购买A玩具和B玩具各1件需花费1.4元,购买200件A玩具和150件B玩具需花费250元,则A玩具单价为( ).
    (A)0.5元 (B)0.6元 (C)0.7元 (D)0.8元 (E)0.9元

12. 甲、乙两支足球队进行比赛,比分为4:2,且在比赛过程中乙队没有领先过,则不同的进球顺序有( ).
    (A)6种 (B)8种 (C)9种 (D)10种 (E)12种

13. 4名男生和2名女生随机站成一排,女生既不在两端也不相邻的概率为( ).
    (A)$\frac{1}{2}$ (B)$\frac{5}{12}$ (C)$\frac{3}{8}$ (D)$\frac{1}{3}$ (E)$\frac{1}{5}$

14. 已知A、B两地相距208千米,甲、乙、丙三车的速度分别为60千米/时、80千米/时、90千米/时,甲、乙两车从A地出发去B地,丙车从B地出发去A地,三车同时出发. 当丙车与甲、乙两车的距离相等时,用时( )分钟.
    (A)70 (B)75 (C)78 (D)80 (E)86

15. 如下图所示，用 4 种颜色对图中五块区域进行涂色，每块区域涂一种颜色且相邻的两块区域颜色不同，则不同的涂色方法有( ).

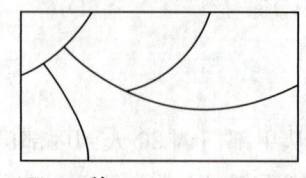

(A)12 种 (B)24 种 (C)32 种 (D)48 种 (E)96 种

二、**条件充分性判断**：第 16～25 小题，每小题 3 分，共 30 分。要求判断每题给出的条件(1)和条件(2)能否充分支持题干所陈述的结论。(A)、(B)、(C)、(D)、(E)五个选项为判断结果，请选择一项符合试题要求的判断，在答题卡上将所选项的字母涂黑。

(A)条件(1)充分，但条件(2)不充分．

(B)条件(2)充分，但条件(1)不充分．

(C)条件(1)和条件(2)单独都不充分，但条件(1)和条件(2)联合起来充分．

(D)条件(1)充分，条件(2)也充分．

(E)条件(1)和条件(2)单独都不充分，条件(1)和条件(2)联合起来也不充分．

16. 如右图所示，AD 与圆相切于点 D，AC 与圆相交于点 B，C．则能确定 $\triangle ABD$ 与 $\triangle BDC$ 的面积比．

(1)已知 $\dfrac{AD}{CD}$．

(2)已知 $\dfrac{BD}{CD}$．

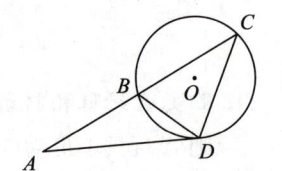

17. 设实数 x 满足 $|x-2|-|x-3|=a$．则能确定 x 的值．

(1)$0 < a \leqslant \dfrac{1}{2}$．

(2)$\dfrac{1}{2} < a \leqslant 1$．

18. 两个人数不等的班数学测验的平均分不相等．则能确定人数多的班．

(1)已知两个班的平均分．

(2)已知两个班的总平均分．

19. 在 $\triangle ABC$ 中，D 为 BC 边上的点，BD，AB，BC 成等比数列．则 $\angle BAC = 90°$．

(1)$BD = DC$．

(2)$AD \perp BC$．

20. 将 75 名学生分成 25 组，每组 3 人．则能确定女生的人数．
    (1) 已知全是男生的组数和全是女生的组数．
    (2) 只有一名男生的组数和只有一名女生的组数相等．

21. 某直角三角形的三边长 a，b，c 成等比数列．则能确定公比的值．
    (1) a 是直角边长．
    (2) c 是斜边长．

22. 已知 x 为正实数．则能确定 $x - \dfrac{1}{x}$ 的值．
    (1) 已知 $\sqrt{x} + \dfrac{1}{\sqrt{x}}$ 的值．
    (2) 已知 $x^2 - \dfrac{1}{x^2}$ 的值．

23. 已知 a，b 为实数．则能确定 $\dfrac{a}{b}$ 的值．
    (1) a，b，$a+b$ 成等比数列．
    (2) $a(a+b) > 0$．

24. 已知正项数列 $\{a_n\}$．则 $\{a_n\}$ 是等差数列．
    (1) $a_{n+1}^2 - a_n^2 = 2n$，$n = 1$，2，$\cdots$．
    (2) $a_1 + a_3 = 2a_2$．

25. 设实数 a，b 满足 $|a - 2b| \leq 1$．则 $|a| > |b|$．
    (1) $|b| > 1$．
    (2) $|b| < 1$．

三、逻辑推理：第 26～55 小题，每小题 2 分，共 60 分。下列每题给出的(A)、(B)、(C)、(D)、(E)五个选项中，只有一项是符合试题要求的。请在答题卡上将所选项的字母涂黑。

26. 百年党史充分揭示了中国共产党为什么能、马克思主义为什么行、中国特色社会主义为什么好的历史逻辑、理论逻辑、实践逻辑。面对百年未有之大变局，如果信念不坚定，就会陷入停滞彷徨的思想迷雾，就无法应对前进道路上的各种挑战风险。只有坚持中国特色社会主义道路自信、理论自信、制度自信、文化自信，才能把中国的事情办好，把中国特色社会主义事业发展好。

    根据以上陈述，可以得出以下哪项？
    (A)如果坚持"四个自信"，就能把中国的事情办好。
    (B)只要信念坚定，就不会陷入停滞彷徨的思想迷雾。
    (C)只有信念坚定，才能应对前进道路上的各种挑战风险。
    (D)只有充分理解百年党史揭示的历史逻辑，才能将中国特色社会主义事业发展好。
    (E)如果不能理解百年党史揭示的理论逻辑，就无法遵循百年党史揭示的实践逻辑。

27. "君问归期未有期，巴山夜雨涨秋池。何当共剪西窗烛，却话巴山夜雨时。"这首《夜雨寄北》是晚唐诗人李商隐的名作，一般认为这是一封"家书"，当时诗人身处巴蜀，妻子在长安，所以说"寄北"，但有学者提出，这首诗实际上是寄给友人的。

    以下哪项如果为真，最能支持以上学者的观点？
    (A)李商隐之妻王氏卒于大中五年，而该诗作于大中七年。
    (B)明清小说戏曲中经常将家庭塾师或官员幕客称为"西席""西宾"。
    (C)唐代温庭筠的《舞衣曲》中有诗句"回鸾笑语西窗客，星斗寥寥波脉脉"。
    (D)该诗另一题为《夜雨寄内》，"寄内"即寄给妻子，此说法得到了许多人的认同。
    (E)"西窗"在古代专指客房、客厅，起自尊客于西的先秦古礼，并被后世习察日用。

28. 退休在家的老王今晚在"焦点访谈""国家记忆""自然传奇""人物故事""纵横中国"这 5 个节目中选择了 3 个节目观看。老王对观看的节目有如下要求：
    (1)如果观看"焦点访谈"，就不观看"人物故事"。
    (2)如果观看"国家记忆"，就不观看"自然传奇"。
    根据上述信息，老王一定观看了以下哪个节目？
    (A)"纵横中国"。　　　　(B)"国家记忆"。　　　　(C)"自然传奇"。
    (D)"人物故事"。　　　　(E)"焦点访谈"。

29. 2020年全球碳排放量减少大约24亿吨，远远大于之前的创纪录降幅，同比二战结束时下降9亿吨，2009年金融危机最严重时下降5亿吨。非政府组织全球碳计划(GCP)在其年度评估报告中说，由于各国在新冠肺炎疫情期间采取了封锁和限制措施，汽车使用量下降了一半左右，2020年的碳排放量同比下降了创纪录的7%。

    以下哪项如果为真，最能支持GCP的观点？

    (A) 2020年碳排放量下降最明显的国家或地区是美国和欧盟。
    (B) 延缓气候变化的办法不是停止经济活动，而是加速向低碳能源过渡。
    (C) 2020年在全球各行业减少的碳排放总量中，交通运输业所占比例最大。
    (D) 根据气候变化《巴黎协定》，2015年之后的10年全球每年需减排10~20亿吨。
    (E) 随着世界经济的持续复苏，2021年全球碳排放量同比下降可能不超过5%。

30. 某小区2号楼1单元的住户都打了甲公司的疫苗，小李家不是该小区2号楼1单元的住户，小赵家都打了甲公司的疫苗，而小陈家都没有打甲公司的疫苗。

    根据以上陈述，可以得出以下哪项？

    (A) 小李家都没有打甲公司的疫苗。
    (B) 小赵家是该小区2号楼1单元的住户。
    (C) 小陈家是该小区的住户，但不是2号楼1单元的。
    (D) 小赵家是该小区2号楼的住户，但未必是1单元的。
    (E) 小陈家若是该小区2号楼的住户，则不是1单元的。

31. 某研究团队研究了大约4万名中老年人的核磁共振成像数据、自我心理评估等资料，发现经常有孤独感的研究对象和没有孤独感的研究对象在大脑的默认网络区域存在着显著差异。默认网络是一组参与内心思考的大脑区域，这些内心思考包括回忆旧事、规划未来、想象等。孤独者大脑的默认网络联结更为紧密，其灰质容积更大。研究人员由此认为，大脑默认网络的结构和功能与孤独感存在正相关。

    以下哪项如果为真，最能支持上述研究人员的观点？

    (A) 人们在回忆过去、假设当下或预想未来时会使用默认网络。
    (B) 有孤独感的人更多地使用想象、回忆过去和憧憬未来以克服社交隔离。
    (C) 感觉孤独的老年人出现认知衰退和患上孤独症的风险更高，进而导致部分大脑区域萎缩。
    (D) 了解孤独感对大脑的影响，拓展我们在这个领域的认知，有助于减少当今社会的孤独现象。
    (E) 穹窿是把信号从海马体输送到默认网络的神经纤维束，在研究对象的大脑中，这种纤维束得到了较好的保护。

32. 关于张、李、宋、孔4人参加植树活动的情况如下：
    (1)张、李、孔至少有2人参加。
    (2)李、宋、孔至多有2人参加。
    (3)如果李参加，那么张、宋两人要么都参加，要么都不参加。
    根据以上陈述，以下哪项是不可能的？
    (A)宋、孔都参加。　　(B)宋、孔都不参加。　　(C)李、宋都参加。
    (D)李、宋都不参加。　　(E)李参加，宋不参加。

33. 2020年下半年，随着新冠病毒在全球范围内的肆虐及流感季节的到来，很多人担心会出现大范围流感和新冠疫情同时暴发的情况。但是有病毒学家发现，2009年甲型H1N1流感毒株出现时，自1977年以来一直传播的另一种甲型流感毒株消失了。由此他推测，人体同时感染新冠病毒和流感病毒的可能性应该低于预期。
    以下哪项如果为真，最能支持该病毒学家的推测？
    (A)如果人们继续接种流感疫苗，仍能降低同时感染这两种病毒的概率。
    (B)一项分析显示，新冠肺炎患者中大约只有3%的人同时感染另一种病毒。
    (C)人体感染一种病毒后的几周内，其先天免疫系统的防御能力会逐步增强。
    (D)为避免感染新冠病毒，人们会减少室内聚集、继续佩戴口罩、保持社交距离和手部卫生。
    (E)新冠病毒的感染会增加参与干扰素反应的基因的活性，从而防止流感病毒在细胞内进行复制。

34. 补充胶原蛋白已经成为当下很多女性抗衰老的手段之一。她们认为：吃猪蹄能够补充胶原蛋白，为了美容养颜，最好多吃些猪蹄。近日有些专家对此表示质疑，他们认为多吃猪蹄其实并不能补充胶原蛋白。
    以下哪项如果为真，最能质疑上述专家的观点？
    (A)猪蹄中的胶原蛋白会被人体的消化系统分解，不会直接以胶原蛋白的形态补充到皮肤中。
    (B)人们在日常生活中摄入的优质蛋白和水果、蔬菜中的营养物质，足以提供人体所需的胶原蛋白。
    (C)猪蹄中胶原蛋白的含量并不多，但胆固醇含量高、脂肪多，食用过多会引起肥胖，还会增加患高血压的风险。
    (D)猪蹄中的胶原蛋白经过人体消化后会被分解成氨基酸等物质，氨基酸参与人体生理活动，再合成人体必需的胶原蛋白等多种蛋白质。
    (E)胶原蛋白是人体皮肤、骨骼和肌腱中的主要结构蛋白，它填充在真皮之间，撑起皮肤组织，增加皮肤紧密度，使皮肤水润而富有弹性。

35. 某单位有甲、乙、丙、丁、戊、己、庚、辛、壬、癸 10 名新进员工,他们所学专业是哲学、数学、化学、金融、会计 5 个专业之一,每人只学其中一个专业。已知:
   (1)若甲、丙、壬、癸中至多有 3 人是数学专业,则丁、庚、辛 3 人都是化学专业。
   (2)若乙、戊、己中至多有 2 人是哲学专业,则甲、丙、庚、辛 4 人专业各不相同。
   根据上述信息,所学专业相同的新员工是:
   (A)乙、戊、己。 (B)甲、壬、癸。 (C)丙、丁、癸。
   (D)丙、戊、己。 (E)丁、庚、辛。

36. H 市医保局发出如下公告:自即日起,本市将新增医保电子凭证就医结算,社保卡将不再作为就医结算的唯一凭证。本市所有定点医疗机构均已实现医保电子凭证的实时结算;本市参保人员可凭医保电子凭证就医结算,但只有将医保电子凭证激活后才能扫码使用。
   以下哪项最符合上述 H 市医保局的公告内容?
   (A)H 市非定点医疗机构没有实现医保电子凭证的实时结算。
   (B)可使用医保电子凭证结算的医院不一定都是 H 市的定点医疗机构。
   (C)凡持有社保卡的外地参保人员均可在 H 市定点医疗机构就医结算。
   (D)凡已激活医保电子凭证的外地参保人员均可在 H 市定点医疗机构使用医保电子凭证扫码就医。
   (E)凡未激活医保电子凭证的本地参保人员均不能在 H 市定点医疗机构使用医保电子凭证扫码结算。

37. 宋、李、王、吴 4 人均订阅了《人民日报》《光明日报》《参考消息》《文汇报》中的两种报纸,每种报纸均有两人订阅,且各人订阅的均不完全相同。另外,还知道:
   (1)如果吴至少订阅了《光明日报》《参考消息》中的一种,则李订阅了《人民日报》而王未订阅《光明日报》。
   (2)如果李、王两人中至多有一人订阅了《文汇报》,则宋、吴均订阅了《人民日报》。
   如果李订阅了《人民日报》,则可以得出以下哪项?
   (A)宋订阅了《文汇报》。
   (B)宋订阅了《人民日报》。
   (C)王订阅了《参考消息》。
   (D)吴订阅了《参考消息》。
   (E)吴订阅了《人民日报》。

38. 在一项噪声污染与鱼类健康关系的实验中，研究人员将已感染寄生虫的孔雀鱼分成短期噪声组、长期噪声组和对照组。短期噪声组在噪声环境中连续暴露24小时，长期噪声组在同样的噪声环境中暴露7天，对照组则被置于一个安静环境中。在17天的监测期内，该研究人员发现，长期噪声组的鱼在第12天开始死亡，其他两组的鱼则在第14天开始死亡。
以下哪项如果为真，最能解释上述实验结果？
(A)噪声污染不仅危害鱼类，也危害两栖动物、鸟类和爬行动物等。
(B)长期噪声污染会加速寄生虫对宿主鱼类的侵害，导致鱼类过早死亡。
(C)相比于天然环境，在充斥各种噪声的养殖场中，鱼更容易感染寄生虫。
(D)噪声污染使鱼类既要应对寄生虫的感染又要排除噪声干扰，增加鱼类健康风险。
(E)短期噪声组所受的噪声可能引起了鱼类的紧张情绪，但不至于损害它们的免疫系统。

39. 节日将至，某单位拟为职工发放福利品，每人可在甲、乙、丙、丁、戊、己、庚7种商品中选择其中的4种进行组合，且每种组合还要满足如下要求：
(1)若选择甲，则丁、戊、庚3种中至多选择其一。
(2)若丙、己2种中至少选择1种，则必选择乙但不能选择戊。
以下哪项组合符合上述要求？
(A)甲、丁、戊、己。　　　(B)乙、丙、丁、戊。　　　(C)甲、乙、戊、庚。
(D)乙、丁、戊、庚。　　　(E)甲、丙、丁、己。

40. 幸福是一种主观愉悦的心理体验，也是一种认知和创造美好生活的能力。在日常生活中，每个人如果既能发现当下的不足，也能确立前进的目标，并通过实际行动改进不足和实现目标，就能始终保持对生活的乐观精神。而有了对生活的乐观精神，就会拥有幸福感。生活中大多数人都拥有幸福感，遗憾的是，也有一些人能发现当下的不足，并通过实际行动去改进，但他们却没有幸福感。
根据以上陈述，可以得出以下哪项？
(A)生活中大多数人都有对生活的乐观精神。
(B)个体的生理体验也是个体的一种行为能力。
(C)如果能发现当下的不足并努力改进，就能拥有幸福感。
(D)那些没有幸福感的人即使发现当下的不足，也不愿通过行动去改变。
(E)确立前进的目标并通过实际行动实现目标，生活中有些人没有做到这一点。

41～42题基于以下题干：

本科生小刘拟在4个学年中选修甲、乙、丙、丁、戊、己、庚、辛8门课程，每个学年选修其中的1到3门课程。每门课程均在其中的一个学年修完。同时还满足：

①后三个学年选修的课程数量均不同。

②丙、己和辛课程安排在一个学年，丁课程安排在紧接其后的一个学年。

③若第四学年至少选修甲、丙、丁中的1门课程，则第一学年仅选修戊、辛2门课程。

41. 如果乙在丁之前的学年选修，则可以得出以下哪项？
 (A)乙在第一学年选修。　　　　　　(B)乙在第二学年选修。
 (C)丁在第二学年选修。　　　　　　(D)丁在第四学年选修。
 (E)戊在第一学年选修。

42. 如果甲、庚均在乙之后的学年选修，则可以得出以下哪项？
 (A)戊在第一学年选修。　　　　　　(B)戊在第三学年选修。
 (C)庚在甲之前的学年选修。　　　　(D)甲在戊之前的学年选修。
 (E)庚在戊之前的学年选修。

43. 习俗因传承而深入人心，文化因赓续而繁荣兴盛。传统节日带给人们的不只是快乐和喜庆，还塑造着影响至深的文化自信。不忘历史才能开辟未来，善于继承才能善于创新。传统节日只有不断融入现代生活，其中的文化才能得以赓续而繁荣兴盛，才能为人们提供更多心灵滋养与精神力量。
 根据以上信息，可以得出以下哪项？
 (A)只有为人们提供更多心灵滋养与精神力量，传统文化才得以赓续而繁荣兴盛。
 (B)若传统节日更好地融入现代生活，就能为人们提供更多心灵滋养与精神力量。
 (C)有些带给人们欢乐和喜庆的节日塑造着人们的文化自信。
 (D)带有厚重历史文化的传统将引领人们开辟未来。
 (E)深入人心的习俗将在不断创新中被传承。

44. 当前，不少教育题材影视剧贴近社会现实，直击子女升学、出国留学、代际冲突等教育痛点，引发社会广泛关注。电视剧一阵风，剧外人急红眼，很多家长触"剧"生情，过度代入，焦虑情绪不断增加，引得家庭"鸡飞狗跳"，家庭与学校的关系不断紧张。有专家由此指出，这类教育影视剧只能贩卖焦虑，进一步激化社会冲突，对实现教育公平于事无补。
 以下哪项如果为真，最能质疑上述专家的主张？
 (A)当代社会教育资源客观上总是有限且分配不平衡，教育竞争不可避免。
 (B)父母过度焦虑则导致孩子间暗自攀比，重则影响亲子关系、家庭和睦。
 (C)教育影视剧一旦引发广泛关注，就会对国家教育政策走向产生重要影响。
 (D)教育影视剧提醒学校应明确职责，不能对义务教育实行"家长承包制"。
 (E)家长不应成为教育焦虑的"剧中人"，而应该用爱包容孩子的不完美。

45～46题基于以下题干：

某电影院制订未来一周的排片计划。他们决定，周二至周日（周一休息）每天放映动作片、悬疑片、科幻片、纪录片、战争片、历史片6种类型中的一种，各不重复。已知排片还有如下要求：
(1)如果周二或周五放映悬疑片，则周三放映科幻片。
(2)如果周四或周六放映悬疑片，则周五放映战争片。
(3)战争片必须在周三放映。

45. 根据以上信息，可以得出以下哪项？
   (A)周六放映科幻片。　　(B)周日放映悬疑片。　　(C)周五放映动作片。
   (D)周二放映纪录片。　　(E)周四放映历史片。

46. 如果历史片的放映日期既与纪录片相邻，又与科幻片相邻，则可以得出以下哪项？
   (A)周二放映纪录片。　　(B)周四放映纪录片。　　(C)周二放映动作片。
   (D)周四放映科幻片。　　(E)周五放映动作片。

47. 有些科学家认为，基因调整技术能大幅延长人类寿命。他们在实验室中调整了一种小型土壤线虫的两组基因序列，成功地将这种生物的寿命延长了5倍。他们据此断定，如果将延长线虫寿命的科学方法应用于人类，人活到500岁就会成为可能。
   以下哪项最能质疑上述科学家的观点？
   (A)基因调整技术可能会导致下一代中一定比例的个体失去繁殖能力。
   (B)即使将基因调整技术成功应用于人类，也只会有极少的人活到500岁。
   (C)将延长线虫寿命的科学方法应用于人类，还需要经历较长一段时间。
   (D)人类的生活方式复杂而多样，不良的生活习惯和心理压力会影响身心健康。
   (E)人类寿命的提高幅度不会像线虫那样简单倍增，200岁以后寿命再延长基本不可能。

48. 贾某的邻居易某在自家阳台侧面安装了空调外机，空调一开，外机就向贾家卧室窗户方向吹热风。贾某对此叫苦不迭，于是找到易某协商此事。易某回答说："现在哪家没装空调？别人安装就行，偏偏我家就不行？"
   对于易某的回答，以下哪项评价最为恰当？
   (A)易某的行为虽影响到了贾家的生活，但易某是正常行使自己的权利。
   (B)易某的行为已经构成对贾家权利的侵害，应立即停止这种侵权行为。
   (C)易某在转移论题，问题不是能不能安装空调，而是安装空调该不该影响邻居。
   (D)易某没有将心比心，因为贾家也可以正对易某的卧室窗户处安装空调外机。
   (E)易某空调外机的安装不应该正对贾家的卧室窗户，不能只顾自己享受而让贾家受罪。

49～50题基于以下题干：

某校文学社王、李、周、丁4人每人只爱好诗歌、戏剧、散文、小说4种文学形式中的一种，且各不相同。他们每人只创作上述4种形式中的一种作品，且形式各不相同。他们创作的作品形式与各自的文学爱好均不相同。已知：

(1)若王没有创作诗歌，则李爱好小说。
(2)若王没有创作诗歌，则李创作小说。
(3)若王创作诗歌，则李爱好小说且周爱好散文。

49. 根据上述信息，可以得出以下哪项？
(A)王爱好散文。
(B)李爱好戏剧。
(C)周爱好小说。
(D)丁爱好诗歌。
(E)周爱好戏剧。

50. 如果丁创作散文，则可以得出以下哪项？
(A)周创作小说。
(B)李创作诗歌。
(C)李创作小说。
(D)周创作戏剧。
(E)王创作小说。

51. 有科学家进行了对比实验：在一些花坛中种金盏草，而在另外一些花坛中未种植金盏草。他们发现：种了金盏草的花坛玫瑰长得很繁茂，而未种金盏草的花坛，玫瑰却呈现病态，很快就枯萎了。以下哪项如果为真，最能解释上述现象？
(A)为了利于玫瑰生长，某园艺公司推荐种金盏草而不是直接喷洒农药。
(B)金盏草的根系深度不同于玫瑰，不会与其争夺营养，却可保持土壤湿度。
(C)金盏草的根部可分泌出一种杀死土壤中害虫的物质，使玫瑰免受其侵害。
(D)玫瑰花花坛中的金盏草常被认为是一种杂草，但它对玫瑰的生长具有奇特的作用。
(E)花匠会对种金盏草和玫瑰花的花坛施肥较多，而对仅种玫瑰花的花坛施肥偏少。

52. 李佳、贾元、夏辛、丁东、吴悠 5 位大学生暑期结伴去皖南旅游。对于 5 人将要游览的地点，他们却有不同的想法。

   李佳：若去龙川，则也去呈坎。
   贾元：龙川和徽州古城两个地方至少去一个。
   夏辛：若去呈坎，则也去新安江山水画廊。
   丁东：若去徽州古城，则也去新安江山水画廊。
   吴悠：若去新安江山水画廊，则也去江村。
   事后得知，5 人的想法都得到了实现。
   根据以上信息，上述 5 人选择游览的地点，肯定有：
   (A) 龙川和呈坎。   (B) 江村和新安江山水画廊。
   (C) 龙川和徽州古城。   (D) 呈坎和新安江山水画廊。
   (E) 呈坎和徽州古城。

53. 胃底腺息肉是所有胃息肉中最为常见的一种良性病变，最常见的是散发型胃底腺息肉，它多发于 50 岁以上人群。研究人员在研究 10 万人的胃镜检查资料后发现，有胃底腺息肉的患者无人患胃癌，而没有胃底腺息肉的患者中有 178 人患有胃癌。他们由此断定，胃底腺息肉与胃癌呈负相关。
   以下哪项如果为真，最能支持上述研究人员的断定？
   (A) 有胃底腺息肉的患者绝大多数没有家族癌症史。
   (B) 在研究人员研究的 10 万人中，50 岁以下的占大多数。
   (C) 在研究人员研究的 10 万人中，有胃底腺息肉的人仅占 34%。
   (D) 有胃底腺息肉的患者罹患萎缩性胃炎、胃溃疡的概率显著降低。
   (E) 胃内一旦有胃底腺息肉，往往意味着没有感染致癌物"幽门螺旋杆菌"。

54～55 题基于以下题干：

   某特色建筑项目评选活动设有纪念建筑、观演建筑、会堂建筑、商业建筑、工业建筑 5 个门类的奖项，甲、乙、丙、丁、戊、己 6 位建筑师均有 2 个项目入选上述不同门类的奖项，且每个门类有上述 6 人的 2 到 3 个项目入选。已知：
   (1) 若甲或乙至少有一个项目入选观演建筑或工业建筑，则乙、丙入选的项目均是观演建筑和工业建筑。
   (2) 若乙或丁至少有一个项目入选观演建筑或会堂建筑，则乙、丁、戊入选的项目均是纪念建筑和工业建筑。
   (3) 若丁至少有一个项目入选纪念建筑或商业建筑，则甲、己入选的项目均在纪念建筑、观演建筑和商业建筑之中。

54. 根据上述信息，可以得出以下哪项？
   (A) 甲有项目入选观演建筑。   (B) 丙有项目入选工业建筑。
   (C) 丁有项目入选商业建筑。   (D) 戊有项目入选会堂建筑。
   (E) 己有项目入选纪念建筑。

55. 若己有项目入选商业建筑，则可以得出以下哪项？
(A) 己有项目入选观演建筑。 (B) 戊有项目入选工业建筑。
(C) 丁有项目入选商业建筑。 (D) 丙有项目入选观演建筑。
(E) 乙有项目入选工业建筑。

四、写作：第 56～57 小题，共 65 分。其中论证有效性分析 30 分，论说文 35 分。请答在答题纸相应的位置上。

56. 论证有效性分析：分析下述论证中存在的缺陷与漏洞，选择若干要点，写一篇 600 字左右的文章，对该论证的有效性进行分析和评论。（论证有效性分析的一般要点是：概念特别是核心概念的界定和使用是否准确并前后一致，有无各种明显的逻辑错误，论证的论据是否成立并支持结论，结论成立的条件是否充分等。）

　　默默无闻、无私奉献，虽然是人们尊崇的德行，但这种德行其实不能成为社会的道德精神。

　　一种德行必须借助大众媒体的传播，让大家受其感染，并化为自觉意识，然后才能成为社会的道德精神。但是，默默无闻、无私奉献的精神所赖以存在的行为特点是不事张扬、不为人知。既然如此，它就得不到传播，也就不可能成为社会的道德精神。

　　退一步讲，默默无闻、无私奉献的善举经媒体大力宣传后为更多的人所了解，这就从根本上使这一善举失去了默默无闻的特性。既然如此，这一命题就无从谈起了。

　　再者，默默无闻的善举一旦被媒体大力宣传，当事人必然会受到社会的肯定与赞赏，而这就是社会对他的回报，既然他从社会得到了回报，怎么还可以说是无私奉献呢？

　　由此可见，默默无闻、无私奉献的德行注定不可能成为社会的道德精神。

57. 论说文：根据下述材料，写一篇 700 字左右的论说文，题目自拟。

　　鸟类会飞是因为它们在进化中不断优化了其身体结构。飞行是一项特殊的运动，鸟类的躯干进化成了适合飞行的流线型。飞行也是一项需要付出高能量代价的运动，鸟类增强了翅膀、胸肌部位的功能，又改进了呼吸系统，以便给肌肉持续提供氧气。同时，鸟类在进化过程中舍弃了那些沉重的、效率低的身体部件。

答案速查

题型		题号	答案
一	问题求解	1～5	(D) (C) (A) (E) (A)
		6～10	(A) (B) (C) (B) (D)
		11～15	(D) (C) (E) (C) (E)
二	条件充分性判断	16～20	(B) (A) (C) (B) (C)
		21～25	(D) (B) (E) (C) (A)
三	逻辑推理	26～30	(C) (E) (A) (C) (E)
		31～35	(B) (B) (E) (D) (A)
		36～40	(E) (C) (B) (D) (E)
		41～45	(A) (A) (C) (C) (B)
		46～50	(C) (E) (C) (D) (A)
		51～55	(C) (B) (E) (D) (A)
四	写作		56. 略 57. 略

绝密★启用前

2021年全国硕士研究生招生考试
管理类综合能力试题

(科目代码：199)
考试时间：8：30—11：30

考生注意事项

1. 答题前，考生须在试题册指定位置上填写考生姓名和考生编号；在答题卡指定位置上填写报考单位、考生姓名和考生编号，并涂写考生编号信息点。
2. 选择题的答案必须涂写在答题卡相应题号的选项上，非选择题的答案必须书写在答题卡指定位置的边框区域内。超出答题区域书写的答案无效；在草稿纸、试题册上答题无效。
3. 填(书)写部分必须使用黑色字迹签字笔或者钢笔书写，字迹工整、笔迹清楚；涂写部分必须使用2B铅笔填涂。
4. 考试结束，将答题卡和试题册按规定交回。

考生编号															
考生姓名															

一、**问题求解**：第 1～15 小题，每小题 3 分，共 45 分。下列每题给出的(A)、(B)、(C)、(D)、(E)五个选项中，只有一项是符合试题要求的。请在答题卡上将所选项的字母涂黑。

1. 某便利店第一天售出 50 种商品，第二天售出 45 种商品，第三天售出 60 种商品，前两天售出的商品有 25 种相同，后两天售出的商品有 30 种相同，则这三天售出的商品至少有（　　）种．

    (A)70　　　　(B)75　　　　(C)80　　　　(D)85　　　　(E)100

2. 三位年轻人的年龄成等差数列，且最大与最小的两人年龄之差的 10 倍是另一人的年龄，则三人中年龄最大的是（　　）．

    (A)19　　　　(B)20　　　　(C)21　　　　(D)22　　　　(E)23

3. $\dfrac{1}{1+\sqrt{2}}+\dfrac{1}{\sqrt{2}+\sqrt{3}}+\cdots+\dfrac{1}{\sqrt{99}+\sqrt{100}}=(\ \ )$.

    (A)9　　　　(B)10　　　　(C)11　　　　(D)$3\sqrt{11}-1$　　　　(E)$3\sqrt{11}$

4. 设 p,q 是小于 10 的质数，则满足条件 $1<\dfrac{q}{p}<2$ 的 p,q 有（　　）组．

    (A)2　　　　(B)3　　　　(C)4　　　　(D)5　　　　(E)6

5. 设二次函数 $f(x)=ax^2+bx+c$，且 $f(2)=f(0)$，则 $\dfrac{f(3)-f(2)}{f(2)-f(1)}=(\ \ )$.

    (A)2　　　　(B)3　　　　(C)4　　　　(D)5　　　　(E)6

6. 如下图所示，由 P 到 Q 的电路中有三个元件，分别标为 T_1,T_2,T_3，电流能通过 T_1,T_2,T_3 的概率分别为 0.9，0.9，0.99，假设电流能否通过三个元件是相互独立的，则电流能在 P,Q 之间通过的概率是（　　）．

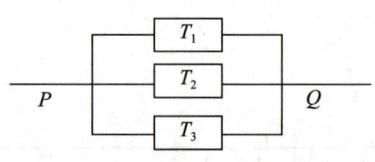

    (A)0.801 9　　(B)0.998 9　　(C)0.999　　(D)0.999 9　　(E)0.999 99

7. 甲、乙两组同学中，甲组有 3 名男同学、3 名女同学，乙组有 4 名男同学、2 名女同学．从甲、乙两组中各选出 2 名同学，这 4 人中恰有 1 名女同学的选法有（　　）种．

    (A)26　　　　(B)54　　　　(C)70　　　　(D)78　　　　(E)105

8. 若球体的内接正方体的体积为 8 立方米，则该球体的表面积为（　　）平方米．

    (A)4π　　　(B)6π　　　(C)8π　　　(D)12π　　　(E)24π

9. 如下图所示，已知正六边形的边长为1，分别以正六边形的顶点 O，P，Q 为圆心、1 为半径作圆弧，则阴影部分的面积为（　　）.

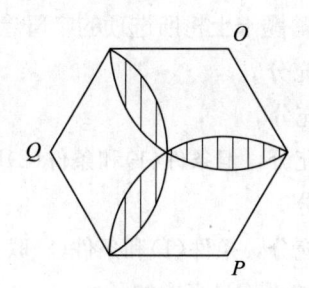

(A) $\pi - \dfrac{3\sqrt{3}}{2}$ (B) $\pi - \dfrac{3\sqrt{3}}{4}$ (C) $\dfrac{\pi}{2} - \dfrac{3\sqrt{3}}{4}$ (D) $\dfrac{\pi}{2} - \dfrac{3\sqrt{3}}{8}$ (E) $2\pi - 3\sqrt{3}$

10. 已知 $ABCD$ 是圆 $x^2+y^2=25$ 的内接四边形，若点 A，C 是直线 $x=3$ 与圆 $x^2+y^2=25$ 的交点，则四边形 $ABCD$ 面积的最大值为（　　）.

(A) 20   (B) 24   (C) 40   (D) 48   (E) 80

11. 某商场利用抽奖的方式促销，100 个奖券中设有 3 个一等奖、7 个二等奖，则一等奖先于二等奖抽完的概率为（　　）.

(A) 0.3   (B) 0.5   (C) 0.6   (D) 0.7   (E) 0.73

12. 函数 $f(x)=x^2-4x-2|x-2|$ 的最小值为（　　）.

(A) -4 (B) -5 (C) -6 (D) -7 (E) -8

13. 从装有 1 个红球、2 个白球、3 个黑球的袋中随机取出 3 个球，则这 3 个球的颜色至多有两种的概率为（　　）.

(A) 0.3   (B) 0.4   (C) 0.5   (D) 0.6   (E) 0.7

14. 现有甲、乙两种浓度的酒精，已知用 10 升甲酒精和 12 升乙酒精可以配成浓度为 70% 的酒精，用 20 升甲酒精和 8 升乙酒精可以配成浓度为 80% 的酒精，则甲酒精的浓度为（　　）.

(A) 72%   (B) 80%   (C) 84%   (D) 88%   (E) 91%

15. 甲、乙两人相距 330 千米，他们驾车同时出发，经过 2 小时相遇．甲继续行驶 2 小时 24 分钟后到达乙的出发地，则乙的车速为（　　）千米/小时．

(A) 70   (B) 75   (C) 80   (D) 90   (E) 96

二、**条件充分性判断**：第 16～25 小题，每小题 3 分，共 30 分。要求判断每题给出的条件(1)和条件(2)能否充分支持题干所陈述的结论。(A)、(B)、(C)、(D)、(E)五个选项为判断结果，请选择一项符合试题要求的判断，在答题卡上将所选项的字母涂黑。

(A)条件(1)充分，但条件(2)不充分．

(B)条件(2)充分，但条件(1)不充分．

(C)条件(1)和条件(2)单独都不充分，但条件(1)和条件(2)联合起来充分．

(D)条件(1)充分，条件(2)也充分．

(E)条件(1)和条件(2)单独都不充分，条件(1)和条件(2)联合起来也不充分．

16. 某班增加两名同学．则该班同学的平均身高增加了．
    (1)增加的两名同学的平均身高与原来男同学的平均身高相同．
    (2)原来男同学的平均身高大于女同学的平均身高．

17. 设 x,y 为实数．则能确定 $x \leqslant y$．
    (1) $x^2 \leqslant y-1$．
    (2) $x^2+(y-2)^2 \leqslant 2$．

18. 清理一块场地．则甲、乙、丙三人能在 2 天内完成．
    (1)甲、乙两人需要 3 天完成．
    (2)甲、丙两人需要 4 天完成．

19. 某单位进行投票表决，已知该单位的男、女员工人数之比为 3：2．则能确定至少有 50% 的女员工参加了投票．
    (1)投赞成票的人数超过总人数的 40%．
    (2)参加投票的女员工比男员工多．

20. 设 a,b 为实数．则能确定 $|a|+|b|$ 的值．
    (1)已知 $|a+b|$ 的值．
    (2)已知 $|a-b|$ 的值．

21. 设 a 为实数，圆 C：$x^2+y^2=ax+ay$．则能确定圆 C 的方程．
    (1)直线 $x+y=1$ 与圆 C 相切．
    (2)直线 $x-y=1$ 与圆 C 相切．

22. 某人购买了果汁、牛奶和咖啡三种物品,已知果汁每瓶12元、牛奶每盒15元、咖啡每盒35元. 则能确定所买的各种物品的数量.
    (1)总花费为104元.
    (2)总花费为215元.

23. 某人开车去上班,有一段路因维修限速通行. 则可算出此人上班的距离.
    (1)路上比平时多用了半小时.
    (2)已知维修路段的通行速度.

24. 已知数列$\{a_n\}$. 则数列$\{a_n\}$为等比数列.
    (1)$a_n a_{n+1} > 0$.
    (2)$a_{n+1}^2 - 2a_n^2 - a_n a_{n+1} = 0$.

25. 给定两个直角三角形. 则这两个直角三角形相似.
    (1)每个直角三角形的边长成等比数列.
    (2)每个直角三角形的边长成等差数列.

三、逻辑推理:第26~55小题,每小题2分,共60分。下列每题给出的(A)、(B)、(C)、(D)、(E)五个选项中,只有一项是符合试题要求的。请在答题卡上将所选项的字母涂黑。

26. 哲学是关于世界观、方法论的学问。哲学的基本问题是思维和存在的关系问题,它是在总结各门具体科学知识的基础上形成的,并不是一门具体科学。因此,经验的个案不能反驳它。
    以下哪项如果为真,最能支持以上论述?
    (A)哲学并不能推演出经验的个案。
    (B)任何科学都要接受经验的检验。
    (C)具体科学不研究思维和存在的关系问题。
    (D)经验的个案只能反驳具体科学。
    (E)哲学可以对具体科学提供指导。

27. M大学社会学学院的老师都曾经对甲县某些乡镇进行家庭收支情况调研,N大学历史学院的老师都曾经到甲县的所有乡镇进行历史考察。赵若兮曾经对甲县所有乡镇家庭收支情况进行调研,但未曾到项郓镇进行历史考察;陈北鱼曾经到梅河乡进行历史考察,但从未对甲县家庭收支情况进行调研。
    根据以上信息,可以得出以下哪项?
    (A)陈北鱼是M大学社会学学院的老师,且梅河乡是甲县的。
    (B)赵若兮是M大学的老师。
    (C)陈北鱼是N大学的老师。
    (D)对甲县的家庭收支情况调研,也会涉及相关的历史考察。
    (E)若赵若兮是N大学历史学院的老师,则项郓镇不是甲县的。

28. 研究人员招募了 300 名体重超标的男性，将其分成餐前锻炼组和餐后锻炼组，进行每周三次相同强度和相同时段的晨练。餐前锻炼组晨练前摄入零卡路里安慰剂饮料，晨练后摄入 200 卡路里的奶昔；餐后锻炼组晨练前摄入 200 卡路里的奶昔，晨练后摄入零卡路里安慰剂饮料。三周后发现，餐前锻炼组燃烧的脂肪比餐后锻炼组多。该研究人员由此推断，肥胖者若持续这样的餐前锻炼，就能在不增加运动强度或时间的情况下改善代谢能力，从而达到减肥效果。
    以下哪项如果为真，最能支持该研究人员的上述推断？
    (A) 餐前锻炼组额外的代谢与体内肌肉中的脂肪减少有关。
    (B) 有些餐前锻炼组的人知道他们摄入的是安慰剂，但这并不影响他们锻炼的积极性。
    (C) 肌肉参与运动所需要的营养，可能来自最近饮食中进入血液的葡萄糖和脂肪成分，也可能来自体内储存的糖和脂肪。
    (D) 餐前锻炼可以增强肌肉细胞对胰岛素的反应，促使它更有效地消耗体内的糖分和脂肪。
    (E) 餐前锻炼组觉得自己在锻炼中消耗的脂肪比餐后锻炼组多。

29. 某企业董事会就建立健全企业管理制度与提高企业经济效益进行研讨。在研讨中，与会者发言如下：
    甲：要提高企业经济效益，就必须建立健全企业管理制度。
    乙：既要建立健全企业管理制度，又要提高企业经济效益，二者缺一不可。
    丙：经济效益是基础和保障，只有提高企业经济效益，才能建立健全企业管理制度。
    丁：如果不建立健全企业管理制度，就不能提高企业经济效益。
    戊：不提高企业经济效益，就不能建立健全企业管理制度。
    根据上述讨论，董事会最终做出了合理的决定，以下哪项是可能的？
    (A) 甲、乙的意见符合决定，丙的意见不符合决定。
    (B) 上述 5 人中只有 1 人的意见符合决定。
    (C) 上述 5 人中只有 2 人的意见符合决定。
    (D) 上述 5 人中只有 3 人的意见符合决定。
    (E) 上述 5 人的意见均不符合决定。

30. 气象台的实测气温与人实际的冷暖感受常常存在一定的差异。在同样的低温条件下，如果是阴雨天，人会感到特别冷，即通常说的"阴冷"；如果同时赶上刮大风，人会感到寒风刺骨。
    以下哪项如果为真，最能解释上述现象？
    (A) 人的体感温度除了受气温的影响外，还受风速与空气湿度的影响。
    (B) 低温情况下，如果风力不大、阳光充足，人不会感到特别寒冷。
    (C) 即使天气寒冷，若进行适当锻炼，人也不会感到太冷。
    (D) 即使室内外温度一致，但是走到有阳光的室外，人会感到温暖。
    (E) 炎热的夏日，电风扇转动时，尽管不改变环境温度，但人依然感到凉快。

31. 某俱乐部共有甲、乙、丙、丁、戊、己、庚、辛、壬、癸 10 名职业运动员，他们来自 5 个不同的国家（不存在双重国籍的情况）。已知：
   (1)该俱乐部的外援刚好占一半，他们是乙、戊、丁、庚、辛。
   (2)乙、丁、辛 3 人来自两个国家。
   根据以上信息，可以得出以下哪项？
   (A)甲、丙来自不同国家。
   (B)乙、辛来自不同国家。
   (C)乙、庚来自不同国家。
   (D)丁、辛来自相同国家。
   (E)戊、庚来自相同国家。

32. 某高校的李教授在网上撰文指责另一高校张教授早年发表的一篇论文存在抄袭现象。张教授知晓后，立即在同一网站对李教授的指责做出反驳。
   以下哪项作为张教授的反驳最为有力？
   (A)自己投稿在先而发表在后，所谓论文抄袭其实是他人抄自己。
   (B)李教授的指责纯属栽赃陷害，混淆视听，破坏了大学教授的整体形象。
   (C)李教授的指责是对自己不久前批评李教授学术观点所作的打击报复。
   (D)李教授的指责可能背后有人指使，不排除受到两校不正当竞争的影响。
   (E)李教授早年的两篇论文其实也存在不同程度的抄袭现象。

33. 某电影节设有"最佳故事片""最佳男主角""最佳女主角""最佳编剧""最佳导演"等多个奖项。颁奖前，有专业人士预测如下：
   (1)若甲或乙获得"最佳导演"，则"最佳女主角"和"最佳编剧"将在丙和丁中产生。
   (2)只有影片 P 或影片 Q 获得"最佳故事片"，其片中的主角才能获得"最佳男主角"或"最佳女主角"。
   (3)"最佳导演"和"最佳故事片"不会来自同一部影片。
   以下哪项颁奖结果与上述预测不一致？
   (A)乙没有获得"最佳导演"，"最佳男主角"来自影片 Q。
   (B)丙获得"最佳女主角"，"最佳编剧"来自影片 P。
   (C)丁获得"最佳编剧"，"最佳女主角"来自影片 P。
   (D)"最佳女主角""最佳导演"都来自影片 P。
   (E)甲获得"最佳导演"，"最佳编剧"来自影片 Q。

34. 黄瑞爱好书画收藏，他收藏的书画作品只有"真品""精品""名品""稀品""特品""完品"，它们之间存在如下关系：

(1)若是"完品"或"真品"，则是"稀品"。

(2)若是"稀品"或"名品"，则是"特品"。

现知道黄瑞收藏的一幅画不是"特品"，则可以得出以下哪项？

(A)该画是"稀品"。　　　　　　　　　　(B)该画是"精品"。

(C)该画是"完品"。　　　　　　　　　　(D)该画是"名品"。

(E)该画是"真品"。

35. 王、陆、田3人拟到甲、乙、丙、丁、戊、己6个景点结伴游览。关于游览的顺序，3人意见如下：

(1)王：1甲、2丁、3己、4乙、5戊、6丙。

(2)陆：1丁、2己、3戊、4甲、5乙、6丙。

(3)田：1己、2乙、3丙、4甲、5戊、6丁。

实际游览时，各人意见中都恰有一半的景点序号是正确的。

根据以上信息，他们实际游览的前3个景点分别是：

(A)己、丁、丙。　　　　　　　　　　　(B)丁、乙、己。

(C)甲、乙、己。　　　　　　　　　　　(D)乙、己、丙。

(E)丙、丁、己。

36. "冈萨雷斯""埃尔南德斯""施米特""墨菲"这4个姓氏是且仅是卢森堡、阿根廷、墨西哥、爱尔兰四国中其中一国常见的姓氏。已知：

(1)"施米特"是阿根廷或卢森堡常见姓氏。

(2)若"施米特"是阿根廷常见姓氏，则"冈萨雷斯"是爱尔兰常见姓氏。

(3)若"埃尔南德斯"或"墨菲"是卢森堡常见姓氏，则"冈萨雷斯"是墨西哥常见姓氏。

根据以上信息，可以得出以下哪项？

(A)"施米特"是卢森堡常见姓氏。

(B)"埃尔南德斯"是卢森堡常见姓氏。

(C)"冈萨雷斯"是爱尔兰常见姓氏。

(D)"墨菲"是卢森堡常见姓氏。

(E)"墨菲"是阿根廷常见姓氏。

37. 甲、乙、丙、丁、戊5人是某校美学专业2019级研究生，第一学期结束后，他们在张、陆、陈3位教授中选择导师，每人只能选择1人作为导师，每位导师都有1至2人选择，并且得知：

(1)选择陆老师的研究生比选择张老师的多。
(2)若丙、丁中至少有1人选择张老师，则乙选择陈老师。
(3)若甲、丙、丁中至少有1人选择陆老师，则只有戊选择陈老师。

根据以上信息，可以得出以下哪项？

(A)甲选择陆老师。 (B)乙选择张老师。
(C)丁、戊选择陆老师。 (D)乙、丙选择陈老师。
(E)丙、丁选择陈老师。

38. 艺术活动是人类标志性的创造性劳动。在艺术家的心灵世界里，审美需求和情感表达是创造性劳动不可或缺的重要引擎；而人工智能没有自我意识，人工智能艺术作品的本质是模仿。因此，人工智能永远不能取代艺术家的创造性劳动。

以下哪项最可能是以上论述的假设？

(A)人工智能可以作为艺术创作的辅助工具。
(B)只有具备自我意识，才能具有审美需求和情感表达。
(C)大多数人工智能作品缺乏创造性。
(D)没有艺术家的创作，就不可能有人工智能艺术品。
(E)模仿的作品很少能表达情感。

39. 最近一项科学观测显示，太阳产生的带电粒子流即太阳风，含有数以千计的"滔天巨浪"，其时速会突然暴增，可能导致太阳磁场自行反转，甚至会对地球产生有害影响。但目前我们对太阳风的变化及其如何影响地球知之甚少。据此有专家指出，为了更好地保护地球免受太阳风的影响，必须更新现有的研究模式，另辟蹊径研究太阳风。

以下哪项如果为真，最能支持上述专家的观点？

(A)最新观测结果不仅改变了天文学家对太阳风的看法，而且将改变其预测太空天气事件的能力。
(B)目前，根据标准太阳模型预测太阳风变化所获得的最新结果与实际观测相比，误差为10~20倍。
(C)对太阳风的深入研究，将有助于防止太阳风大爆发时对地球的卫星和通信系统乃至地面电网造成的影响。
(D)太阳风里有许多携带能量的粒子和磁场，而这些磁场会发生意想不到的变化。
(E)"高速"太阳风源于太阳南北极的大型日冕洞，而"低速"太阳风则来自太阳赤道上的较小日冕洞。

40~41题基于以下题干：

冬奥组委会官网开通全球招募系统，正式招募冬奥会志愿者。张明、刘伟、庄敏、孙兰、李梅5人在一起讨论报名事宜。他们商量的结果如下：

(1)如果张明报名，则刘伟也报名。
(2)如果庄敏报名，则孙兰也报名。
(3)只要刘伟和孙兰两人中至少有1人报名，则李梅也报名。

后来得知，他们5人中恰有3人报名了。

40. 根据以上信息，可以得出以下哪项？
(A)张明报名了。　　　　　　　　(B)刘伟报名了。
(C)庄敏报名了。　　　　　　　　(D)孙兰报名了。
(E)李梅报名了。

41. 如果增加条件"若刘伟报名，则庄敏也报名"，那么可以得出以下哪项？
(A)张明和刘伟都报名了。
(B)刘伟和庄敏都报名了。
(C)庄敏和孙兰都报名了。
(D)张明和孙兰都报名了。
(E)刘伟和李梅都报名了。

42. 酸奶作为一种健康食品，既营养丰富又美味可口，深受人们的喜爱。很多人饭后都不忘来杯酸奶。他们觉得，饭后喝杯酸奶能够解油腻、助消化。但近日有专家指出，饭后喝酸奶其实并不能帮助消化。

以下哪项如果为真，最能支持上述专家的观点？

(A)人体消化需要酶和有规律的肠胃运动，酸奶中没有消化酶，饮用酸奶也不能纠正无规律的肠胃运动。
(B)酸奶中的益生菌可以维持肠道消化系统的健康，但是这些菌群大多不耐酸，胃部的强酸环境会使其大部分失去活性。
(C)酸奶含有一定的糖分，吃饱了饭再喝酸奶会加重肠胃负担，同时也会使身体增加额外的营养，容易导致肥胖。
(D)足量膳食纤维和维生素B_1被人体摄入后可有效促进肠胃蠕动，进而促进食物消化。但酸奶不含膳食纤维，维生素B_1的含量也不丰富。
(E)酸奶可以促进胃酸分泌，抑制有害菌在肠道内繁殖，有助于维持消化系统的健康，对于食物消化能起到间接帮助作用。

43. 为进一步弘扬传统文化，有专家提议将每年的2月1日、3月1日、4月1日、9月1日、11月1日、12月1日6天中的3天确定为"传统文化宣传日"。根据实际需要，确定日期必须考虑以下条件：
（1）若选择2月1日，则选择9月1日但不选择12月1日。
（2）若3月1日、4月1日至少选择其一，则不选择11月1日。
以下哪项选定的日期与上述条件一致？
（A）2月1日、3月1日、4月1日。
（B）2月1日、4月1日、11月1日。
（C）3月1日、9月1日、11月1日。
（D）4月1日、9月1日、11月1日。
（E）9月1日、11月1日、12月1日。

44. 今天的教育质量将决定明天的经济实力。PISA是经济合作与发展组织每隔三年对15岁学生的阅读、数学和科学能力进行的一项测试。根据2019年最新测试结果，中国学生的总体表现远超其他国家学生。有专家认为，该结果意味着中国有一支优秀的后备力量以保障未来经济的发展。
以下哪项如果为真，最能支持上述专家的论证？
（A）这次PISA测试的评估重点是阅读能力，能很好地反映学生的受教育质量。
（B）未来经济发展的核心驱动力是创新，中国教育非常重视学生创新能力的培养。
（C）在其他国际智力测试中，亚洲学生总体成绩最好，而中国学生又是亚洲最好的。
（D）中国学生在15岁时各项能力尚处于上升期，他们未来会有更出色的表现。
（E）中国学生在阅读、数学和科学三项排名中均位列第一。

45. 有一5×5的方阵，如右图所示，它所含的每个小方格中可填入一个词（已有部分词填入）。现要求该方阵中的每行、每列及每个粗线条围住的五个小方格组成的区域中均含有"道路""制度""理论""文化""自信"5个词，不能重复也不能遗漏。
根据上述要求，以下哪项是方阵顶行①②③④空格中从左至右依次应填入的词？
（A）道路、理论、制度、文化。
（B）道路、文化、制度、理论。
（C）文化、理论、制度、自信。
（D）理论、自信、文化、道路。
（E）制度、理论、道路、文化。

46. 水产品的脂肪含量相对较低，而且含有较多不饱和脂肪酸，对预防血脂异常和心血管疾病有一定作用；禽肉的脂肪含量也比较低，脂肪酸组成优于畜肉；畜肉中的瘦肉脂肪含量低于肥肉，瘦肉优于肥肉。因此，在肉类的选择上，应该优先选择水产品，其次是禽肉，这样对身体更健康。

以下哪项如果为真，最能支持以上论述？

(A)所有人都有罹患心血管疾病的风险。
(B)肉类脂肪含量越低对人体越健康。
(C)人们认为根据自己的喜好选择肉类更有益于健康。
(D)人们须摄入适量的动物脂肪才能满足身体的需要。
(E)脂肪含量越低，不饱和脂肪酸含量越高。

47～48题基于以下题干：

某剧团拟将历史故事"鸿门宴"搬上舞台。该剧有项王、沛公、项伯、张良、项庄、樊哙、范增7个主要角色，甲、乙、丙、丁、戊、己、庚7名演员每人只能扮演其中一个，且每个角色只能由其中一人扮演。根据各演员的特点，角色安排如下：

(1)如果甲不扮演沛公，则乙扮演项王。
(2)如果丙或己扮演张良，则丁扮演范增。
(3)如果乙不扮演项王，则丙扮演张良。
(4)如果丁不扮演樊哙，则庚或戊扮演沛公。

47. 根据上述信息，可以得出以下哪项？
(A)甲扮演沛公。　　　(B)乙扮演项王。　　　(C)丙扮演张良。
(D)丁扮演范增。　　　(E)戊扮演樊哙。

48. 若甲扮演沛公而庚扮演项庄，则可以得出以下哪项？
(A)丙扮演项伯。　　　(B)丙扮演范增。　　　(C)丁扮演项伯。
(D)戊扮演张良。　　　(E)戊扮演樊哙。

49. 某医学专家提出一种简单的手指自我检测法：将双手放在眼前，把两个食指的指甲那一面贴在一起，正常情况下，应该看到两个指甲床之间有一个菱形的空间；如果看不到这个空间，则说明手指出现了杵状改变，这是患有某种心脏或肺部疾病的迹象。该专家认为，人们通过手指自我检测能快速判断自己是否患有心脏或肺部疾病。

以下哪项如果为真，最能质疑上述专家的论断？

(A)杵状改变可能由多种肺部疾病引起，如肺纤维化、支气管扩张等，而且这种病变需要经历较长的一段过程。
(B)杵状改变不是癌症的明确标志，仅有不足40％的肺癌患者有杵状改变。
(C)杵状改变检测只能作为一种参考，不能用来替代医生的专业判断。
(D)杵状改变有两个发展阶段，第一阶段的畸变不是很明显，不足以判断人体是否有病变。
(E)杵状改变是手指末端软组织积液造成，而积液是由于过量血液注入该区域导致，其内在机理仍然不明。

50. 曾几何时，快速阅读进入了我们的培训课堂。培训者告诉学员，要按"之"字形浏览文章。只要精简我们看的地方，就能整体把握文本要义，从而提高阅读速度。真正的快速阅读能将阅读速度提高至少两倍，并且不影响理解。但近来有科学家指出，快速阅读实际上是不可能的。

以下哪项如果为真，最能支持上述科学家的观点？

(A)阅读是一项复杂的任务，首先需要看到一个词，然后要检索其涵义、引申义，再将其与上下文相联系。

(B)科学界始终对快速阅读持怀疑态度，那些声称能帮助人们实现快速阅读的人通常是为了谋生或赚钱。

(C)人的视力只能集中于相对较小的区域，不可能同时充分感知和阅读大范围文本，识别单词的能力限制了我们的阅读理解。

(D)个体阅读速度差异很大，那些阅读速度较快的人可能拥有较强的短时记忆或信息处理能力。

(E)大多声称能快速阅读的人实际上是在浏览，他们可能相当快地捕捉到文本的主要内容，但也会错过众多细枝末节。

51. 每篇优秀的论文都必须逻辑清晰且论据详实，每篇经典的论文都必须主题鲜明且语言准确。实际上，如果论文论据详实但主题不鲜明或者论文语言准确但逻辑不清晰，则它们都不是优秀的论文。

根据以上信息，可以得出以下哪项？

(A)语言准确的经典论文逻辑清晰。
(B)论据不详实的论文主题不鲜明。
(C)主题不鲜明的论文不是优秀的论文。
(D)逻辑不清晰的论文不是经典的论文。
(E)语言准确的优秀论文是经典的论文。

52. 除冰剂是冬季北方城市用于去除道路冰雪的常见产品，下表显示了五种除冰剂的各项特征：

除冰剂类型	融冰速度	破坏道路设施的可能风险	污染土壤的可能风险	污染水体的可能风险
Ⅰ	快	高	高	高
Ⅱ	中等	中	低	中
Ⅲ	较慢	低	低	中
Ⅳ	快	中	中	低
Ⅴ	较慢	低	低	低

以下哪项对上述五种除冰剂的特征概括最为准确？

(A)融冰速度较慢的除冰剂在污染土壤和污染水体方面的风险都低。
(B)没有一种融冰速度快的除冰剂三个方面的风险都高。
(C)若某种除冰剂至少在两个方面风险低，则其融冰速度一定较慢。
(D)若某种除冰剂三方面风险都不高，则其融冰速度一定也不快。
(E)若某种除冰剂在破坏道路设施和污染土壤方面的风险都不高，则其融冰速度一定较慢。

53. 孩子在很小的时候，对接触到的东西都要摸一摸、尝一尝，甚至还会吞下去。孩子天生就对这个世界抱有强烈的好奇心。但随着孩子慢慢长大，特别是进入学校之后，他们的好奇心越来越少，对此有教育专家认为，这是由于孩子受到外在的不当激励所造成的。

以下哪项如果为真，最能支持上述专家的观点？

(A) 现在许多孩子迷恋电脑、手机，对书本知识感到索然无味。

(B) 野外郊游可以激发孩子的好奇心，长时间宅在家里就会产生思维惰性。

(C) 老师和家长只看考试成绩，导致孩子只知道死记硬背书本知识。

(D) 现在孩子所做的很多事情大多迫于老师、家长等的外部压力。

(E) 孩子助人为乐能获得褒奖，损人利己往往受到批评。

54～55 题基于以下题干：

某高铁线路设有"东沟""西山""南镇""北阳""中丘"5座高铁站。该线路现有甲、乙、丙、丁、戊5趟车运行。这5座高铁站中，每站恰好有3趟车停靠，且甲车和乙车停靠的站均不相同。已知：

(1) 若乙车或丙车至少有一车在"北阳"停靠，则它们均在"东沟"停靠。

(2) 若丁车在"北阳"停靠，则丙、丁和戊车均在"中丘"停靠。

(3) 若甲、乙和丙车中至少有2趟车在"东沟"停靠，则这3趟车均在"西山"停靠。

54. 根据上述信息，可以得出以下哪项？

(A) 甲车不在"中丘"停靠。

(B) 乙车不在"西山"停靠。

(C) 丙车不在"东沟"停靠。

(D) 丁车不在"北阳"停靠。

(E) 戊车不在"南镇"停靠。

55. 若没有车在每站都停靠，则可以得出以下哪项？

(A) 甲车在"南镇"停靠。

(B) 乙车在"东沟"停靠。

(C) 丙车在"西山"停靠。

(D) 丁车在"南镇"停靠。

(E) 戊车在"西山"停靠。

四、写作：第56~57小题，共65分。其中论证有效性分析30分，论说文35分。请答在答题纸相应的位置上。

56. 论证有效性分析：分析下述论证中存在的缺陷与漏洞，选择若干要点，写一篇600字左右的文章，对该论证的有效性进行分析和评论。（论证有效性分析的一般要点是：概念特别是核心概念的界定和使用是否准确并前后一致，有无各种明显的逻辑错误，论证的论据是否成立并支持结论，结论成立的条件是否充分等。）

常言道："耳听为虚，眼见为实。"其实，"眼所见者未必实"。

从哲学意义上来说，事物的表象不等于事物的真相。我们亲眼看到的，显然只是事物的表象而不是真相。只有将看到的表象加以分析，透过现象看本质，才能看到真相。换言之，我们亲眼看到的未必是真实的东西，即"眼所见者未必实"。

举例来说，人们都看到旭日东升，夕阳西下，也就是说，太阳环绕地球转。但是，这只是人们站在地球上看到的表象而已，其实这是地球自转造成的。由此可见，眼所见者未必实。

我国古代哲学家老子早就看到了这一点。他说过，人们只看到房子的"有"（有形的结构），但人们没看到的"无"（房子中无形的空间）才有实际效用。这也说明眼所见者未必实，未见者为实。

老子还说，讲究表面的礼节是"忠信之薄"的表现。韩非解释时举例说，父母和子女因为感情深厚而不讲究礼节，可见讲究礼节是感情不深的表现。现在人们把那种客气的行为称作"见外"，也是这个道理。这其实也是一种"眼所见者未必实"的现象。因此，如果你看到有人对你很客气，就认为他对你好，那就错了。

57. 论说文：根据下述材料，写一篇700字左右的论说文，题目自拟。

我国著名实业家穆藕初在《实业与教育之关系》中指出，教育最重要之点在道德教育（如责任心和公共心之养成，机械心之拔除）和科学教育（如观察力、推论力、判断力之养成）。完全受此两种教育，实业界中坚人物遂由此产生。

答案速查

题型		题号	答案
一	问题求解	1～5	(B) (C) (A) (B) (B)
		6～10	(D) (D) (D) (A) (C)
		11～15	(D) (B) (E) (E) (D)
二	条件充分性判断	16～20	(C) (D) (E) (C) (C)
		21～25	(A) (A) (E) (C) (D)
三	逻辑推理	26～30	(D) (E) (D) (C) (A)
		31～35	(C) (A) (D) (B) (B)
		36～40	(A) (E) (B) (B) (E)
		41～45	(C) (A) (E) (A) (A)
		46～50	(B) (B) (D) (E) (C)
		51～55	(C) (C) (C) (A) (C)
四	写作		56. 略　57. 略

绝密★启用前

2020年全国硕士研究生招生考试
管理类综合能力试题

(科目代码：199)

考试时间：8：30—11：30

考生注意事项

1. 答题前，考生须在试题册指定位置上填写考生姓名和考生编号；在答题卡指定位置上填写报考单位、考生姓名和考生编号，并涂写考生编号信息点。

2. 选择题的答案必须涂写在答题卡相应题号的选项上，非选择题的答案必须书写在答题卡指定位置的边框区域内。超出答题区域书写的答案无效；在草稿纸、试题册上答题无效。

3. 填(书)写部分必须使用黑色字迹签字笔或者钢笔书写，字迹工整、笔迹清楚；涂写部分必须使用2B铅笔填涂。

4. 考试结束，将答题卡和试题册按规定交回。

考生编号															
考生姓名															

一、**问题求解**：第1～15小题，每小题3分，共45分。 下列每题给出的(A)、(B)、(C)、(D)、(E)五个选项中，只有一项是符合试题要求的。 请在答题卡上将所选项的字母涂黑。

1. 某产品去年涨价10%，今年涨价20%，则该产品这两年涨价为( ).
   (A)15% (B)16% (C)30% (D)32% (E)33%

2. 设集合$A=\{x \mid |x-a|<1, x\in\mathbf{R}\}$，$B=\{x \mid |x-b|<2, x\in\mathbf{R}\}$，则$A\subset B$的充分必要条件是( ).
   (A)$|a-b|\leqslant 1$ (B)$|a-b|\geqslant 1$ (C)$|a-b|<1$
   (D)$|a-b|>1$ (E)$|a-b|=1$

3. 一项考试的总成绩由甲、乙、丙三部分组成：
   总成绩＝甲成绩×30%＋乙成绩×20%＋丙成绩×50%.
   考试通过的标准是：每部分成绩≥50分，且总成绩≥60分．已知某人甲成绩70分，乙成绩75分，且通过这项考试，则此人丙成绩分数至少是( )分．
   (A)48 (B)50 (C)55 (D)60 (E)62

4. 从1至10这10个整数中任取三个数，恰有一个质数的概率是( ).
   (A)$\frac{2}{3}$ (B)$\frac{1}{2}$ (C)$\frac{5}{12}$ (D)$\frac{2}{5}$ (E)$\frac{1}{120}$

5. 若等差数列$\{a_n\}$满足$a_1=8$，且$a_2+a_4=a_1$，则$\{a_n\}$前n项和的最大值为( ).
   (A)16 (B)17 (C)18 (D)19 (E)20

6. 已知实数x满足$x^2+\frac{1}{x^2}-3x-\frac{3}{x}+2=0$，则$x^3+\frac{1}{x^3}=($).
   (A)12 (B)15 (C)18 (D)24 (E)27

7. 设实数x,y满足$|x-2|+|y-2|\leqslant 2$，则x^2+y^2的取值范围是( ).
   (A)[2, 18] (B)[2, 20] (C)[2, 36] (D)[4, 18] (E)[4, 20]

8. 某网店对单价为55元、75元、80元的三种商品进行促销，促销策略是：每单满200元减m元，如果每单减m元的实际售价均不低于原价的8折，那么m的最大值为( ).
   (A)40 (B)41 (C)43 (D)44 (E)48

9. 某人在同一观众群体中调查了对五部电影的看法，得到数据见下表：

电影	第一部	第二部	第三部	第四部	第五部
好评率	0.25	0.5	0.3	0.8	0.4
差评率	0.75	0.5	0.7	0.2	0.6

则观众意见分歧最大的两部电影依次是( ).
(A)第一部和第三部　　　　(B)第二部和第三部　　　　(C)第二部和第五部
(D)第四部和第一部　　　　(E)第四部和第二部

10. 如右图所示，在△ABC中，∠ABC=30°，将线段 AB 绕点 B 旋转至 DB，使∠DBC=60°，则△DBC 与△ABC 的面积之比为( ). 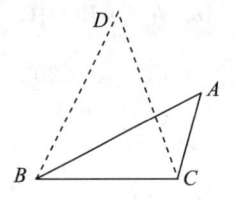
(A)1　　(B)$\sqrt{2}$　　(C)2
(D)$\frac{\sqrt{3}}{2}$　　(E)$\sqrt{3}$

11. 已知数列$\{a_n\}$满足$a_1=1$，$a_2=2$，且$a_{n+2}=a_{n+1}-a_n$ ($n=1, 2, 3, \cdots$)，则$a_{100}=$( ).
(A)1　　(B)-1　　(C)2　　(D)-2　　(E)0

12. 如右图所示，圆 O 的内接△ABC 是等腰三角形，底边 BC=6，顶角为$\frac{\pi}{4}$，则圆 O 的面积为( ). 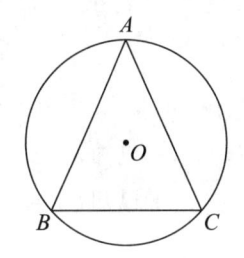
(A)12π　　　　(B)16π
(C)18π　　　　(D)32π
(E)36π

13. 甲、乙两人从一条长为 1 800 米道路的两端同时出发，往返行走．已知甲每分钟行走 100 米，乙每分钟行走 80 米，则两人第三次相遇时，甲距其出发点( )米．
(A)600　　(B)900　　(C)1 000　　(D)1 400　　(E)1 600

14. 如右图所示，A，B，C，D 两两相连，从一个节点沿线段到另一个节点当作 1 步，若机器人从节点 A 出发，随机走了 3 步，则机器人未到达过节点 C 的概率为( ). 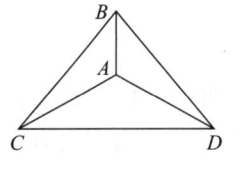
(A)$\frac{4}{9}$　　(B)$\frac{11}{27}$　　(C)$\frac{10}{27}$
(D)$\frac{19}{27}$　　(E)$\frac{8}{27}$

15. 某科室有 4 名男职员，2 名女职员，若将这 6 名职员分为 3 组，每组 2 人，且女职员不同组，则有( )种不同的分组方式．
(A)4　　(B)6　　(C)9　　(D)12　　(E)15

二、**条件充分性判断**：第 16～25 小题，每小题 3 分，共 30 分。要求判断每题给出的条件(1)和条件(2)能否充分支持题干所陈述的结论。（A）、（B）、（C）、（D）、（E）五个选项为判断结果，请选择一项符合试题要求的判断，在答题卡上将所选项的字母涂黑。

(A)条件(1)充分，但条件(2)不充分．

(B)条件(2)充分，但条件(1)不充分．

(C)条件(1)和条件(2)单独都不充分，但条件(1)和条件(2)联合起来充分．

(D)条件(1)充分，条件(2)也充分．

(E)条件(1)和条件(2)单独都不充分，条件(1)和条件(2)联合起来也不充分．

16. 在 $\triangle ABC$ 中，$\angle B = 60°$．则 $\dfrac{c}{a} > 2$．

    (1) $\angle C < 90°$．
    (2) $\angle C > 90°$．

17. 圆 $x^2 + y^2 = 2x + 2y$ 上的点到 $ax + by + \sqrt{2} = 0$ 距离的最小值大于 1．

    (1) $a^2 + b^2 = 1$．
    (2) $a > 0, b > 0$．

18. 设 a, b, c 是实数．则能确定 a, b, c 的最大值．

    (1) 已知 a, b, c 的平均值．
    (2) 已知 a, b, c 的最小值．

19. 甲、乙两种品牌的手机 20 部，任取 2 部，恰有 1 部甲品牌的概率为 P．则 $P > \dfrac{1}{2}$．

    (1) 甲品牌手机不少于 8 部．
    (2) 乙品牌手机多于 7 部．

20. 某单位计划租 n 辆车出游．则能确定出游人数．

    (1) 若租用 20 座的车辆，只有 1 辆车没坐满．
    (2) 若租用 12 座的车辆，还缺 10 个座位．

21. 在长方体中，能确定长方体对角线的长度．

    (1) 已知共顶点的三个面的面积．
    (2) 已知共顶点的三个面的对角线长度．

22. 已知甲、乙、丙三人共捐款 3 500 元．则能确定每人的捐款金额．
    (1)三人的捐款金额各不相同．
    (2)三人的捐款金额都是 500 的倍数．

23. 设函数 $f(x)=(ax-1)(x-4)$．则在 $x=4$ 左侧附近有 $f(x)<0$．
    (1)$a>\dfrac{1}{4}$．　　　　　　　(2)$a<4$．

24. 设 a，b 是正实数．则 $\dfrac{1}{a}+\dfrac{1}{b}$ 存在最小值．
    (1)已知 ab 的值．
    (2)已知 a，b 是方程 $x^2-(a+b)x+2=0$ 的不同实根．

25. 设 a，b，c，d 是正实数．则 $\sqrt{a}+\sqrt{d}\leqslant\sqrt{2(b+c)}$．
    (1)$a+d=b+c$．
    (2)$ad=bc$．

三、逻辑推理：第 26～55 小题，每小题 2 分，共 60 分。下列每题给出的(A)、(B)、(C)、(D)、(E)五个选项中，只有一项是符合试题要求的。请在答题卡上将所选项的字母涂黑。

26. 领导干部对于各种批评意见应采取有则改之、无则加勉的态度，营造言者无罪、闻者足戒的氛围。只有这样，人们才能知无不言、言无不尽。领导干部只有从谏如流并为说真话者撑腰，才能做到"兼听则明"或作出科学决策；只有乐于和善于听取各种不同意见，才能营造风清气正的政治生态。根据以上信息，可以得出以下哪项？
    (A)领导干部必须善待批评、从谏如流，为说真话者撑腰。
    (B)大多数领导干部对于批评意见能够采取有则改之、无则加勉的态度。
    (C)领导干部如果不能从谏如流，就不能作出科学决策。
    (D)只有营造言者无罪、闻者足戒的氛围，才能形成风清气正的政治生态。
    (E)领导干部只有乐于和善于听取各种不同意见，人们才能知无不言、言无不尽。

27. 某教授组织了 120 名年轻的参试者，先让他们熟悉电脑上的一个虚拟城市，然后让他们以最快速度寻找由指定地点到达关键地标的最短路线，最后再让他们识别茴香、花椒等 40 种芳香植物的气味。结果发现，寻路任务中得分较高者其嗅觉也比较灵敏。该教授由此推测，一个人空间记忆力好、方向感强，就会使其嗅觉更为灵敏。
    以下哪项如果为真，最能质疑该教授的上述推测？
    (A)大多数动物主要是靠嗅觉寻找食物、躲避天敌，其嗅觉进化有助于"导航"。
    (B)有些参试者是美食家，经常被邀请到城市各处的特色餐馆品尝美食。
    (C)部分参试者是马拉松运动员，他们经常参加一些城市举办的马拉松比赛。
    (D)在同样的测试中，该教授本人在嗅觉灵敏度和空间方向感方面都不如年轻人。
    (E)有的年轻人喜欢玩方向感要求较高的电脑游戏，因过分投入而食不知味。

28. 有学校提出,将效仿免费师范生制度,提供减免学费等优惠条件以吸引成绩优秀的调剂生,提高医学人才培养质量。有专家对此提出反对意见:医生是既崇高又辛苦的职业,要有足够的爱心和兴趣才能做好,因此,宁可招不满,也不要招收调剂生。

以下哪项最可能是上述专家论断的假设?

(A)没有奉献精神,就无法学好医学。
(B)如果缺乏爱心,就不能从事医生这一崇高的职业。
(C)调剂生往往对医学缺乏兴趣。
(D)因优惠条件而报考医学的学生往往缺乏奉献精神。
(E)有爱心并对医学有兴趣的学生不会在意是否收费。

29. 某公司为员工免费提供菊花、绿茶、红茶、咖啡和大麦茶5种饮品。现有甲、乙、丙、丁、戊5位员工,他们每人都只喜欢其中的2种饮品,且每种饮品都只有2人喜欢,已知:

(1)甲和乙喜欢菊花,且分别喜欢绿茶和红茶中的一种。
(2)丙和戊分别喜欢咖啡和大麦茶中的一种。

根据上述信息,可以得出以下哪项?

(A)甲喜欢菊花和绿茶。　　(B)乙喜欢菊花和红茶。
(C)丙喜欢红茶和咖啡。　　(D)丁喜欢咖啡和大麦茶。
(E)戊喜欢绿茶和大麦茶。

30. 考生若考试通过并且体检合格,则将被录取。因此,如果李铭考试通过,但未被录取,那么他一定体检不合格。

以下哪项与以上论证方式最为相似?

(A)若明天是节假日并且天气晴朗,则小吴将去爬山。因此,如果小吴未去爬山,那么第二天一定不是节假日或者天气不好。
(B)一个数若能被3整除且能被5整除,则这个数能被15整除。因此,一个数若能被3整除但不能被5整除,则这个数一定不能被15整除。
(C)甲单位员工若去广州出差并且是单人前往,则均乘坐高铁。因此,甲单位小吴如果去广州出差,但未乘坐高铁,那么他一定不是单人前往。
(D)若现在是春天并且雨水充沛,则这里野草丰美。因此,如果这里野草丰美,但雨水不充沛,那么现在一定不是春天。
(E)一壶茶若水质良好且温度适中,则一定茶香四溢。因此,如果这壶茶水质良好且茶香四溢,那么一定温度适中。

31~32题基于以下题干：

"立春""春分""立夏""夏至""立秋""秋分""立冬""冬至"是我国二十四节气中的八个节气，"凉风""广莫风""明庶风""条风""清明风""景风""阊阖风""不周风"是八种节风。上述八个节气与八种节风之间一一对应。已知：

(1)"立秋"对应"凉风"。
(2)"冬至"对应"不周风""广莫风"之一。
(3)若"立夏"对应"清明风"，则"夏至"对应"条风"或者"立冬"对应"不周风"。
(4)若"立夏"不对应"清明风"或者"立春"不对应"条风"，则"冬至"对应"明庶风"。

31. 根据上述信息，可以得出以下哪项？
   (A)"秋分"不对应"明庶风"。
   (B)"立冬"不对应"广莫风"。
   (C)"夏至"不对应"景风"。
   (D)"立夏"不对应"清明风"。
   (E)"春分"不对应"阊阖风"。

32. 若"春分"和"秋分"两个节气对应的节风在"明庶风"和"阊阖风"之中，则可以得出以下哪项？
   (A)"春分"对应"阊阖风"。
   (B)"秋分"对应"明庶风"。
   (C)"立春"对应"清明风"。
   (D)"冬至"对应"不周风"。
   (E)"夏至"对应"景风"。

33. 小王：在这次年终考评中，女员工的绩效都比男员工高。
   小李：这么说，新入职员工中绩效最好的还不如绩效最差的女员工。
   以下哪项如果为真，最能支持小李的上述论断？
   (A)男员工都是新入职的。
   (B)新入职的员工有些是女性。
   (C)新入职的员工都是男性。
   (D)部分新入职的女员工没有参与绩效考评。
   (E)女员工更乐意加班，而加班绩效翻倍计算。

34. 某市2018年的人口发展报告显示，该市常住人口1 170万，其中常住外来人口440万，户籍人口730万。从区级人口分布情况来看，该市G区常住人口240万，居各区之首；H区常住人口200万，位居第二；同时，这两个区也是吸纳外来人口较多的区域，两个区常住外来人口200万，占全市常住外来人口的45%以上。

根据以上陈述，可以得出以下哪个选项？

(A)该市G区的户籍人口比H区的常住外来人口多。

(B)该市H区的户籍人口比G区的常住外来人口多。

(C)该市H区的户籍人口比H区的常住外来人口多。

(D)该市G区的户籍人口比G区的常住外来人口多。

(E)该市其他各区的常住外来人口都没有G区或H区的多。

35. 移动支付如今正在北京、上海等大中城市迅速普及，但是，并非所有中国人都熟悉这种新的支付方式，许多老年人仍然习惯传统的现金交易。有专家因此断言，移动支付的迅速普及会将老年人阻挡在消费经济之外，从而影响他们晚年的生活质量。

以下哪项如果为真，最能质疑上述专家的论断？

(A)到2030年，中国60岁以上人口将增至3.2亿，老年人的生活质量将进一步引起社会关注。

(B)有许多老年人因年事已高，基本不直接进行购物消费，所需物品一般由儿女或社会提供，他们的晚年生活很幸福。

(C)国家有关部门近年来出台多项政策指出，消费者在使用现金支付被拒时可以投诉，但仍有不少商家我行我素。

(D)许多老年人已在家中或社区活动中心学会移动支付的方法以及防范网络诈骗的技巧。

(E)有些老年人视力不好，看不清手机屏幕；有些老年人记忆力不好，记不住手机支付密码。

36. 下表显示了某城市过去一周的天气情况：

星期一	星期二	星期三	星期四	星期五	星期六	星期日
东南风 1~2级 小雨	南风 4~5级 晴	无风 小雪	北风 1~2级 阵雨	无风 晴	西风 3~4级 阴	东风 2~3级 中雨

以下哪项对该城市这一周天气情况的概括最为准确？

(A)每日或者刮风，或者下雨。

(B)每日或者刮风，或者晴天。

(C)每日或者无风，或者无雨。

(D)若有风且风力超过3级，则该日是晴天。

(E)若有风且风力不超过3级，则该日不是晴天。

37～38题基于以下题干：

放假3天，小李夫妇除安排1天休息之外，其他2天准备做6件事：①购物（这件事编号为①，其他依次类推）；②看望双方父母；③郊游；④带孩子去游乐场；⑤去市内公园；⑥去电影院看电影。

他们商定：

(1)每件事均做一次，且在1天内做完，每天至少做2件事。

(2)④和⑤安排在同一天完成。

(3)②在③之前1天完成。

37. 如果③和④安排在假期的第2天，则以下哪项是可能的？

(A)①安排在第2天。 (B)②安排在第2天。

(C)休息安排在第1天。 (D)⑥安排在最后1天。

(E)⑤安排在第1天。

38. 如果假期第2天只做⑥等3件事，则可以得出以下哪项？

(A)②安排在①的前一天。

(B)①安排在休息一天之后。

(C)①和⑥安排在同一天。

(D)②和④安排在同一天。

(E)③和④安排在同一天。

39. 因业务需要，某公司欲将甲、乙、丙、丁、戊、己、庚7个部门合并到丑、寅、卯3个子公司。

已知：

(1)一个部门只能合并到一个子公司。

(2)若丁和丙中至少有一个未合并到丑公司，则戊和甲均合并到丑公司。

(3)若甲、己、庚中至少有一个未合并到卯公司，则戊合并到寅公司且丙合并到卯公司。

根据上述信息，可以得出以下哪项？

(A)甲、丁均合并到丑公司。

(B)乙、戊均合并到寅公司。

(C)乙、丙均合并到寅公司。

(D)丁、丙均合并到丑公司。

(E)庚、戊均合并到卯公司。

40. 王研究员：吃早餐对身体有害，因为吃早餐会导致皮质醇峰值更高，进而导致体内胰岛素异常，这可能引发Ⅱ型糖尿病。

李教授：事实并非如此，因为上午皮质醇水平高只是人体生理节律的表现，而不吃早餐不仅会增加患Ⅱ型糖尿病的风险，还会增加患其他疾病的风险。

以下哪项如果为真，最能支持李教授的观点？

(A)一日之计在于晨，吃早餐可以补充人体消耗，同时为一天的工作准备能量。

(B)糖尿病患者若在9点至15点之间摄入一天所需的卡路里，血糖水平就能保持基本稳定。

(C)经常不吃早餐，上午工作处于饥饿状态，不利于血糖调节，容易患上胃溃疡、胆结石等疾病。

(D)如今，人们工作繁忙，晚睡晚起现象非常普遍，很难按时吃早餐，身体常常处于亚健康状态。

(E)不吃早餐的人通常缺乏营养和健康方面的知识，容易形成不良的生活习惯。

41. 某语言学爱好者欲基于无涵义语词、有涵义语词构造合法的语句。已知：

(1)无涵义语词有a、b、c、d、e、f，有涵义语词有W、Z、X。

(2)如果两个无涵义语词通过一个有涵义语词连接，则它们构成一个有涵义语词。

(3)如果两个有涵义语词直接连接，则它们构成一个有涵义语词。

(4)如果两个有涵义语词通过一个无涵义语词连接，则它们构成一个合法的语句。

根据上述信息，以下哪项是合法的语句？

(A)aWbcdXeZ。 (B)aWbcdaZe。 (C)fXaZbZWb。

(D)aZdacdfX。 (E)XWbaZdWc。

42. 某单位拟在椿树、枣树、楝树、雪松、银杏、桃树中选择4种栽种在庭院中。已知：

(1)椿树、枣树至少种植一种。

(2)如果种植椿树，则种植楝树但不种植雪松。

(3)如果种植枣树，则种植雪松但不种植银杏。

如果庭院中种植银杏，则以下哪项是不可能的？

(A)种植椿树。 (B)种植楝树。

(C)不种植枣树。 (D)不种植雪松。

(E)不种植桃树。

43. 披毛犀化石多分布在欧亚大陆北部，我国东北平原、华北平原、西藏等地也偶有发现。披毛犀有一种独特的构造——鼻中隔，简单地说就是鼻子中间的骨头。研究发现，西藏披毛犀化石的鼻中隔只是一块不完全的硬骨，早先在亚洲北部、西伯利亚等地发现的披毛犀化石的鼻中隔要比西藏披毛犀的"完全"，这说明西藏披毛犀具有更原始的形态。

以下哪项如果为真，最能支持以上论述？

(A) 一个物种不可能有两个起源地。
(B) 西藏披毛犀化石是目前已知最早的披毛犀化石。
(C) 为了在冰雪环境中生存，披毛犀的鼻中隔经历了由软到硬的进化过程，并最终形成一块完整的骨头。
(D) 冬季的青藏高原犹如冰期动物的"训练基地"，披毛犀在这里受到耐寒训练。
(E) 随着冰期的到来，有了适应寒冷能力的西藏披毛犀走出西藏，往北迁徙。

44. 黄土高原以前植被丰富，长满大树，而现在千沟万壑，不见树木，这是植被遭破坏后水流冲刷大地造成的惨痛结果。有专家进一步分析认为，现在黄土高原不长植物，是因为这里的黄土其实都是生土。

以下哪项最有可能是上述专家推断的假设？

(A) 生土不长庄稼，只有通过土壤改造等手段才适宜种植粮食作物。
(B) 因缺少应有的投入，生土无人愿意耕种，无人耕种的土地瘠薄。
(C) 生土是水土流失造成的恶果，缺乏植物生长所需要的营养成分。
(D) 东北的黑土地中含有较厚的腐殖层，这种腐殖层适合植物的生长。
(E) 植物的生长依赖熟土，而熟土的存续依赖人类对植被的保护。

45. 日前，科学家发明了一项技术，可以把二氧化碳等物质"电成"有营养价值的蛋白粉，这项技术不像种庄稼那样需要具备合适的气温、湿度和土壤条件。他们由此认为，这项技术开辟了未来新型食物生产的新路，有助于解决全球饥饿问题。

以下各项如果为真，则除了哪项均能支持上述科学家的观点？

(A) 让二氧化碳、水和微生物一起接受电流电击，可以产生出有营养价值的食物。
(B) 粮食问题是全球性重大难题，联合国估计到2050年将有20亿人缺乏基本营养。
(C) 把二氧化碳等物质"电成"蛋白粉的技术将彻底改变农业，还能避免对环境造成的不利影响。
(D) 由二氧化碳等物质"电成"的蛋白粉，约含50%的蛋白质、25%的碳水化合物、核酸及脂肪。
(E) 未来这项技术将被引入沙漠和其他面临饥荒的地区，为解决那里的饥饿问题提供重要帮助。

46~47题基于以下题干：

某公司甲、乙、丙、丁、戊5人爱好出国旅游。去年，在日本、韩国、英国和法国4国中，他们每人都去了其中的两个国家旅游，且每个国家总有他们中的2~3人去旅游。已知：

(1)如果甲去韩国，则丁不去英国。
(2)丙和戊去年总是结伴出国旅游。
(3)丁和乙只去欧洲国家旅游。

46. 根据以上信息，可以得出以下哪项？
(A)甲去了韩国和日本。　　(B)乙去了英国和日本。　　(C)丙去了韩国和英国。
(D)丁去了日本和法国。　　(E)戊去了韩国和日本。

47. 如果5人去欧洲国家旅游的总人次与去亚洲国家的一样多，则可以得出以下哪项？
(A)甲去了日本。　　(B)甲去了英国。　　(C)甲去了法国。
(D)戊去了英国。　　(E)戊去了法国。

48. 1818年前后，纽约市规定，所有买卖的鱼油都需要经过检查，同时缴纳每桶25美元的检查费。一天，一名鱼油商人买了三桶鲸鱼油，打算把鲸鱼油制成蜡烛出售，鱼油检查员发现这些鲸鱼油根本没经过检查，根据鱼油法案，该商人需要接受检查并缴费，但该商人声称鲸鱼不是鱼，拒绝缴费，遂被告上法庭。陪审员最后支持了原告，判决该商人支付75美元检查费。

以下哪项如果为真，最能支持陪审员所作的判决？

(A)纽约市相关法律已经明确规定，"鱼油"包括鲸鱼油和其他鱼类的油。
(B)"鲸鱼不是鱼"和中国古代公孙龙的"白马非马"类似，两者都是违反常识的诡辩。
(C)19世纪的美国虽有许多人认为鲸鱼是鱼，但是也有许多人认为鲸鱼不是鱼。
(D)当时多数从事科学研究的人都肯定鲸鱼不是鱼，而律师和政客持反对意见。
(E)古希腊有先哲早就把鲸鱼归类到胎生四足动物和卵生四足动物之下，比鱼类更高一级。

49. 尽管近年来我国引进不少人才，但真正顶尖的领军人才还是凤毛麟角。就全球而言，人才特别是高层次人才紧缺已呈常态化、长期化趋势。某专家由此认为，未来10年，美国、加拿大、德国等主要发达国家对高层次人才的争夺将进一步加剧，而发展中国家的高层次人才紧缺状况更甚于发达国家。因此，我国高层次人才引进工作急需进一步加强。

以下哪项如果为真，最能加强上述专家的论证？

(A)我国理工科高层次人才紧缺程度更甚于文科。
(B)发展中国家的一般性人才不比发达国家少。
(C)我国仍然是发展中国家。
(D)人才是衡量一个国家综合国力的重要指标。
(E)我国近年来引进的领军人才数量不及美国等发达国家。

50. 移动互联网时代,人们随时都可进行数字阅读,浏览网页、读电子书是数字阅读,刷微博、朋友圈也是数字阅读。长期以来,一直有人担忧数字阅读的碎片化、表面化,但近来有专家表示,数字阅读具有重要价值,是阅读的未来发展趋势。

以下哪项如果为真,最能支持上述专家的观点?

(A) 长有长的用处,短有短的好处,不求甚解的数字阅读也未尝不可,说不定在未来某一时刻,当初阅读的信息就会浮现出来,对自己的生活产生影响。

(B) 当前人们越来越多地通过数字阅读了解热点信息,通过网络进行相互交流,但网络交流者常常伪装或者匿名,可能会提供虚假信息。

(C) 有些网络读书平台能够提供精致的读书服务,他们不仅帮你选书,而且帮你读书,你只需"听"即可,但用"听"的方式去读书,效率较低。

(D) 数字阅读容易挤占纸质阅读的时间,毕竟纸质阅读具有系统、全面、健康、不依赖电子设备等优点,仍将是阅读的主要方式。

(E) 数字阅读便于信息筛选,阅读者能在短时间内对相关信息进行初步了解,也可以此为基础作深入了解,相关网络阅读服务平台近几年已越来越多。

51. 某街道的综合部、建设部、平安部和民生部4个部门,需要负责街道的秩序、安全、环境、协调4项工作。每个部门只负责其中的一项工作,且各部门负责的工作各不相同。已知:

(1) 如果建设部负责环境或秩序,则综合部负责协调或秩序。
(2) 如果平安部负责环境或协调,则民生部负责协调或秩序。

根据以上信息,以下哪项工作安排是可能的?

(A) 建设部负责环境,平安部负责协调。
(B) 建设部负责秩序,民生部负责协调。
(C) 综合部负责安全,民生部负责协调。
(D) 民生部负责安全,综合部负责秩序。
(E) 平安部负责安全,建设部负责秩序。

52. 学问的本来意义与人的生命、生活有关。但是,如果学问成为口号或者教条,就会失去其本来的意义。因此,任何学问都不应该成为口号或教条。

以下哪项与上述论证方式最为相似?

(A) 椎间盘是没有血液循环的组织。但是,如果要确保其功能正常运转,就需依靠其周围流过的血液提供养分。因此,培养功能正常运转的人工椎间盘应该很困难。

(B) 大脑会改编现实经历。但是,如果大脑只是储存现实经历的"文件柜",就不会对其进行改编。因此,大脑不应该只是储存现实经历的"文件柜"。

(C) 人工智能应该可以判断黑猫和白猫都是猫。但是,如果人工智能不预先"消化"大量照片,就无从判断黑猫和白猫都是猫。因此,人工智能必须预先"消化"大量照片。

(D) 机器人没有人类的弱点和偏见。但是,只有数据得到正确采集和分析,机器人才不会"主观臆断"。因此,机器人应该也有类似的弱点和偏见。

(E) 历史包含必然性。但是,如果坚信历史只包含必然性,就会阻止我们用不断积累的历史数据去证实或证伪它。因此,历史不应该只包含必然性。

53. 人非生而知之者，孰能无惑？惑而不从师，其为惑也，终不解矣。生乎吾前，其闻道也固先乎吾，吾从而师之；生乎吾后，其闻道也亦先乎吾，吾从而师之。吾师道也，夫庸知其年之先后生于吾乎？是故无贵无贱，无长无少，道之所存，师之所存也。

根据以上信息，可以得出以下哪项？

(A)与吾生乎同时，其闻道也必先乎吾。

(B)师之所存，道之所存也。

(C)无贵无贱，无长无少，皆为吾师。

(D)与吾生乎同时，其闻道不必先乎吾。

(E)若解惑，必从师。

54～55题基于以下题干：

某项测试共有4道题，每道题给出A、B、C、D四个选项，其中只有一项是正确答案。现有张、王、赵、李4人参加了测试，他们的答题情况和测试结果见下表：

答题者	第一题	第二题	第三题	第四题	测试结果
张	A	B	A	B	均不正确
王	B	D	B	C	只答对1题
赵	D	A	A	B	均不正确
李	C	C	B	D	只答对1题

54. 根据以上信息，可以得出以下哪项？

(A)第二题的正确答案是C。

(B)第二题的正确答案是D。

(C)第三题的正确答案是D。

(D)第四题的正确答案是A。

(E)第四题的正确答案是D。

55. 如果每道题的正确答案各不相同，则可以得出以下哪项？

(A)第一题的正确答案是B。

(B)第一题的正确答案是C。

(C)第二题的正确答案是D。

(D)第二题的正确答案是A。

(E)第三题的正确答案是C。

四、写作：第56～57小题，共65分。其中论证有效性分析30分，论说文35分。请答在答题纸相应的位置上。

56. 论证有效性分析：分析下述论证中存在的缺陷与漏洞，选择若干要点，写一篇600字左右的文章，对该论证的有效性进行分析和评论。（论证有效性分析的一般要点是：概念特别是核心概念的界定和使用是否准确并前后一致，有无各种明显的逻辑错误，论证的论据是否成立并支持结论，结论成立的条件是否充分等。）

北京将联手张家口共同举办2022年冬季奥运会，中国南方的一家公司决定在本地投资设立一家商业性的冰雪运动中心。这家公司认为，该中心一旦投入运营，将获得可观的经济效益，这是因为：

北京与张家口共同举办冬奥会，必然会在中国掀起一股冰雪运动热潮。中国南方许多人从未有过冰雪运动的经历，会出于好奇心而投身于冰雪运动。这正是一个千载难逢的绝好商机，不能轻易错过。

而且，冰雪运动与广场舞、跑步等不一样，需要一定的运动用品，例如冰鞋、滑雪板与运动服装，等等。这些运动用品价格不菲而具有较高的商业利润。如果在开展商业性冰雪运动的同时也经营冬季运动用品，则公司可以获得更多的利润。

另外，目前中国网络购物已经成为人们的生活习惯，但相对于网络商业，人们更青睐直接体验式的商业模态，而商业性冰雪运动正是直接体验式的商业模态，无疑具有光明的前景。

57. 论说文：根据下述材料，写一篇700字左右的论说文，题目自拟。

据报道，美国航天飞机"挑战者"号采用了斯沃克公司的零配件，该公司的密封圈技术专家博易斯乔利多次向公司高层提醒：低温会导致橡胶密封圈脆裂而引发重大事故。但是，这一意见一直没有受到重视。1986年1月27日，佛罗里达州卡纳维拉尔角发射场的气温降到零度以下，美国宇航局再次打电话给斯沃克公司，询问其对航天飞机的发射还有没有疑虑之处。为此，斯沃克公司召开会议，博易斯乔利坚持认为不能发射，但公司高层认为他所持理由还不够充分，于是同意宇航局发射。1月28日上午，航天飞机离开发射平台，仅过了73秒，悲剧就发生了。

答案速查

题型		题号	答案
一	问题求解	1～5	(D) (A) (B) (B) (E)
		6～10	(C) (B) (B) (C) (E)
		11～15	(B) (C) (D) (E) (D)
二	条件充分性判断	16～20	(B) (C) (E) (C) (E)
		21～25	(D) (E) (A) (A) (A)
三	逻辑推理	26～30	(C) (A) (C) (D) (C)
		31～35	(B) (E) (C) (A) (B)
		36～40	(E) (A) (C) (D) (C)
		41～45	(A) (E) (C) (C) (B)
		46～50	(E) (A) (A) (C) (E)
		51～55	(E) (B) (E) (D) (A)
四	写作		56. 略 57. 略

绝密★启用前

2019 年全国硕士研究生招生考试
管理类综合能力试题

(科目代码：199)

考试时间：8：30—11：30

考生注意事项

1. 答题前，考生须在试题册指定位置上填写考生姓名和考生编号；在答题卡指定位置上填写报考单位、考生姓名和考生编号，并涂写考生编号信息点。
2. 选择题的答案必须涂写在答题卡相应题号的选项上，非选择题的答案必须书写在答题卡指定位置的边框区域内。超出答题区域书写的答案无效；在草稿纸、试题册上答题无效。
3. 填(书)写部分必须使用黑色字迹签字笔或者钢笔书写，字迹工整、笔迹清楚；涂写部分必须使用2B铅笔填涂。
4. 考试结束，将答题卡和试题册按规定交回。

考生编号														
考生姓名														

一、**问题求解**：第1～15小题，每小题3分，共45分。下列每题给出的(A)、(B)、(C)、(D)、(E)五个选项中，只有一项是符合试题要求的。请在答题卡上将所选项的字母涂黑。

1. 某车间计划10天完成一项任务，工作3天后因故停工2天．若仍要按原计划完成任务，则工作效率需要提高( )．

   (A)20% (B)30% (C)40% (D)50% (E)60%

2. 设函数 $f(x)=2x+\dfrac{a}{x^2}(a>0)$ 在 $(0,+\infty)$ 内的最小值为 $f(x_0)=12$，则 $x_0=$( )．

   (A)5 (B)4 (C)3 (D)2 (E)1

3. 某影城统计了一季度的观众人数，如右图所示，则一季度的男、女观众人数之比为( )．

   (A)3∶4 (B)5∶6 (C)12∶13
   (D)13∶12 (E)4∶3

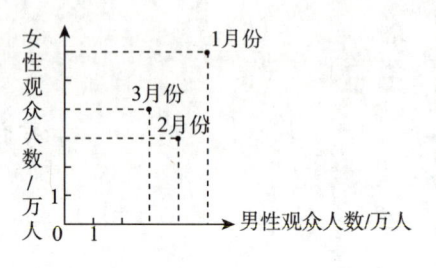

4. 设实数 a,b 满足 $ab=6$，$|a+b|+|a-b|=6$，则 $a^2+b^2=$( )．

   (A)10 (B)11 (C)12 (D)13 (E)14

5. 设圆 C 与圆 $(x-5)^2+y^2=2$ 关于直线 $y=2x$ 对称，则圆 C 的方程为( )．

   (A)$(x-3)^2+(y-4)^2=2$ (B)$(x+4)^2+(y-3)^2=2$
   (C)$(x-3)^2+(y+4)^2=2$ (D)$(x+3)^2+(y+4)^2=2$
   (E)$(x+3)^2+(y-4)^2=2$

6. 将一批树苗种在一个正方形花园的边上，四角都种．如果每隔3米种一棵，那么剩余10棵树苗；如果每隔2米种一棵，那么恰好种满正方形的3条边，则这批树苗有( )棵．

   (A)54 (B)60 (C)70 (D)82 (E)94

7. 在分别标记了数字1，2，3，4，5，6的6张卡片中，甲随机抽取1张后，乙从余下的卡片中再随机抽取2张，乙的卡片数字之和大于甲的卡片数字的概率为( )．

   (A)$\dfrac{11}{60}$ (B)$\dfrac{13}{60}$ (C)$\dfrac{43}{60}$ (D)$\dfrac{47}{60}$ (E)$\dfrac{49}{60}$

8. 10名同学的语文和数学成绩见下表：

语文成绩	90	92	94	88	86	95	87	89	91	93
数学成绩	94	88	96	93	90	85	84	80	82	98

语文和数学成绩的均值分别记为 E_1 和 E_2，标准差分别记为 σ_1 和 σ_2，则（ ）．
(A) $E_1 > E_2$，$\sigma_1 > \sigma_2$ (B) $E_1 > E_2$，$\sigma_1 < \sigma_2$ (C) $E_1 > E_2$，$\sigma_1 = \sigma_2$
(D) $E_1 < E_2$，$\sigma_1 > \sigma_2$ (E) $E_1 < E_2$，$\sigma_1 < \sigma_2$

9. 如右图所示，正方体位于半径为3的球内，且一面位于球的大圆上，则正方体表面积最大为（ ）．
(A) 12 (B) 18 (C) 24
(D) 30 (E) 36

10. 在 $\triangle ABC$ 中，$AB=4$，$AC=6$，$BC=8$，D 为 BC 的中点，则 $AD=$（ ）．
(A) $\sqrt{11}$ (B) $\sqrt{10}$ (C) 3 (D) $2\sqrt{2}$ (E) $\sqrt{7}$

11. 某单位要铺设草坪，若甲、乙两公司合作需要6天完成，工时费共计2.4万元；若甲公司单独做4天后由乙公司接着做9天完成，工时费共计2.35万元．若由甲公司单独完成该项目，则工时费共计（ ）万元．
(A) 2.25 (B) 2.35 (C) 2.4 (D) 2.45 (E) 2.5

12. 如右图所示，六边形 $ABCDEF$ 是平面与棱长为2的正方体所截得到的，若 A，B，D，E 分别为相应棱的中点，则六边形 $ABCDEF$ 的面积为（ ）．
(A) $\dfrac{\sqrt{3}}{2}$ (B) $\sqrt{3}$
(C) $2\sqrt{3}$ (D) $3\sqrt{3}$
(E) $4\sqrt{3}$

13. 货车行驶 72 km 用时 1 h，其速度 v 与行驶时间 t 的关系如右图所示，则 $v_0=$（ ）．
(A) 72 (B) 80 (C) 90
(D) 95 (E) 100

14. 某中学的5个学科各推荐2名教师作为支教候选人，若从中选派来自不同学科的2人参加支教工作，则不同的选派方式有（ ）种．
(A) 20 (B) 24 (C) 30 (D) 40 (E) 45

15. 设数列 $\{a_n\}$ 满足 $a_1=0$，$a_{n+1}-2a_n=1$，则 $a_{100}=$（ ）．
(A) $2^{99}-1$ (B) 2^{99} (C) $2^{99}+1$ (D) $2^{100}-1$ (E) $2^{100}+1$

二、**条件充分性判断**：第 16～25 小题，每小题 3 分，共 30 分。要求判断每题给出的条件(1)和条件(2)能否充分支持题干所陈述的结论。(A)、(B)、(C)、(D)、(E)五个选项为判断结果，请选择一项符合试题要求的判断，在答题卡上将所选项的字母涂黑。

(A)条件(1)充分，但条件(2)不充分．

(B)条件(2)充分，但条件(1)不充分．

(C)条件(1)和条件(2)单独都不充分，但条件(1)和条件(2)联合起来充分．

(D)条件(1)充分，条件(2)也充分．

(E)条件(1)和条件(2)单独都不充分，条件(1)和条件(2)联合起来也不充分．

16. 甲、乙、丙三人各自拥有不超过 10 本图书，甲再购入 2 本图书后，他们拥有的图书数量能构成等比数列．则能确定甲拥有图书的数量．

    (1)已知乙拥有的图书数量．
    (2)已知丙拥有的图书数量．

17. 有甲、乙两袋奖券，获奖率分别是 p 和 q．某人从两袋中各随机抽取 1 张奖券．则此人获奖的概率不小于 $\frac{3}{4}$．

    (1)已知 $p+q=1$.
    (2)已知 $pq=\frac{1}{4}$.

18. 直线 $y=kx$ 与圆 $x^2+y^2-4x+3=0$ 有两个交点．

    (1) $-\frac{\sqrt{3}}{3}<k<0$.
    (2) $0<k<\frac{\sqrt{2}}{2}$.

19. 能确定小明的年龄．

    (1)小明的年龄是完全平方数．
    (2)20 年后小明的年龄是完全平方数．

20. 关于 x 的方程 $x^2+ax+b-1=0$ 有实根．

    (1) $a+b=0$.
    (2) $a-b=0$.

21. 如右图所示，已知正方形 $ABCD$ 的面积，O 为 BC 上一点，P 为 AO 的中点，Q 为 DO 上一点．则能确定三角形 PQD 的面积．

    (1) O 为 BC 的三等分点．
    (2) Q 为 DO 的三等分点．

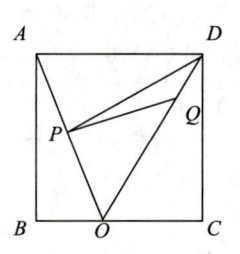

22. 设 n 为正整数．则能确定 n 除以 5 的余数．
    (1)已知 n 除以 2 的余数．
    (2)已知 n 除以 3 的余数．

23. 某校理学院五个系每年的录取人数见下表：

系别	数学系	物理系	化学系	生物系	地学系
录取人数	60	120	90	60	30

今年与去年相比，物理系的录取平均分没变．则理学院的录取平均分升高了．
    (1)数学系的录取平均分升高了 3 分，生物系的录取平均分降低了 2 分．
    (2)化学系的录取平均分升高了 1 分，地学系的录取平均分降低了 4 分．

24. 设三角区域 D 由直线 $x+8y-56=0$，$x-6y+42=0$ 与 $kx-y+8-6k=0(k<0)$ 围成．则对任意的 $(x,y)\in D$，有 $\lg(x^2+y^2)\leq 2$.
    (1)$k\in(-\infty,-1]$.   (2)$k\in\left[-1,-\dfrac{1}{8}\right)$.

25. 设数列 $\{a_n\}$ 的前 n 项和为 S_n．则数列 $\{a_n\}$ 是等差数列．
    (1)$S_n=n^2+2n$，$n=1,2,3,\cdots$.
    (2)$S_n=n^2+2n+1$，$n=1,2,3,\cdots$.

三、逻辑推理：第 26～55 小题，每小题 2 分，共 60 分。下列每题给出的(A)、(B)、(C)、(D)、(E)五个选项中，只有一项是符合试题要求的。请在答题卡上将所选项的字母涂黑。

26. 新常态下，消费需求发生深刻变化，消费拉开档次，个性化、多样化消费渐成主流。在相当一部分消费者那里，对产品质量的追求压倒了对价格的考虑。供给侧结构性改革，说到底是满足需求。低质量的产能必然会过剩，而顺应市场需求不断更新换代的产能不会过剩。
    根据以上陈述，可以得出以下哪项？
    (A)只有质优价高的产品才能满足需求。
    (B)顺应市场需求不断更新换代的产能不是低质量的产能。
    (C)低质量的产能不能满足个性化需求。
    (D)只有不断更新换代的产品才能满足个性化、多样化消费的需求。
    (E)新常态下，必须进行供给侧结构性改革。

27. 据碳-14检测，卡皮瓦拉山岩画的创作时间最早可追溯到3万年前。在文字尚未出现的时代，岩画是人类沟通交流、传递信息、记录日常生活的主要方式。于是今天的我们可以在这些岩画中看到：一位母亲将孩子举起嬉戏，一家人在仰望并试图碰触头上的星空……动物是岩画的另一个主角，比如巨型犰狳、马鹿、螃蟹等。在许多画面中，人们手持长矛，追逐着前方的猎物。由此可以推断，此时的人类已经居于食物链的顶端。

以下哪项如果为真，最能支持上述推断？

(A)岩画中出现的动物一般是当时人类捕猎的对象。

(B)3万年前，人类需要避免自己被虎、豹等大型食肉动物猎杀。

(C)能够使用工具使得人类可以猎杀其他动物，而不是相反。

(D)有了岩画，人类可以将生活经验保留下来供后代学习，这极大地提高了人类的生存能力。

(E)对星空的敬畏是人类脱离动物、产生宗教的动因之一。

28. 李诗、王悦、杜舒、刘默是唐诗宋词的爱好者，在唐朝诗人李白、杜甫、王维、刘禹锡中4人各喜爱其中一位，且每人喜爱的唐诗作者不与自己同姓。关于他们4人，已知：

(1)如果爱好王维的诗，那么也爱好辛弃疾的词。

(2)如果爱好刘禹锡的诗，那么也爱好岳飞的词。

(3)如果爱好杜甫的诗，那么也爱好苏轼的词。

如果李诗不爱好苏轼和辛弃疾的词，则可以得出以下哪项？

(A)杜舒爱好辛弃疾的词。　　(B)王悦爱好苏轼的词。

(C)刘默爱好苏轼的词。　　(D)李诗爱好岳飞的词。

(E)杜舒爱好岳飞的词。

29. 人们一直在争论猫与狗谁更聪明。最近，有些科学家不仅研究了动物脑容量的大小，还研究了其大脑皮层神经细胞的数量，发现猫平常似乎总摆出一副智力占优的神态，但猫的大脑皮层神经细胞的数量只有普通金毛犬的一半。由此，他们得出结论：狗比猫更聪明。

以下哪项最可能是上述科学家得出结论的假设？

(A)狗善于与人类合作，可以充当导盲犬、陪护犬、搜救犬、警犬等，就对人类的贡献而言，狗能做的似乎比猫多。

(B)狗可能继承了狼结群捕猎的特点，为了互相配合，它们需要做出一些复杂行为。

(C)动物大脑皮层神经细胞的数量与动物的聪明程度呈正相关。

(D)猫的脑神经细胞数量比狗少，是因为猫不像狗那样"爱交际"。

(E)棕熊的脑容量是金毛犬的3倍，但其脑神经细胞的数量却少于金毛犬，与猫很接近，而棕熊的脑容量却是猫的10倍。

30～31题基于以下题干：

某单位拟派遣3名德才兼备的干部到西部山区进行精准扶贫。报名者踊跃，经过考察，最终确定了陈甲、傅乙、赵丙、邓丁、刘戊、张己6名候选人。根据工作需要，派遣还需要满足以下条件：

(1)若派遣陈甲，则派遣邓丁但不派遣张己。

(2)若傅乙、赵丙至少派遣1人，则不派遣刘戊。

30. 以下哪项的派遣人选和上述条件不矛盾？

(A)赵丙、邓丁、刘戊。　　(B)陈甲、傅乙、赵丙。　　(C)傅乙、邓丁、刘戊。
(D)邓丁、刘戊、张己。　　(E)陈甲、赵丙、刘戊。

31. 如果陈甲、刘戊至少派遣1人，则可以得出以下哪项？

(A)派遣刘戊。　　(B)派遣赵丙。　　(C)派遣陈甲。
(D)派遣傅乙。　　(E)派遣邓丁。

32. 近年来，手机、电脑的使用导致工作与生活界限日益模糊，人们的平均睡眠时间一直在减少，熬夜已成为现代人生活的常态。科学研究表明，熬夜有损身体健康，睡眠不足不仅仅是多打几个哈欠那么简单。有科学家据此建议，人们应该遵守作息规律。

以下哪项如果为真，最能支持上述科学家所作的建议？

(A)长期睡眠不足会导致高血压、糖尿病、肥胖症、抑郁症等多种疾病，严重时还会造成意外伤害或死亡。

(B)缺乏睡眠会降低体内脂肪调节瘦素激素的水平，同时增加饥饿激素，容易导致暴饮暴食、体重增加。

(C)熬夜会让人的反应变慢、认知退步、思维能力下降，还会引发情绪失控，影响与他人的交流。

(D)所有的生命形式都需要休息与睡眠。在人类进化过程中，睡眠这个让人短暂失去自我意识、变得极其脆弱的过程并未被大自然淘汰。

(E)睡眠是身体的自然美容师，与那些睡眠充足的人相比，睡眠不足的人看上去面容憔悴，缺乏魅力。

33. 有一论证(相关语句用序号表示)如下：

①今天，我们仍然要提倡勤俭节约。

②节约可以增加社会保障资源。

③我国尚有不少地区的人民生活贫困，亟需更多社会保障资源，但也有一些人浪费严重。

④节约可以减少资源消耗。

⑤因为被浪费的任何粮食或者物品都是消耗一定的资源得来的。

如果用"甲→乙"表示甲支持(或证明)乙，则以下哪项对上述论证基本结构的表示最为准确？

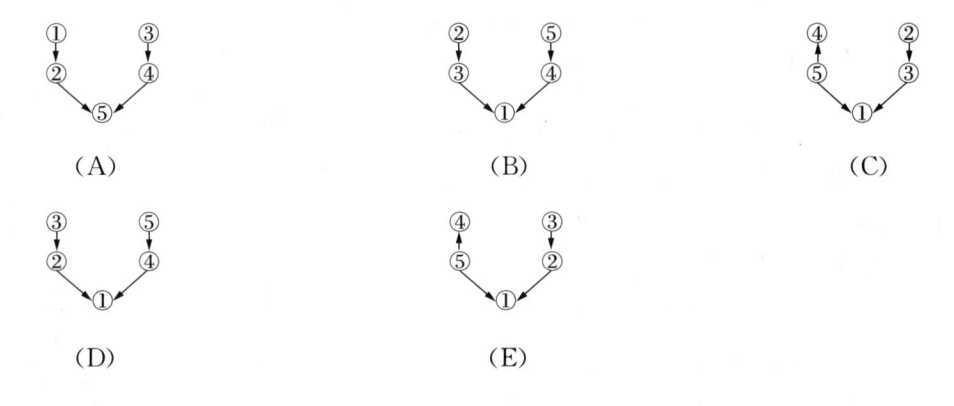

(A) ①→②, ③→④, →⑤

(B) ②→⑤, ③→④, →①

(C) ④→②, ⑤→③, →①

(D) ③→⑤, ②→④, →①

(E) ④→③, ⑤→②, →①

34. 研究人员使用脑电图技术研究了母亲给婴儿唱童谣时两人的大脑活动，发现当母亲与婴儿对视时，双方的脑电波趋于同步，此时婴儿也会发出更多的声音尝试与母亲沟通。他们据此认为，母亲与婴儿对视有助于婴儿的学习与交流。

以下哪项如果为真，最能支持上述研究人员的观点？

(A)在两个成年人交流时，如果他们的脑电波同步，交流就会更顺畅。
(B)当父母与孩子互动时，双方的情绪与心率可能也会同步。
(C)当部分学生对某学科感兴趣时，他们的脑电波会渐趋同步，学习效果也随之提升。
(D)当母亲与婴儿对视时，他们都在发出信号，表明自己可以且愿意与对方交流。
(E)脑电波趋于同步可优化双方的对话状态，使交流更加默契，增进彼此了解。

35. 本保险柜所有密码都是4个阿拉伯数字和4个英文字母的组合，已知：
(1)若4个英文字母不连续排列，则密码组合中的数字之和大于15。
(2)若4个英文字母连续排列，则密码组合中的数字之和等于15。
(3)密码组合中的数字之和或者等于18，或者小于15。
根据上述信息，以下哪项是可能的密码组合？

(A)1adbe356。　　　　(B)37ab26dc。　　　　(C)2acgf716。
(D)58bcde32。　　　　(E)18ac42de。

36. 有一6×6的方阵，如下图所示，它所含的每个小方格中可填入一个汉字，已有部分汉字填入。现要求该方阵中的每行每列均含有礼、乐、射、御、书、数6个汉字，不能重复也不能遗漏。

	乐		御	书	
			乐		
射	御	书		礼	
	射			数	礼
御		数			射
					书

根据上述要求，以下哪项是方阵底行5个空格中从左至右依次应填入的汉字？

(A)数、礼、乐、射、御。　　　　(B)乐、数、御、射、礼。
(C)数、礼、乐、御、射。　　　　(D)乐、礼、射、数、御。
(E)数、御、乐、射、礼。

37. 某市音乐节设立了流行、民谣、摇滚、民族、电音、说唱、爵士这7大类的奖项评选。在入围提名中，已知：

　　(1)至少有6类入围。

　　(2)流行、民谣、摇滚中至多有2类入围。

　　(3)如果摇滚和民族类都入围，则电音和说唱中至少有1类没有入围。

　　根据上述信息，可以得出以下哪项？

　　(A)流行类没有入围。　　(B)民谣类没有入围。　　(C)摇滚类没有入围。

　　(D)爵士类没有入围。　　(E)电音类没有入围。

38. 某大学有位女教师默默资助一偏远山区的贫困家庭长达15年。记者多方打听，发现做好事者是该大学传媒学院甲、乙、丙、丁、戊5位教师中的一位。在接受记者采访时，5位教师都很谦虚，他们是这么对记者说的：

　　甲："这件事是乙做的。"

　　乙："我没有做，是丙做了这件事。"

　　丙："我并没有做这件事。"

　　丁："我也没有做这件事，是甲做的。"

　　戊："如果甲没有做，则丁也不会做。"

　　记者后来得知，上述5位教师中只有一人说的话符合真实情况。

　　根据以上信息，可以得出做这件好事的人是：

　　(A)甲。　　(B)乙。　　(C)丙。

　　(D)丁。　　(E)戊。

39. 作为一名环保爱好者，赵博士提倡低碳生活，积极宣传节能减排。但我不赞同他的做法，因为作为一名大学老师，他这样做，占用了大量的科研时间，到现在连副教授都没评上，他的观点怎么能令人信服呢？

　　以下哪项论证中的错误和上述最为相似？

　　(A)张某提出要同工同酬，主张在质量相同的情况下，不分年龄、级别一律按件计酬。她这样说不就是因为她年轻、级别低吗？其实她是在为自己谋利益。

　　(B)公司的绩效奖励制度是为了充分调动广大员工的积极性，它对所有员工都是公平的。如果有人对此有不同的意见，则说明他反对公平。

　　(C)最近听说你对单位的管理制度提了不少意见，这真令人难以置信！单位领导对你差吗？你这样做，分明是和单位领导过不去。

　　(D)单位任命李某担任信息科科长，听说你对此有意见。大家都没有提意见，只有你一个人有意见，看来你的意见是有问题的。

　　(E)有一种观点认为，只有直接看到的事物才能确信其存在。但是没有人可以看到质子、电子，而这些都被科学证明是客观存在的。所以，该观点是错误的。

40. 下面6张卡片，如下图所示，一面印的是汉字(动物或者花卉)，一面印的是数字(奇数或者偶数)。

| 虎 | 6 | 菊 | 7 | 鹰 | 8 |

对于上述6张卡片，如果要验证"每张至少有一面印的是偶数或者花卉"，至少需要翻看几张卡片？
(A)2。　　　　　　　　　(B)3。　　　　　　　　　(C)4。
(D)5。　　　　　　　　　(E)6。

41. 某地人才市场招聘保洁、物业、网管、销售4种岗位的从业者，有甲、乙、丙、丁4位年轻人前来应聘。事后得知，每人只选择一种岗位应聘，且每种岗位都有其中一人应聘。另外，还知道：
(1)如果丁应聘网管，那么甲应聘物业。
(2)如果乙不应聘保洁，那么甲应聘保洁且丙应聘销售。
(3)如果乙应聘保洁，那么丙应聘销售，丁也应聘保洁。
根据以上陈述，可以得出以下哪项？
(A)甲应聘网管岗位。　　　(B)丙应聘保洁岗位。　　　(C)甲应聘物业岗位。
(D)乙应聘网管岗位。　　　(E)丁应聘销售岗位。

42. 旅游是一种独特的文化体验。游客可以跟团游，也可以自由行。自由行游客虽避免了跟团游的集体束缚，但也放弃了人工导游的全程讲解，而近年来他们了解旅游景点的文化需求却有增无减。为适应这一市场需求，基于手机平台的多款智能导游App被开发出来。它们可定位用户位置，自动提供景点讲解、游览问答等功能。有专家就此指出，未来智能导游必然会取代人工导游，传统的导游职业行将消亡。
以下哪项如果为真，最能质疑上述专家的论断？
(A)至少有95%的国外景点所配备的导游讲解器没有中文语音，中国出境游客因为语言和文化上的差异，对智能导游App的需求比较强烈。
(B)旅行中才会使用的智能导游App，如何保持用户黏性、未来又如何取得商业价值等都是待解问题。
(C)好的人工导游可以根据游客需求进行不同类型的讲解，不仅关注景点，还可表达观点，个性化很强，这是智能导游App难以企及的。
(D)目前发展较好的智能导游App用户量在百万级左右，这与当前中国旅游人数总量相比还只是一个很小的比例，市场还没有培养出用户的普遍消费习惯。
(E)国内景区配备的人工导游需要收费，大部分导游讲解的内容都是事先背好的标准化内容。但是，即便人工导游没有特色，其退出市场也需要一定的时间。

43. 甲：上周去医院，给我看病的医生竟然还在抽烟。
    乙：所有抽烟的医生都不关心自己的健康，而不关心自己健康的人也不会关心他人的健康。
    甲：是的，不关心他人健康的医生没有医德，我今后再也不会让没有医德的医生给我看病了。
    根据上述信息，以下除了哪项，其余各项均可得出？
    (A)甲认为他不会再找抽烟的医生看病。
    (B)乙认为上周给甲看病的医生不会关心乙的健康。
    (C)甲认为上周给他看病的医生不关心医生自己的健康。
    (D)甲认为上周给他看病的医生不会关心甲的健康。
    (E)乙认为上周给甲看病的医生没有医德。

44. 得道者多助，失道者寡助。寡助之至，亲戚畔之。多助之至，天下顺之。以天下之所顺，攻亲戚之所畔，故君子有不战，战必胜矣。
    以下哪项是上述论证所隐含的前提？
    (A)得道者多，则天下太平。   (B)君子是得道者。
    (C)得道者必胜失道者。   (D)失道者必定得不到帮助。
    (E)失道者亲戚畔之。

45. 如今，孩子写作业不仅仅是他们自己的事，大多数中小学生的家长都要面临陪孩子写作业的任务，包括给孩子听写、检查作业、签字等。据一项针对3 000余名家长进行的调查显示，84%的家长每天都会陪孩子写作业，而67%的受访家长会因陪孩子写作业而烦恼。有专家对此指出，家长陪孩子写作业，相当于充当学校老师的助理，让家庭成为课堂的延伸，会对孩子的成长产生不利影响。
    以下哪项如果为真，最能支持上述专家的论断？
    (A)家长是最好的老师，家长辅导孩子获得各种知识本来就是家庭教育的应有之义，对于中低年级的孩子，学习过程中的父母陪伴尤为重要。
    (B)家长通常有自己的本职工作，有的晚上要加班，有的即使晚上回家也需要研究工作、操持家务，一般难有精力认真完成学校老师布置的"家长作业"。
    (C)家长陪孩子写作业，会使得孩子在学习中缺乏独立性和主动性，整天处于老师和家长的双重压力下，既难生发学习兴趣，更难养成独立人格。
    (D)大多数家长在孩子教育上并不是行家，他们或者早已遗忘了自己曾经学过的知识，或者根本不知道如何将自己拥有的知识传授给孩子。
    (E)家长辅导孩子，不应围绕老师布置的作业，而应着重激发孩子的学习兴趣，培养孩子良好的学习习惯，让孩子在成长中感到新奇、快乐。

46. 我国天山是垂直地带性的典范。已知天山的植被形态分布具有如下特点：
   (1)从低到高有荒漠、森林带、冰雪带等。
   (2)只有经过山地草原，荒漠才能演变成森林带。
   (3)如果不经过森林带，山地草原就不会过渡到山地草甸。
   (4)山地草甸的海拔不比山地草甸草原的低，也不比高寒草甸高。
   根据以上信息，关于天山植被形态，按照由低到高排列，以下哪项是不可能的？
   (A)荒漠、山地草原、山地草甸草原、森林带、山地草甸、高寒草甸、冰雪带。
   (B)荒漠、山地草原、山地草甸草原、高寒草甸、森林带、山地草甸、冰雪带。
   (C)荒漠、山地草甸草原、山地草原、森林带、山地草甸、高寒草甸、冰雪带。
   (D)荒漠、山地草原、山地草甸草原、森林带、山地草甸、冰雪带、高寒草甸。
   (E)荒漠、山地草原、森林带、山地草甸草原、山地草甸、高寒草甸、冰雪带。

47. 某大学读书会开展"一月一书"活动。读书会成员甲、乙、丙、丁、戊 5 人在《论语》《史记》《唐诗三百首》《奥德赛》《资本论》中各选一种阅读，互不重复。已知：
   (1)甲爱读历史，会在《史记》和《奥德赛》中选一本。
   (2)乙和丁只爱读中国古代经典，但现在都没有读诗的心情。
   (3)如果乙选《论语》，则戊选《史记》。
   事实上，每个人都选了自己喜爱的书目。
   根据上述信息，可以得出以下哪项？
   (A)甲选《史记》。　　(B)乙选《奥德赛》。　　(C)丙选《唐诗三百首》。
   (D)丁选《论语》。　　(E)戊选《资本论》。

48. 如果一个人只为自己劳动，他也许能够成为著名学者、大哲人、卓越诗人，然而他永远不能成为完美无瑕的伟大人物。如果我们选择了最能为人类福利而劳动的职业，那么，重担就不能把我们压倒，因为这是为大家而献身；那时我们所感到的就不是可怜的、有限的、自私的乐趣，我们的幸福将属于千百万人，我们的事业将默默地、但是永恒发挥作用地存在下去，而面对我们的骨灰，高尚的人们将洒下热泪。
   根据以上陈述，可以得出以下哪项结论？
   (A)如果一个人只为自己劳动，不是为大家而献身，那么重担就能将他压倒。
   (B)如果我们为大家而献身，我们的幸福将属于千百万人，面对我们的骨灰，高尚的人们将洒下热泪。
   (C)如果我们没有选择最能为人类福利而劳动的职业，我们所感到的就是可怜的、有限的、自私的乐趣。
   (D)如果选择了最能为人类福利而劳动的职业，我们就不但能够成为著名学者、大哲人、卓越诗人，而且还能够成为完美无瑕的伟大人物。
   (E)如果我们只为自己劳动，我们的事业就不会默默地、但是永恒发挥作用地存在下去。

49~50题基于以下题干：

某食堂采购4类（各种蔬菜名称的后一个字相同，即为一类）共12种蔬菜：芹菜、菠菜、韭菜、青椒、红椒、黄椒、黄瓜、冬瓜、丝瓜、扁豆、毛豆、豇豆，并根据若干条件将其分成3组，准备在早、中、晚三餐中分别使用。已知条件如下：

(1)同一类别的蔬菜不在一组。
(2)芹菜不能在黄椒那一组，冬瓜不能在扁豆那一组。
(3)毛豆必须与红椒或韭菜在同一组。
(4)黄椒必须与豇豆在同一组。

49. 根据以上信息，可以得出以下哪项？
   (A)芹菜与豇豆不在同一组。
   (B)芹菜与毛豆不在同一组。
   (C)菠菜与扁豆不在同一组。
   (D)冬瓜与青椒不在同一组。
   (E)丝瓜与韭菜不在同一组。

50. 如果韭菜、青椒与黄瓜在同一组，则可得出以下哪项？
   (A)芹菜、红椒与扁豆在同一组。
   (B)菠菜、黄椒与豇豆在同一组。
   (C)韭菜、黄瓜与毛豆在同一组。
   (D)菠菜、冬瓜与豇豆在同一组。
   (E)芹菜、红椒与丝瓜在同一组。

51. 《淮南子·齐俗训》中有曰："今屠牛而烹其肉，或以为酸，或以为甘，煎熬燎炙，齐味万方，其本一牛之体。"其中的"熬"便是熬牛肉制汤的意思。这是考证牛肉汤做法的最早的文献资料，某民俗专家由此推测，牛肉汤的起源不会晚于春秋战国时期。

以下哪项如果为真，最能支持上述推测？
   (A)《淮南子·齐俗训》完成于西汉时期。
   (B)早在春秋战国时期，我国已经开始使用耕牛。
   (C)《淮南子》的作者中有来自齐国故地的人。
   (D)春秋战国时期我国已经有熬汤的鼎器。
   (E)《淮南子·齐俗训》记述的是春秋战国时期齐国的风俗习惯。

52. 某研究机构以约 2 万名 65 岁以上的老人为对象，调查了笑的频率与健康状态的关系。结果显示，在不苟言笑的老人中，认为自身现在的健康状态"不怎么好"和"不好"的比例分别是几乎每天都笑的老人的 1.5 倍和 1.8 倍。爱笑的老人对自我健康状态的评价往往较高。他们由此认为，爱笑的老人更健康。

以下哪项如果为真，最能质疑上述调查者的观点？

(A)乐观的老人比悲观的老人更长寿。

(B)病痛的折磨使得部分老人对自我健康状态的评价不高。

(C)身体健康的老人中，女性爱笑的比例比男性高 10 个百分点。

(D)良好的家庭氛围使得老年人生活更乐观，身体更健康。

(E)老年人的自我健康评价往往和他们实际的健康状况之间存在一定的差距。

53. 阔叶树的降尘优势明显，吸附 PM2.5 的效果最好，一棵阔叶树一年的平均滞尘量达 3.16 公斤。针叶树叶面积小，吸附 PM2.5 的功效较弱。全年平均下来，阔叶林的吸尘效果要比针叶林强不少，阔叶树也比灌木和草的吸尘效果好得多。以北京常见的阔叶树国槐为例，成片的国槐林吸尘效果比同等面积普通草地约高 30%。有些人据此认为，为了降尘北京应大力推广阔叶树，并尽量减少针叶林面积。

以下哪项如果为真，最能削弱上述有关人员的观点？

(A)阔叶树与针叶树比例失调，不仅极易暴发病虫害、火灾等，还会影响林木的生长和健康。

(B)针叶树冬天虽然不落叶，但基本处于"休眠"状态，生物活性差。

(C)植树造林既要治理 PM2.5，也要治理其他污染物，需要合理布局。

(D)阔叶树冬天落叶，在寒冷的冬季，其养护成本远高于针叶树。

(E)建造通风走廊，能把城市和郊区的森林连接起来，让清新的空气吹入，降低城区的 PM2.5。

54~55 题基于以下题干：

某园艺公司打算在如下形状的花圃中栽种玫瑰、兰花和菊花三个品种的花卉。该花圃的形状如右图所示：

拟栽种的玫瑰有紫、红、白 3 种颜色，兰花有红、白、黄 3 种颜色，菊花有白、黄、蓝 3 种颜色。栽种需满足如下要求：

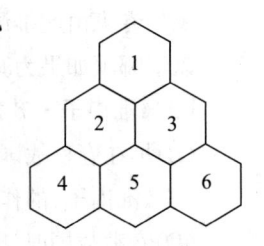

(1)每个六边形格子中仅栽种一个品种、一种颜色的花。

(2)每个品种只栽种两种颜色的花。

(3)相邻格子中的花，其品种与颜色均不相同。

54. 若格子 5 中是红色的花，则以下哪项是不可能的？

(A)格子 2 中是紫色的玫瑰。　　(B)格子 1 中是白色的兰花。

(C)格子 1 中是白色的菊花。　　(D)格子 4 中是白色的兰花。

(E)格子 6 中是蓝色的菊花。

55. 若格子5中是红色的玫瑰，且格子3中是黄色的花，则可以得出以下哪项？
   (A)格子1中是紫色的玫瑰。　　(B)格子4中是白色的菊花。
   (C)格子2中是白色的菊花。　　(D)格子4中是白色的兰花。
   (E)格子6中是蓝色的菊花。

四、写作：第56～57小题，共65分。 其中论证有效性分析30分，论说文35分。 请答在答题纸相应的位置上。

56. 论证有效性分析：分析下述论证中存在的缺陷与漏洞，选择若干要点，写一篇600字左右的文章，对该论证的有效性进行分析和评论。(论证有效性分析的一般要点是：概念特别是核心概念的界定和使用是否准确并前后一致，有无各种明显的逻辑错误，论证的论据是否成立并支持结论，结论成立的条件是否充分等。)

　　有人认为选择越多越快乐，其理由是：人的选择越多就越自由，其自主性就越高，就越感到幸福和满足，所以就越快乐。其实，选择越多可能会越痛苦。

　　常言道："知足常乐。"一个人知足了才会感到快乐。世界上的事物是无穷的，所以选择也是无穷的。所谓"选择越多越快乐"，意味着只有无穷的选择才能使人感到最快乐。而追求无穷的选择就是不知足，不知足者就不会感到快乐，那就只会感到痛苦。

　　再说，在做出每一个选择时，首先需要我们对各个选项进行考察分析，然后再进行判断决策。选择越多，我们在考察分析选项时势必付出更多的精力，也就势必带来更多的烦恼和痛苦。事实也正是如此。我们在做卷中的选择题时，选项越多选择起来越麻烦，也就越感到痛苦。

　　还有，选择越多，选择时产生失误的概率就越高，由于选择失误而产生的后悔就越多，因而产生的痛苦也就越多。有人因为飞机晚点而后悔没选坐高铁，就是因为可选交通工具多样而造成的。如果没有高铁可选，就不会有这种后悔和痛苦。

　　退一步说，即使其选择没有绝对的对错之分，也肯定有优劣之分。人们做出某一选择后，可能会觉得自己的选择并非最优而产生懊悔。从这种意义上说，选择越多，懊悔的概率就越大，也就越痛苦。很多股民懊悔自己没有选好股票而未赚到更多的钱，从而痛苦不已，无疑是因为可选购的股票太多造成的。

57. 论说文：根据下述材料，写一篇700字左右的论说文，题目自拟。

　　知识的真理性只有经过检验才能得到证明。论辩是纠正错误的重要途径之一，不同观点的冲突会暴露错误而发现真理。

答案速查

题型		题号	答案
一	问题求解	1～5	(C) (B) (C) (D) (E)
		6～10	(D) (D) (B) (E) (B)
		11～15	(E) (D) (C) (D) (A)
二	条件充分性判断	16～20	(C) (D) (A) (C) (D)
		21～25	(B) (E) (C) (A) (A)
三	逻辑推理	26～30	(B) (C) (D) (C) (D)
		31～35	(E) (A) (D) (E) (B)
		36～40	(A) (C) (D) (A) (B)
		41～45	(D) (C) (E) (B) (C)
		46～50	(B) (D) (B) (A) (B)
		51～55	(E) (E) (A) (C) (D)
四	写作		56. 略 57. 略

绝密★启用前

2018年全国硕士研究生招生考试
管理类综合能力试题

（科目代码：199）
考试时间：8：30—11：30

考生注意事项

1. 答题前，考生须在试题册指定位置上填写考生姓名和考生编号；在答题卡指定位置上填写报考单位、考生姓名和考生编号，并涂写考生编号信息点。
2. 选择题的答案必须涂写在答题卡相应题号的选项上，非选择题的答案必须书写在答题卡指定位置的边框区域内。超出答题区域书写的答案无效；在草稿纸、试题册上答题无效。
3. 填（书）写部分必须使用黑色字迹签字笔或者钢笔书写，字迹工整、笔迹清楚；涂写部分必须使用2B铅笔填涂。
4. 考试结束，将答题卡和试题册按规定交回。

考生编号															
考生姓名															

一、问题求解：第 1~15 小题，每小题 3 分，共 45 分。 下列每题给出的(A)、(B)、(C)、(D)、(E)五个选项中，只有一项是符合试题要求的。 请在答题卡上将所选项的字母涂黑。

1. 学科竞赛设一等奖、二等奖和三等奖，比例为 1：3：8，获奖率为 30%，已知 10 人获得一等奖，则参加竞赛的人数为( ).

   (A)300 　　　(B)400 　　　(C)500 　　　(D)550 　　　(E)600

2. 为了解某公司员工的年龄结构，按男、女人数的比例进行了随机抽样，结果见下表：

男员工年龄(岁)	23	26	28	30	32	34	36	38	41
女员工年龄(岁)	23	25	27	27	29	31			

   根据表中数据估计，该公司男员工的平均年龄与全体员工的平均年龄分别是( )(单位：岁).

   (A)32，30 　　(B)32，29.5 　　(C)32，27 　　(D)30，27 　　(E)29.5，27

3. 单位采取分段收费的方式收取网络流量(单位：GB)费用：每月流量 20(含)以内免费，流量 20 到 30(含)的每 GB 收费 1 元，流量 30 到 40(含)的每 GB 收费 3 元，流量 40 以上的每 GB 收费 5 元. 小王这个月用了 45GB 的流量，则他应该交费( ).

   (A)45 元 　　(B)65 元 　　(C)75 元 　　(D)85 元 　　(E)135 元

4. 如右图所示，圆 O 是 $\triangle ABC$ 的内切圆，若 $\triangle ABC$ 的面积与周长的大小之比为 1：2，则圆 O 的面积为( ).

   (A)π 　　(B)2π 　　(C)3π
   (D)4π 　　(E)5π

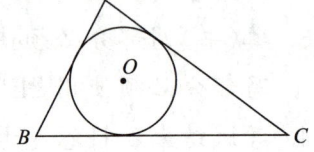

5. 设实数 a,b 满足 $|a-b|=2$，$|a^3-b^3|=26$，则 $a^2+b^2=$( ).

   (A)30 　　(B)22 　　(C)15 　　(D)13 　　(E)10

6. 有 96 位顾客至少购买了甲、乙、丙三种商品中的一种，经调查：同时购买了甲、乙两种商品的有 8 位，同时购买了甲、丙两种商品的有 12 位，同时购买了乙、丙两种商品的有 6 位，同时购买了三种商品的有 2 位. 则仅购买一种商品的顾客有( ).

   (A)70 位 　　(B)72 位 　　(C)74 位 　　(D)76 位 　　(E)82 位

7. 如右图所示，四边形 $A_1B_1C_1D_1$ 是平行四边形，A_2，B_2，C_2，D_2 分别是 $A_1B_1C_1D_1$ 四边的中点，A_3，B_3，C_3，D_3 分别是四边形 $A_2B_2C_2D_2$ 四边的中点，依次下去，得到四边形序列 $A_nB_nC_nD_n(n=1,2,3,\cdots)$．设 $A_nB_nC_nD_n$ 的面积为 S_n，且 $S_1=12$，则 $S_1+S_2+S_3+\cdots=(\quad)$．
   (A)16　　(B)20　　(C)24　　(D)28　　(E)30

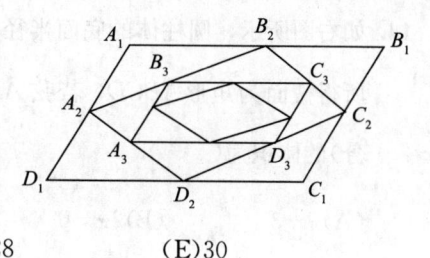

8. 将 6 张不同的卡片 2 张一组分别装入甲、乙、丙 3 个袋中，若指定的两张卡片要在同一组，则不同的装法有(　　)．
   (A)12 种　(B)18 种　(C)24 种　(D)30 种　(E)36 种

9. 甲、乙两人进行围棋比赛，约定先胜 2 盘者赢得比赛，已知每盘棋甲获胜的概率是 0.6，乙获胜的概率是 0.4，若乙在第一盘获胜，则甲赢得比赛的概率为(　　)．
   (A)0.144　(B)0.288　(C)0.36　(D)0.4　(E)0.6

10. 已知圆 $C:x^2+(y-a)^2=b$，若圆 C 在点 $(1,2)$ 处的切线与 y 轴的交点为 $(0,3)$，则 $ab=(\quad)$．
    (A)-2　(B)-1　(C)0　(D)1　(E)2

11. 羽毛球队有 4 名男运动员和 3 名女运动员，从中选出两对参加混双比赛，则不同的选派方式有(　　)．
    (A)9 种　(B)18 种　(C)24 种　(D)36 种　(E)72 种

12. 从标号为 1 到 10 的 10 张卡片中随机抽取 2 张，它们的标号之和能被 5 整除的概率为(　　)．
    (A)$\frac{1}{5}$　(B)$\frac{1}{9}$　(C)$\frac{2}{9}$　(D)$\frac{2}{15}$　(E)$\frac{7}{45}$

13. 某单位为检查 3 个部门的工作，由这 3 个部门的主任和外聘的 3 名人员组成检查组，分 2 人一组检查工作，每组有 1 名外聘成员．规定本部门主任不能检查本部门，则不同的安排方式有(　　)．
    (A)6 种　(B)8 种　(C)12 种　(D)18 种　(E)36 种

14. 如右图所示，圆柱体的底面半径为2，高为3，垂直于底面的平面截圆柱体所得截面为矩形$ABCD$．若弦AB所对的圆心角是$\dfrac{\pi}{3}$，则截掉部分（较小部分）的体积为（　　）．

(A) $\pi-3$　　　　(B) $2\pi-6$　　　　(C) $\pi-\dfrac{3\sqrt{3}}{2}$

(D) $2\pi-3\sqrt{3}$　　(E) $\pi-\sqrt{3}$

15. 函数 $f(x)=\max\{x^2,-x^2+8\}$ 的最小值为（　　）．
    (A) 8　　　　(B) 7　　　　(C) 6　　　　(D) 5　　　　(E) 4

二、**条件充分性判断**：第16～25小题，每小题3分，共30分。要求判断每题给出的条件(1)和条件(2)能否充分支持题干所陈述的结论。（A）、（B）、（C）、（D）、（E）五个选项为判断结果，请选择一项符合试题要求的判断，在答题卡上将所选项的字母涂黑。

(A) 条件(1)充分，但条件(2)不充分．

(B) 条件(2)充分，但条件(1)不充分．

(C) 条件(1)和条件(2)单独都不充分，但条件(1)和条件(2)联合起来充分．

(D) 条件(1)充分，条件(2)也充分．

(E) 条件(1)和条件(2)单独都不充分，条件(1)和条件(2)联合起来也不充分．

16. 设 x,y 为实数．则 $|x+y|\leqslant 2$．
    (1) $x^2+y^2\leqslant 2$．
    (2) $xy\leqslant 1$．

17. 设 $\{a_n\}$ 为等差数列．则能确定 $a_1+a_2+\cdots+a_9$ 的值．
    (1) 已知 a_1 的值．
    (2) 已知 a_5 的值．

18. 设 m,n 是正整数．则能确定 $m+n$ 的值．
    (1) $\dfrac{1}{m}+\dfrac{3}{n}=1$．
    (2) $\dfrac{1}{m}+\dfrac{2}{n}=1$．

19. 甲、乙、丙三人的年收入成等比数列．则能确定乙的年收入的最大值．
   (1)已知甲、丙两人的年收入之和．
   (2)已知甲、丙两人的年收入之积．

20. 如右图所示，在矩形 $ABCD$ 中，$AE=FC$．则三角形 AED 与四边形 $BCFE$ 能拼接成一个直角三角形．
   (1)$EB=2FC$．
   (2)$ED=EF$．

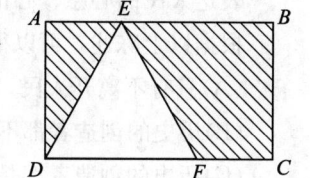

21. 甲购买了若干件 A 玩具、乙购买了若干件 B 玩具送给幼儿园，甲比乙少花了 100 元．则能确定甲购买的玩具件数．
   (1)甲与乙共购买了 50 件玩具．
   (2)A 玩具的价格是 B 玩具的 2 倍．

22. 已知点 $P(m,0)$，$A(1,3)$，$B(2,1)$，点 (x,y) 在三角形 PAB 上．则 $x-y$ 的最小值与最大值分别为 -2 和 1．
   (1)$m\leqslant 1$．
   (2)$m\geqslant -2$．

23. 如果甲公司的年终奖总额增加 25%，乙公司的年终奖总额减少 10%，两者相等．则能确定两公司的员工人数之比．
   (1)甲公司的人均年终奖与乙公司的相同．
   (2)两公司的员工人数之比与两公司的年终奖总额之比相等．

24. 设 a,b 为实数．则圆 $x^2+y^2=2y$ 与直线 $x+ay=b$ 不相交．
   (1) $|a-b|>\sqrt{1+a^2}$．
   (2) $|a+b|>\sqrt{1+a^2}$．

25. 设函数 $f(x)=x^2+ax$．则 $f(x)$ 的最小值与 $f[f(x)]$ 的最小值相等．
   (1)$a\geqslant 2$．
   (2)$a\leqslant 0$．

三、逻辑推理：第26～55小题，每小题2分，共60分。下列每题给出的(A)、(B)、(C)、(D)、(E)五个选项中，只有一项是符合试题要求的。请在答题卡上将所选项的字母涂黑。

26. 人民既是历史的创造者，也是历史的见证者；既是历史的"剧中人"，也是历史的"剧作者"。离开人民，文艺就会变成无根的浮萍、无病的呻吟、无魂的躯壳。观照人民的生活、命运、情感，表达人民的心愿、心情、心声，我们的作品才会在人民中传之久远。

根据以上陈述，可以得出以下哪项？

(A)只有不离开人民，文艺才不会变成无根的浮萍、无病的呻吟、无魂的躯壳。

(B)历史的创造者都不是历史的"剧中人"。

(C)历史的创造者都是历史的见证者。

(D)历史的"剧中人"都是历史的"剧作者"。

(E)我们的作品只要表达人民的心愿、心情、心声，就会在人民中传之久远。

27. 盛夏时节的某一天，某市早报刊载了由该市专业气象台提供的全国部分城市当天的天气预报，择其内容列表如下：

天津	阴	上海	雷阵雨	昆明	小雨
呼和浩特	阵雨	哈尔滨	少云	乌鲁木齐	晴
西安	中雨	南昌	大雨	香港	多云
南京	雷阵雨	拉萨	阵雨	福州	阴

根据上述信息，以下哪项作出的论断最为准确？

(A)由于所列城市盛夏天气变化频繁，所以上面所列的9类天气一定就是所有的天气类型。

(B)由于所列城市并非我国的所有城市，所以上面所列的9类天气一定不是所有的天气类型。

(C)由于所列城市在同一天不一定展示所有的天气类型，所以上面所列的9类天气可能不是所有的天气类型。

(D)由于所列城市在同一天可能展示所有的天气类型，所以上面所列的9类天气一定是所有的天气类型。

(E)由于所列城市分处我国的东南西北中，所以上面所列的9类天气一定就是所有的天气类型。

28. 现在许多人很少在深夜11点以前安然入睡，他们未必都在熬夜用功，大多是在玩手机或看电视，其结果就是晚睡，第二天就会头昏脑涨、哈欠连天。不少人常常对此感到后悔，但一到晚上他们多半还会这么做。有专家就此指出，人们似乎从晚睡中得到了快乐，但这种快乐其实隐藏着某种烦恼。

以下哪项如果为真，最能支持上述专家的结论？

(A)晨昏交替，生活周而复始，安然入睡是对当天生活的满足和对明天生活的期待，而晚睡者只想活在当下，活出精彩。

(B)晚睡者具有积极的人生态度。他们认为，当天的事须当天完成，哪怕晚睡也在所不惜。

(C)大多数习惯晚睡的人白天无精打采，但一到深夜就感觉自己精力充沛，不做点有意义的事情就觉得十分可惜。

(D)晚睡其实是一种表面难以察觉的、对"正常生活"的抵抗，它提醒人们现在的"正常生活"存在着某种令人不满的问题。

(E)晚睡者内心并不愿意睡得晚，也不觉得手机或电视有趣，甚至都不记得玩过或看过什么，但他们总是要在睡觉前花较长时间磨蹭。

29. 分心驾驶是指驾驶人为满足自己的身体舒适、心情愉悦等需求而没有将注意力全部集中于驾驶过程的驾驶行为，常见的分心行为有抽烟、饮水、进食、聊天、刮胡子、使用手机、照顾小孩等。某专家指出，分心驾驶已成为我国道路交通事故的罪魁祸首。

以下哪项如果为真，最能支持上述专家的观点？

(A)一项统计研究表明，相对于酒驾、药驾、超速驾驶、疲劳驾驶等情形，我国由分心驾驶导致的交通事故占比最高。

(B)驾驶人正常驾驶时反应时间为0.3～1.0秒，使用手机时反应时间则延迟3倍左右。

(C)开车使用手机会导致驾驶人注意力下降20%；如果驾驶人边开车边发短信，则发生车祸的概率是其正常驾驶时的23倍。

(D)近来使用手机已成为我国驾驶人分心驾驶的主要表现形式，59%的人开车过程中看微信，31%的人玩自拍，36%的人刷微博、微信朋友圈。

(E)一项研究显示，在美国超过1/4的车祸是由驾驶人使用手机引起的。

30～31题基于以下题干：

某工厂有一员工宿舍住了甲、乙、丙、丁、戊、己、庚7人，每人每周需轮流值日一天，且每天仅安排一人值日。他们值日的安排还需满足以下条件：

(1)乙周二或周六值日。

(2)如果甲周一值日，那么丙周三值日且戊周五值日。

(3)如果甲周一不值日，那么己周四值日且庚周五值日。

(4)如果乙周二值日，那么己周六值日。

30. 根据以上条件，如果丙周日值日，则可以得出以下哪项？

(A)甲周一值日。　　(B)乙周六值日。　　(C)丁周二值日。
(D)戊周三值日。　　(E)己周五值日。

31. 如果庚周四值日，那么以下哪项一定为假？
   (A)甲周一值日。　　　(B)乙周六值日。　　　(C)丙周三值日。
   (D)戊周日值日。　　　(E)己周二值日。

32. 唐代韩愈在《师说》中指出："孔子曰：三人行，则必有我师。是故弟子不必不如师，师不必贤于弟子，闻道有先后，术业有专攻，如是而已。"
   根据上述韩愈的观点，可以得出以下哪项？
   (A)有的弟子必然不如师。　　(B)有的弟子可能不如师。
   (C)有的师不可能贤于弟子。　(D)有的弟子可能不贤于师。
   (E)有的师可能不贤于弟子。

33. "二十四节气"是我国农耕社会生产生活的时间指南，反映了从春到冬一年四季的气温、降水、物候的周期性变化规律。已知各节气的名称具有如下特点：
   (1)凡含"春""夏""秋""冬"字的节气各属春、夏、秋、冬季。
   (2)凡含"雨""露""雪"字的节气各属春、秋、冬季。
   (3)如果"清明"不在春季，则"霜降"不在秋季。
   (4)如果"雨水"在春季，则"霜降"在秋季。
   根据以上信息，如果从春至冬每季仅列两个节气，则以下哪项是不可能的？
   (A)雨水、惊蛰、夏至、小暑、白露、霜降、大雪、冬至。
   (B)惊蛰、春分、立夏、小满、白露、寒露、立冬、小雪。
   (C)清明、谷雨、芒种、夏至、立秋、寒露、小雪、大寒。
   (D)立春、清明、立夏、夏至、立秋、寒露、小雪、大寒。
   (E)立春、谷雨、清明、夏至、处暑、白露、立冬、小雪。

34. 刀不磨要生锈，人不学要落后。所以，如果你不想落后，就应该多磨刀。
   以下哪项与上述论证方式最为相似？
   (A)妆未梳成不见客，不到火候不揭锅。所以，如果揭了锅，就应该是到了火候。
   (B)兵在精而不在多，将在谋而不在勇。所以，如果想获胜，就应该兵精将勇。
   (C)马无夜草不肥，人无横财不富。所以，如果你想富，就应该让马多吃夜草。
   (D)金无足赤，人无完人。所以，如果你想做完人，就应该有真金。
   (E)有志不在年高，无志空活百岁。所以，如果你不想空活百岁，就应该立志。

35. 某市已开通运营一、二、三、四号地铁线路，各条地铁线每一站运行加停靠所需时间均彼此相同。小张、小王、小李三人是同一单位的职工，单位附近有北口地铁站。某天早晨，3人同时都在常青站乘一号线上班，但3人关于乘车路线的想法不尽相同。已知：
   (1) 如果一号线拥挤，小张就坐2站后转三号线，再坐3站到北口站；如果一号线不拥挤，小张就坐3站后转二号线，再坐4站到北口站。
   (2) 只有一号线拥挤，小王才坐2站后转三号线，再坐3站到北口站。
   (3) 如果一号线不拥挤，小李就坐4站后转四号线，坐3站之后再转三号线，坐1站到达北口站。
   (4) 该天早晨地铁一号线不拥挤。
   假定三人换乘及步行总时间相同，则以下哪项最可能与上述信息不一致？
   (A) 小王和小李同时到达单位。
   (B) 小张和小王同时到达单位。
   (C) 小王比小李先到达单位。
   (D) 小李比小张先到达单位。
   (E) 小张比小王先到达单位。

36. 最近一项调研发现，某国30岁至45岁人群中，去医院治疗冠心病、骨质疏松等病症的人越来越多，而原来患有这些病症的大多是老年人。调研者由此认为，该国年轻人中"老年病"发病率有不断增加的趋势。
   以下哪项如果为真，最能质疑上述调研结论？
   (A) 由于国家医疗保障水平的提高，相比以往，该国民众更有条件关注自己的身体健康。
   (B) "老年人"的最低年龄比以前提高了，"老年病"的患者范围也有所变化。
   (C) 近年来，由于大量移民涌入，该国45岁以下年轻人的数量急剧增加。
   (D) 尽管冠心病、骨质疏松等病症是常见的"老年病"，老年人患的病未必都是"老年病"。
   (E) 近几十年来，该国人口老龄化严重，但健康老龄人口的比重在不断增大。

37. 张教授：利益并非只是物质利益，应该把信用、声誉、情感甚至某种喜好等都归入利益的范畴。根据这种对"利益"的广义理解，如果每一个体在不损害他人利益的前提下，尽可能满足其自身的利益需求，那么由这些个体组成的社会就是一个良善的社会。
   根据张教授的观点，可以得出以下哪项？
   (A) 如果一个社会不是良善的，那么其中肯定存在个体损害他人利益或自身利益需求没有尽可能得到满足的情况。
   (B) 尽可能满足每一个体的利益需求，就会损害社会的整体利益。
   (C) 只有尽可能满足每一个体的利益需求，社会才可能是良善的。
   (D) 如果有些个体通过损害他人利益来满足自身利益需求，那么社会就不是良善的。
   (E) 如果某些个体的利益需求没有尽可能得到满足，那么社会就不是良善的。

38. 某学期学校新开设 4 门课程："《诗经》鉴赏""老子研究""唐诗鉴赏""宋词选读"。李晓明、陈文静、赵珊珊和庄志达 4 人各选修了其中一门课程。已知：

(1)他们 4 人选修的课程各不相同。
(2)喜爱诗词的赵珊珊选修的是诗词类课程。
(3)李晓明选修的不是"《诗经》鉴赏"就是"唐诗鉴赏"。

以下哪项如果为真，就能确定赵珊珊选修的是"宋词选读"？

(A)庄志达选修的不是"宋词选读"。
(B)庄志达选修的是"老子研究"。
(C)庄志达选修的不是"老子研究"。
(D)庄志达选修的是"《诗经》鉴赏"。
(E)庄志达选修的不是"《诗经》鉴赏"。

39. 我国中原地区如果降水量比往年偏低，该地区的河流水位会下降，流速会减缓。这有利于河流中的水草生长，河流中的水草总量通常也会随之而增加。不过，去年该地区在经历了一次极端干旱之后，尽管该地区某河流的流速十分缓慢，但其中的水草总量并未随之而增加，只是处于一个很低的水平。

以下哪项如果为真，最能解释上述看似矛盾的现象？

(A)经过极端干旱之后，该河流中以水草为食物的水生动物数量大量减少。
(B)我国中原地区多平原，海拔差异小，其地表河水流速比较缓慢。
(C)该河流在经历了去年极端干旱之后干涸了一段时间，导致大量水生物死亡。
(D)河流流速越慢，其水温变化就越小，这有利于水草的生长和繁殖。
(E)如果河中水草数量达到一定的程度，就会对周边其他物种的生存产生危害。

40～41题基于以下题干：

某海军部队有甲、乙、丙、丁、戊、己、庚 7 艘舰艇，拟组成两个编队出航，第一编队编列 3 艘舰艇，第二编队编列 4 艘舰艇。编列需满足以下条件：

(1)航母己必须编列在第二编队。
(2)戊和丙至多有一艘编列在第一编队。
(3)甲和丙不在同一编队。
(4)如果乙编列在第一编队，则丁也必须编列在第一编队。

40. 如果甲在第二编队，则下列哪项中的舰艇一定也在第二编队？

(A)乙。　　　　(B)丙。　　　　(C)丁。　　　　(D)戊。　　　　(E)庚。

41. 如果丁和庚在同一编队，则可以得出以下哪项？
    (A)甲在第一编队。 (B)乙在第一编队。
    (C)丙在第一编队。 (D)戊在第二编队。
    (E)庚在第二编队。

42. 甲：读书最重要的目的是增长知识、开拓视野。
    乙：你只见其一，不见其二。读书最重要的是陶冶性情、提升境界。没有陶冶性情、提升境界，就不能达到读书的真正目的。
    以下哪项与上述反驳方式最为相似？
    (A)甲：文学创作最重要的是阅读优秀文学作品。
        乙：你只见现象，不见本质。文学创作最重要的是观察生活、体验生活。任何优秀的文学作品都来源于火热的社会生活。
    (B)甲：做人最重要的是要讲信用。
        乙：你说得不全面。做人最重要的是要遵纪守法。如果不遵纪守法，就没法讲信用。
    (C)甲：作为一部优秀的电视剧，最重要的是能得到广大观众的喜爱。
        乙：你只见其表，不见其里。作为一部优秀的电视剧最重要的是具有深刻寓意与艺术魅力。没有深刻寓意与艺术魅力，就不能成为优秀的电视剧。
    (D)甲：科学研究最重要的是研究内容的创新。
        乙：你只见内容，不见方法。科学研究最重要的是研究方法的创新。只有实现研究方法的创新，才能真正实现研究内容的创新。
    (E)甲：一年中最重要的季节是收获的秋天。
        乙：你只看结果，不问原因。一年中最重要的季节是播种的春天。没有春天的播种，哪来秋天的收获？

43. 若要人不知，除非己莫为；若要人不闻，除非己莫言。为之而欲人不知，言之而欲人不闻，此犹捕雀而掩目，盗钟而掩耳者。
    根据以上陈述，可以得出以下哪项结论？
    (A)若己不言，则人不闻。
    (B)若己为，则人会知；若己言，则人会闻。
    (C)若能做到盗钟而掩耳，则可言之而人不闻。
    (D)若己不为，则人不知。
    (E)若能做到捕雀而掩目，则可为之而人不知。

44. 中国是全球最大的卷烟生产国和消费国，但近年来政府通过出台禁烟令、提高卷烟消费税等一系列公共政策努力改变这一形象。一项权威调查数据显示，在2014年同比上升2.4%之后，中国卷烟消费量在2015年同比下降了2.4%，这是1995年来首次下降。尽管如此，2015年中国卷烟消费量仍占全球的45%，但这一下降对全球卷烟总消费量产生巨大影响，使其同比下降了2.1%。

根据以上信息，可以得出以下哪项？

(A) 2015年发达国家卷烟消费量同比下降比率高于发展中国家。
(B) 2015年世界其他国家卷烟消费量同比下降比率低于中国。
(C) 2015年世界其他国家卷烟消费量同比下降比率高于中国。
(D) 2015年中国卷烟消费量大于2013年。
(E) 2015年中国卷烟消费量恰好等于2013年。

45. 某校图书馆新购一批文科图书。为方便读者查阅，管理人员对这批图书在文科新书阅览室中的摆放位置作出如下提示：

(1) 前3排书橱均放有哲学类新书。
(2) 法学类新书都放在第5排书橱，这排书橱的左侧也放有经济类新书。
(3) 管理类新书放在最后一排书橱。

事实上，所有的图书都按照上述提示放置。根据提示，徐莉顺利找到了她想查阅的新书。

根据上述信息，以下哪项是不可能的？

(A) 徐莉在第2排书橱中找到了哲学类新书。
(B) 徐莉在第3排书橱中找到了经济类新书。
(C) 徐莉在第4排书橱中找到了哲学类新书。
(D) 徐莉在第6排书橱中找到了法学类新书。
(E) 徐莉在第7排书橱中找到了管理类新书。

46. 某次学术会议的主办方发出会议通知：只有论文通过审核才能收到会议主办方发出的邀请函，本次学术会议只欢迎持有主办方邀请函的科研院所的学者参加。

根据以上通知，可以得出以下哪项？

(A) 本次学术会议不欢迎论文没有通过审核的学者参加。
(B) 论文通过审核的学者都可以参加本次学术会议。
(C) 论文通过审核并持有主办方邀请函的学者，本次学术会议都欢迎其参加。
(D) 有些论文通过审核但未持有主办方邀请函的学者，本次学术会议欢迎其参加。
(E) 论文通过审核的学者有些不能参加本次学术会议。

47～48题基于以下题干：

一江南园林拟建松、竹、梅、兰、菊5个园子。该园林拟设东、南、北3个门，分别位于其中的3个园子。这5个园子的布局满足如下条件：

(1)如果东门位于松园或菊园，那么南门不位于竹园。
(2)如果南门不位于竹园，那么北门不位于兰园。
(3)如果菊园在园林的中心，那么它与兰园不相邻。
(4)兰园与菊园相邻，中间连着一座美丽的廊桥。

47. 根据以上信息，可以得出以下哪项？
    (A)兰园不在园林的中心。　　(B)菊园不在园林的中心。　　(C)兰园在园林的中心。
    (D)菊园在园林的中心。　　　(E)梅园不在园林的中心。

48. 如果北门位于兰园，则可以得出以下哪项？
    (A)南门位于菊园。　　(B)东门位于竹园。　　(C)东门位于梅园。
    (D)东门位于松园。　　(E)南门位于梅园。

49. 有研究发现，冬季在公路上撒盐除冰，会让本来要成为雌性的青蛙变成雄性，这是因为这些路盐中的钠元素会影响青蛙的受体细胞并改变原可能成为雌性青蛙的性别。有专家据此认为，这会导致相关区域青蛙数量的下降。
    以下哪项如果为真，最能支持上述专家的观点？
    (A)大量的路盐流入池塘可能会给其他水生物造成危害，破坏青蛙的食物链。
    (B)如果一个物种以雄性为主，该物种的个体数量就可能受到影响。
    (C)在多个盐含量不同的水池中饲养青蛙，随着水池中盐含量的增加，雌性青蛙的数量不断减少。
    (D)如果每年冬季在公路上撒很多盐，盐水流入池塘，就会影响青蛙的生长发育过程。
    (E)雌雄比例会影响一个动物种群的规模，雌性数量的充足对物种的繁衍生息至关重要。

50. 最终审定的项目或者意义重大或者关注度高，凡意义重大的项目均涉及民生问题，但是有些最终审定的项目并不涉及民生问题。
    根据以上陈述，可以得出以下哪项？
    (A)意义重大的项目可以引起关注。
    (B)有些项目意义重大但是关注度不高。
    (C)涉及民生问题的项目有些没有引起关注。
    (D)有些项目尽管关注度高但并非意义重大。
    (E)有些不涉及民生问题的项目意义也非常重大。

51. 甲：知难行易，知然后行。
    乙：不对。知易行难，行然后知。
    以下哪项与上述对话方式最为相似？
    (A)甲：知人者智，自知者明。
       乙：不对。知人不易，知己更难。
    (B)甲：不破不立，先破后立。
       乙：不对。不立不破，先立后破。
    (C)甲：想想容易做起来难，做比想更重要。
       乙：不对。想到就能做到，想比做更重要。
    (D)甲：批评他人易，批评自己难；先批评他人，后批评自己。
       乙：不对。批评自己易，批评他人难；先批评自己，后批评他人。
    (E)甲：做人难做事易，先做人再做事。
       乙：不对。做人易做事难，先做事再做人。

52. 所有值得拥有专利的产品或设计方案都是创新，但并不是每一项创新都值得拥有专利；所有的模仿都不是创新，但并非每一个模仿者都应该受到惩罚。
    根据以上陈述，以下哪项是不可能的？
    (A)有些创新者可能受到惩罚。
    (B)有些值得拥有专利的创新产品并没有申请专利。
    (C)有些值得拥有专利的产品是模仿。
    (D)没有模仿值得拥有专利。
    (E)所有的模仿者都受到了惩罚。

53. 某国拟在甲、乙、丙、丁、戊、己6种农作物中进口几种，用于该国庞大的动物饲料产业。考虑到一些农作物可能含有违禁成分，以及它们之间存在的互补或可替代等因素，该国对进口这些农作物有如下要求：
    (1)它们当中不含违禁成分的都进口。
    (2)如果甲或乙有违禁成分，就进口戊和己。
    (3)如果丙含有违禁成分，那么丁就不进口了。
    (4)如果进口戊，就进口乙和丁。
    (5)如果不进口丁，就进口丙；如果进口丙，就不进口丁。
    根据上述要求，以下哪项所列的农作物是该国可以进口的？
    (A)甲、乙、丙。
    (B)乙、丙、丁。
    (C)甲、戊、己。
    (D)甲、丁、己。
    (E)丙、戊、己。

54～55题基于以下题干：

某校四位女生施琳、张芳、王玉、杨虹与四位男生范勇、吕伟、赵虎、李龙进行中国象棋比赛。他们被安排在四张桌上，每桌一男一女对弈，四张桌从左到右分别记为1、2、3、4号，每对选手需要进行四局比赛。比赛规定：选手每胜一局得2分，和一局得1分，负一局得0分。前三局结束时，按分差大小排列，四对选手的总积分分别是6：0、5：1、4：2、3：3。已知：

(1)张芳跟吕伟对弈，杨虹在4号桌比赛，王玉的比赛桌在李龙比赛桌的右边。
(2)1号桌的比赛至少有一局是和局，4号桌双方的总积分不是4：2。
(3)赵虎前三局总积分并不领先他的对手，他们也没有下成过和局。
(4)李龙已连输三局，范勇在前三局总积分上领先他的对手。

54. 根据上述信息，前三局比赛结束时谁的总积分最高？
　　(A)杨虹。　　(B)施琳。　　(C)范勇。　　(D)王玉。　　(E)张芳。

55. 如果下列有位选手前三局均与对手下成和局，那么他(她)是谁？
　　(A)施琳。　　(B)杨虹。　　(C)张芳。　　(D)范勇。　　(E)王玉。

四、写作：第56～57小题，共65分。 其中论证有效性分析30分，论说文35分。 请答在答题纸相应的位置上。

56. 论证有效性分析：分析下述论证中存在的缺陷与漏洞，选择若干要点，写一篇600字左右的文章，对该论证的有效性进行分析和评论。（论证有效性分析的一般要点是：概念特别是核心概念的界定和使用是否准确并前后一致，有无各种明显的逻辑错误，论证的论据是否成立并支持结论，结论成立的条件是否充分等。）

　　哈佛大学教授本杰明·史华慈(Benjamin I. Schwartz)在二十世纪末指出，开始席卷一切的物质主义潮流将极大地冲击人类社会固有的价值观念，造成人类精神世界的空虚。这一论点值得商榷。

　　首先，按照唯物主义物质决定精神的基本原理，精神是物质在人类头脑中的反映。因此，物质丰富只会充实精神世界，物质主义潮流不可能造成人类精神世界的空虚。

　　其次，后物质主义理论认为：个人基本的物质生活条件一旦得到满足，就会把注意点转移到非物质方面。物质生活丰裕的人，往往会更注重精神生活，追求社会公平、个人尊严，等等。

　　还有，最近一项对某高校大学生的抽样调查表明，有69%的人认为物质生活丰富可以丰富人的精神生活，有22%的人认为物质生活和精神生活没有什么关系，只有9%的人认为物质生活丰富反而会降低人的精神追求。

　　总之，物质决定精神，社会物质生活水平的提高会促进人类精神世界的发展。担心物质生活的丰富会冲击人类的精神世界，只是杞人忧天罢了。

57. 论说文：根据下述材料，写一篇700字左右的论说文，题目自拟。

　　有人说，机器人的使命，应该是帮助人类做那些人类做不了的事，而不是代替人类。技术变革会夺取一些人低端烦琐的工作岗位，最终也会创造更高端、更人性化的就业机会。例如，历史上铁路的出现抢去了很多挑夫的工作，但又增加了千百万的铁路工人。人工智能也是一种技术变革，人工智能也将促进未来人类社会的发展。有人则不以为然。

答案速查

题型		题号	答案				
一	问题求解	1～5	(B)	(A)	(B)	(A)	(E)
		6～10	(C)	(C)	(B)	(C)	(E)
		11～15	(D)	(A)	(C)	(D)	(E)
二	条件充分性判断	16～20	(A)	(B)	(D)	(D)	(D)
		21～25	(E)	(C)	(D)	(A)	(D)
三	逻辑推理	26～30	(A)	(C)	(D)	(A)	(B)
		31～35	(D)	(E)	(E)	(C)	(D)
		36～40	(C)	(A)	(D)	(C)	(D)
		41～45	(D)	(C)	(B)	(B)	(D)
		46～50	(A)	(B)	(C)	(E)	(D)
		51～55	(E)	(C)	(A)	(B)	(C)
四	写作		56. 略　57. 略				

绝密★启用前

2017年全国硕士研究生招生考试
管理类综合能力试题

(科目代码：199)
考试时间：8：30—11：30

考生注意事项

1. 答题前，考生须在试题册指定位置上填写考生姓名和考生编号；在答题卡指定位置上填写报考单位、考生姓名和考生编号，并涂写考生编号信息点。
2. 选择题的答案必须涂写在答题卡相应题号的选项上，非选择题的答案必须书写在答题卡指定位置的边框区域内。超出答题区域书写的答案无效；在草稿纸、试题册上答题无效。
3. 填(书)写部分必须使用黑色字迹签字笔或者钢笔书写，字迹工整、笔迹清楚；涂写部分必须使用2B铅笔填涂。
4. 考试结束，将答题卡和试题册按规定交回。

考生编号															
考生姓名															

一、**问题求解**：第 1~15 小题，每小题 3 分，共 45 分。 下列每题给出的(A)、(B)、(C)、(D)、(E)五个
选项中，只有一项是符合试题要求的。 请在答题卡上将所选项的字母涂黑。

1. 甲从 1、2、3 中抽取一个数，记为 a；乙从 1、2、3、4 中抽取一个数，记为 b. 规定当 $a>b$ 或者 $a+1<b$ 时甲获胜，则甲获胜的概率为(　　).

   (A) $\dfrac{1}{6}$　　　(B) $\dfrac{1}{4}$　　　(C) $\dfrac{1}{3}$　　　(D) $\dfrac{5}{12}$　　　(E) $\dfrac{1}{2}$

2. 已知 $\triangle ABC$ 和 $\triangle A'B'C'$ 满足 $AB:A'B'=AC:A'C'=2:3$，$\angle A+\angle A'=\pi$，则 $\triangle ABC$ 和 $\triangle A'B'C'$ 的面积之比为(　　).

   (A) $\sqrt{2}:\sqrt{3}$　　(B) $\sqrt{3}:\sqrt{5}$　　(C) $2:3$　　(D) $2:5$　　(E) $4:9$

3. 将 6 人分成 3 组，每组 2 人，则不同的分组方式共有(　　)种.

   (A) 12　　　(B) 15　　　(C) 30　　　(D) 45　　　(E) 90

4. 甲、乙、丙三人每轮各投篮 10 次，投了三轮. 投中数见下表：

	第一轮	第二轮	第三轮
甲	2	5	8
乙	5	2	5
丙	8	4	9

   设 $\sigma_1,\sigma_2,\sigma_3$ 分别为甲、乙、丙投中数的方差，则(　　).

   (A) $\sigma_1>\sigma_2>\sigma_3$　　　　(B) $\sigma_1>\sigma_3>\sigma_2$　　　　(C) $\sigma_2>\sigma_1>\sigma_3$

   (D) $\sigma_2>\sigma_3>\sigma_1$　　　　(E) $\sigma_3>\sigma_2>\sigma_1$

5. 将长、宽、高分别是 12、9 和 6 的长方体切割成正方体，且切割后无剩余，则能切割成相同正方体的最少个数为(　　).

   (A) 3　　　(B) 6　　　(C) 24　　　(D) 96　　　(E) 648

6. 某品牌电冰箱连续两次降价 10% 后的售价是降价前的(　　).

   (A) 80%　　(B) 81%　　(C) 82%　　(D) 83%　　(E) 85%

7. 甲、乙、丙三种货车的载重量成等差数列.2辆甲种车和1辆乙种车的载重量为95吨，1辆甲种车和3辆丙种车的载重量为150吨，则用甲、乙、丙各一辆车一次最多运送货物（　　）吨.
    (A)125　　　(B)120　　　(C)115　　　(D)110　　　(E)105

8. 张老师到一所中学进行招生咨询，上午接受了45名同学的咨询，其中的9名同学下午又咨询了张老师，占张老师下午咨询学生的10%. 一天中向张老师咨询的学生人数为（　　）.
    (A)81　　　(B)90　　　(C)115　　　(D)126　　　(E)135

9. 某种机器人可搜索到的区域是半径为1米的圆，若该机器人沿直线行走10米，则其搜索过的区域的面积为（　　）（单位：平方米）.
    (A)$10+\frac{\pi}{2}$　　(B)$10+\pi$　　(C)$20+\frac{\pi}{2}$　　(D)$20+\pi$　　(E)10π

10. 不等式$|x-1|+x \leq 2$的解集为（　　）.
    (A)$(-\infty, 1]$　(B)$\left(-\infty, \frac{3}{2}\right]$　(C)$\left[1, \frac{3}{2}\right]$　(D)$[1, +\infty)$　(E)$\left[\frac{3}{2}, +\infty\right)$

11. 在1到100之间，能被9整除的整数的平均值是（　　）.
    (A)27　　　(B)36　　　(C)45　　　(D)54　　　(E)63

12. 某试卷由15道选择题组成，每道题有4个选项，只有1项是符合试题要求的. 甲有6道题能确定正确选项，有5道题能排除2个错误选项，有4道题能排除1个错误选项. 若从每题排除后剩余的选项中选1个作为答案，则甲得满分的概率为（　　）.
    (A)$\frac{1}{2^4} \times \frac{1}{3^5}$　　　　(B)$\frac{1}{2^5} \times \frac{1}{3^4}$　　　　(C)$\frac{1}{2^5} + \frac{1}{3^4}$
    (D)$\frac{1}{2^4} \times \left(\frac{3}{4}\right)^5$　　(E)$\frac{1}{2^4} + \left(\frac{3}{4}\right)^5$

13. 某公司用1万元购买了价格分别为1750元和950元的甲、乙两种办公设备，则购买的甲、乙办公设备的件数分别为（　　）.
    (A)3，5　　(B)5，3　　(C)4，4　　(D)2，6　　(E)6，2

14. 如下图所示，在扇形 AOB 中，$\angle AOB = \dfrac{\pi}{4}$，$OA=1$，$AC \perp OB$，则阴影部分的面积为（　　）．

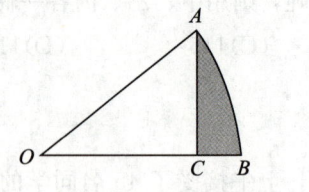

   (A) $\dfrac{\pi}{8} - \dfrac{1}{4}$　　(B) $\dfrac{\pi}{8} - \dfrac{1}{8}$　　(C) $\dfrac{\pi}{4} - \dfrac{1}{2}$　　(D) $\dfrac{\pi}{4} - \dfrac{1}{4}$　　(E) $\dfrac{\pi}{4} - \dfrac{1}{8}$

15. 老师问班上 50 名同学周末复习的情况，结果有 20 人复习过数学、30 人复习过语文、6 人复习过英语，且同时复习了数学和语文的有 10 人、语文和英语的有 2 人、英语和数学的有 3 人．若同时复习过这三门课的人数为 0，则没复习过这三门课程的学生人数为（　　）．

   (A)7　　(B)8　　(C)9　　(D)10　　(E)11

二、条件充分性判断：第 16～25 小题，每小题 3 分，共 30 分。要求判断每题给出的条件(1)和条件(2)能否充分支持题干所陈述的结论。(A)、(B)、(C)、(D)、(E)五个选项为判断结果，请选择一项符合试题要求的判断，在答题卡上将所选项的字母涂黑。

   (A)条件(1)充分，但条件(2)不充分．

   (B)条件(2)充分，但条件(1)不充分．

   (C)条件(1)和条件(2)单独都不充分，但条件(1)和条件(2)联合起来充分．

   (D)条件(1)充分，条件(2)也充分．

   (E)条件(1)和条件(2)单独都不充分，条件(1)和条件(2)联合起来也不充分．

16. 某人需要处理若干份文件，第一小时处理了全部文件的 $\dfrac{1}{5}$，第二小时处理了剩余文件的 $\dfrac{1}{4}$．则此人需要处理的文件共 25 份．

   (1)前两个小时处理了 10 份文件．

   (2)第二小时处理了 5 份文件．

17. 能确定某企业产值的月平均增长率．

   (1)已知一月份的产值．　　(2)已知全年的总产值．

18. 圆 $x^2+y^2-ax-by+c=0$ 与 x 轴相切．则能确定 c 的值．

   (1)已知 a 的值．　　(2)已知 b 的值．

19. 某人从 A 地出发，先乘时速为 220 千米的动车，后转乘时速为 100 千米的汽车到达 B 地．则 A、B 两地的距离为 960 千米．

   (1)乘动车时间与乘汽车的时间相等．

   (2)乘动车时间与乘汽车的时间之和为 6 小时．

20. 直线 $y=ax+b$ 与抛物线 $y=x^2$ 有两个交点．
(1) $a^2>4b$． (2) $b>0$．

21. 如右图所示，一个铁球沉入水池中．则能确定铁球的体积．
(1) 已知铁球露出水面的高度．
(2) 已知水深及铁球与水面交线的周长．

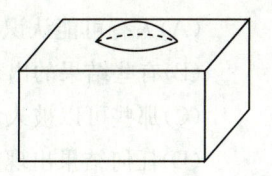

22. 已知 a,b,c 为三个实数．则 $\min\{|a-b|,|b-c|,|a-c|\}\leqslant 5$．
(1) $|a|\leqslant 5$，$|b|\leqslant 5$，$|c|\leqslant 5$． (2) $a+b+c=15$．

23. 某机构向 12 位教师征题，共征集到 5 种题型的试题 52 道．则能确定供题教师的人数．
(1) 每位供题教师提供的试题数相同．
(2) 每位供题教师提供的题型不超过 2 种．

24. 某人参加资格考试，有 A 类和 B 类选择，A 类的合格标准是抽 3 道题至少会做 2 道，B 类的合格标准是抽 2 道题需都会做．则此人参加 A 类考试合格的机会大．
(1) 此人 A 类题中有 60% 会做．
(2) 此人 B 类题中有 80% 会做．

25. 设 a,b 是两个不相等的实数．则函数 $f(x)=x^2+2ax+b$ 的最小值小于零．
(1) $1,a,b$ 成等差数列． (2) $1,a,b$ 成等比数列．

三、**逻辑推理**：第 26～55 小题，每小题 2 分，共 60 分。下列每题给出的(A)、(B)、(C)、(D)、(E)五个选项中，只有一项是符合试题要求的。请在答题卡上将所选项的字母涂黑。

26. 倪教授认为，我国工程技术领域可以考虑与国外先进技术合作，但任何涉及核心技术的项目决不能受制于人；我国许多网络安全建设项目涉及信息核心技术，如果全盘引进国外先进技术而不努力自主创新，我国的网络安全将受到严重威胁。
根据倪教授的陈述，可以得出以下哪项？
(A) 我国有些网络安全建设项目不能受制于人。
(B) 我国许多网络安全建设项目不能与国外先进技术合作。
(C) 我国工程技术领域的所有项目都不能受制于人。
(D) 只要不是全盘引进国外先进技术，我国的网络安全就不会受到严重威胁。
(E) 如果能做到自主创新，我国的网络安全就不会受到严重威胁。

27. 任何结果都不可能凭空出现，它们的背后都是有原因的；任何背后有原因的事物均可以被人认识，而可以被人认识的事物都必然不是毫无规律的。

根据以上陈述，以下哪项一定为假？

(A) 人有可能认识所有事物。
(B) 有些结果的出现可能毫无规律。
(C) 那些可以被人认识的事物必然有规律。
(D) 任何结果出现的背后都是有原因的。
(E) 任何结果都可以被人认识。

28. 近年来，我国海外代购业务量快速增长，代购者们通常从海外购买产品，通过各种渠道避开关税，再卖给内地顾客从中牟利，却让政府损失了税收收入。某专家由此指出，政府应该严厉打击海外代购行为。

以下哪项如果为真，最能支持上述专家的观点？

(A) 近期，有位前空乘服务员因在网上开设海外代购店而被我国地方法院判定犯有走私罪。
(B) 国内一些企业生产的同类产品与海外代购产品相比，无论质量还是价格都缺乏竞争优势。
(C) 海外代购提升了人们的生活水准，满足了国内部分民众对于高品质生活的向往。
(D) 去年，我国奢侈品海外代购规模几乎是全球奢侈品国内门店销售额的一半，这些交易大多避开了关税。
(E) 国内民众的消费需求提高是伴随我国经济发展而产生的正常现象，应以此为契机促进国内同类消费品产业的升级。

29. 某剧组招募群众演员。为配合剧情，需要招4类角色：外国游客1～2名，购物者2～3名，商贩2名，路人若干。仅有甲、乙、丙、丁、戊、己6人可供选择，且每个人在同一场景中只能出演一个角色。已知：

(1) 只有甲、乙才能出演外国游客。
(2) 上述4类角色在每个场景中至少有3类同时出现。
(3) 每一场景中，若乙或丁出演商贩，则甲和丙出演购物者。
(4) 购物者和路人的数量之和在每个场景中不超过2。

根据上述信息，可以得出以下哪项？

(A) 在同一场景中，若戊和己出演路人，则甲只可能出演外国游客。
(B) 在同一场景中，若乙出演外国游客，则甲只可能出演商贩。
(C) 至少有2人需要在不同的场景中出演不同的角色。
(D) 甲、乙、丙、丁不会在同一场景中同时出现。
(E) 在同一场景中，若丁和戊出演购物者，则乙只可能出演外国游客。

30. 离家300米的学校不能上,却被安排到2公里外的学校就读,某市一位适龄儿童在上小学时就遭遇了所在区教育局这样的安排,而这一安排是区教育局根据儿童户籍所在施教区做出的。根据该市教育局规定的"就近入学"原则,儿童家长将区教育局告上法院,要求撤销原来安排,让其孩子就近入学。法院对此作出一审判决,驳回原告请求。

下列哪项最可能是法院判决的合理依据?

(A)"就近入学"不是"最近入学",不能将入学儿童户籍地和学校的直线距离作为划分施教区的唯一根据。

(B)按照特定的地理要素划分,施教区中的每所小学不一定就处于该施教区的中心位置。

(C)儿童入学究竟应上哪一所学校,不是让适龄儿童或其家长自主选择,而是要听从政府主管部门的行政安排。

(D)"就近入学"仅仅是一个需要遵循的总体原则,儿童具体入学安排还要根据特定的情况加以变通。

(E)该区教育局划分施教区的行政行为符合法律规定,而原告孩子按户籍所在施教区的确需要去离家2公里外的学校就读。

31. 张立是一位单身白领,工作5年积累了一笔存款。由于该笔存款金额尚不足以购房,他考虑将其暂时分散投资到股票、黄金、基金、国债和外汇5个方面。该笔存款的投资需要满足如下条件:

(1)如果黄金投资比例高于1/2,则剩余部分投入国债和股票。
(2)如果股票投资比例低于1/3,则剩余部分不能投入外汇或国债。
(3)如果外汇投资比例低于1/4,则剩余部分投入基金或黄金。
(4)国债投资比例不能低于1/6。

根据上述信息,可以得出以下哪项?

(A)国债投资比例高于1/2。　　(B)外汇投资比例不低于1/3。
(C)股票投资比例不低于1/4。　(D)黄金投资比例不低于1/5。
(E)基金投资比例低于1/6。

32. 通识教育重在帮助学生掌握尽可能全面的基础知识,即帮助学生了解各个学科领域的基本常识;而人文教育则重在培育学生了解生活世界的意义,并对自己及他人行为的价值和意义作出合理的判断,形成"智识"。因此有专家指出,相比较而言,人文教育对个人未来生活的影响会更大一些。

以下哪项如果为真,最能支持上述专家的断言?

(A)当今我国有些大学开设的通识教育课程要远远多于人文教育课程。

(B)"知识"是事实判断,"智识"是价值判断,两者不能相互替代。

(C)没有知识就会失去应对未来生活挑战的勇气,而错误的价值观可能会误导人的生活。

(D)关于价值和意义的判断事关个人的幸福和尊严,值得探究和思考。

(E)没有知识,人依然可以活下去;但如果没有价值和意义的追求,人只能成为没有灵魂的躯壳。

33~34题基于以下题干：

丰收公司邢经理需要在下个月赴湖北、湖南、安徽、江西、江苏、浙江、福建7省进行市场需求调研，各省均调研一次。他的行程需满足如下条件：

(1)第一个或最后一个调研江西省。
(2)调研安徽省的时间早于浙江省，在这两省的调研之间调研除了福建省的另外两省。
(3)调研福建省的时间安排在调研浙江省之前或刚好调研完浙江省之后。
(4)第三个调研江苏省。

33. 如果邢经理首先赴安徽省调研，则关于他的行程，可以确定以下哪项？
    (A)第二个调研湖北省。   (B)第二个调研湖南省。
    (C)第五个调研福建省。   (D)第五个调研湖北省。
    (E)第五个调研浙江省。

34. 如果安徽省是邢经理第二个调研的省份，则关于他的行程，可以确定以下哪项？
    (A)第一个调研江西省。   (B)第四个调研湖北省。
    (C)第五个调研浙江省。   (D)第五个调研湖南省。
    (E)第六个调研福建省。

35. 王研究员：我国政府提出的"大众创业、万众创新"激励着每一位创业者。对于创业者来说，最重要的是需要一种坚持精神。不管在创业中遇到什么困难，都要坚持下去。

    李教授：对于创业者来说，最重要的是要敢于尝试新技术。因为有些新技术一些大公司不敢轻易尝试，这就为创业者带来了成功的契机。

    根据以上信息，以下哪项最准确地指出了王研究员与李教授观点的分歧所在？
    (A)最重要的是敢于迎接各种创业难题的挑战，还是敢于尝试那些大公司不敢轻易尝试的新技术。
    (B)最重要的是坚持创业，有毅力、有恒心把事业一直做下去，还是坚持创新，做出更多的科学发现和技术发明。
    (C)最重要的是坚持把创业这件事做好，成为创业大众的一员，还是努力发明新技术，成为创新万众的一员。
    (D)最重要的是需要一种坚持精神，不畏艰难，还是要敢于尝试新技术，把握事业成功的契机。
    (E)最重要的是坚持创业，敢于成立小公司，还是尝试新技术，敢于挑战大公司。

36. 进入冬季以来，内含大量有毒颗粒物的雾霾频繁袭击我国部分地区。有关调查显示，持续接触高浓度污染物会直接导致10%至15%的人患有眼睛慢性炎症或干眼症。有专家由此认为，如果不采取紧急措施改善空气质量，这些疾病的发病率和相关的并发症将会增加。

    以下哪项如果为真，最能支持上述专家的观点？
    (A)有毒颗粒物会刺激并损害人的眼睛，长期接触会影响泪腺细胞。
    (B)空气质量的改善不是短期内能够做到的，许多人不得不在污染环境中工作。
    (C)眼睛慢性炎症或干眼症等病例通常集中出现于花粉季。
    (D)上述被调查的眼疾患者中有65%是年龄在20~40岁之间的男性。
    (E)在重污染环境中采取戴护目镜、定期洗眼等措施有助于预防干眼症等眼疾。

37. 很多成年人对于儿时熟悉的《唐诗三百首》中的许多名诗，常常仅记得几句名句，而不知诗作者或者诗名。甲校中文系硕士生只有三个年级，每个年级人数相等。统计发现，一年级学生都能把该书中的名句与诗名及其作者对应起来；二年级2/3的学生能把该书中的名句与作者对应起来；三年级1/3的学生不能把该书中的名句与诗名对应起来。
根据上述信息，关于该校中文系硕士生，可以得出以下哪项？
(A)1/3以上的硕士生不能将该书中的名句与诗名或作者对应起来。
(B)大部分硕士生能将该书中的名句与诗名及其作者对应起来。
(C)1/3以上的一、二年级学生不能把该书中的名句与作者对应起来。
(D)2/3以上的一、二年级学生能把该书中的名句与诗名对应起来。
(E)2/3以上的一、三年级学生能把该书中的名句与诗名对应起来。

38. 婴儿通过触碰物体、四处玩耍和观察成人的行为等方式来学习，但机器人通常只能按照编定的程序进行学习。于是，有些科学家试图研制学习方式更接近于婴儿的机器人。他们认为，既然婴儿是地球上最有效率的学习者，为什么不设计出能像婴儿那样不费力气就能学习的机器人呢？
以下哪项最可能是上述科学家观点的假设？
(A)婴儿的学习能力是天生的，他们的大脑与其他动物幼崽不同。
(B)通过触碰、玩耍和观察等方式来学习是地球上最有效率的学习方式。
(C)即使是最好的机器人，它们的学习能力也无法超过最差的婴儿学习者。
(D)如果机器人能像婴儿那样学习，它们的智能就有可能超过人类。
(E)成年人和现有的机器人都不能像婴儿那样毫不费力地学习。

39. 针对癌症患者，医生常采用化疗的手段将药物直接注入人体杀伤癌细胞，但这也可能将正常细胞和免疫细胞一同杀灭，产生较强的副作用。近来，有科学家发现，黄金纳米粒子很容易被人体癌细胞吸收，如果将其包上一层化疗药物，就可作为"运输工具"，将化疗药物准确地投放到癌细胞中。他们由此断言，微小的黄金纳米粒子能提升癌症化疗的效果，并降低化疗的副作用。
以下哪项如果为真，最能支持上述科学家所做出的论断？
(A)黄金纳米粒子用于癌症化疗的疗效有待大量临床检验。
(B)在体外用红外线加热已进入癌细胞的黄金纳米粒子，可以从内部杀灭癌细胞。
(C)因为黄金所具有的特殊化学性质，黄金纳米粒子不会与人体细胞发生反应。
(D)现代医学手段已能实现黄金纳米粒子的精准投送，让其所携带的化疗药物只作用于癌细胞，并不伤及其他细胞。
(E)利用常规计算机断层扫描，医生容易判定黄金纳米粒子是否已投放到癌细胞中。

40. 甲：己所不欲，勿施于人。
    乙：我反对。己所欲，则施于人。
    以下哪项与上述对话方式最为相似？
    (A)甲：人非草木，孰能无情？
       乙：我反对。草木无情，但人有情。
    (B)甲：人不犯我，我不犯人。
       乙：我反对。人若犯我，我就犯人。
    (C)甲：人无远虑，必有近忧。
       乙：我反对。人有远虑，亦有近忧。
    (D)甲：不在其位，不谋其政。
       乙：我反对。在其位，则行其政。
    (E)甲：不入虎穴，焉得虎子？
       乙：我反对。如得虎子，必入虎穴。

41. 颜子、曾寅、孟申、荀辰申请一个中国传统文化建设项目。根据规定，该项目的主持人只能有一名，且在上述4位申请者中产生；包括主持人在内，项目组成员不能超过2位。另外，各位申请者在申请答辩时作出如下陈述：
    (1)颜子：如果我成为主持人，将邀请曾寅或荀辰作为项目组成员。
    (2)曾寅：如果我成为主持人，将邀请颜子或孟申作为项目组成员。
    (3)荀辰：只有颜子成为项目组成员，我才能成为主持人。
    (4)孟申：只有荀辰或颜子成为项目组成员，我才能成为主持人。
    假设4人的陈述都为真，关于项目组成员的组合，以下哪项是不可能的？
    (A)孟申、曾寅。　　　　(B)荀辰、孟申。　　　　(C)曾寅、荀辰。
    (D)颜子、孟申。　　　　(E)颜子、荀辰。

42. 研究者调查了一组大学毕业即从事有规律的工作正好满8年的白领，发现他们的体重比刚毕业时平均增加了8公斤。研究者由此得出结论，有规律的工作会增加人们的体重。
    关于上述结论的正确性，需要询问的关键问题是以下哪项？
    (A)和该调查对象其他情况相仿且经常进行体育锻炼的人，在同样的8年中体重有怎样的变化？
    (B)该组调查对象的体重在8年后是否会继续增加？
    (C)为什么调查关注的时间段是调查对象在毕业工作后8年，而不是7年或者9年？
    (D)该组调查对象中男性和女性的体重增加是否有较大差异？
    (E)和该调查对象其他情况相仿但没有从事有规律工作的人，在同样的8年中体重有怎样的变化？

43. 赵默是一位优秀的企业家。因为如果一个人既拥有在国内外知名学府和研究机构工作的经历，又有担任项目负责人的管理经验，那么他就能成为一位优秀的企业家。

以下哪项与上述论证最为相似？

(A)人力资源是企业的核心资源。因为如果不开展各类文化活动，就不能提升员工岗位技能，也不能增强团队的凝聚力和战斗力。

(B)袁清是一位好作家。因为好作家都具有较强的观察能力、想象能力及表达能力。

(C)青年是企业发展的未来。因此，企业只有激发青年的青春力量，才能促其早日成才。

(D)李然是信息技术领域的杰出人才。因为如果一个人不具有前瞻性目光、国际化视野和创新思维，就不能成为信息技术领域的杰出人才。

(E)风云企业具有凝聚力。因为如果一个企业能引导和帮助员工树立目标、提升能力，就能使企业具有凝聚力。

44. 爱书成痴注定会藏书。大多数藏书家也会读一些自己收藏的书；但有些藏书家却因喜爱书的价值和精致装帧而购书收藏，至于阅读则放到了自己以后闲暇的时间，而一旦他们这样想，这些新购的书就很可能不被阅读了。但是，这些受到"冷遇"的书只要被友人借去一本，藏书家就会失魂落魄，整日心神不安。

根据上述信息，可以得出以下哪项？

(A)有些藏书家将自己的藏书当作友人。

(B)有些藏书家喜欢闲暇时读自己的藏书。

(C)有些藏书家会读遍自己收藏的书。

(D)有些藏书家不会立即读自己新购的书。

(E)有些藏书家从不读自己收藏的书。

45. 人们通常认为，幸福能够增进健康、有利于长寿，而不幸福则是健康状况不佳的直接原因，但最近有研究人员对3 000多人的生活状况调查后发现，幸福或者不幸福并不意味着死亡的风险会相应地变得更低或者更高。他们由此指出，疾病可能会导致不幸福，但不幸福本身并不会对健康状况造成损害。

以下哪项如果为真，最能质疑上述研究人员的论证？

(A)幸福是个体的一种心理体验，要求被调查对象准确断定其幸福程度有一定的难度。

(B)有些高寿老人的人生经历较为坎坷，他们有时过得并不幸福。

(C)有些患有重大疾病的人乐观向上，积极与疾病抗争，他们的幸福感比较高。

(D)人的死亡风险低并不意味着健康状况好，死亡风险高也不意味着健康状况差。

(E)少数个体死亡风险的高低难以进行准确评估。

46. 甲：只有加强知识产权保护，才能推动科技创新。
    乙：我不同意。过分强化知识产权保护，肯定不能推动科技创新。
    以下哪项与上述反驳方式最为类似？
    (A)妻子：孩子只有刻苦学习，才能取得好成绩。
        丈夫：也不尽然。学习光知道刻苦而不能思考，也不一定会取得好成绩。
    (B)母亲：只有从小事做起，将来才有可能做成大事。
        孩子：老妈你错了。如果我们每天只是做小事，将来肯定做不成大事。
    (C)老板：只有给公司带来回报，公司才能给他带来回报。
        员工：不对呀。我上个月帮公司谈成一笔大业务，可是只得到1％的奖励。
    (D)老师：只有读书，才能改变命运。
        学生：我觉得不是这样。不读书，命运会有更大的改变。
    (E)顾客：这件商品只有价格再便宜一些，才会有人来买。
        商人：不可能。这件商品如果价格再便宜一些，我就要去喝西北风了。

47. 某著名风景区有"妙笔生花""猴子观海""仙人晒靴""美人梳妆""阳关三叠""禅心向天"6个景点。
    为方便游人，景区提示如下：
    (1)只有先游"猴子观海"，才能游"妙笔生花"。
    (2)只有先游"阳关三叠"，才能游"仙人晒靴"。
    (3)如果游"美人梳妆"就要先游"妙笔生花"。
    (4)"禅心向天"应该第四个游览，之后才可以游览"仙人晒靴"。
    张先生按照上述提示，顺利游览了上述6个景点。
    根据上述信息，关于张先生的游览顺序，以下哪项不可能为真？
    (A)第一个游览"猴子观海"。   (B)第二个游览"阳关三叠"。
    (C)第三个游览"美人梳妆"。   (D)第五个游览"妙笔生花"。
    (E)第六个游览"仙人晒靴"。

48. "自我陶醉人格"，是以过分重视自己为主要特点的人格障碍。它有多种具体特征：过高估计自己的重要性，夸大自己的成就；对批评反应强烈，希望他人注意自己和羡慕自己；经常沉溺于幻想中，把自己看成是特殊的人；人际关系不稳定，嫉妒他人，损人利己。
    以下各项自我陈述中，除了哪项均能体现上述"自我陶醉人格"的特征？
    (A)我是这个团队的灵魂，一旦我离开了这个团队，他们将一事无成。
    (B)他有什么资格批评我？大家看看，他的能力连我的一半都不到。
    (C)我的家庭条件不好，但不愿意被别人看不起，所以我借钱买了一部智能手机。
    (D)这么重要的活动竟然没有邀请我参加，组织者的人品肯定有问题，不值得跟这样的人交往。
    (E)我刚接手别人很多年没有做成的事情，我跟他们完全不在一个层次，相信很快就会将事情搞定。

49. 通常情况下，长期在寒冷环境中生活的居民可以有更强的抗寒能力。相比于我国的南方地区，我国北方地区冬天的平均气温要低很多。然而有趣的是，现在许多北方地区的居民并不具有我们所以为的抗寒能力，相当多的北方人到南方来过冬，竟然难以忍受南方的寒冷天气，怕冷程度甚至远超过当地人。

以下哪项如果为真，最能解释上述现象？

(A)一些北方人认为南方温暖，他们去南方过冬时往往对保暖工作做得不够充分。

(B)南方地区冬天虽然平均气温比北方高，但也存在极端低温的天气。

(C)北方地区在冬天通常启用供暖设备，其室内温度往往比南方高出很多。

(D)有些北方人是从南方迁过去的，他们还没有完全适应北方的气候。

(E)南方地区湿度较大，冬天感受到的寒冷程度超出气象意义上的温度指标。

50. 译制片配音，作为一种特有的艺术形式，曾在我国广受欢迎。然而时过境迁，现在许多人已不喜欢看配过音的外国影视剧。他们觉得还是听原汁原味的声音才感觉到位。有专家由此断言，配音已失去观众，必将退出历史舞台。

以下各项如果为真，则除哪项外都能支持上述专家的观点？

(A)很多上了年纪的国人仍然习惯看配过音的外国影视剧，而在国内放映的外国大片有的仍然是配过音的。

(B)配音是一种艺术再创作，倾注了配音艺术家的心血，但有的人对此并不领情，反而觉得配音妨碍了他们对原剧的欣赏。

(C)许多中国人通晓外文，观赏外国原版影视剧并不存在语言困难；即使不懂外文，边看中文字幕边听原声也不影响理解剧情。

(D)随着对外交流的加强，现在外国影视剧大量涌入国内，有的国人已经等不及慢条斯理、精工细作的配音了。

(E)现在有的外国影视剧配音难以模仿剧中演员的出色嗓音，有时也与剧情不符，对此观众并不接受。

51～52题基于以下题干：

六一儿童节到了，幼儿园老师为班上的小明、小雷、小刚、小芳、小花五位小朋友准备了红、橙、黄、绿、青、蓝、紫七份礼物。已知所有礼物都送了出去，每份礼物只能由一人获得，每人最多获得两份礼物。另外，礼物派送还需要满足如下要求：

(1)如果小明收到橙色礼物，则小芳会收到蓝色礼物。

(2)如果小雷没有收到红色礼物，则小芳不会收到蓝色礼物。

(3)如果小刚没有收到黄色礼物，则小花不会收到紫色礼物。

(4)没有人既能收到黄色礼物，又能收到绿色礼物。

(5)小明只收到橙色礼物，而小花只收到紫色礼物。

51. 根据上述信息，以下哪项可能为真？

(A)小明和小芳都收到两份礼物。　　(B)小雷和小刚都收到两份礼物。

(C)小刚和小花都收到两份礼物。　　(D)小芳和小花都收到两份礼物。

(E)小明和小雷都收到两份礼物。

52. 根据上述信息,如果小刚收到两份礼物,则可以得出以下哪项?
(A)小雷收到红色和绿色两份礼物。　　(B)小刚收到黄色和蓝色两份礼物。
(C)小芳收到绿色和蓝色两份礼物。　　(D)小刚收到黄色和青色两份礼物。
(E)小芳收到青色和蓝色两份礼物。

53. 某民乐小组拟购买几种乐器,购买要求如下:
(1)二胡、箫至多购买一种。
(2)笛子、二胡和古筝至少购买一种。
(3)箫、古筝、唢呐至少购买两种。
(4)如果购买箫,则不购买笛子。
根据以上要求,可以得出以下哪项?
(A)至多可以购买三种乐器。　　(B)箫、笛子至少购买一种。
(C)至少要购买三种乐器。　　(D)古筝、二胡至少购买一种。
(E)一定要购买唢呐。

54~55题基于以下题干:
某影城将在"十一"黄金周7天(周一至周日)放映14部电影,其中,有5部科幻片、3部警匪片、3部武侠片、2部战争片和1部爱情片。限于条件,影城每天放映两部电影。已知:
(1)除两部科幻片安排在周四外,其余6天每天放映的两部电影都属于不同类别。
(2)爱情片安排在周日。
(3)科幻片与武侠片没有安排在同一天。
(4)警匪片和战争片没有安排在同一天。

54. 根据上述信息,以下哪项中的两部电影不可能安排在同一天放映?
(A)警匪片和爱情片。　　(B)科幻片和警匪片。
(C)武侠片和战争片。　　(D)武侠片和警匪片。
(E)科幻片和战争片。

55. 根据上述信息,如果同类影片放映日期连续,则周六可能放映的电影是以下哪项?
(A)科幻片和警匪片。　　(B)武侠片和警匪片。
(C)科幻片和战争片。　　(D)科幻片和武侠片。
(E)警匪片和战争片。

四、写作：第56~57小题，共65分。其中论证有效性分析30分，论说文35分。请答在答题纸相应的位置上。

56. 论证有效性分析：分析下述论证中存在的缺陷与漏洞，选择若干要点，写一篇600字左右的文章，对该论证的有效性进行分析和评论。（论证有效性分析的一般要点是：概念特别是核心概念的界定和使用是否准确并前后一致，有无各种明显的逻辑错误，论证的论据是否成立并支持结论，结论成立的条件是否充分等。）

如果我们把古代荀子、商鞅、韩非等人的一些主张归纳起来，可以得出如下一套理论：

人的本性是"好荣恶辱、好利恶害"的，所以人们都会追求奖赏、逃避刑罚。因此拥有足够权力的国君只要利用赏罚就可以把臣民治理好了。

既然人的本性是好利恶害的，那么在选拔官员时，既没有可能也没有必要去寻求那些不求私利的廉洁之士，因为世界上根本不存在这样的人。廉政建设的关键，其实只在于任用官员之后有效地防止他们以权谋私。

怎样防止官员以权谋私呢？国君通常依靠设置监察官的方法。这种方法其实是不合理的。因为监察官也是人，也是好利恶害的，所以依靠监察官去制止其他官吏以权谋私，就是让一部分以权谋私者去制止另一部分人以权谋私，结果只能使他们共谋私利。

既然依靠设置监察官的方法不合理，那么依靠什么呢？可以利用赏罚的方法来促使臣民去监督。谁揭发官员的以权谋私就奖赏谁，谁不揭发官员的以权谋私就惩罚谁，臣民出于好利恶害的本性就会揭发官员的以权谋私。这样，以权谋私的罪恶行为就无法藏身，就是最贪婪的人也不敢以权谋私了。

57. 论说文：根据下述材料，写一篇700字左右的论说文，题目自拟。

一家企业遇到了这样一个问题：究竟是把有限的资金用于扩大生产呢，还是用于研发新产品？

有人主张投资扩大生产，因为根据市场调查，原产品还可以畅销三到五年，由此可以获得可靠而丰厚的利润。

有人主张投资研发新产品，因为这样做虽然有很大的风险，但风险背后可能有数倍于甚至数十倍于前者的利润。

答案速查

题型		题号	答案
一	问题求解	1~5	(E) (E) (B) (B) (C)
		6~10	(B) (E) (D) (D) (B)
		11~15	(D) (B) (A) (A) (C)
二	条件充分性判断	16~20	(D) (E) (A) (C) (B)
		21~25	(B) (A) (C) (C) (A)
三	逻辑推理	26~30	(A) (B) (D) (E) (E)
		31~35	(C) (E) (C) (C) (D)
		36~40	(A) (E) (B) (D) (B)
		41~45	(C) (E) (E) (D) (D)
		46~50	(B) (D) (C) (C) (A)
		51~55	(B) (D) (D) (A) (C)
四	写作		56. 略 57. 略

绝密★启用前

2016年全国硕士研究生招生考试
管理类综合能力试题

(科目代码：199)
考试时间：8：30—11：30

考生注意事项

1. 答题前，考生须在试题册指定位置上填写考生姓名和考生编号；在答题卡指定位置上填写报考单位、考生姓名和考生编号，并涂写考生编号信息点。
2. 选择题的答案必须涂写在答题卡相应题号的选项上，非选择题的答案必须书写在答题卡指定位置的边框区域内。超出答题区域书写的答案无效；在草稿纸、试题册上答题无效。
3. 填(书)写部分必须使用黑色字迹签字笔或者钢笔书写，字迹工整、笔迹清楚；涂写部分必须使用2B铅笔填涂。
4. 考试结束，将答题卡和试题册按规定交回。

考生编号															
考生姓名															

一、**问题求解**：第1～15小题，每小题3分，共45分。下列每题给出的(A)、(B)、(C)、(D)、(E)五个选项中，只有一项是符合试题要求的。请在答题卡上将所选项的字母涂黑。

1. 某家庭在一年支出中，子女教育支出与生活资料支出的比为3：8，文化娱乐支出与子女教育支出的比为1：2. 已知文化娱乐支出占家庭总支出的10.5%，则生活资料支出占家庭总支出的( ).

   (A)40%　　　　(B)42%　　　　(C)48%　　　　(D)56%　　　　(E)64%

2. 有一批同规格的正方形瓷砖，用它们铺满某个正方形区域时剩余180块，将此正方形区域的边长增加一块瓷砖的长度时，还需要增加21块瓷砖才能铺满. 该批瓷砖共有( ).

   (A)9 981 块　　(B)10 000 块　　(C)10 180 块　　(D)10 201 块　　(E)10 222 块

3. 上午9时一辆货车从甲地出发前往乙地，同时一辆客车从乙地出发前往甲地，中午12时两车相遇. 已知货车和客车的速度分别是90千米/小时、100千米/小时，则当客车到达甲地时，货车距乙地的距离为( ).

   (A)30 千米　　(B)43 千米　　(C)45 千米　　(D)50 千米　　(E)57 千米

4. 在分别标记了数字1、2、3、4、5、6的6张卡片中随机取3张，其上数字之和等于10的概率是( ).

   (A)0.05　　　(B)0.1　　　(C)0.15　　　(D)0.2　　　(E)0.25

5. 某商场将每台进价为2 000元的冰箱以2 400元销售时，每天销售8台. 调研表明，这种冰箱的售价每降低50元，每天就能多销售4台. 若要每天销售利润最大，则该冰箱的定价应为( )元.

   (A)2 200　　(B)2 250　　(C)2 300　　(D)2 350　　(E)2 400

6. 某委员会由三个不同专业的人员组成，三个专业的人数分别为2、3、4，从中选派2位不同专业的委员外出调研，则不同的选派方式有( ).

   (A)36 种　　(B)26 种　　(C)12 种　　(D)8 种　　(E)6 种

7. 从1到100的整数中任取一个数，则该数能被5或7整除的概率为( ).

   (A)0.02　　(B)0.14　　(C)0.2　　(D)0.32　　(E)0.34

8. 如右图所示，在四边形 ABCD 中，AB∥CD，AB 与 CD 的边长分别为 4 和 8，若△ABE 的面积为 4，则四边形 ABCD 的面积为(   ).

(A)24　　　　(B)30　　　　(C)32
(D)36　　　　(E)40

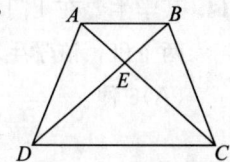

9. 现有长方形木板 340 张，正方形木板 160 张，这些木板恰好可以装配成若干竖式和横式的无盖箱子(如下图所示). 装配成的竖式和横式箱子的个数分别为(   ).

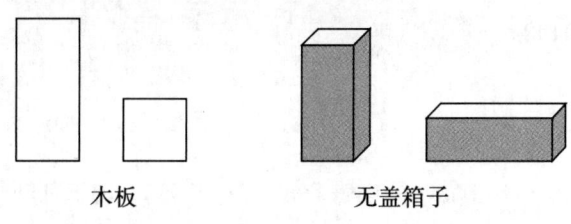

木板　　　无盖箱子

(A)25，80　(B)60，50　(C)20，70　(D)60，40　(E)40，60

10. 圆 $x^2+y^2-6x+4y=0$ 上到原点距离最远的点是(   ).

(A)(−3，2)　(B)(3，−2)　(C)(6，4)　(D)(−6，4)　(E)(6，−4)

11. 如下图所示，点 A，B，O 的坐标分别为(4，0)，(0，3)，(0，0). 若(x，y)是△AOB 中的点，则 $2x+3y$ 的最大值为(   ).

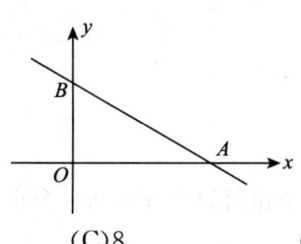

(A)6　　　(B)7　　　(C)8　　　(D)9　　　(E)12

12. 设抛物线 $y=x^2+2ax+b$ 与 x 轴相交于 A，B 两点，点 C 坐标为(0，2). 若△ABC 的面积等于 6，则(   ).

(A)$a^2-b=9$　　　　(B)$a^2+b=9$　　　　(C)$a^2-b=36$
(D)$a^2+b=36$　　　(E)$a^2-4b=9$

13. 某公司以分期付款方式购买一套定价 1 100 万元的设备，首期付款 100 万元，之后每月付款 50 万元，并支付上期余款的利息，月利率 1‰，该公司为此设备支付了(   ).

(A)1 195 万元　(B)1 200 万元　(C)1 205 万元　(D)1 215 万元　(E)1 300 万元

14. 某学生要在 4 门不同课程中选修 2 门课程，这 4 门课程中的 2 门各开设一个班，另外 2 门各开设两个班，该学生不同的选课方式共有(　　).
    (A) 6 种　　　　(B) 8 种　　　　(C) 10 种　　　　(D) 13 种　　　　(E) 15 种

15. 如右图所示，在半径为 10 厘米的球体上开一个底面半径是 6 厘米的圆柱形洞，则洞的内壁面积为(　　)平方厘米. 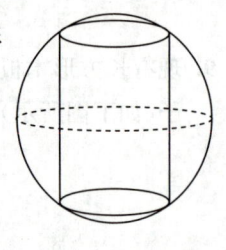
    (A) 48π　　　　(B) 288π　　　　(C) 96π
    (D) 576π　　　(E) 192π

二、**条件充分性判断**：第 16～25 小题，每小题 3 分，共 30 分。要求判断每题给出的条件(1)和条件(2)能否充分支持题干所陈述的结论。(A)、(B)、(C)、(D)、(E)五个选项为判断结果，请选择一项符合试题要求的判断，在答题卡上将所选项的字母涂黑。

(A)条件(1)充分，但条件(2)不充分.
(B)条件(2)充分，但条件(1)不充分.
(C)条件(1)和条件(2)单独都不充分，但条件(1)和条件(2)联合起来充分.
(D)条件(1)充分，条件(2)也充分.
(E)条件(1)和条件(2)单独都不充分，条件(1)和条件(2)联合起来也不充分.

16. 已知某公司男员工的平均年龄和女员工的平均年龄．则能确定该公司员工的平均年龄．
    (1)已知该公司的员工人数．
    (2)已知该公司男、女员工的人数之比．

17. 如右图所示，正方形 ABCD 由四个相同的长方形和一个小正方形拼成．则能确定小正方形的面积． 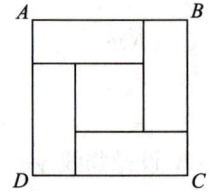
    (1)已知正方形 ABCD 的面积．
    (2)已知长方形的长与宽之比．

18. 利用长度为 a 和 b 的两种管材能连接成长度为 37 的管道(单位：米)．
    (1) $a=3, b=5$.　　(2) $a=4, b=6$.

19. 设 x, y 是实数．则 $x \leqslant 6$, $y \leqslant 4$.
    (1) $x \leqslant y+2$.　　(2) $2y \leqslant x+2$.

20. 将 2 升甲酒精和 1 升乙酒精混合得到丙酒精．则能确定甲、乙两种酒精的浓度．

    (1) 1 升甲酒精和 5 升乙酒精混合后的浓度是丙酒精浓度的 $\frac{1}{2}$ 倍．

    (2) 1 升甲酒精和 2 升乙酒精混合后的浓度是丙酒精浓度的 $\frac{2}{3}$ 倍．

21. 设有两组数据 S_1：3，4，5，6，7 和 S_2：4，5，6，7，a．则能确定 a 的值．

    (1) S_1 与 S_2 的均值相等．

    (2) S_1 与 S_2 的方差相等．

22. 已知 M 是一个平面有限点集．则平面上存在到 M 中各点距离相等的点．

    (1) M 中只有三个点．

    (2) M 中的任意三点都不共线．

23. 设 x，y 是实数．则可以确定 $x^3 + y^3$ 的最小值．

    (1) $xy = 1$.

    (2) $x + y = 2$.

24. 已知数列 a_1，a_2，a_3，$\cdots$，a_{10}．则 $a_1 - a_2 + a_3 - a_4 + \cdots + a_9 - a_{10} \geqslant 0$.

    (1) $a_n \geqslant a_{n+1}$，$n = 1, 2, 3, \cdots, 9$.

    (2) $a_n^2 \geqslant a_{n+1}^2$，$n = 1, 2, 3, \cdots, 9$.

25. 已知 $f(x) = x^2 + ax + b$．则 $0 \leqslant f(1) \leqslant 1$.

    (1) $f(x)$ 在区间 $[0, 1]$ 中有两个零点．

    (2) $f(x)$ 在区间 $[1, 2]$ 中有两个零点．

三、逻辑推理：第26~55小题，每小题2分，共60分。下列每题给出的(A)、(B)、(C)、(D)、(E)五个选项中，只有一项是符合试题要求的。请在答题卡上将所选项的字母涂黑。

26. 企业要建设科技创新中心，就要推进与高校、科研院所的合作，这样才能激发自主创新的活力。一个企业只有搭建服务科技创新发展战略的平台、科技创新与经济发展对接的平台以及聚集创新人才的平台，才能催生重大科技成果。

    根据上述信息，可以得出以下哪项？

    (A) 如果企业搭建科技创新与经济发展对接的平台，就能激发其自主创新的活力。
    (B) 如果企业搭建了服务科技创新发展战略的平台，就能催生重大科技成果。
    (C) 能否推进与高校、科研院所的合作决定企业是否具有自主创新的活力。
    (D) 如果企业没有搭建聚集创新人才的平台，就无法催生重大科技成果。
    (E) 如果企业推进与高校、科研院所的合作，就能激发其自主创新的活力。

27. 生态文明建设事关社会发展方式和人民福祉。只有实行最严格的制度、最严密的法治，才能为生态文明建设提供可靠保障；如果要实行最严格的制度、最严密的法治，就要建立责任追究制度，对那些不顾生态环境盲目决策并造成严重后果者，追究其相应的责任。

    根据上述信息，可以得出以下哪项？

    (A) 如果对那些不顾生态环境盲目决策并造成严重后果者追究相应责任，就能为生态文明建设提供可靠保障。
    (B) 实行最严格的制度和最严密的法治是生态文明建设的重要目标。
    (C) 如果不建立责任追究制度，就不能为生态文明建设提供可靠保障。
    (D) 只有筑牢生态环境的制度防护墙，才能造福于民。
    (E) 如果要建立责任追究制度，就要实行最严格的制度和最严密的法治。

28. 注重对孩子的自然教育，让孩子亲身感受大自然的神奇与美妙，可促进孩子释放天性，激发自身潜能；而缺乏这方面教育的孩子容易变得孤独，道德、情感与认知能力的发展都会受到一定的影响。

    以下哪项与以上陈述方式最为类似？

    (A) 脱离环境保护搞经济发展是"竭泽而渔"，离开经济发展抓环境保护是"缘木求鱼"。
    (B) 只说一种语言的人，首次被诊断出患阿尔茨海默症的平均年龄约为71岁；说双语的人，首次被诊断出患阿尔茨海默症的平均年龄约为76岁；说三种语言的人，首次被诊断出患阿尔茨海默症的平均年龄约为78岁。
    (C) 老百姓过去"盼温饱"，现在"盼环保"；过去"求生存"，现在"求生态"。
    (D) 注重调查研究，可以让我们掌握第一手资料；闭门造车，只能让我们脱离实际。
    (E) 如果孩子完全依赖电子设备来进行学习和生活，将会对环境越来越漠视。

29. 古人以干支纪年。甲乙丙丁戊己庚辛壬癸为十干，也称天干。子丑寅卯辰巳午未申酉戌亥为十二支，也称地支。顺次以天干配地支，如甲子、乙丑、丙寅、……、癸酉、甲戌、乙亥、丙子等，六十年重复一次，俗称六十花甲子。根据干支纪年，公元2014年为甲午年，公元2015年为乙未年。

根据以上陈述，可以得出以下哪项？

(A)现代人已不用干支纪年。　　(B)21世纪会有甲丑年。
(C)干支纪年有利于农事。　　　(D)根据干支纪年，公元2024年为甲寅年。
(E)根据干支纪年，公元2087年为丁未年。

30. 赵明与王洪都是某高校辩论协会成员，在为今年华语辩论赛招募新队员的问题上，两人发生了争执。

赵明：我们一定要选拔喜爱辩论的人。因为一个人只有喜爱辩论，才能投入精力和时间研究辩论并参加辩论赛。

王洪：我们招募的不是辩论爱好者，而是能打硬仗的辩手。无论是谁，只要能在辩论赛中发挥应有的作用，他就是我们理想的人选。

以下哪项最可能是两人争论的焦点？

(A)招募的标准是从现实出发还是从理想出发。
(B)招募的目的是研究辩论规律还是培养实战能力。
(C)招募的目的是为了培养新人还是赢得比赛。
(D)招募的标准是对辩论的爱好还是辩论的能力。
(E)招募的目的是为了集体荣誉还是满足个人爱好。

31. 在某届洲际杯足球大赛中，第一阶段某小组单循环赛共有4支队伍参加，每支队伍需要在这一阶段比赛三场。甲国足球队在该小组的前两轮比赛中一平一负。在第三轮比赛之前，甲国足球队教练在新闻发布会上表示："只有我们在下一场比赛中取得胜利并且本组的另外一场比赛打成平局，我们才有可能从这个小组出线。"

如果甲国足球队教练的陈述为真，则以下哪项是不可能的？

(A)第三轮比赛该小组两场比赛都分出了胜负，甲国足球队从小组出线。
(B)甲国足球队第三场比赛取得了胜利，但他们未能从小组出线。
(C)第三轮比赛甲国足球队取得了胜利，该小组另一场比赛打成平局，甲国足球队未能从小组出线。
(D)第三轮比赛该小组另外一场比赛打成平局，甲国足球队从小组出线。
(E)第三轮比赛该小组两场比赛都打成了平局，甲国足球队未能从小组出线。

32. 考古学家发现，那件仰韶文化晚期的土坯砖边缘整齐，并且没有切割的痕迹，由此他们推测，这件土坯砖应当是使用木质模具压制成型的；而其他5件由土坯砖经过烧制而成的烧结砖，经检测其当时的烧制温度为850℃～900℃。由此考古学家进一步推测，当时的砖是先使用模具将黏土做成土坯，然后再经过高温烧制而成的。

以下哪项如果为真，最能支持上述考古学家的推测？

(A)仰韶文化晚期的年代约为公元前3500年—公元前3000年。

(B)仰韶文化晚期，人们已经掌握了高温冶炼技术。

(C)出土的5件烧结砖距今已有5 000年，确实属于仰韶文化晚期的物品。

(D)没有采用模具而成型的土坯砖，其边缘或者不整齐，或者有切割痕迹。

(E)早在西周时期，中原地区的人就可以烧制铺地砖和空心砖。

33. 研究人员发现，人类存在3种核苷酸基因类型：AA型、AG型以及GG型。一个人有36％的概率是AA型，有48％的概率是AG型，有16％的概率是GG型。在1 200名参与实验的老年人中，拥有AA型和AG型基因类型的人都在上午11时之前去世，而拥有GG型基因类型的人几乎都在下午6时左右去世。研究人员据此认为：GG型基因类型的人会比其他人平均晚死7个小时。

以下哪项如果为真，最能质疑上述研究人员的观点？

(A)拥有GG型基因类型的实验对象容易患上心血管疾病。

(B)当死亡临近的时候，人体会还原到一种更加自然的生理节律感应阶段。

(C)有些人是因为疾病或者意外事故等其他因素而死亡的。

(D)对人死亡时间的比较，比一天中的哪一时刻更重要的是哪一年、哪一天。

(E)平均寿命的计算依据应是实验对象的生命存续长度，而不是实验对象的死亡时间。

34. 某市消费者权益保护条例明确规定，消费者对其所购商品可以"7天内无理由退货"，但这项规定出台后并未得到顺利执行，众多消费者在7天内"无理由"退货时，常常遭遇商家的阻挠，他们以商品已作特价处理、商品已经开封或使用等理由拒绝退货。

以下哪项如果为真，最能质疑商家阻挠退货的理由？

(A)开封验货后，如果商品规格、质量等问题来自消费者本人，他们应为此承担责任。

(B)那些作特价处理的商品，本来质量就没有保证。

(C)如果不开封验货，就不能知道商品是否存在质量问题。

(D)政府总偏向消费者，这对于商家来说是不公平的。

(E)商品一旦开封或使用了，即使不存在问题，消费者也可以选择退货。

35. 某县县委关于下周一几位领导的工作安排如下：
   (1)如果李副书记在县城值班，那么他就要参加宣传工作例会。
   (2)如果张副书记在县城值班，那么他就要做信访接待工作。
   (3)如果王书记下乡调研，那么张副书记或李副书记就需在县城值班。
   (4)只有参加宣传工作例会或做信访接待工作，王书记才不下乡调研。
   (5)宣传工作例会只需分管宣传的副书记参加，信访接待工作也只需一名副书记参加。
   根据上述工作安排，可以得出以下哪项？
   (A)张副书记做信访接待工作。
   (B)王书记下乡调研。
   (C)李副书记参加宣传工作例会。
   (D)李副书记做信访接待工作。
   (E)张副书记参加宣传工作例会。

36. 近年来，越来越多的机器人被用于在战场上执行侦察、运输、拆弹等任务，甚至将来冲锋陷阵的都不再是人，而是形形色色的机器人。人类战争正在经历自核武器诞生以来最深刻的革命。有专家据此分析指出，机器人战争技术的出现可以使人类远离危险，更安全、更有效率地实现战争目标。
   以下哪项如果为真，最能质疑上述专家的观点？
   (A)现代人类掌控机器人，但未来机器人可能会掌控人类。
   (B)因不同国家之间军事科技实力的差距，机器人战争技术只会让部分国家远离危险。
   (C)机器人战争技术有助于摆脱以往大规模杀戮的血腥模式，从而让现代战争变得更为人道。
   (D)掌握机器人战争技术的国家为数不多，将来战争的发生更为频繁也更为血腥。
   (E)全球化时代的机器人战争技术要消耗更多资源，破坏生态环境。

37. 郝大爷过马路时不幸摔倒昏迷，所幸有小伙子及时将他送往医院救治。郝大爷病情稳定后，有4位陌生的小伙子陈安、李康、张幸、汪福来医院看望他。郝大爷问他们究竟是谁送他来医院的，他们的回答如下：
   陈安：我们4人都没有送您来医院。
   李康：我们4人中有人送您来医院。
   张幸：李康和汪福至少有一人没有送您来医院。
   汪福：送您来医院的人不是我。
   后来证实上述4人中有两人说真话，有两人说假话。
   根据上述信息，可以得出以下哪项？
   (A)说真话的是李康和张幸。　　(B)说真话的是陈安和张幸。
   (C)说真话的是李康和汪福。　　(D)说真话的是张幸和汪福。
   (E)说真话的是陈安和汪福。

38. 开车上路，一个人不仅需要有良好的守法意识，也需要有特别的"理性计算"：在拥堵的车流中，只要有"加塞"的，你开的车就一定要让着它；你开着车在路上正常直行，有车不打方向灯在你近旁突然横过来要撞上你，原来它想要变道，这时你也得让着它。

以下除哪项外，均能质疑上述"理性计算"的观点？

(A) 有理的让着没理的，只会助长歪风邪气，有悖于社会的法律和道德。

(B) "理性计算"其实就是胆小怕事，总觉得凡事能躲则躲，但有的事很难躲过。

(C) 一味退让也会给行车带来极大的危险，不但可能伤及自己，而且也可能伤及无辜。

(D) 即使碰上也不可怕，碰上之后如果立即报警，警方一般会有公正的裁决。

(E) 如果不让，就会碰上；碰上之后，即使自己有理，也会有许多麻烦。

39. 有专家指出，我国城市规划缺少必要的气象论证，城市的高楼建得高耸而密集，阻碍了城市的通风循环。有关资料显示，近几年国内许多城市的平均风速已下降10%。风速下降，意味着大气扩散能力减弱，导致大气污染物滞留时间延长，易形成雾霾天气和热岛效应。为此，有专家提出建立"城市风道"的设想，即在城市里制造几条通畅的通风走廊，让风在城市中更加自由地进出，促进城市空气的更新循环。

以下哪项如果为真，最能支持上述建立"城市风道"的设想？

(A) 城市风道形成的"穿街风"，对建筑物的安全影响不大。

(B) 风从八方来，"城市风道"的设想过于主观和随意。

(C) 有风道但没有风，就会让城市风道成为无用的摆设。

(D) 有些城市已拥有建立"城市风道"的天然基础。

(E) 城市风道不仅有利于"驱霾"，还有利于散热。

40. 2014年，为迎接APEC会议的召开，北京、天津、河北等地实施"APEC治理模式"，采取了有史以来最严格的减排措施。果然，令人心醉的"APEC蓝"出现了。然而，随着会议的结束，"APEC蓝"也渐渐消失了。对此，有些人士表示困惑，既然政府能在短期内实施"APEC治理模式"取得良好效果，为什么不将这一模式长期坚持下去呢？

以下除哪项外，均能解释人们的困惑？

(A) 最严格的减排措施在落实过程中已产生很多难以解决的实际困难。

(B) 如果近期将"APEC治理模式"常态化，将会严重影响地方经济和社会发展。

(C) 任何环境治理都需要付出代价，关键在于付出的代价是否超出收益。

(D) 短期严格的减排措施只能是权宜之计，大气污染治理仍需从长计议。

(E) 如果APEC会议期间北京雾霾频发，就会影响我们国家的形象。

41. 根据现有的物理学定律，任何物质的运动速度都不能超过光速，但是最近一次天文观测结果向这条定律发起了挑战。距离地球遥远的IC310星系拥有一个活跃的黑洞，掉入黑洞的物质产生了伽马射线冲击波。有些天文学家发现，这束伽马射线的速度超过了光速，因为它只用了4.8分钟就穿越了黑洞边界，而光需要25分钟才能走完这段距离。由此，这些天文学家提出，光速不变定律需要修改了。

以下哪项如果为真，最能质疑上述天文学家所做的结论？

(A)或者光速不变定律已经过时，或者天文学家的观测有误。

(B)如果天文学家的观测没有问题，光速不变定律就需要修改。

(C)要么天文学家的观测有误，要么有人篡改了天文观测数据。

(D)天文观测数据可能存在偏差，毕竟IC310星系离地球很远。

(E)光速不变定律已经历过去多次实践检验，没有出现反例。

42. 某公司办公室茶水间提供自助式收费饮料。职员拿完饮料后，自己把钱放到特设的收款箱中。研究者为了判断职员在无人监督时，其自律水平会受哪些因素的影响，特地在收款箱上方贴了一张装饰图片，每周一换。装饰图片有时是一些花朵，有时是一双眼睛。一个有趣的现象出现了：贴着"眼睛"的那一周，收款箱里的钱远远超过贴其他图片的情形。

以下哪项如果为真，最能解释上述实验现象？

(A)该公司职员看到"眼睛"图片时，就能联想到背后可能有人看着他们。

(B)在该公司工作的职员，其自律能力超过社会中的其他人。

(C)该公司职员看着"花朵"图片时，心情容易变得愉快。

(D)眼睛是心灵的窗口，该公司职员看到"眼睛"图片时会有一种莫名的感动。

(E)在无人监督的情况下，大部分人缺乏自律能力。

43~44题基于以下题干：

某皇家园林依中轴线布局，从前到后依次排列着七个庭院。这七个庭院分别以汉字"日""月""金""木""水""火""土"来命名。已知：

(1)"日"字庭院不是最前面的那个庭院。

(2)"火"字庭院和"土"字庭院相邻。

(3)"金""月"两庭院间隔的庭院数与"木""水"两庭院间隔的庭院数相同。

43. 根据上述信息，下列哪个庭院可能是"日"字庭院？

(A)第一个庭院。　　　　　　　(B)第二个庭院。

(C)第四个庭院。　　　　　　　(D)第五个庭院。

(E)第六个庭院。

44. 如果第二个庭院是"土"字庭院，可以得出以下哪项？
(A)第七个庭院是"水"字庭院。　　(B)第五个庭院是"木"字庭院。
(C)第四个庭院是"金"字庭院。　　(D)第三个庭院是"月"字庭院。
(E)第一个庭院是"火"字庭院。

45. 在一项关于"社会关系如何影响人的死亡率"的课题研究中，研究人员惊奇地发现：不论种族、收入、体育锻炼等因素，一个乐于助人、和他人相处融洽的人，其平均寿命长于一般人，在男性中尤其如此；相反，心怀恶意、损人利己、和他人相处不融洽的人70岁之前的死亡率比正常人高出1.5～2倍。
以下哪项如果为真，最能解释上述发现？
(A)身心健康的人容易和他人相处融洽，而心理有问题的人与他人很难相处。
(B)男性通常比同年龄段的女性对他人有更强的"敌视情绪"，多数国家男性的平均寿命也因此低于女性。
(C)与人为善带来轻松愉悦的情绪，有益身体健康；损人利己则带来紧张的情绪，有损身体健康。
(D)心存善念、思想豁达的人大多精神愉悦、身体健康。
(E)那些自我优越感比较强的人通常"敌视情绪"也比较强，他们长时间处于紧张状态。

46. 超市中销售的苹果常常留有一定的油脂痕迹，表面显得油光滑亮。牛师傅认为，这是残留在苹果上的农药所致，水果在收摘之前都喷洒了农药，因此，消费者在超市购买水果后，一定要清洗干净方能食用。
以下哪项最可能是牛师傅的看法所依赖的假设？
(A)除了苹果，其他许多水果运至超市时也留有一定的油脂痕迹。
(B)超市里销售的水果并未得到彻底清洗。
(C)只有那些在水果上能留下油脂痕迹的农药才可能被清洗掉。
(D)许多消费者并不在意超市销售的水果是否清洗过。
(E)在水果收摘之前喷洒的农药大多数会在水果上留下油脂痕迹。

47. 许多人不仅不理解别人，而且也不理解自己，尽管他们可能曾经试图理解别人，但这样的努力注定会失败，因为不理解自己的人是不可能理解别人的。可见，那些缺乏自我理解的人是不会理解别人的。
以下哪项最能说明上述论证的缺陷？
(A)使用了"自我理解"的概念，但并未给出定义。
(B)没有考虑"有些人不愿意理解自己"这样的可能性。
(C)没有正确把握理解别人和理解自己之间的关系。
(D)结论仅仅是对其论证前提的简单重复。
(E)间接指责人们不能换位思考，不能相互理解。

48. 在编号 1、2、3、4 的 4 个盒子中装有绿茶、红茶、花茶和白茶 4 种茶。每个盒子中只装一种茶，每种茶只装在一个盒子中。已知：
    (1)装绿茶和红茶的盒子在 1、2、3 号范围之内。
    (2)装红茶和花茶的盒子在 2、3、4 号范围之内。
    (3)装白茶的盒子在 1、3 号范围之内。
    根据上述信息，可以得出以下哪项？
    (A)绿茶装在 3 号盒子中。　　　　　(B)花茶装在 4 号盒子中。
    (C)白茶装在 3 号盒子中。　　　　　(D)红茶装在 2 号盒子中。
    (E)绿茶装在 1 号盒子中。

49. 在某项目招标过程中，赵嘉、钱宜、孙斌、李汀、周武、吴纪 6 人作为各自公司代表参与投标，有且只有一人中标。关于究竟谁是中标者，招标小组中有 3 位成员各自谈了自己的看法：
    (1)中标者不是赵嘉就是钱宜。
    (2)中标者不是孙斌。
    (3)周武和吴纪都没有中标。
    经过深入调查，发现上述 3 人中只有一人的看法是正确的。
    根据以上信息，以下哪项中的 3 人都可以确定没有中标？
    (A)赵嘉、孙斌、李汀。　　　　　(B)赵嘉、钱宜、李汀。
    (C)孙斌、周武、吴纪。　　　　　(D)赵嘉、周武、吴纪。
    (E)钱宜、孙斌、周武。

50. 如今，电子学习机已全面进入儿童的生活。电子学习机将文字与图像、声音结合起来，既生动形象，又富有趣味性，使儿童独立阅读成为可能。但是，一些儿童教育专家却对此发出警告，电子学习机可能不利于儿童成长。他们认为，父母应该抽时间陪孩子一起阅读纸质图书。陪孩子一起阅读纸质图书，并不是简单地让孩子读书识字，而是在交流中促进其心灵的成长。
    以下哪项如果为真，最能支持上述专家的观点？
    (A)电子学习机最大的问题是让父母从孩子的阅读行为中走开，减少了父母与孩子的日常交流。
    (B)接触电子产品越早，就越容易上瘾，长期使用电子学习机会形成"电子瘾"。
    (C)在使用电子学习机时，孩子往往更多关注其使用功能而非学习内容。
    (D)纸质图书有利于保护儿童视力，有利于父母引导儿童形成良好的阅读习惯。
    (E)现代生活中年轻父母工作压力较大，很少有时间能与孩子一起阅读。

51. 田先生认为，绝大部分笔记本电脑运行速度慢的原因不是 CPU 性能太差，也不是内存容量太小，而是硬盘速度太慢，给老旧的笔记本电脑换装固态硬盘可以大幅提升使用者的游戏体验。
    以下哪项如果为真，最能质疑田先生的观点？
    (A)一些笔记本电脑使用者的使用习惯不好，使得许多运行程序占据大量内存，导致电脑运行速度缓慢。
    (B)销售固态硬盘的利润远高于销售传统的笔记本电脑硬盘。
    (C)固态硬盘很贵，给老旧笔记本换装硬盘费用不低。
    (D)使用者的游戏体验很大程度上取决于笔记本电脑的显卡，而老旧笔记本电脑显卡较差。
    (E)少部分老旧笔记本电脑的 CPU 性能很差，内存也小。

52~53题基于以下题干：

钟医生："通常，医学研究的重要成果在杂志上发表之前需要经过匿名评审，这需要耗费不少时间。如果研究者能放弃这段等待时间而事先公开其成果，我们的公共卫生水平就可以伴随着医学发现更快获得提高。因为新医学信息的及时公布将允许人们利用这些信息提高他们的健康水平。"

52. 以下哪项最可能是钟医生论证所依赖的假设？
   (A) 即使医学论文还没有在杂志上发表，人们还是会使用已公开的相关新信息。
   (B) 因为工作繁忙，许多医学研究者不愿成为论文评审者。
   (C) 首次发表于匿名评审杂志上的新医学信息一般无法引起公众的注意。
   (D) 许多医学杂志的论文评审者本身并不是医学研究专家。
   (E) 部分医学研究者愿意放弃在杂志上发表，而选择事先公开其成果。

53. 以下哪项如果为真，最能削弱钟医生的论证？
   (A) 大部分医学杂志不愿意放弃匿名评审制度。
   (B) 社会公共卫生水平的提高还取决于其他因素，并不完全依赖于医学新发现。
   (C) 匿名评审常常能阻止那些含有错误结论的文章发表。
   (D) 有些媒体常常会提前报道那些匿名评审杂志准备发表的医学研究成果。
   (E) 人们常常根据新发表的医学信息来调整他们的生活方式。

54~55题基于以下题干：

江海大学的校园美食节开幕了，某女生宿舍有5人积极报名参加此次活动，她们的姓名分别为金粲、木心、水仙、火珊、土润。举办方要求，每位报名者只做一道菜品参加评比，但需自备食材。限于条件，该宿舍所备食材仅有5种：金针菇、木耳、水蜜桃、火腿和土豆，要求每种食材只能有2人选用，每人又只能选2种食材，并且每人所选食材名称的第一个字与自己的姓氏均不相同。已知：

(1) 如果金粲选水蜜桃，则水仙不选金针菇。
(2) 如果木心选金针菇或土豆，则她也须选木耳。
(3) 如果火珊选水蜜桃，则她也须选木耳和土豆。
(4) 如果木心选火腿，则火珊不选金针菇。

54. 根据上述信息，可以得出以下哪项？
   (A) 木心选用水蜜桃、土豆。　　　　(B) 水仙选用金针菇、火腿。
   (C) 土润选用金针菇、水蜜桃。　　　(D) 火珊选用木耳、水蜜桃。
   (E) 金粲选用木耳、土豆。

55. 如果水仙选用土豆，则可以得出以下哪项？
　　(A)木心选用金针菇、水蜜桃。　　(B)金粲选用木耳、火腿。
　　(C)火珊选用金针菇、土豆。　　(D)水仙选用木耳、土豆。
　　(E)土润选用水蜜桃、火腿。

四、**写作**：第56～57小题，共65分。其中论证有效性分析30分，论说文35分。请答在答题纸相应的位置上。

56. 论证有效性分析：分析下述论证中存在的缺陷与漏洞，选择若干要点，写一篇600字左右的文章，对该论证的有效性进行分析和评论。（论证有效性分析的一般要点是：概念特别是核心概念的界定和使用是否准确并前后一致，有无各种明显的逻辑错误，论证的论据是否成立并支持结论，结论成立的条件是否充分等。）

　　现在人们常在谈论大学毕业生就业难的问题，其实大学生的就业并不难。

　　据国家统计局数据，2012年我国劳动年龄人口比2011年减少了345万，这说明我国劳动力的供应从过剩变成了短缺。据报道，近年长三角等地区频频出现"用工荒"现象，2015年第二季度我国岗位空缺与求职人数的比率约为1.06，表明劳动力市场需求大于供给。因此，我国的大学毕业生其实是供不应求的。

　　还有，一个人受教育程度越高，他的整体素质也就越高，适应能力就越强，当然也就越容易就业。大学生显然比其他社会群体更容易就业，再说大学生就业难就没有道理了。

　　实际上，一部分大学生就业难，是因为其所学专业与市场需求不相适应，或对就业岗位的要求过高。因此，只要根据市场需求调整高校专业设置，对大学生进行就业教育以改变他们的就业观念，鼓励大学生自主创业，那么大学生就业难问题将不复存在。

　　总之，大学生的就业并不是什么问题，我们大可不必为此顾虑重重。

57. 论说文：根据下述材料，写一篇700字左右的论说文，题目自拟。

　　亚里士多德说："城邦的本质在于多样性，而不在于一致性。……无论是家庭还是城邦，它们的内部都有着一定的一致性。不然的话，它们是不可能组建起来的。但这种一致性是有一定限度的。……同一种声音无法实现和谐，同一个音阶也无法组成旋律。城邦也是如此，它是一个多面体。人们只能通过教育使存在着各种差异的公民统一起来组成一个共同体。"

答案速查

题型		题号	答案				
一	问题求解	1~5	(D)	(C)	(E)	(C)	(B)
		6~10	(B)	(D)	(D)	(E)	(E)
		11~15	(D)	(A)	(C)	(D)	(E)
二	条件充分性判断	16~20	(B)	(C)	(A)	(C)	(E)
		21~25	(A)	(C)	(B)	(A)	(D)
三	逻辑推理	26~30	(D)	(C)	(D)	(E)	(D)
		31~35	(A)	(D)	(D)	(E)	(B)
		36~40	(D)	(A)	(E)	(E)	(E)
		41~45	(C)	(A)	(D)	(E)	(C)
		46~50	(B)	(D)	(B)	(B)	(A)
		51~55	(D)	(A)	(C)	(C)	(B)
四	写作		56. 略 57. 略				

绝密★启用前

2015年全国硕士研究生招生考试
管理类综合能力试题

（科目代码：199）
考试时间：8：30—11：30

考生注意事项

1. 答题前，考生须在试题册指定位置上填写考生姓名和考生编号；在答题卡指定位置上填写报考单位、考生姓名和考生编号，并涂写考生编号信息点。
2. 选择题的答案必须涂写在答题卡相应题号的选项上，非选择题的答案必须书写在答题卡指定位置的边框区域内。超出答题区域书写的答案无效；在草稿纸、试题册上答题无效。
3. 填（书）写部分必须使用黑色字迹签字笔或者钢笔书写，字迹工整、笔迹清楚；涂写部分必须使用2B铅笔填涂。
4. 考试结束，将答题卡和试题册按规定交回。

考生编号															
考生姓名															

一、**问题求解**：第1～15小题，每小题3分，共45分。下列每题给出的(A)、(B)、(C)、(D)、(E)五个选项中，只有一项是符合试题要求的。请在答题卡上将所选项的字母涂黑。

1. 若实数 a, b, c 满足 $a:b:c=1:2:5$，且 $a+b+c=24$，则 $a^2+b^2+c^2=($ $)$.

   (A) 30   (B) 90   (C) 120   (D) 240   (E) 270

2. 某公司共有甲、乙两个部门，如果从甲部门调10人到乙部门，那么乙部门人数是甲部门的2倍，如果把乙部门员工的 $\frac{1}{5}$ 调到甲部门，那么两个部门的人数相等，则该公司的总人数为(   ).

   (A) 150   (B) 180   (C) 200   (D) 240   (E) 250

3. 设 m, n 是小于20的质数，满足条件 $|m-n|=2$ 的 $\{m, n\}$ 共有(   ).

   (A) 2组   (B) 3组   (C) 4组   (D) 5组   (E) 6组

4. 如下图所示，BC 是半圆的直径，且 $BC=4$，$\angle ABC=30°$，则图中阴影部分的面积为(   ).

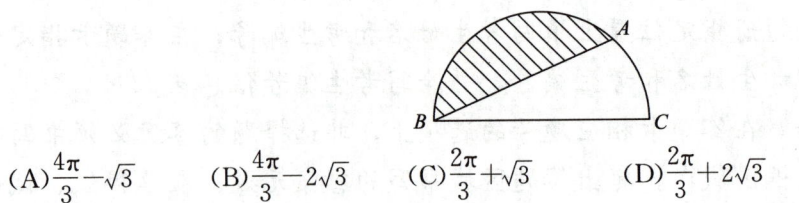

   (A) $\frac{4\pi}{3}-\sqrt{3}$ (B) $\frac{4\pi}{3}-2\sqrt{3}$ (C) $\frac{2\pi}{3}+\sqrt{3}$ (D) $\frac{2\pi}{3}+2\sqrt{3}$ (E) $2\pi-2\sqrt{3}$

5. 有一根圆柱形铁管，管壁厚度为0.1米，内径为1.8米，长度为2米，若将该铁管熔化后浇铸成长方体，则该长方体的体积为(   )(单位：立方米，$\pi\approx 3.14$).

   (A) 0.38   (B) 0.59   (C) 1.19   (D) 5.09   (E) 6.28

6. 某人驾车从 A 地赶往 B 地，前一半路程比计划多用时45分钟，平均速度只有计划的80%，若后一半路程的平均速度为120千米/小时，此人还能按原定时间到达 B 地，则 A、B 两地的距离为(   )千米.

   (A) 450   (B) 480   (C) 520   (D) 540   (E) 600

7. 在某次考试中，甲、乙、丙三个班的平均成绩分别为80，81和81.5，三个班的学生得分之和为6 952，则三个班共有学生(   )名.

   (A) 85   (B) 86   (C) 87   (D) 88   (E) 89

8. 如下图所示，梯形 $ABCD$ 的上底与下底分别为 5，7，E 为 AC 和 BD 的交点，MN 过点 E 且平行于 AD，则 $MN=(\quad)$.

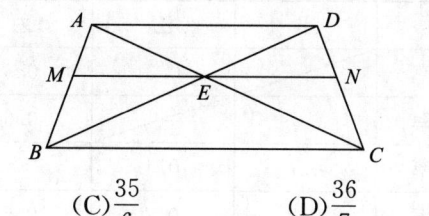

(A) $\dfrac{26}{5}$ (B) $\dfrac{11}{2}$ (C) $\dfrac{35}{6}$ (D) $\dfrac{36}{7}$ (E) $\dfrac{40}{7}$

9. 一项工作，甲、乙合作需要 2 天，人工费 2 900 元；乙、丙合作需要 4 天，人工费 2 600 元；甲、丙合作 2 天完成了全部工作量的 $\dfrac{5}{6}$，人工费 2 400 元．甲单独做该工作需要的时间和人工费分别为（　）.

(A) 3 天，3 000 元   (B) 3 天，2 850 元   (C) 3 天，2 700 元
(D) 4 天，3 000 元   (E) 4 天，2 900 元

10. 已知 x_1，x_2 是 $x^2+ax-1=0$ 的两个实根，则 $x_1^2+x_2^2=(\quad)$.

(A) a^2+2 (B) a^2+1 (C) a^2-1 (D) a^2-2 (E) $a+2$

11. 某新兴产业在 2005 年年末至 2009 年年末产值的年平均增长率为 q，在 2009 年年末至 2013 年年末产值的年平均增长率比前四年下降了 40%，2013 年的产值约为 2005 年产值的 $14.46(\approx 1.95^4)$ 倍，则 q 约为（　）.

(A) 30% (B) 35% (C) 40% (D) 45% (E) 50%

12. 若直线 $y=ax$ 与圆 $(x-a)^2+y^2=1$ 相切，则 $a^2=(\quad)$.

(A) $\dfrac{1+\sqrt{3}}{2}$ (B) $1+\dfrac{\sqrt{3}}{2}$ (C) $\dfrac{\sqrt{5}}{2}$ (D) $1+\dfrac{\sqrt{5}}{3}$ (E) $\dfrac{1+\sqrt{5}}{2}$

13. 设点 $A(0,2)$ 和 $B(1,0)$，在线段 AB 上取一点 $M(x,y)(0<x<1)$，则以 x，y 为两边长的矩形面积的最大值为（　）.

(A) $\dfrac{5}{8}$ (B) $\dfrac{1}{2}$ (C) $\dfrac{3}{8}$
(D) $\dfrac{1}{4}$ (E) $\dfrac{1}{8}$

14. 某次网球比赛的四强对阵为甲对乙、丙对丁,两场比赛的胜者将争夺冠军,选手之间相互获胜的概率见下表:

项目	甲	乙	丙	丁
甲获胜概率		0.3	0.3	0.8
乙获胜概率	0.7		0.6	0.3
丙获胜概率	0.7	0.4		0.5
丁获胜概率	0.2	0.7	0.5	

则甲获得冠军的概率为( ).
(A)0.165　　　(B)0.245　　　(C)0.275　　　(D)0.315　　　(E)0.330

15. 平面上有 5 条平行直线与另一组 n 条平行直线垂直,若两组平行直线共构成 280 个矩形,则 $n=$ ( ).
(A)5　　　(B)6　　　(C)7　　　(D)8　　　(E)9

二、**条件充分性判断**:第 16~25 小题,每小题 3 分,共 30 分。要求判断每题给出的条件(1)和条件(2)能否充分支持题干所陈述的结论。(A)、(B)、(C)、(D)、(E)五个选项为判断结果,请选择一项符合试题要求的判断,在答题卡上将所选项的字母涂黑。

(A)条件(1)充分,但条件(2)不充分.
(B)条件(2)充分,但条件(1)不充分.
(C)条件(1)和条件(2)单独都不充分,但条件(1)和条件(2)联合起来充分.
(D)条件(1)充分,条件(2)也充分.
(E)条件(1)和条件(2)单独都不充分,条件(1)和条件(2)联合起来也不充分.

16. 信封中装有 10 张奖券,只有 1 张有奖.从信封中同时抽取 2 张,中奖概率为 P;从信封中每次抽取 1 张奖券后放回,如此重复抽取 n 次,中奖概率为 Q.则 $P<Q$.
　　(1)$n=2$.　　　　　　　　(2)$n=3$.

17. 已知 p,q 为非零实数.则能确定 $\dfrac{p}{q(p-1)}$ 的值.
　　(1)$p+q=1$.　　　　　　(2)$\dfrac{1}{p}+\dfrac{1}{q}=1$.

18. 已知 a,b 为实数.则 $a\geqslant 2$ 或 $b\geqslant 2$.
　　(1)$a+b\geqslant 4$.　　　　　　(2)$ab\geqslant 4$.

19. 圆盘 $x^2+y^2 \leqslant 2(x+y)$ 被直线 L 分成面积相等的两部分.
   (1) $L: x+y=2$.
   (2) $L: 2x-y=1$.

20. 已知 $\{a_n\}$ 是公差大于零的等差数列，S_n 是 $\{a_n\}$ 的前 n 项和．则 $S_n \geqslant S_{10}$, $n=1$, 2, $\cdots$.
   (1) $a_{10}=0$.
   (2) $a_{11}a_{10}<0$.

21. 几个朋友外出游玩，购买了一些瓶装水．则能确定购买的瓶装水数量．
   (1) 若每人分 3 瓶，则剩余 30 瓶．
   (2) 若每人分 10 瓶，则只有 1 人不够．

22. 已知 $M=(a_1+a_2+\cdots+a_{n-1})(a_2+a_3+\cdots+a_n)$, $N=(a_1+a_2+\cdots+a_n)(a_2+a_3+\cdots+a_{n-1})$. 则 $M>N$.
   (1) $a_1>0$.
   (2) $a_1 a_n>0$.

23. 设 $\{a_n\}$ 是等差数列．则能确定数列 $\{a_n\}$.
   (1) $a_1+a_6=0$.
   (2) $a_1 a_6=-1$.

24. 已知 x_1, x_2, x_3 都是实数，$\bar{x}$ 为 x_1, x_2, x_3 的平均数．则 $|x_k-\bar{x}| \leqslant 1$, $k=1$, 2, 3.
   (1) $|x_k| \leqslant 1$, $k=1$, 2, 3.
   (2) $x_1=0$.

25. 底面半径为 r，高为 h 的圆柱体表面积记为 S_1，半径为 R 的球体表面积记为 S_2．则 $S_1 \leqslant S_2$.
   (1) $R \geqslant \dfrac{r+h}{2}$.　　　　　　(2) $R \leqslant \dfrac{2h+r}{3}$.

三、逻辑推理：第26～55小题，每小题2分，共60分。下列每题给出的(A)、(B)、(C)、(D)、(E)五个选项中，只有一项是符合试题要求的。请在答题卡上将所选项的字母涂黑。

26. 晴朗的夜晚我们可以看到满天星斗，其中有些是自身发光的恒星，有些是自身不发光但可以反射附近恒星光的行星。恒星尽管遥远，但是有些可以被现有的光学望远镜"看到"。和恒星不同，由于行星本身不发光，而且体积远小于恒星，所以，太阳系外的行星大多无法用现有的光学望远镜"看到"。

以下哪项如果为真，最能解释上述现象？

(A) 现有的光学望远镜只能"看到"自身发光或者反射光的天体。

(B) 有些恒星没有被现有的光学望远镜"看到"。

(C) 如果行星的体积够大，现有的光学望远镜就能够"看到"。

(D) 太阳系外的行星因距离遥远，很少将恒星光反射到地球上。

(E) 太阳系内的行星大多可以用现有的光学望远镜"看到"。

27. 长期以来，手机产生的电磁辐射是否威胁人体健康一直是极具争议的话题。一项长达10年的研究显示，每天使用移动电话通话30分钟以上的人患神经胶质瘤的风险比从未使用者要高出40%。由此某专家建议，在获得进一步证据之前，人们应该采取更加安全的措施，如尽量使用固定电话通话或使用短信进行沟通。

以下哪项如果为真，最能表明该专家的建议不切实际？

(A) 大多数手机产生的电磁辐射强度符合国家规定的安全标准。

(B) 现在人类生活空间中的电磁辐射强度已经超过手机通话产生的电磁辐射强度。

(C) 经过较长一段时间，人的身体能够逐渐适应强电磁辐射的环境。

(D) 上述实验期间，有些人每天使用移动电话通话超过40分钟，但他们很健康。

(E) 即使以手机短信进行沟通，发送和接收信息的瞬间也会产生较强的电磁辐射。

28. 甲、乙、丙、丁、戊和己6人围坐在一张正六边形的小桌前，每边各坐一人。已知：

(1) 甲与乙正面相对。

(2) 丙与丁不相邻，也不正面相对。

如果己与乙不相邻，则以下哪项一定为真？

(A) 如果甲与戊相邻，则丁与己正面相对。

(B) 甲与丁相邻。

(C) 戊与己相邻。

(D) 如果丙与戊不相邻，则丙与己相邻。

(E) 己与乙正面相对。

29. 人类经历了上百万年的自然进化，产生了直觉、多层次抽象等独特智能。尽管现代计算机已经具备了一定的学习能力，但这种能力还需要人类的指导，完全的自我学习能力还有待进一步发展。因此，计算机要达到甚至超过人类的智能水平是不可能的。

以下哪项最可能是上述论证的预设？

(A)计算机很难真正懂得人类的语言，更不可能理解人类的感情。

(B)理解人类复杂的社会关系需要自我学习能力。

(C)计算机如果具备完全的自我学习能力，就能形成直觉、多层次抽象等智能。

(D)计算机可以形成自然进化能力。

(E)直觉、多层次抽象等这些人类的独特智能无法通过学习获得。

30. 为进一步加强对不遵守交通信号等违法行为的执法管理，规范执法程序，确保执法公正，某市交警支队要求：凡属交通信号指示不一致、有证据证明救助危难等情形，一律不得录入道路交通违法信息系统；对已录入信息系统的交通违法记录，必须完善异议受理、核查、处理等工作规范，最大限度地减少执法争议。

根据上述交警支队的要求，可以得出以下哪项？

(A)有些因救助危难而违法的情形，如果仅有当事人说辞但缺乏当时现场的录音录像证明，就应录入道路交通违法信息系统。

(B)对已录入系统的交通违法记录，只有倾听群众异议，加强群众监督，才能最大限度地减少执法争议。

(C)如果汽车使用了行车记录仪，就可以提供现场实时证据，大大减少被录入道路交通违法信息系统的可能性。

(D)因信号灯相位设置和配时不合理等造成交通信号不一致而引发的交通违法情形，可以不录入道路交通违法信息系统。

(E)只要对已录入系统的交通违法记录进行异议受理、核查和处理，就能最大限度地减少执法争议。

31～32题基于以下题干：

某次讨论会共有18名参会者。已知：

(1)至少有5名青年教师是女性。

(2)至少有6名女教师已过中年。

(3)至少有7名女青年是教师。

31. 根据上述信息，关于参会人员可以得出以下哪项？

(A)有些青年教师不是女性。

(B)有些女青年不是教师。

(C)青年教师至少有11名。

(D)女青年至多有11名。

(E)女教师至少有13名。

32. 如果上述三句话两真一假，那么关于参会人员可以得出以下哪项？
   (A)青年教师至少有5名。
   (B)男教师至多有10名。
   (C)女青年都是教师。
   (D)女青年至少有7名。
   (E)青年教师都是女性。

33. 当企业处于蓬勃上升时期，往往紧张而忙碌，没有时间和精力去设计和修建"琼楼玉宇"；当企业所有的重要工作都已经完成，其时间和精力就开始集中在修建办公大楼上。所以，如果一个企业的办公大楼设计得越完美，装饰得越豪华，则该企业离解体的时间就越近；当某个企业的大楼设计和建造趋向完美之际，它的存在就逐渐失去意义。这就是所谓的"办公大楼法则"。
   以下哪项如果为真，最能质疑上述观点？
   (A)某企业的办公大楼修建得美轮美奂，入住后该企业的事业蒸蒸日上。
   (B)一个企业如果将时间和精力都耗费在修建办公大楼上，则对其他重要工作就投入不足了。
   (C)建造豪华的办公大楼，往往会加大企业的运营成本，损害其实际利益。
   (D)企业的办公大楼越破旧，该企业就越有活力和生机。
   (E)建造豪华办公大楼并不需要企业投入太多的时间和精力。

34. 张云、李华、王涛都收到了明年二月初赴北京开会的通知。他们可以选择乘坐飞机、高铁与大巴等交通工具进京。他们对这次进京方式有如下考虑：
   (1)张云不喜欢坐飞机，如果有李华同行，他就选择乘坐大巴。
   (2)李华不计较方式，如果高铁比飞机便宜，他就选择乘坐高铁。
   (3)王涛不在乎价格，除非预报二月初北京有雨雪天气，否则他就选择乘坐飞机。
   (4)李华和王涛家住得较近，如果航班时间合适，他们将一同乘飞机出行。
   如果上述3人的考虑都得到满足，则可以得出以下哪项？
   (A)如果李华没有选择乘坐高铁或飞机，则他肯定和张云一起乘坐大巴进京。
   (B)如果张云和王涛乘坐高铁进京，则二月初北京有雨雪天气。
   (C)如果三人都乘坐飞机进京，则飞机票价比高铁便宜。
   (D)如果王涛和李华乘坐飞机进京，则二月初北京没有雨雪天气。
   (E)如果三人都乘坐大巴进京，则预报二月初北京有雨雪天气。

35. 某市推出一项月度社会公益活动，市民报名踊跃。由于活动规模有限，主办方决定通过摇号抽签的方式选择参与者。第一个月中签率为1：20；随后连创新低，到下半年的10月份已达1：70。大多数市民屡摇不中，但从今年7月至10月，"李祥"这个名字连续4个月中签。不少市民据此认为，有人在抽签过程中作弊，并对主办方提出质疑。

以下哪项如果为真，最能消除上述市民的质疑？

(A)摇号抽签全过程是在有关部门监督下进行的。
(B)在报名的市民中，名叫"李祥"的近300人。
(C)已经中签的申请者中，叫"张磊"的有7人。
(D)曾有一段时间，家长给孩子取名不回避重名。
(E)在摇号系统中，每一位申请人都被随机赋予一个不重复的编码。

36. 美国扁桃仁于20世纪70年代出口到我国，当时被误译成"美国大杏仁"。这种误译导致大多数消费者根本不知道扁桃仁、杏仁是两种完全不同的产品。对此，尽管我国林果专家一再努力澄清，但学界的声音很难传达到相关企业和普通大众。因此，必须制定林果的统一行业标准，这样才能还相关产品以本来面目。

以下哪项最可能是上述论证的假设？

(A)美国扁桃仁和中国大杏仁的外形很相似。
(B)进口商品名称的误译会扰乱我国企业正常的对外贸易活动。
(C)"美国大杏仁"在中国市场上的销量超过中国杏仁。
(D)我国相关企业和普通大众并不认可我国林果专家的意见。
(E)长期以来，我国没有关于林果的统一行业标准。

37. 10月6日晚上，张强要么去电影院看了电影，要么拜访了他的朋友秦玲。如果那天晚上张强开车回家，他就没去电影院看电影。只有张强事先与秦玲约定，张强才能去拜访她。事实上，张强不可能事先与秦玲约定。

根据以上陈述，可以得出以下哪项？

(A)那天晚上张强与秦玲一起去电影院看电影。
(B)那天晚上张强拜访了他的朋友秦玲。
(C)那天晚上张强没有开车回家。
(D)那天晚上张强没有去电影院看电影。
(E)那天晚上张强开车去电影院看电影。

38～39题基于以下题干：

天南大学准备选派两名研究生、三名本科生到山村小学支教。经过个人报名和民主评议，最终人选将在研究生赵婷、唐玲、殷倩3人和本科生周艳、李环、文琴、徐昂、朱敏5人中产生。按规定，同一学院或者同一社团至多选派一人。已知：

(1)唐玲和朱敏均来自数学学院。
(2)周艳和徐昂均来自文学院。
(3)李环和朱敏均来自辩论协会。

38. 根据上述条件，以下必定入选的是：

(A)唐玲。　　(B)赵婷。　　(C)周艳。　　(D)殷倩。　　(E)文琴。

39. 如果唐玲入选，那么以下必定入选的是：

(A)李环。　　(B)徐昂。　　(C)周艳。　　(D)赵婷。　　(E)殷倩。

40. 有些阔叶树是常绿植物，因此，所有阔叶树都不生长在寒带地区。

以下哪项如果为真，最能反驳上述结论？

(A)常绿植物不都是阔叶树。
(B)寒带的某些地区不生长阔叶树。
(C)有些阔叶树不生长在寒带地区。
(D)常绿植物不生长在寒带地区。
(E)常绿植物都生长在寒带地区。

41～42题基于以下题干：

某大学运动会即将召开，经管学院拟组建一支12人的代表队参赛，参赛队员将从该院4个年级的学生中选拔。学校规定：每个年级都须在长跑、短跑、跳高、跳远、铅球5个项目中选择1～2项参加比赛，其余项目可任意选择；一个年级如果选择长跑，就不能选择短跑或跳高；一个年级如果选择跳远，就不能选择长跑或铅球；每名队员只参加1项比赛。已知该院：

(1)每个年级均有队员被选拔进入代表队。
(2)每个年级被选拔进入代表队的人数各不相同。
(3)有两个年级的队员人数相乘等于另一个年级的队员人数。

41. 根据以上信息，一个年级最多可选拔多少人？

(A)8人。　　(B)7人。　　(C)6人。　　(D)5人。　　(E)4人。

42. 如果某年级队员人数不是最少的，且选择了长跑，那么对于该年级来说，以下哪项是不可能的？

(A)选择短跑或铅球。
(B)选择短跑或跳远。
(C)选择铅球或跳高。
(D)选择长跑或跳高。
(E)选择铅球或跳远。

43. 为防御电脑受到病毒侵袭，研究人员开发了防御病毒和查杀病毒的程序。前者启动后能使程序运行免受病毒侵袭，后者启动后能迅速查杀电脑中可能存在的病毒。某台电脑上现装有甲、乙、丙三种程序，已知：

(1)甲程序能查杀目前已知的所有病毒。
(2)若乙程序不能防御已知的一号病毒，则丙程序也不能查杀该病毒。
(3)只有丙程序能防御已知的一号病毒，电脑才能查杀目前已知的所有病毒。
(4)只有启动甲程序，才能启动丙程序。

根据上述信息，可以得出以下哪项？
(A)如果启动了丙程序，就能防御并查杀一号病毒。
(B)如果启动了乙程序，那么不必启动丙程序也能查杀一号病毒。
(C)只有启动乙程序，才能防御并查杀一号病毒。
(D)只有启动丙程序，才能防御并查杀一号病毒。
(E)如果启动了甲程序，那么不必启动乙程序也能查杀所有病毒。

44. 研究人员将角膜感觉神经断裂的兔子分为两组：实验组和对照组。他们给实验组兔子注射一种从土壤霉菌中提取的化合物。3周后检查发现，实验组兔子的角膜感觉神经已经复合；而对照组兔子未注射这种化合物，其角膜感觉神经没有复合。研究人员由此得出结论：该化合物可以使兔子断裂的角膜感觉神经复合。

以下哪项与上述研究人员得出结论的方式最为类似？
(A)科学家在北极冰川地区的黄雪中发现了细菌，而该地区的寒冷气候与木卫二的冰冷环境有着惊人的相似。所以，木卫二可能存在生命。
(B)绿色植物在光照充足的环境下能茁壮成长，而在光照不足的环境下只能缓慢生长。所以，光照有助于绿色植物的生长。
(C)一个整数或者是偶数，或者是奇数。0不是奇数，所以，0是偶数。
(D)昆虫都有三对足，蜘蛛并非三对足。所以，蜘蛛不是昆虫。
(E)年逾花甲的老王戴上老花眼镜可以读书看报，不戴则视力模糊。所以，年龄大的人都要戴老花眼镜。

45. 张教授指出，明清时期科举考试分为四级，即院试、乡试、会试、殿试。院试在县府举行，考中者称为"生员"；乡试每三年在各省省城举行一次，生员才有资格参加，考中者称为"举人"，举人第一名称为"解元"；会试于乡试后第二年在京城礼部举行，举人才有资格参加，考中者称为"贡士"，贡士第一名称为"会元"；殿试在会试当年举行，由皇帝主持，贡士才有资格参加，录取分为三甲，一甲三名，二甲、三甲各若干名，统称为"进士"，一甲第一名称为"状元"。

根据张教授的陈述，以下哪项是不可能的？
(A)未中解元者，不曾中会元。　　　　　(B)中举者，不曾中进士。
(C)中状元者曾为生员和举人。　　　　　(D)中会元者，不曾中举。
(E)可有连中三元者(解元、会元、状元)。

46. 有人认为，任何一个机构都包括不同的职位等级或层级，每个人都隶属于其中的一个层级。如果某人在原来的级别岗位上干得出色，就会被提拔。而被提拔者得到重用后却碌碌无为，这会造成机构效率低下、人浮于事。

以下哪项如果为真，最能质疑上述观点？

(A) 不同岗位的工作方法是不同的，对新岗位要有一个适应过程。
(B) 部门经理王先生业绩出众，被提拔为公司总经理后工作依然出色。
(C) 个人晋升常常在一定程度上影响所在机构的发展。
(D) 李明的体育运动成绩并不理想，但他进入管理层后却干得得心应手。
(E) 王副教授教学和科研能力都很强，而晋升为正教授后却表现平平。

47. 如果把一杯酒倒进一桶污水中，你得到的是一桶污水；如果把一杯污水倒进一桶酒中，你得到的仍然是一桶污水。在任何组织中，都可能存在几个难缠人物，他们存在的目的似乎就是把事情搞糟。如果一个组织不加强内部管理，一个正直能干的人进入某低效的部门就会被吞没，而一个无德无才者很快就能将一个高效的部门变成一盘散沙。

根据以上信息，可以得出以下哪项？

(A) 如果组织中存在几个难缠人物，很快就会把组织变成一盘散沙。
(B) 如果不将一杯污水倒进一桶酒中，你就不会得到一桶污水。
(C) 如果一个正直能干的人在低效部门没有被吞没，则该部门加强了内部管理。
(D) 如果一个正直能干的人进入组织，就会使组织变得更为高效。
(E) 如果一个无德无才的人把组织变成一盘散沙，则该组织没有加强内部管理。

48. 自闭症会影响社会交往、语言交流和兴趣爱好等方面的行为。研究人员发现，实验鼠体内神经连接蛋白的蛋白质如果合成过多，会导致自闭症。由此他们认为，自闭症与神经连接蛋白的蛋白质合成量具有重要关联。

以下哪项如果为真，最能支持上述观点？

(A) 生活在群体之中的实验鼠较之独处的实验鼠患自闭症的比例要小。
(B) 雄性实验鼠患自闭症的比例是雌性实验鼠的5倍。
(C) 抑制神经连接蛋白的蛋白质合成可缓解实验鼠的自闭症状。
(D) 如果将实验鼠控制蛋白合成的关键基因去除，其体内的神经连接蛋白就会增加。
(E) 神经连接蛋白正常的老年实验鼠患自闭症的比例很低。

49. 张教授指出，生物燃料是指利用生物资源生产的燃料乙醇或生物柴油，它们可以替代由石油制取的汽油和柴油，是可再生能源开发利用的重要方向。受世界石油资源短缺、环保和全球气候变化的影响，20世纪70年代以来，许多国家日益重视生物燃料的发展，并取得显著成效。所以，应该大力开发和利用生物燃料。

以下哪项最可能是张教授论证的预设？

(A)发展生物燃料可有效降低人类对石油等化石燃料的消耗。
(B)发展生物燃料会减少粮食供应，而当今世界有数以百万计的人食不果腹。
(C)生物柴油和燃料乙醇是现代社会能源供给体系的适当补充。
(D)生物燃料在生产与运输的过程中需要消耗大量的水、电和石油等。
(E)目前我国生物燃料的开发和利用已经取得很大成绩。

50. 有关数据显示，2011年全球新增870万结核病患者，同时有140万患者死亡。因为结核病对抗生素有耐药性，所以对结核病的治疗一直都进展缓慢。如果不能在近几年消除结核病，那么还会有数百万人死于结核病。如果要控制这种流行病，就要有安全、廉价的疫苗。目前有12种新疫苗正在测试之中。

根据以上信息，可以得出以下哪项？

(A)2011年结核病患者死亡率已达16.1%。
(B)有了安全、廉价的疫苗，我们就能控制结核病。
(C)如果解决了抗生素的耐药性问题，结核病治疗将会获得突破性进展。
(D)只有在近几年消除结核病，才能避免数百万人死于这种疾病。
(E)新疫苗一旦应用于临床，将有效控制结核病的传播。

51. 一个人如果没有崇高的信仰，就不可能守住道德的底线；而一个人只有不断地加强理论学习，才能始终保持崇高的信仰。

根据以上信息，可以得出以下哪项？

(A)一个人没能守住道德的底线，是因为他首先丧失了崇高的信仰。
(B)一个人只要有崇高的信仰，就能守住道德的底线。
(C)一个人只有不断加强理论学习，才能守住道德的底线。
(D)一个人如果不能守住道德的底线，就不可能保持崇高的信仰。
(E)一个人只要不断加强理论学习，就能守住道德的底线。

52. 研究人员安排了一次实验，将100名受试者分为两组：喝一小杯红酒的实验组和不喝酒的对照组。随后，让两组受试者计算某段视频中篮球队员相互传球的次数。结果发现，对照组的受试者都计算准确，而实验组中只有18%的人计算准确。经测试，实验组受试者的血液中酒精浓度只有酒驾法定值的一半。由此专家指出，这项研究结果或许应该让立法者重新界定酒驾法定值。
以下哪项如果为真，最能支持上述专家的观点？
(A)酒驾法定值设置过低，可能会把许多未饮酒者界定为酒驾。
(B)即使血液中酒精浓度只有酒驾法定值的一半，也会影响视力和反应速度。
(C)饮酒过量不仅损害身体健康，而且影响驾车安全。
(D)只要血液中酒精浓度不超过酒驾法定值，就可以驾车上路。
(E)即使酒驾法定值设置较高，也不会将少量饮酒的驾车者排除在酒驾范围之外。

53. 某研究人员在2004年对一些12~16岁的学生进行了智商测试，测试得分为77~135分，4年之后再次测试，这些学生的智商得分为87~143分。仪器扫描显示，那些得分提高了的学生，其脑部比此前呈现更多的灰质（灰质是一种神经组织，是中枢神经的重要组成部分）。这一测试表明，个体的智商变化确实存在，那些早期在学校表现并不突出的学生未来仍有可能成为佼佼者。
以下除哪项外，都能支持上述实验结论？
(A)随着年龄的增长，青少年脑部区域的灰质通常也会增加。
(B)有些天才少年长大后智力并不出众。
(C)学生的非言语智力表现与他们大脑结构的变化明显相关。
(D)部分学生早期在学校表现不突出与其智商有关。
(E)言语智商的提高伴随着大脑左半球运动皮层灰质的增多。

54~55题基于以下题干：

某高校有数学、物理、化学、管理、文秘、法学等6个专业毕业生需要就业，现有风云、怡和、宏宇三家公司前来学校招聘。已知，每家公司只招聘该校上述2~3个专业的若干毕业生，且需要满足以下条件：
(1)招聘化学专业的公司也招聘数学专业。
(2)怡和公司招聘的专业，风云公司也招聘。
(3)只有一家公司招聘文秘专业，且该公司没有招聘物理专业。
(4)如果怡和公司招聘管理专业，那么也招聘文秘专业。
(5)如果宏宇公司没有招聘文秘专业，那么怡和公司招聘文秘专业。

54. 如果只有一家公司招聘物理专业，那么可以得出以下哪项？
(A)宏宇公司招聘数学专业。　　　　　　(B)怡和公司招聘管理专业。
(C)怡和公司招聘物理专业。　　　　　　(D)风云公司招聘化学专业。
(E)风云公司招聘物理专业。

55. 如果三家公司都招聘3个专业的若干毕业生，那么可以得出以下哪项？
(A) 风云公司招聘数学专业。
(B) 怡和公司招聘物理专业。
(C) 宏宇公司招聘化学专业。
(D) 风云公司招聘化学专业。
(E) 怡和公司招聘法学专业。

四、写作：第56～57小题，共65分。其中论证有效性分析30分，论说文35分。请答在答题纸相应的位置上。

56. 论证有效性分析：分析下述论证中存在的缺陷与漏洞，选择若干要点，写一篇600字左右的文章，对该论证的有效性进行分析和评论。（论证有效性分析的一般要点是：概念特别是核心概念的界定和使用是否准确并前后一致，有无各种明显的逻辑错误，论证的论据是否成立并支持结论，结论成立的条件是否充分等。）

　　有一段时期，我国部分行业出现了生产过剩现象。一些经济学家对此忧心忡忡，建议政府采取措施加以应对，以免造成资源浪费，影响国民经济正常运行。这种建议看似有理，其实未必正确。

　　首先，我国部分行业出现的生产过剩并不是真正的生产过剩。道理很简单，在市场经济条件下，生产过剩实际上只是一种假象。只要生产企业开拓市场、刺激需求，就能扩大销售，生产过剩马上就会化解。退一步说，即使出现了真正的生产过剩，市场本身也会进行自动调节。

　　其次，经济运行是一个动态变化的过程，产品的供求不可能达到绝对的平衡状态，因而生产过剩是市场经济的常见现象。既然如此，那么生产过剩也就是经济运行的客观规律。因此，如果让政府采取措施进行干预，那就违背了经济运行的客观规律。

　　再次，生产过剩总比生产不足好。如果政府的干预使生产过剩变成了生产不足，问题就会更大。因为生产过剩未必会造成浪费，反而可以因此增加物资储备以应对不时之需。如果生产不足，就势必造成供不应求的现象，让人们重新去过缺衣少食的日子，那就会影响社会的和谐与稳定。

　　总之，我们应该合理定位政府在经济运行中的作用。政府要有所为，有所不为。政府应该管好民生问题。至于生产过剩或生产不足，应该让市场自动调节，政府不必干预。

57. 论说文：根据下述材料，写一篇700字左右的论说文，题目自拟。

　　孟子曾引用阳虎的话："为富，不仁矣；为仁，不富矣。"（《孟子·滕文公上》）这段话表明了古人对当时社会上"为富""为仁"现象的一种态度，以及对两者之间关系的一种思考。

答案速查

题型		题号	答案				
一	问题求解	1~5	(E)	(D)	(C)	(A)	(C)
		6~10	(D)	(B)	(C)	(A)	(A)
		11~15	(E)	(E)	(B)	(A)	(D)
二	条件充分性判断	16~20	(B)	(B)	(A)	(D)	(D)
		21~25	(C)	(B)	(E)	(C)	(C)
三	逻辑推理	26~30	(D)	(B)	(D)	(E)	(D)
		31~35	(E)	(A)	(A)	(E)	(B)
		36~40	(E)	(C)	(E)	(A)	(E)
		41~45	(C)	(B)	(A)	(B)	(D)
		46~50	(B)	(C)	(C)	(A)	(D)
		51~55	(C)	(B)	(D)	(E)	(A)
四	写作		56. 略　57. 略				

绝密★启用前

2014 年全国硕士研究生招生考试
管理类综合能力试题

(科目代码：199)
考试时间：8：30—11：30

考生注意事项

1. 答题前，考生须在试题册指定位置上填写考生姓名和考生编号；在答题卡指定位置上填写报考单位、考生姓名和考生编号，并涂写考生编号信息点。
2. 选择题的答案必须涂写在答题卡相应题号的选项上，非选择题的答案必须书写在答题卡指定位置的边框区域内。超出答题区域书写的答案无效；在草稿纸、试题册上答题无效。
3. 填(书)写部分必须使用黑色字迹签字笔或者钢笔书写，字迹工整、笔迹清楚；涂写部分必须使用 2B 铅笔填涂。
4. 考试结束，将答题卡和试题册按规定交回。

考生编号															
考生姓名															

一、**问题求解**：第1~15小题，每小题3分，共45分。下列每题给出的(A)、(B)、(C)、(D)、(E)五个选项中，只有一项是符合试题要求的。请在答题卡上将所选项的字母涂黑。

1. 某部门在一次联欢活动中共设了26个奖，奖品均价为280元，其中一等奖单价为400元，其他奖品均价为270元，则一等奖的个数为(　　).
   (A)6　　　　(B)5　　　　(C)4　　　　(D)3　　　　(E)2

2. 某单位进行办公室装修，若甲、乙两个装修公司合作，需10周完成，工时费为100万元；甲公司单独做6周后由乙公司接着做18周完成，工时费为96万元．甲公司每周的工时费为(　　).
   (A)7.5万元　(B)7万元　(C)6.5万元　(D)6万元　(E)5.5万元

3. 如右图所示，已知$AE=3AB$，$BF=2BC$. 若△ABC的面积是2，则△AEF的面积为(　　).
   (A)14　　　　(B)12　　　　(C)10
   (D)8　　　　(E)6

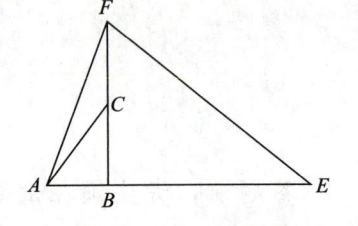

4. 某公司投资一个项目，已知上半年完成了预算的$\frac{1}{3}$，下半年完成了剩余部分的$\frac{2}{3}$，此时还有8千万元投资未完成，则该项目的预算为(　　).
   (A)3亿元　(B)3.6亿元　(C)3.9亿元　(D)4.5亿元　(E)5.1亿元

5. 如下图所示，圆A和圆B的半径均为1，则阴影部分的面积为(　　).

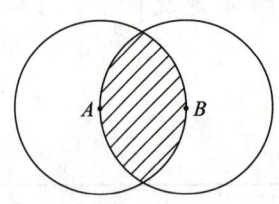

   (A)$\frac{2}{3}\pi$　(B)$\frac{\sqrt{3}}{2}$　(C)$\frac{\pi}{3}-\frac{\sqrt{3}}{4}$　(D)$\frac{2\pi}{3}-\frac{\sqrt{3}}{4}$　(E)$\frac{2\pi}{3}-\frac{\sqrt{3}}{2}$

6. 某容器中装满了浓度为90%的酒精，倒出1升后用水将容器注满，搅拌均匀后又倒出1升，再用水将容器注满，已知此时的酒精浓度为40%，则该容器的容积是(　　).
   (A)2.5升　(B)3升　(C)3.5升　(D)4升　(E)4.5升

7. 已知 $\{a_n\}$ 为等差数列，且 $a_2 - a_5 + a_8 = 9$，则 $a_1 + a_2 + \cdots + a_9 = ($).

   (A) 27　　(B) 45　　(C) 54　　(D) 81　　(E) 162

8. 甲、乙两人上午 8：00 分别自 A、B 出发相向而行，9：00 第一次相遇，之后速度均提高了 1.5 公里/小时，甲到 B、乙到 A 后都立刻沿原路返回。若两人在 10：30 第二次相遇，则 A、B 两地的距离为( ).

   (A) 5.6 公里　　(B) 7 公里　　(C) 8 公里　　(D) 9 公里　　(E) 9.5 公里

9. 掷一枚均匀的硬币若干次，当正面向上次数大于反面向上次数时停止，则在 4 次之内停止的概率为( ).

   (A) $\dfrac{1}{8}$　　(B) $\dfrac{3}{8}$　　(C) $\dfrac{5}{8}$　　(D) $\dfrac{3}{16}$　　(E) $\dfrac{5}{16}$

10. 若几个质数（素数）的乘积为 770，则它们的和为( ).

    (A) 85　　(B) 84　　(C) 28　　(D) 26　　(E) 25

11. 已知直线 l 是圆 $x^2 + y^2 = 5$ 在点 $(1, 2)$ 处的切线，则 l 在 y 轴上的截距为( ).

    (A) $\dfrac{2}{5}$　　(B) $\dfrac{2}{3}$　　(C) $\dfrac{3}{2}$　　(D) $\dfrac{5}{2}$　　(E) 5

12. 如右图所示，正方体 $ABCD-A'B'C'D'$ 的棱长为 2，F 是棱 $C'D'$ 的中点，则 AF 的长为( ).

    (A) 3　　(B) 5　　(C) $\sqrt{5}$

    (D) $2\sqrt{2}$　　(E) $2\sqrt{3}$

13. 在某项活动中，将 3 男 3 女 6 名志愿者随机地分成甲、乙、丙三组，每组 2 人，则每组志愿者都是异性的概率为( ).

    (A) $\dfrac{1}{90}$　　(B) $\dfrac{1}{15}$　　(C) $\dfrac{1}{10}$　　(D) $\dfrac{1}{5}$　　(E) $\dfrac{2}{5}$

14. 某工厂在半径为 5 厘米的球形工艺品上镀一层装饰金属，厚度为 0.01 厘米，已知装饰金属的原材料是棱长为 20 厘米的正方体锭子，则加工 10 000 个该工艺品需要的锭子数最少为( )个（不考虑加工损耗，$\pi \approx 3.14$）.

    (A) 2　　(B) 3　　(C) 4　　(D) 5　　(E) 20

15. 某单位决定对4个部门的经理进行轮岗,要求每位经理必须轮换到4个部门中的其他部门任职,则不同的方案有( ).

(A)3种　　　(B)6种　　　(C)8种　　　(D)9种　　　(E)10种

二、**条件充分性判断**:第16~25小题,每小题3分,共30分。 要求判断每题给出的条件(1)和条件(2)能否充分支持题干所陈述的结论。(A)、(B)、(C)、(D)、(E)五个选项为判断结果,请选择一项符合试题要求的判断,在答题卡上将所选项的字母涂黑。

(A)条件(1)充分,但条件(2)不充分.
(B)条件(2)充分,但条件(1)不充分.
(C)条件(1)和条件(2)单独都不充分,但条件(1)和条件(2)联合起来充分.
(D)条件(1)充分,条件(2)也充分.
(E)条件(1)和条件(2)单独都不充分,条件(1)和条件(2)联合起来也不充分.

16. 已知曲线 $l: y=a+bx-6x^2+x^3$. 则 $(a+b-5)(a-b-5)=0$.
    (1)曲线 l 过点$(1, 0)$.
    (2)曲线 l 过点$(-1, 0)$.

17. 不等式 $|x^2+2x+a| \leqslant 1$ 的解集为空集.
    (1)$a<0$.
    (2)$a>2$.

18. 甲、乙、丙三人的年龄相同.
    (1)甲、乙、丙的年龄成等差数列.
    (2)甲、乙、丙的年龄成等比数列.

19. 设 x 是非零实数. 则 $\dfrac{1}{x^3}+x^3=18$.
    (1)$\dfrac{1}{x}+x=3$.
    (2)$\dfrac{1}{x^2}+x^2=7$.

20. 如右图所示,O 是半圆的圆心,C 是半圆上的一点,$OD \perp AC$. 则能确定 OD 的长.
    (1)已知 BC 的长.
    (2)已知 AO 的长.

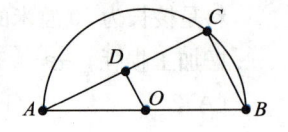

21. 方程 $x^2+2(a+b)x+c^2=0$ 有实根.
    (1) a, b, c 是一个三角形的三边长.
    (2) 实数 a, c, b 成等差数列.

22. 已知二次函数 $f(x)=ax^2+bx+c$. 则能确定 a, b, c 的值.
    (1) 曲线 $y=f(x)$ 经过点 $(0,0)$ 和点 $(1,1)$.
    (2) 曲线 $y=f(x)$ 与直线 $y=a+b$ 相切.

23. 已知袋中装有红、黑、白三种颜色的球若干个. 则红球最多.
    (1) 随机取出的一球是白球的概率为 $\frac{2}{5}$.
    (2) 随机取出的两球中至少有一个黑球的概率小于 $\frac{1}{5}$.

24. 已知 $M=\{a,b,c,d,e\}$ 是一个整数集合. 则能确定集合 M.
    (1) a, b, c, d, e 的平均值为 10.
    (2) a, b, c, d, e 的方差为 2.

25. 已知 x, y 为实数. 则 $x^2+y^2\geqslant 1$.
    (1) $4y-3x\geqslant 5$.
    (2) $(x-1)^2+(y-1)^2\geqslant 5$.

三、逻辑推理：第 26～55 小题，每小题 2 分，共 60 分。下列每题给出的 (A)、(B)、(C)、(D)、(E) 五个选项中，只有一项是符合试题要求的。请在答题卡上将所选项的字母涂黑。

26. 随着光纤网络带来的网速大幅度提高，高速下载电影、在线看大片等都不再是困扰我们的问题。即使在社会生产力发展水平较低的国家，人们也可以通过网络随时随地获得最快的信息、最贴心的服务和最佳体验。有专家据此认为：光纤网络将大幅度提高人们的生活质量。
    以下哪项如果为真，最能质疑该专家的观点？
    (A) 网络上所获得的贴心服务和美妙体验有时是虚幻的。
    (B) 即使没有光纤网络，同样可以创造高品质的生活。
    (C) 随着高速网络的普及，相关上网费用也随之增加。
    (D) 人们生活质量的提高仅决定于社会生产力的发展水平。
    (E) 快捷的网络服务可能使人们将大量时间消耗在娱乐上。

27. 李栋善于辩论，也喜欢诡辩。有一次他论证道："郑强知道数字87654321，陈梅家的电话号码正好是87654321，所以郑强知道陈梅家的电话号码。"

以下哪项与李栋论证中所犯的错误最为类似？

(A)中国人是勤劳勇敢的，李岚是中国人，所以李岚是勤劳勇敢的。

(B)金砖是由原子构成的，原子不是肉眼可见的，所以金砖不是肉眼可见的。

(C)黄兵相信晨星在早晨出现，而晨星其实就是暮星，所以黄兵相信暮星在早晨出现。

(D)张冉知道如果1∶0的比分保持到终场，他们的队伍就会出线，现在张冉听到了比赛结束的哨声，所以张冉知道他们的队伍出线了。

(E)所有蚂蚁都是动物，所以所有大蚂蚁都是大动物。

28. 陈先生在鼓励他孩子时说道："不要害怕暂时的困难和挫折，不经历风雨怎么见彩虹？"他孩子不服气地说："您说的不对。我经历了那么多风雨，怎么就没见到彩虹呢？"

陈先生孩子的回答最适宜用来反驳以下哪项？

(A)如果想见到彩虹，就必须经历风雨。

(B)只要经历了风雨，就可以见到彩虹。

(C)只有经历风雨，才能见到彩虹。

(D)即使经历了风雨，也可能见不到彩虹。

(E)即使见到了彩虹，也不是因为经历了风雨。

29. 在某次考试中，有3个关于北京旅游景点的问题，要求考生每题选择某个景点的名称作为唯一答案。其中6位考生关于上述3个问题的答案依次如下：

第一位考生：天坛、天坛、天安门；

第二位考生：天安门、天安门、天坛；

第三位考生：故宫、故宫、天坛；

第四位考生：天坛、天安门、故宫；

第五位考生：天安门、故宫、天安门；

第六位考生：故宫、天安门、故宫。

考试结果表明，每位考生都至少答对其中1道题。

根据以上陈述，可知这3个问题的正确答案依次是：

(A)天坛、故宫、天坛。　　　　(B)故宫、天安门、天安门。

(C)天安门、故宫、天坛。　　　(D)天坛、天坛、故宫。

(E)故宫、故宫、天坛。

30. 人们普遍认为适量的体育运动能够有效降低中风的发生率,但科学家还注意到有些化学物质也有降低中风风险的效用。番茄红素是一种让番茄、辣椒、西瓜和番木瓜等果蔬呈现红色的化学物质。研究人员选取一千余名年龄在46~55岁之间的人,进行了长达12年的跟踪调查,发现其中番茄红素水平最高的四分之一的人中有11人中风,番茄红素水平最低的四分之一的人中有25人中风。他们由此得出结论:番茄红素能降低中风的发生率。
    以下哪项如果为真,最能对上述研究结论提出质疑?
    (A)番茄红素水平较低的中风者中有三分之一的人病情较轻。
    (B)吸烟、高血压和糖尿病等会诱发中风。
    (C)如果调查56~65岁之间的人,情况也许不同。
    (D)番茄红素水平高的人中约有四分之一喜爱进行适量的体育运动。
    (E)被跟踪的另一半人中有50人中风。

31. 最新研究发现,恐龙腿骨化石都有一定的弯曲度,这意味着恐龙其实并没有人们想象的那么重。以前根据其腿骨为圆柱形的假定计算动物体重时,会使得计算结果比实际体重高出1.42倍。科学家由此认为,过去那种计算方式高估了恐龙腿部所能承受的最大身体重量。
    以下哪项如果为真,最能支持上述科学家的观点?
    (A)恐龙腿骨所能承受的重量比之前人们所认为的要大。
    (B)恐龙身体越重,其腿部骨骼也越粗壮。
    (C)圆柱形腿骨能承受的重量比弯曲的腿骨大。
    (D)恐龙腿部的肌肉对于支撑其体重作用不大。
    (E)与陆地上的恐龙相比,翼龙的腿骨更接近圆柱形。

32. 已知某班共有25位同学,女生中身高最高者与最低者相差10厘米,男生中身高最高者与最低者相差15厘米。小明认为,根据已知信息,只要再知道男生、女生最高者的具体身高,或者再知道男生、女生的平均身高,均可确定全班同学中身高最高者与最低者之间的差距。
    以下哪项如果为真,最能构成对小明观点的反驳?
    (A)根据已知信息,如果不能确定全班同学中身高最高者与最低者之间的差距,则也不能确定男生、女生身高最高者的具体身高。
    (B)根据已知信息,即使确定了全班同学中身高最高者与最低者之间的差距,也不能确定男生、女生的平均身高。
    (C)根据已知信息,如果不能确定全班同学中身高最高者与最低者之间的差距,则既不能确定男生、女生身高最高者的具体身高,也不能确定男生、女生的平均身高。
    (D)根据已知信息,尽管再知道男生、女生的平均身高,也不能确定全班同学中身高最高者与最低者之间的差距。
    (E)根据已知信息,仅仅再知道男生、女生最高者的具体身高,就能确定全班同学中身高最高者与最低者之间的差距。

33. 近10年来，某电脑公司的个人笔记本电脑的销量持续增长，但其增长率低于该公司所有产品总销量的增长率。

以下哪项关于该公司的陈述与上述信息相冲突？

(A)近10年来，该公司个人笔记本电脑的销量每年略有增长。

(B)个人笔记本电脑的销量占该公司产品总销量的比例近10年来由68%上升到72%。

(C)近10年来，该公司产品总销量增长率与个人笔记本电脑的销量增长率每年同时增长。

(D)近10年来，该公司个人笔记本电脑的销量占该公司产品总销量的比例逐年下降。

(E)个人笔记本电脑的销量占该公司产品总销量的比例近10年来由64%下降到49%。

34. 学者张某说："问题本身并不神秘，因与果不仅仅是哲学家的事。每个凡夫俗子一生之中都将面临许多问题，但分析问题的方法与技巧却很少有人掌握，无怪乎华尔街的分析大师们趾高气扬、身价百倍。"

以下哪项如果为真，最能反驳张某的观点？

(A)有些凡夫俗子可能不需要掌握分析问题的方法与技巧。

(B)有些凡夫俗子一生之中将要面临的问题并不多。

(C)凡夫俗子中很少有人掌握分析问题的方法与技巧。

(D)掌握分析问题的方法与技巧对多数人来说很重要。

(E)华尔街的分析大师们大都掌握分析问题的方法与技巧。

35. 实验发现，孕妇适当补充维生素D可降低新生儿感染呼吸道合胞病毒的风险。科研人员检测了156名新生儿脐带血中维生素D的含量，其中54%的新生儿被诊断为维生素D缺乏，这当中有12%的孩子在出生后一年内感染了呼吸道合胞病毒，这一比例远高于维生素D正常的孩子。

以下哪项如果为真，最能对科研人员的上述发现提供支持？

(A)上述实验中，54%的新生儿维生素D缺乏是由于他们的母亲在妊娠期间没有补充足够的维生素D造成的。

(B)孕妇适当补充维生素D可降低新生儿感染流感病毒的风险，特别是在妊娠后期补充维生素D，预防效果会更好。

(C)上述实验中，46%补充维生素D的孕妇所生的新生儿也有一些在出生一年内感染呼吸道合胞病毒。

(D)科研人员实验时所选的新生儿在其他方面跟一般新生儿的相似性没有得到明确验证。

(E)维生素D具有多种防病健体功能，其中包括提高免疫系统功能、促进新生儿呼吸系统发育、预防新生儿呼吸道病毒感染等。

36. 英国有家小酒馆采取客人吃饭付费"随便给"的做法，即让顾客享用葡萄酒、蟹柳及三文鱼等美食后，自己决定付账金额。大多数顾客均以公平或慷慨的态度结账，实际金额比那些酒水、菜肴本来的价格高出20%。该酒馆老板另有4家酒馆，而这4家酒馆每周的利润与付账"随便给"的酒馆相比少5%。这位老板因此认为，"随便给"的营销策略很成功。

以下哪项如果为真，最能解释老板营销策略的成功？

(A)部分顾客希望自己看上去有教养，愿意掏足够甚至更多的钱。
(B)如果客人所付低于成本价格，就会受到提醒而补足差价。
(C)另外4家酒馆的位置不如这家"随便给"酒馆。
(D)客人常常不知道酒水、菜肴的实际价格，不知道该付多少钱。
(E)对于过分吝啬的顾客，酒馆老板常常也无可奈何。

37～38题基于以下题干：

某公司年度审计期间，审计人员发现一张发票，上面有赵义、钱仁礼、孙智、李信4个签名，签名者的身份各不相同，是经办人、复核、出纳或审批领导之中的一个，且每个签名都是本人所签。询问4位相关人员，得到以下回答：

赵义："审批领导的签名不是钱仁礼。"
钱仁礼："复核的签名不是李信。"
孙智："出纳的签名不是赵义。"
李信："复核的签名不是钱仁礼。"

已知上述每个回答中，如果提到的人是经办人，则该回答为假；如果提到的人不是经办人，则为真。

37. 根据以上信息，可以得出经办人是：

(A)赵义。 (B)钱仁礼。 (C)孙智。
(D)李信。 (E)无法确定。

38. 根据以上信息，该公司的复核与出纳分别是：

(A)李信、赵义。 (B)孙智、赵义。
(C)钱仁礼、李信。 (D)赵义、钱仁礼。
(E)孙智、李信。

39. 长期以来，人们认为地球是已知唯一能支持生命存在的星球，不过这一情况开始出现改观。科学家近期指出，在其他恒星周围，可能还存在着更加宜居的行星。他们尝试用崭新的方法开展地外生命搜索，即搜寻放射性元素钍和铀。行星内部含有这些元素越多，其内部温度就会越高，这在一定程度上有助于行星的板块运动，而板块运动有助于维系行星表面的水体，因此，板块运动可被视为行星存在宜居环境的标志之一。

以下哪项最可能是科学家的假设？

(A)行星如能维系水体，就可能存在生命。

(B)行星板块运动都是由放射性元素钍和铀驱动的。

(C)行星内部温度越高，越有助于它的板块运动。

(D)没有水的行星也可能存在生命。

(E)虽然尚未证实，但地外生命一定存在。

40. 为了加强学习型机关建设，某机关党委开展了菜单式学习活动，拟开设课程有"行政学""管理学""科学前沿""逻辑"和"国际政治"5门课程，要求其下属的4个支部各选其中两门课程进行学习。已知：第一支部没有选择"管理学""逻辑"，第二支部没有选择"行政学""国际政治"，只有第三支部选择了"科学前沿"。任意两个支部所选课程均不完全相同。

根据上述信息，关于第四支部的选课情况可以得出以下哪项？

(A)如果没有选择"行政学"，那么选择了"管理学"。

(B)如果没有选择"管理学"，那么选择了"国际政治"。

(C)如果没有选择"行政学"，那么选择了"逻辑"。

(D)如果没有选择"管理学"，那么选择了"逻辑"。

(E)如果没有选择"国际政治"，那么选择了"逻辑"。

41. 有气象专家指出，全球变暖已经成为人类发展最严重的问题之一，南北极地区的冰川由于全球变暖而加速融化，已导致海平面上升；如果这一趋势不变，今后势必淹没很多地区。但近几年来，北半球许多地区的民众在冬季感到相当寒冷，一些地区甚至出现了超强降雪和超低气温，人们觉得对近期气候的确切描述似乎更应该是"全球变冷"。

以下哪项如果为真，最能解释上述现象？

(A)除了南极洲，南半球近几年冬季的平均温度接近常年。

(B)近几年来，全球夏季的平均气温比常年偏高。

(C)近几年来，由于两极附近海水温度升高导致原来洋流中断或者减弱，而北半球经历严寒冬季的地区正是原来暖流影响的主要区域。

(D)近几年来，由于赤道附近海水温度升高导致了原来洋流增强，而北半球经历严寒冬季的地区不是原来寒流影响的主要区域。

(E)北半球主要是大陆性气候，冬季和夏季的温差通常比较大，近年来冬季极地寒流南侵比较频繁。

42. 这两个《通知》或者属于规章或者属于规范性文件，任何人均无权依据这两个《通知》将本来属于当事人选择公证的事项规定为强制公证的事项。

　　根据以上信息，可以得出以下哪项？

　　(A)规章或者规范性文件既不是法律，也不是行政法规。

　　(B)规章或规范性文件或者不是法律，或者不是行政法规。

　　(C)这两个《通知》如果一个属于规章，那么另一个属于规范性文件。

　　(D)这两个《通知》如果都不属于规范性文件，那么就属于规章。

　　(E)将本来属于当事人选择公证的事项规定为强制公证的事项属于违法行为。

43. 若一个管理者是某领域优秀的专家学者，则他一定会管理好公司的基本事务；一位品行端正的管理者可以得到下属的尊重；但是对所有领域都一知半解的人一定不会得到下属的尊重。浩瀚公司董事会只会解除那些没有管理好公司基本事务者的职务。

　　根据以上信息，可以得出以下哪项？

　　(A)浩瀚公司董事会不可能解除品行端正的管理者的职务。

　　(B)浩瀚公司董事会解除了某些管理者的职务。

　　(C)浩瀚公司董事会不可能解除受下属尊重的管理者的职务。

　　(D)作为某领域优秀专家学者的管理者，不可能被浩瀚公司董事会解除职务。

　　(E)对所有领域都一知半解的管理者，一定会被浩瀚公司董事会解除职务。

44. 某国大选在即，国际政治专家陈研究员预测：选举结果或者是甲党控制政府，或者是乙党控制政府。如果甲党赢得对政府的控制权，该国将出现经济问题；如果乙党赢得对政府的控制权，该国将陷入军事危机。

　　根据陈研究员的上述预测，可以得出以下哪项？

　　(A)该国可能不会出现经济问题，也不会陷入军事危机。

　　(B)如果该国出现经济问题，那么甲党赢得了对政府的控制权。

　　(C)该国将出现经济问题，或者将陷入军事危机。

　　(D)如果该国陷入了军事危机，那么乙党赢得了对政府的控制权。

　　(E)如果该国出现了经济问题并且陷入了军事危机，那么甲党与乙党均赢得了对政府的控制权。

45. 某大学顾老师在回答有关招生问题时强调："我们学校招收一部分免费师范生，也招收一部分一般师范生。一般师范生不同于免费师范生。没有免费师范生毕业时可以留在大城市工作，而一般师范生毕业时都可以选择留在大城市工作，任何非免费师范生毕业时都需要自谋职业，没有免费师范生毕业时需要自谋职业。"

根据顾老师的陈述，可以得出以下哪项？

(A)该校需要自谋职业的大学生都可以选择留在大城市工作。

(B)不是一般师范生的该校大学生都是免费师范生。

(C)该校需要自谋职业的大学生都是一般师范生。

(D)该校所有一般师范生都需要自谋职业。

(E)该校可以选择留在大城市工作的唯一一类毕业生是一般师范生。

46. 某单位有负责网络、文秘以及后勤的三名办公人员：文珊、孔瑞和姚薇，为了培养年轻干部，领导决定她们三人在这三个岗位之间实行轮岗，并将她们原来的工作间110室、111室和112室也进行了轮换。结果，原本负责后勤的文珊接替了孔瑞的文秘工作，由110室调到了111室。

根据以上信息，可以得出以下哪项？

(A)姚薇接替孔瑞的工作。

(B)孔瑞接替文珊的工作。

(C)孔瑞被调到了110室。

(D)孔瑞被调到了112室。

(E)姚薇被调到了112室。

47. 某小区业主委员会的4名成员晨桦、建国、向明和嘉媛围坐在一张方桌前（每边各坐一人）讨论小区大门旁的绿化方案。4人的职业各不相同，每个人的职业是高校教师、软件工程师、园艺师或邮递员之中的一种。已知：晨桦是软件工程师，他坐在建国的左手边；向明坐在高校教师的右手边；坐在建国对面的嘉媛不是邮递员。

根据以上信息，可以得出以下哪项？

(A)嘉媛是高校教师，向明是园艺师。

(B)向明是邮递员，嘉媛是园艺师。

(C)建国是邮递员，嘉媛是园艺师。

(D)建国是高校教师，向明是园艺师。

(E)嘉媛是园艺师，向明是高校教师。

48. 兰教授认为，不善于思考的人不可能成为一名优秀的管理者，没有一个谦逊的智者学习占星术，占星家均学习占星术，但是有些占星家却是优秀的管理者。

以下哪项如果为真，最能反驳兰教授的上述观点？

(A)有些占星家不是优秀的管理者。
(B)有些善于思考的人不是谦逊的智者。
(C)所有谦逊的智者都是善于思考的人。
(D)谦逊的智者都不是善于思考的人。
(E)善于思考的人都是谦逊的智者。

49. 不仅人上了年纪会难以集中注意力，就连蜘蛛也有类似的情况。年轻蜘蛛结的网整齐均匀，角度完美；年老蜘蛛结的网可能出现缺口，形状怪异。蜘蛛越老，结的网就越没有章法。科学家由此认为，随着时间的流逝，这种动物的大脑也会像人脑一样退化。

以下哪项如果为真，最能质疑科学家的上述论证？

(A)优美的蛛网更容易受到异性蜘蛛的青睐。
(B)年老蜘蛛的大脑较之年轻蜘蛛，其脑容量明显偏小。
(C)运动器官的老化会导致年老蜘蛛结网能力下降。
(D)蜘蛛结网只是一种本能的行为，并不受大脑控制。
(E)形状怪异的蛛网较之整齐均匀的蛛网，其功能没有大的差别。

50. 某研究中心通过实验对健康男性和女性听觉的空间定位能力进行了研究。起初，每次只发出一种声音，要求被试者说出声源的准确位置，男性和女性都非常轻松地完成了任务；后来，多种声音同时发出，要求被试者只关注一种声音并对声源进行定位，与男性相比，女性完成这项任务要困难得多，有时她们甚至认为声音是从声源相反方向传来的。研究人员由此得出：在嘈杂环境中准确找出声音来源的能力，男性要胜过女性。

以下哪项如果为真，最能支持研究者的结论？

(A)在实验使用的嘈杂环境中，有些声音是女性熟悉的声音。
(B)在实验使用的嘈杂环境中，有些声音是男性不熟悉的声音。
(C)在安静的环境中，女性注意力更易集中。
(D)在嘈杂的环境中，男性注意力更易集中。
(E)在安静的环境中，人的注意力容易分散；在嘈杂的环境中，人的注意力容易集中。

51. 孙先生的所有朋友都声称，他们知道某人每天抽烟至少两盒，而且持续了40年，但身体一直不错。不过可以确信的是，孙先生并不知道有这样的人，在他的朋友中也有像孙先生这样不知情的。

根据以上信息，最可能得出以下哪项？

(A)抽烟的多少和身体健康与否无直接关系。

(B)朋友之间的交流可能会夸张，但没有人想故意说谎。

(C)孙先生的每位朋友知道的烟民一定不是同一个人。

(D)孙先生的朋友中有人没有说真话。

(E)孙先生的大多数朋友没有说真话。

52. 现有甲、乙两所高校，根据上年度的教育经费实际投入统计，若仅仅比较在校本科生的学生人均经费投入，甲校等于乙校的86%；但若比较所有学生(本科生加上研究生)的人均经费投入，甲校是乙校的118%。各校研究生的人均经费投入均高于本科生。

根据以上信息，最可能得出以下哪项？

(A)上年度，甲校学生总数多于乙校。

(B)上年度，甲校研究生人数少于乙校。

(C)上年度，甲校研究生占该校学生的比例高于乙校。

(D)上年度，甲校研究生人均经费投入高于乙校。

(E)上年度，甲校研究生占该校学生的比例高于乙校，或者甲校研究生人均经费投入高于乙校。

53～55题基于以下题干：

孔智、孟睿、荀慧、庄聪、墨灵、韩敏等6人组成一个代表队参加某次棋类大赛，其中两人参加围棋比赛，两人参加中国象棋比赛，还有两人参加国际象棋比赛。有关他们具体参加比赛项目的情况还需满足以下条件：

(1)每位选手只能参加一个比赛项目。

(2)孔智参加围棋比赛，当且仅当，庄聪和孟睿都参加中国象棋比赛。

(3)如果韩敏不参加国际象棋比赛，那么墨灵参加中国象棋比赛。

(4)如果荀慧参加中国象棋比赛，那么庄聪不参加中国象棋比赛。

(5)荀慧和墨灵至少有一人不参加中国象棋比赛。

53. 如果荀慧参加中国象棋比赛，那么可以得出以下哪项？

(A)庄聪和墨灵都参加围棋比赛。　　(B)孟睿参加围棋比赛。

(C)孟睿参加国际象棋比赛。　　　　(D)墨灵参加国际象棋比赛。

(E)韩敏参加国际象棋比赛。

54. 如果庄聪和孔智参加相同的比赛项目，且孟睿参加中国象棋比赛，那么可以得出以下哪项？
   (A)墨灵参加国际象棋比赛。　　　　　(B)庄聪参加中国象棋比赛。
   (C)孔智参加围棋比赛。　　　　　　　(D)荀慧参加围棋比赛。
   (E)韩敏参加中国象棋比赛。

55. 根据题干信息，以下哪项可能为真？
   (A)庄聪和韩敏参加中国象棋比赛。　　(B)韩敏和荀慧参加中国象棋比赛。
   (C)孔智和孟睿参加围棋比赛。　　　　(D)墨灵和孟睿参加围棋比赛。
   (E)韩敏和孔智参加围棋比赛。

四、写作：第56～57小题，共65分。 其中论证有效性分析30分，论说文35分。 请答在答题纸相应的位置上。

56. 论证有效性分析：分析下述论证中存在的缺陷与漏洞，选择若干要点，写一篇600字左右的文章，对该论证的有效性进行分析和评论。（论证有效性分析的一般要点是：概念特别是核心概念的界定和使用是否准确并前后一致，有无各种明显的逻辑错误，论证的论据是否成立并支持结论，结论成立的条件是否充分等。）

　　现代企业管理制度的设计所要遵循的重要原则是权力的制衡与监督。只要有了制衡与监督，企业的成功就有了保证。

　　所谓制衡，指对企业的管理权进行分解，然后使被分解的权力相互制约以达到平衡，它可以使任何人不能滥用权力；至于监督，指对企业管理进行严密观察，使企业运营的各个环节处于可控范围之内。既然任何人都不能滥用权力，而且所有环节都在可控范围之内，那么企业的运营就不可能产生失误。

　　同时，以制衡与监督为原则所设计的企业管理制度还有一个固有特点，即能保证其实施的有效性，因为环环相扣的监督机制能确保企业内部各级管理者无法敷衍塞责。万一有人敷衍塞责，也会受这一机制的制约而得到纠正。

　　再者，由于制衡原则的核心是权力的平衡，而企业管理的权力又是企业运营的动力与起点，因此权力的平衡就可以使整个企业运营保持平衡。

　　另外，从本质上来说，权力平衡就是权力平等，因此这一制度本身蕴含着平等观念。平等观念一旦成为企业的管理理念，必将促成企业内部的和谐与稳定。

　　由此可见，如果权力的制衡与监督这一管理原则付诸实践，就可以使企业的运营避免失误，确保其管理制度的有效性、日常运营的平衡以及内部的和谐与稳定，这样的企业一定能够成功。

57. 论说文：根据下述材料，写一篇700字左右的论说文，题目自拟。

　　生物学家发现，雌孔雀往往选择尾巴大而艳丽的雄孔雀作为配偶，因为雄孔雀尾巴越大越艳丽，表明它越有生命活力，其后代的健康越能得到保证。但是，这种选择也产生了问题：孔雀尾巴越大越艳丽，就越容易被天敌发现和猎获，其生存反而会受到威胁。

答案速查

题型		题号	答案				
一	问题求解	1~5	(E)	(B)	(B)	(B)	(E)
		6~10	(B)	(D)	(D)	(C)	(E)
		11~15	(D)	(A)	(E)	(C)	(D)
二	条件充分性判断	16~20	(A)	(B)	(C)	(A)	(A)
		21~25	(D)	(C)	(C)	(C)	(A)
三	逻辑推理	26~30	(D)	(C)	(B)	(B)	(E)
		31~35	(C)	(D)	(B)	(B)	(E)
		36~40	(B)	(C)	(D)	(A)	(D)
		41~45	(C)	(D)	(D)	(C)	(D)
		46~50	(D)	(B)	(E)	(D)	(D)
		51~55	(D)	(E)	(E)	(D)	(D)
四	写作		56. 略 57. 略				

绝密★启用前

2013 年全国硕士研究生招生考试
管理类综合能力试题

(科目代码：199)
考试时间：8：30—11：30

考生注意事项

1. 答题前，考生须在试题册指定位置上填写考生姓名和考生编号；在答题卡指定位置上填写报考单位、考生姓名和考生编号，并涂写考生编号信息点。
2. 选择题的答案必须涂写在答题卡相应题号的选项上，非选择题的答案必须书写在答题卡指定位置的边框区域内。超出答题区域书写的答案无效；在草稿纸、试题册上答题无效。
3. 填(书)写部分必须使用黑色字迹签字笔或者钢笔书写，字迹工整、笔迹清楚；涂写部分必须使用 2B 铅笔填涂。
4. 考试结束，将答题卡和试题册按规定交回。

考生编号														
考生姓名														

一、**问题求解**：第1～15小题，每小题3分，共45分。下列每题给出的(A)、(B)、(C)、(D)、(E)五个选项中，只有一项是符合试题要求的。请在答题卡上将所选项的字母涂黑。

1. 某工厂生产一批零件，计划10天完成任务，实际提前2天完成，则每天的产量比计划平均提高了(　　)．
   (A)15％　　(B)20％　　(C)25％　　(D)30％　　(E)35％

2. 甲、乙两人同时从A点出发，沿400米跑道同向匀速行走，25分钟后乙比甲少走了一圈，若乙行走一圈需要8分钟，则甲的速度是(　　)(单位：米/分钟)．
   (A)62　　(B)65　　(C)66　　(D)67　　(E)69

3. 甲班共有30名学生，在一次满分为100分的考试中，全班的平均成绩为90分，则成绩低于60分的学生至多有(　　)名．
   (A)8　　(B)7　　(C)6　　(D)5　　(E)4

4. 某工程由甲公司承包需要60天完成，由甲、乙两公司共同承包需要28天完成，由乙、丙两公司共同承包需要35天完成，则由丙公司承包完成该工程需要的天数为(　　)．
   (A)85　　(B)90　　(C)95　　(D)100　　(E)105

5. 已知 $f(x)=\dfrac{1}{(x+1)(x+2)}+\dfrac{1}{(x+2)(x+3)}+\cdots+\dfrac{1}{(x+9)(x+10)}$，则 $f(8)=(\quad)$．
   (A)$\dfrac{1}{9}$　　(B)$\dfrac{1}{10}$　　(C)$\dfrac{1}{16}$　　(D)$\dfrac{1}{17}$　　(E)$\dfrac{1}{18}$

6. 甲、乙两商店同时购进了一批某品牌电视机，当甲店售出15台时乙店售出了10台，此时两店的库存比为8∶7，库存差为5，甲、乙两店总进货量为(　　)台．
   (A)75　　(B)80　　(C)85　　(D)100　　(E)125

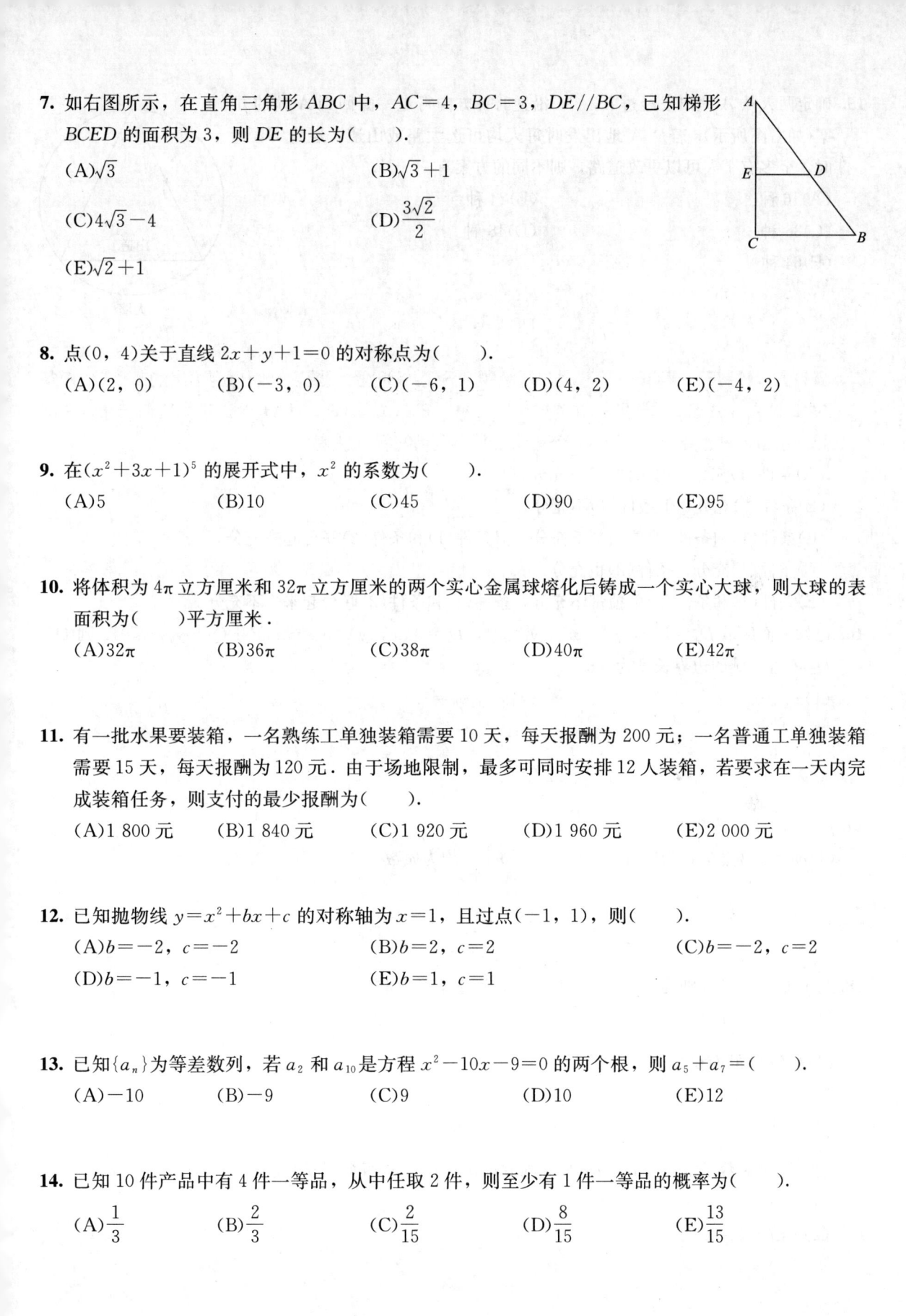

7. 如右图所示，在直角三角形 ABC 中，$AC=4$，$BC=3$，$DE//BC$，已知梯形 $BCED$ 的面积为 3，则 DE 的长为( ).

   (A) $\sqrt{3}$　　(B) $\sqrt{3}+1$

   (C) $4\sqrt{3}-4$　　(D) $\dfrac{3\sqrt{2}}{2}$

   (E) $\sqrt{2}+1$

8. 点 $(0,4)$ 关于直线 $2x+y+1=0$ 的对称点为( ).

   (A) $(2,0)$　　(B) $(-3,0)$　　(C) $(-6,1)$　　(D) $(4,2)$　　(E) $(-4,2)$

9. 在 $(x^2+3x+1)^5$ 的展开式中，x^2 的系数为( ).

   (A) 5　　(B) 10　　(C) 45　　(D) 90　　(E) 95

10. 将体积为 4π 立方厘米和 32π 立方厘米的两个实心金属球熔化后铸成一个实心大球，则大球的表面积为( )平方厘米.

    (A) 32π　　(B) 36π　　(C) 38π　　(D) 40π　　(E) 42π

11. 有一批水果要装箱，一名熟练工单独装箱需要 10 天，每天报酬为 200 元；一名普通工单独装箱需要 15 天，每天报酬为 120 元．由于场地限制，最多可同时安排 12 人装箱，若要求在一天内完成装箱任务，则支付的最少报酬为( ).

    (A) 1 800 元　　(B) 1 840 元　　(C) 1 920 元　　(D) 1 960 元　　(E) 2 000 元

12. 已知抛物线 $y=x^2+bx+c$ 的对称轴为 $x=1$，且过点 $(-1,1)$，则( ).

    (A) $b=-2,c=-2$　　(B) $b=2,c=2$　　(C) $b=-2,c=2$

    (D) $b=-1,c=-1$　　(E) $b=1,c=1$

13. 已知 $\{a_n\}$ 为等差数列，若 a_2 和 a_{10} 是方程 $x^2-10x-9=0$ 的两个根，则 $a_5+a_7=$( ).

    (A) -10　　(B) -9　　(C) 9　　(D) 10　　(E) 12

14. 已知 10 件产品中有 4 件一等品，从中任取 2 件，则至少有 1 件一等品的概率为( ).

    (A) $\dfrac{1}{3}$　　(B) $\dfrac{2}{3}$　　(C) $\dfrac{2}{15}$　　(D) $\dfrac{8}{15}$　　(E) $\dfrac{13}{15}$

15. 确定两人从 A 地出发经过 B，C，沿逆时针方向行走一圈回到 A 地的方案(如右图所示). 若从 A 地出发时每人均可选大路或山道，经过 B，C 时，至多有 1 人可以更改道路，则不同的方案有（　　）．
   (A) 16 种
   (B) 24 种
   (C) 36 种
   (D) 48 种
   (E) 64 种

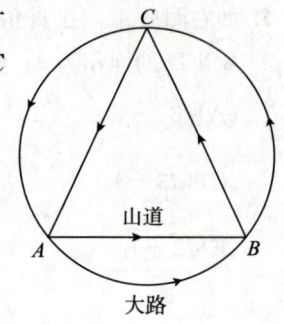

二、条件充分性判断：第 16～25 小题，每小题 3 分，共 30 分。 要求判断每题给出的条件(1)和条件(2)能否充分支持题干所陈述的结论。（A)、(B)、(C)、(D)、(E)五个选项为判断结果，请选择一项符合试题要求的判断，在答题卡上将所选项的字母涂黑。

   (A) 条件(1)充分，但条件(2)不充分．
   (B) 条件(2)充分，但条件(1)不充分．
   (C) 条件(1)和条件(2)单独都不充分，但条件(1)和条件(2)联合起来充分．
   (D) 条件(1)充分，条件(2)也充分．
   (E) 条件(1)和条件(2)单独都不充分，条件(1)和条件(2)联合起来也不充分．

16. 已知平面区域 $D_1=\{(x,y) \mid x^2+y^2 \leqslant 9\}$，$D_2=\{(x,y) \mid (x-x_0)^2+(y-y_0)^2 \leqslant 9\}$．则 D_1，D_2 覆盖区域的边界长度为 8π．
   (1) $x_0^2+y_0^2=9$．
   (2) $x_0+y_0=3$．

17. $p=mq+1$ 为质数．
   (1) m 为正整数，q 为质数．
   (2) m，q 均为质数．

18. $\triangle ABC$ 的边长分别为 a，b，c．则 $\triangle ABC$ 为直角三角形．
   (1) $(c^2-a^2-b^2)(a^2-b^2)=0$．
   (2) $\triangle ABC$ 的面积为 $\dfrac{1}{2}ab$．

19. 已知二次函数 $f(x)=ax^2+bx+c$．则方程 $f(x)=0$ 有两个不同实根．
   (1) $a+c=0$．
   (2) $a+b+c=0$．

20. 档案馆在一个库房中安装了 n 个烟火感应报警器,每个报警器遇到烟火成功报警的概率为 p. 该库房遇烟火发出警报的概率达到 0.999.

(1) $n=3$, $p=0.9$.

(2) $n=2$, $p=0.97$.

21. 已知 a, b 是实数. 则 $|a|\leqslant 1$, $|b|\leqslant 1$.

(1) $|a+b|\leqslant 1$.

(2) $|a-b|\leqslant 1$.

22. 设 x, y, z 为非零实数. 则 $\dfrac{2x+3y-4z}{-x+y-2z}=1$.

(1) $3x-2y=0$.

(2) $2y-z=0$.

23. 某单位年终共发了 100 万元奖金,奖金金额分别是一等奖 1.5 万元、二等奖 1 万元、三等奖 0.5 万元. 则该单位至少有 100 人.

(1) 得二等奖的人数最多.

(2) 得三等奖的人数最多.

24. 三个科室的人数分别为 6,3 和 2,因工作需要,每晚需要排 3 人值班. 则在两个月中,可使每晚的值班人员不完全相同.

(1) 值班人员不能来自同一科室.

(2) 值班人员来自三个不同科室.

25. 设 $a_1=1$, $a_2=k$, $\cdots$, $a_{n+1}=|a_n-a_{n-1}|$ ($n\geqslant 2$). 则 $a_{100}+a_{101}+a_{102}=2$.

(1) $k=2$.

(2) k 是小于 20 的正整数.

三、逻辑推理：第26~55小题，每小题2分，共60分。下列每题给出的(A)、(B)、(C)、(D)、(E)五个选项中，只有一项是符合试题要求的。请在答题卡上将所选项的字母涂黑。

26. 某公司自去年初开始实施一项"办公用品节俭计划"，每位员工每月只能免费领用限量的纸笔等各类办公用品。年末统计时发现，公司用于各类办公用品的支出较上年度下降了30%。在未实施该计划的过去5年间，公司年均消耗办公用品10万元。公司总经理由此得出：该计划去年已经为公司节约了不少经费。

以下哪项如果为真，最能构成对总经理推论的质疑？

(A)另一家与该公司规模及其他基本情况均类似的公司，未实施类似的节俭计划，在过去的5年间办公用品消耗额年均也为10万元。

(B)在过去的5年间，该公司大力推广无纸化办公，并且取得很大成效。

(C)"办公用品节俭计划"是控制支出的重要手段，但说该计划为公司"一年内节约不少经费"，没有严谨的数据分析。

(D)另一家与该公司规模及其他基本情况均类似的公司，未实施类似的节俭计划，但在过去的5年间办公用品人均消耗额越来越低。

(E)去年，该公司在员工困难补助、交通津贴等方面的开支增加了3万元。

27. 公司经理：我们招聘人才时最看重的是综合素质和能力，而不是分数。人才招聘中，高分低能者并不鲜见，我们显然不希望招到这样的"人才"。从你的成绩单可以看出，你的学业分数很高，因此我们有点怀疑你的能力和综合素质。

以下哪项和经理得出结论的方式最为类似？

(A)公司管理者并非都是聪明人，陈然不是公司管理者，所以陈然可能是聪明人。

(B)猫都爱吃鱼，没有猫患近视，所以吃鱼可以预防近视。

(C)人的一生中健康开心最重要，名利都是浮云，张立名利双收，所以很有可能张立并不开心。

(D)有些歌手是演员，所有的演员都很富有，所以有些歌手可能不是很富有。

(E)闪光的物体并非都是金子，考古队挖到了闪闪发光的物体，所以考古队挖到的可能不是金子。

28. 某省大力发展旅游产业，目前已经形成东湖、西岛、南山三个著名景点，每处景点都有二日游、三日游、四日游三种线路。李明、王刚、张波拟赴上述三地进行9日游，每个人都设计了各自的旅游计划。后来发现，每处景点他们三人都选择了不同的线路：李明赴东湖的计划天数与王刚赴西岛的计划天数相同，李明赴南山的计划是三日游，王刚赴南山的计划是四日游。

根据以上陈述，可以得出以下哪项？

(A)李明计划东湖二日游，王刚计划西岛二日游。

(B)王刚计划东湖三日游，张波计划西岛四日游。

(C)张波计划东湖四日游，王刚计划西岛三日游。

(D)张波计划东湖三日游，李明计划西岛四日游。

(E)李明计划东湖二日游，王刚计划西岛三日游。

29. 国际足联一直坚称，世界杯冠军队所获得的"大力神"杯是实心的纯金奖杯。某教授经过精密测量和计算认为，世界杯冠军奖杯——实心的"大力神"杯不可能是纯金制成的，否则球员根本不可能将它举过头顶并随意挥舞。

以下哪项与这位教授的意思最为接近？

(A)若球员能够将"大力神"杯举过头顶并随意挥舞，则它很可能是空心的纯金杯。
(B)只有"大力神"杯是实心的，它才可能是纯金的。
(C)若"大力神"杯是实心的纯金杯，则球员不可能将它举过头顶并随意挥舞。
(D)只有球员能够将"大力神"杯举过头顶并随意挥舞，它才是由纯金制成，并且不是实心的。
(E)若"大力神"杯是由纯金制成，则它肯定是空心的。

30. 根据学习在动机形成和发展中所起的作用，人的动机可分为原始动机和习得动机两种。原始动机是与生俱来的动机，它们是以人的本能需要为基础的；习得动机是指后天获得的各种动机，即经过学习产生和发展起来的各种动机。

根据以上陈述，以下哪项最可能属于原始动机？

(A)尊敬老人，孝顺父母。
(B)尊师重教，崇文尚武。
(C)不入虎穴，焉得虎子？
(D)窈窕淑女，君子好逑。
(E)宁可食无肉，不可居无竹。

31~32题基于以下题干：

互联网好比一个复杂多样的虚拟世界，每台联网主机上的信息又构成一个微观虚拟世界。若在某主机上可以访问本主机的信息，则称该主机相通于自身；若主机 x 能通过互联网访问主机 y 的信息，则称 x 相通于 y。已知代号分别为甲、乙、丙、丁的四台互联网主机有如下信息：

(1)甲主机相通于任一不相通于丙的主机。
(2)丁主机不相通于丙。
(3)丙主机相通于任一相通于甲的主机。

31. 若丙主机不相通于自身，则以下哪项一定为真？

(A)甲主机相通于乙，乙主机相通于丙。
(B)若丁主机相通于乙，则乙主机相通于甲。
(C)只有甲主机不相通于丙，丁主机才相通于乙。
(D)丙主机不相通于丁，但相通于乙。
(E)甲主机相通于丁，也相通于丙。

32. 若丙主机不相通于任何主机，则以下哪项一定为假？

(A) 丁主机不相通于甲。

(B) 若丁主机相通于甲，则乙主机相通于甲。

(C) 若丁主机不相通于甲，则乙主机相通于甲。

(D) 甲主机相通于乙。

(E) 乙主机相通于自身。

33. 某科研机构对市民所反映的一种奇异现象进行研究，该现象无法用已有的科学理论进行解释。助理研究员小王由此断言：该现象是错觉。

以下哪项如果为真，最可能使小王的断言不成立？

(A) 所有错觉都不能用已有的科学理论进行解释。

(B) 有些错觉可以用已有的科学理论进行解释。

(C) 有些错觉不能用已有的科学理论进行解释。

(D) 错觉都可以用已有的科学理论进行解释。

(E) 已有的科学理论尚不能完全解释错觉是如何形成的。

34. 人们知道鸟类能感觉到地球磁场，并利用它们导航。最近某国科学家发现，鸟类其实是利用右眼"查看"地球磁场的。为检验该理论，当鸟类开始迁徙的时候，该国科学家把若干知更鸟放进一个漏斗形状的庞大的笼子里，并给其中部分知更鸟的一只眼睛戴上一种可屏蔽地球磁场的特殊金属眼罩。笼壁上涂着标记性物质，鸟要通过笼子细口才能飞出去。如果鸟碰到笼壁，就会黏上标记性物质，以此来判断鸟能否找到方向。

以下哪项如果为真，最能支持研究人员的上述发现？

(A) 戴眼罩的鸟，不论是左眼还是右眼，顺利从笼中飞了出去；没戴眼罩的鸟朝哪个方向飞的都有。

(B) 没戴眼罩的鸟和左眼戴眼罩的鸟顺利从笼中飞了出去，右眼戴眼罩的鸟朝哪个方向飞的都有。

(C) 没戴眼罩的鸟和右眼戴眼罩的鸟顺利从笼中飞了出去，左眼戴眼罩的鸟朝哪个方向飞的都有。

(D) 没戴眼罩的鸟顺利从笼中飞了出去；戴眼罩的鸟，不论是左眼还是右眼，朝哪个方向飞的都有。

(E) 没戴眼罩的鸟和左眼戴眼罩的鸟朝哪个方向飞的都有，右眼戴眼罩的鸟顺利从笼中飞了出去。

35~36题基于以下题干：

年初，为激励员工努力工作，某公司决定根据每月的工作绩效评选"月度之星"。王某在当年前10个月恰好只在连续的4个月中当选"月度之星"，他的另外三个同事郑某、吴某、周某也做到了这一点。关于这四人当选"月度之星"的月份，已知：

(1)王某和郑某仅有三个月同时当选。

(2)郑某和吴某仅有三个月同时当选。

(3)王某和周某不曾在同一个月当选。

(4)仅有2人在7月同时当选。

(5)至少有1人在1月当选。

35. 根据以上信息，有3人同时当选"月度之星"的月份是：

(A)1—3月。　　　　(B)2—4月。　　　　(C)3—5月。

(D)4—6月。　　　　(E)5—7月。

36. 根据以上信息，王某当选"月度之星"的月份是：

(A)1—4月。　　　　(B)3—6月。　　　　(C)4—7月。

(D)5—8月。　　　　(E)7—10月。

37. 若成为白领的可能性无性别差异，按正常男女出生率102：100计算，当这批人中的白领谈婚论嫁时，女性与男性数量应当大致相等。但实际上，某市妇联近几年举办的历次大型白领相亲活动中，报名的男女比例约为3：7，有时甚至达到2：8。这说明，文化越高的女性越难嫁，文化低的反而好嫁；男性则正好相反。

以下除哪项外，都有助于解释上述分析与实际情况的不一致？

(A)与男性白领不同，女性白领要求高，往往只找比自己更优秀的男性。

(B)与本地女性竞争的外地优秀女性多于与本地男性竞争的外地优秀男性。

(C)大学毕业后出国的精英分子中，男性多于女性。

(D)一般来说，男性参加大型相亲会的积极性不如女性。

(E)男性因长相身高、家庭条件等被女性淘汰者多于女性因长相身高、家庭条件等被男性淘汰者。

38. 张霞、李丽、陈露、邓强和王硕一起坐火车去旅游，他们正好坐在同一车厢相对两排的五个座位上，每人各坐一个位置。第一排的座位按顺序分别记为1号和2号，第二排的座位按顺序记为3、4、5号。座位1和座位3直接相对，座位2和座位4直接相对，座位5不和上述任何座位直接相对。李丽坐在4号位置；陈露所坐的位置不与李丽相邻，也不与邓强相邻（相邻是指同一排上紧挨着）；张霞不坐在与陈露直接相对的位置上。

根据以上信息，张霞所坐位置有多少种可能的选择？

(A)1种。　　　　(B)2种。　　　　(C)3种。

(D)4种。　　　　(E)5种。

39. 某大学的哲学学院和管理学院今年招聘新教师，招聘结束后受到了女权主义代表的批评，因为他们在12名女性应聘者中录用了6名，但在12名男性应聘者中却录用了7名。该大学对此解释说，今年招聘新教师的两个学院中，女性应聘者的录用率都高于男性的录用率。具体的情况是：哲学学院在8名女性应聘者中录用了3名，而在3名男性应聘者中录用了1名；管理学院在4名女性应聘者中录用了3名，而在9名男性应聘者中录用了6名。

    以下哪项最有助于解释女权主义代表和该大学之间的分歧？

    (A)各个局部都具有的性质在整体上未必具有。
    (B)人们往往从整体角度考虑问题，不管局部如何，最终的整体结果才是最重要的。
    (C)有些数学规则不能解释社会现象。
    (D)现代社会提倡男女平等，但实际执行中还是有一定难度。
    (E)整体并不是局部的简单相加。

40. 教育专家李教授指出：每个人在自己的一生中，都要不断地努力，否则就会像龟兔赛跑的故事一样，一时跑得快并不能保证一直领先。如果你本来基础好又能不断努力，那你肯定能比别人更早取得成功。

    如果李教授的陈述为真，则以下哪项一定为假？

    (A)不论是谁，只有不断努力，才可能取得成功。
    (B)只要不断努力，任何人都可能取得成功。
    (C)小王本来基础好并且能不断努力，但也可能比别人更晚取得成功。
    (D)人的成功是有衡量标准的。
    (E)一时不成功并不意味着一直不成功。

41. 新近一项研究发现，海水颜色能够让飓风改变方向，也就是说，如果海水变色，飓风的移动路径也会变向。这也就意味着科学家可以根据海水的"脸色"判断哪些地区将被飓风袭击，哪些地区会幸免于难。值得关注的是，全球气候变暖可能已经让海水变色。

    以下哪项最可能是科学家作出判断所依赖的前提？

    (A)海水温度变化会导致海水改变颜色。
    (B)海水颜色与飓风移动路径之间存在某种相对确定的联系。
    (C)海水温度升高会导致生成的飓风数量增加。
    (D)海水温度变化与海水颜色变化之间的联系尚不明朗。
    (E)全球气候变暖是最近几年飓风频发的重要原因之一。

42. 某金库发生了失窃案。公安机关侦查确定,这是一起典型的内盗案,可以断定金库管理员甲、乙、丙、丁中至少有一人是作案者。办案人员对四人进行了询问,四人的回答如下:

甲:"如果乙不是窃贼,我也不是窃贼。"

乙:"我不是窃贼,丙是窃贼。"

丙:"甲或者乙是窃贼。"

丁:"乙或者丙是窃贼。"

后来事实表明,他们四人中只有一人说了真话。

根据以上陈述,以下哪项一定为假?

(A)丙说的是假话。　　　(B)丙不是窃贼。　　　(C)乙不是窃贼。

(D)丁说的是真话。　　　(E)甲说的是真话。

43. 所有参加此次运动会的选手都是身体强壮的运动员,所有身体强壮的运动员都是极少生病的,但是有一些身体不适的选手参加了此次运动会。

以下哪项不能从上述前提中得出?

(A)有些身体不适的选手是极少生病的。

(B)有些极少生病的选手感到身体不适。

(C)极少生病的选手都参加了此次运动会。

(D)参加此次运动会的选手都是极少生病的。

(E)有些身体强壮的运动员感到身体不适。

44. 足球是一项集体运动,若想不断取得胜利,每个强队都必须有一位核心队员,他总能在关键场次带领全队赢得比赛。友南是某国甲级联赛强队西海队队员。据某记者统计,在上赛季参加的所有比赛中,有友南参赛的场次,西海队胜率高达75.5%,另有16.3%的平局,8.2%的场次输球;而在友南缺阵的情况下,西海队的胜率只有58.9%,输球的比率高达23.5%。该记者由此得出结论:友南是上赛季西海队的核心队员。

以下哪项如果为真,最能质疑该记者的结论?

(A)西海队教练表示:"球队是一个整体,不存在有友南的西海队和没有友南的西海队。"

(B)上赛季友南缺席且西海队输球的比赛,都是小组赛中西海队已经确定出线后的比赛。

(C)西海队队长表示:"没有友南我们将失去很多东西,但我们会找到解决办法。"

(D)上赛季友南上场且西海队输球的比赛,都是西海队与传统强队对阵的关键场次。

(E)本赛季开始以来,在友南上阵的情况下,西海队胜率暴跌20%。

45. 只要每个司法环节都能坚守程序正义，切实履行监督制约职能，结案率就会大幅度提高。去年某国结案率比上一年提高了70%，所以，该国去年每个司法环节都能坚守程序正义，切实履行监督制约职能。

    以下哪项与上述论证方式最为相似？
    (A) 只有在校期间品学兼优，才可以获得奖学金。李明获得了奖学金，所以他在校期间一定品学兼优。
    (B) 在校期间品学兼优，就可以获得奖学金。李明获得了奖学金，所以他在校期间一定品学兼优。
    (C) 在校期间品学兼优，就可以获得奖学金。李明没有获得奖学金，所以他在校期间一定不是品学兼优。
    (D) 在校期间品学兼优，就可以获得奖学金。李明在校期间不是品学兼优，所以他不可能获得奖学金。
    (E) 李明在校期间品学兼优，但是他没有获得奖学金。所以，在校期间品学兼优，不一定可以获得奖学金。

46. 在东海大学研究生会举办的一次中国象棋比赛中，来自经济学院、管理学院、哲学学院、数学学院和化学学院的5名研究生(每个学院1名)相遇在一起，有关甲、乙、丙、丁、戊5名研究生之间的比赛信息满足以下条件：
    (1) 甲仅与2名选手比赛过。
    (2) 化学学院的选手与3名选手比赛过。
    (3) 乙不是管理学院的选手，也没有和管理学院的选手对阵过。
    (4) 哲学学院的选手和丙比赛过。
    (5) 管理学院、哲学学院、数学学院的选手相互都交过手。
    (6) 丁仅与1名选手比赛过。
    根据以上条件，请问丙来自哪个学院？
    (A) 经济学院。   (B) 管理学院。   (C) 数学学院。
    (D) 哲学学院。   (E) 化学学院。

47. 据统计，去年在某校参加高考的385名文、理科考生中，女生189人，文科男生41人，非应届男生28人，应届理科考生256人。
    由此可见，去年在该校参加高考的考生中：
    (A) 非应届文科男生多于20人。
    (B) 应届理科女生少于130人。
    (C) 非应届文科男生少于20人。
    (D) 应届理科女生多于130人。
    (E) 应届理科男生多于129人。

48. 某公司人力资源管理部人士指出：由于本公司招聘职位有限，在本次招聘考试中，不可能所有的应聘者都被录用。

   基于以下哪项可以得出该人士的上述结论？

   (A)在本次招聘考试中，必然有应聘者被录用。
   (B)在本次招聘考试中，可能有应聘者被录用。
   (C)在本次招聘考试中，可能有应聘者不被录用。
   (D)在本次招聘考试中，必然有应聘者不被录用。
   (E)在本次招聘考试中，可能有应聘者被录用，也可能有应聘者不被录用。

49. 在某次综合性学术年会上，物理学会作学术报告的人都来自高校；化学学会作学术报告的人有些来自高校，但是大部分来自中学；其他作学术报告者均来自科学院。来自高校的学术报告者都具有副教授以上职称，来自中学的学术报告者都具有中教高级以上职称。李默、张嘉参加了这次综合性学术年会，李默并非来自中学，张嘉并非来自高校。

   以上陈述如果为真，可以得出以下哪项结论？

   (A)张嘉不是物理学会的。
   (B)李默不是化学学会的。
   (C)张嘉不具有副教授以上职称。
   (D)李默如果作了学术报告，那么他不是化学学会的。
   (E)张嘉如果作了学术报告，那么他不是物理学会的。

50. 根据某位国际问题专家的调查统计可知：有的国家希望与某些国家结盟，有三个以上的国家不希望与某些国家结盟；至少有两个国家希望与每个国家建交，有的国家不希望与任一国家结盟。

   根据上述统计可以得出以下哪项？

   (A)每个国家都有一些国家希望与之建交。
   (B)每个国家都有一些国家希望与之结盟。
   (C)有些国家之间希望建交但是不希望结盟。
   (D)至少有一个国家，既有国家希望与之结盟，也有国家不希望与之结盟。
   (E)至少有一个国家，既有国家希望与之建交，也有国家不希望与之建交。

51. 翠竹的大学同学都在某德资企业工作。溪兰是翠竹的大学同学。涧松是该德资企业的部门经理。该德资企业的员工有些来自淮安。该德资企业的员工都曾到德国研修，他们都会说德语。

   以下哪项可以从以上陈述中得出？

   (A)涧松来自淮安。
   (B)溪兰会说德语。
   (C)翠竹与涧松是大学同学。
   (D)涧松与溪兰是大学同学。
   (E)翠竹的大学同学有些是部门经理。

52. 某国研究人员报告说，与心跳速度每分钟低于 58 次的人相比，心跳速度每分钟超过 78 次者心脏病发作或者发生其他心血管问题的概率高出 39%，死于这类疾病的风险高出 77%，其整体死亡率高出 65%。研究人员指出，长期心跳过快导致了心血管疾病。
以下哪项如果为真，最能对该研究人员的观点提出质疑？
(A)各种心血管疾病影响身体的血液循环机能，导致心跳过快。
(B)在老年人中，长期心跳过快的不到 39%。
(C)在老年人中，长期心跳过快的超过 39%。
(D)野外奔跑的兔子心跳很快，但是很少发现它们患心血管疾病。
(E)相对于老年人，年轻人生命力旺盛，心跳较快。

53. 专业人士预测：如果粮食价格保持稳定，那么蔬菜价格也将保持稳定；如果食用油价格不稳，那么蔬菜价格也将出现波动。老李由此断定：粮食价格将保持稳定，但是肉类食品价格将上涨。
根据上述专业人士的预测，以下哪项如果为真，最能对老李的观点提出质疑？
(A)如果食用油价格稳定，那么肉类食品价格将会上涨。
(B)如果食用油价格稳定，那么肉类食品价格不会上涨。
(C)如果肉类食品价格不上涨，那么食用油价格将会上涨。
(D)如果食用油价格出现波动，那么肉类食品价格不会上涨。
(E)只有食用油价格稳定，肉类食品价格才不会上涨。

54～55 题基于以下题干：

晨曦公园拟在园内东、南、西、北四个区域种植四种不同的特色树木，每个区域只种植一种。选定的特色树种为：水杉、银杏、乌桕和龙柏。布局的基本要求是：
(1)如果在东区或者南区种植银杏，那么在北区不能种植龙柏或者乌桕。
(2)北区或者东区要种植水杉或者银杏之一。

54. 根据上述种植要求，如果北区种植龙柏，则以下哪项一定为真？
(A)西区种植水杉。
(B)南区种植乌桕。
(C)南区种植水杉。
(D)西区种植乌桕。
(E)东区种植乌桕。

55. 根据上述种植要求，如果水杉必须种植于西区或南区，则以下哪项一定为真？
(A)南区种植水杉。　　　　(B)西区种植水杉。　　　　(C)东区种植银杏。
(D)北区种植银杏。　　　　(E)南区种植乌桕。

四、写作：第56～57小题，共65分。 其中论证有效性分析30分，论说文35分。 请答在答题纸相应的位置上。

56. 论证有效性分析：分析下述论证中存在的缺陷与漏洞，选择若干要点，写一篇600字左右的文章，对该论证的有效性进行分析和评论。（论证有效性分析的一般要点是：概念特别是核心概念的界定和使用是否准确并前后一致，有无各种明显的逻辑错误，论证的论据是否成立并支持结论，结论成立的条件是否充分等。）

  一个国家的文化在国际上的影响力是该国软实力的重要组成部分。由于软实力是评判一个国家国际地位的要素之一，所以如何增强软实力就成了各国政府高度关注的重大问题。

  其实，这一问题不难解决。既然一个国家的文化在国际上的影响力是该国软实力的重要组成部分，那么，要增强软实力，只需搞好本国的文化建设并向世人展示就可以了。

  文化有两个特性，一个是普同性，一个是特异性。所谓普同性，是指不同背景的文化具有相似的伦理道德和价值观念，如东方文化和西方文化都肯定善行，否定恶行；所谓特异性，是指不同背景的文化具有不同的思想意识和行为方式，如西方文化崇尚个人价值，东方文化固守集体意识。正因为文化具有普同性，所以一国文化就一定会被他国所接受；正因为文化具有特异性，所以一国文化就一定会被他国所关注。无论是接受还是关注，都体现了该国文化影响力的扩大，也即表明了该国软实力的增强。

  文艺作品当然也具有文化的本质属性。一篇小说、一出歌剧、一部电影等，虽然一般以故事情节、人物形象、语言特色等艺术要素取胜，但在这些作品中，也往往肯定了一种生活方式，宣扬了一种价值观念。这种生活方式和价值观念不管是普同的还是特异的，都会被他国所接受或关注，都能产生文化影响力。由此可见，只要创作更多的具有本国文化特色的文艺作品，那么文化影响力的扩大就是毫无疑义的，而国家的软实力也必将同步增强。

57. 论说文：根据下述材料，写一篇700字左右的论说文，题目自拟。

  20世纪中叶，美国的波音和麦道两家公司几乎垄断了世界民用飞机的市场，欧洲的飞机制造商深感忧虑。虽然欧洲各国之间的竞争也相当激烈，但还是采取了合作的途径，法国、德国、英国和西班牙等决定共同研制大型宽体飞机，于是"空中客车"便应运而生。面对新的市场竞争态势，波音公司和麦道公司于1997年一致决定组成新的波音公司，以抗衡来自欧洲的挑战。

答案速查

题型		题号	答案				
一	问题求解	1~5	(C)	(C)	(B)	(E)	(E)
		6~10	(D)	(D)	(E)	(E)	(B)
		11~15	(C)	(A)	(D)	(B)	(C)
二	条件充分性判断	16~20	(A)	(E)	(B)	(A)	(D)
		21~25	(C)	(C)	(B)	(A)	(D)
三	逻辑推理	26~30	(D)	(E)	(A)	(C)	(D)
		31~35	(E)	(C)	(D)	(B)	(D)
		36~40	(D)	(E)	(D)	(A)	(C)
		41~45	(B)	(D)	(C)	(D)	(B)
		46~50	(C)	(B)	(D)	(E)	(A)
		51~55	(B)	(A)	(B)	(B)	(D)
四	写作		56. 略　57. 略				

2022年全国硕士研究生招生考试
管理类综合能力试题答案详解

一、问题求解

1 (D)

思路点拨

①当题干没有告诉具体的工作效率,只有效率关系时,可以直接设特值,常常设"10""100"等容易计算的数;

②找等量关系:可以利用"实际工作总量＝原计划工作总量",也可以利用"前三天工作量＋效率提高之后的工作量＝工作总量".

详细解析

母题97·工程问题

方法一:工作效率设特值.

假设原计划每天工作量为10,计划工期为 x 天,则提高工作效率后每天工作量为 $10\times(1+20\%)=12$. 根据"实际工作总量＝原计划工作总量",可得

$$3\times10+(x-3-2)\times12=10x,$$

解得 $x=15$,故原计划工期为15天.

方法二:工作总量设单位1.

设计划工期为 t 天,则计划工作效率为 $\dfrac{1}{t}$,提高工作效率后每天工作量为 $\dfrac{1}{t}\times(1+20\%)$,根据"前3天工作量＋后 $(t-3-2)$ 天工作量＝工作总量单位1",可得

$$\dfrac{1}{t}\times3+\dfrac{1}{t}\times(1+20\%)\times(t-3-2)=1,$$

解得 $t=15$,故原计划工期为15天.

2 (C)

详细解析

母题94·利润问题

假设原成本为100元,因为原利润率为12%,故售价为112元. 成本降低20%之后为80元,因此现在利润率为 $\dfrac{112-80}{80}\times100\%=40\%$.

3 (A)

思路点拨

代数式含有平方项,可通过配方,转化为"式²±数"的形式求最值.

详细解析

母题 25 · 代数式的最值问题

$$f(x,y) = x^2 + 4xy + 5y^2 - 2y + 2 = (x+2y)^2 + (y-1)^2 + 1,$$

当 $x+2y=0$, $y-1=0$ 时, 原式取到最小值, 最小值为 1.

4 (E)

思路点拨

曲边三角形 CDE 与 BEF 都是不规则图形, 显然不能求出它们的面积, 但它们分别与曲边四边形 $ABED$ 合并, 都能变成规则图形, 且 AD 是扇形半径, AC 是三角形斜边, 因此从三角形面积与扇形面积关系入手.

详细解析

母题 60 · 求面积问题

假设三角形直角边 $AB=BC=1$, 则 $AC=\sqrt{2}$. 如图所示, 因为曲边三角形 CDE 与 BEF 的面积相等, 即 $S_① = S_②$, 所以 $S_① + S_③ = S_② + S_③ \Rightarrow S_{扇形DAF} = S_{\triangle ABC}$, 则 $\frac{1}{8}\pi \cdot AD^2 = \frac{1}{2} \times 1 \times 1$, 解得 $AD = \sqrt{\frac{4}{\pi}}$, 故 $\frac{AD}{AC} = \frac{\sqrt{\frac{4}{\pi}}}{\sqrt{2}} = \sqrt{\frac{2}{\pi}}$.

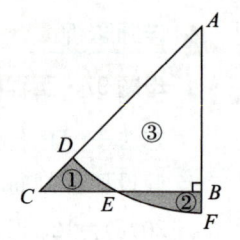

5 (A)

思路点拨

本题可以从正反两个方向考虑.

正面: 圆的数量较少, 用穷举法即可, 但要注意穷举时不重不漏;

反面: 用总方法减去相切的情况, 而两个圆相切必有切点, 因此数切点个数即可.

详细解析

母题 82 · 常见古典概型问题

方法一: 从正面做.

不相切从右图中可以数出, 有 AC、AE、AF、BD、BF、CD、CE、DF 这 8 种情况, 故概率为 $\frac{8}{C_6^2} = \frac{8}{15}$.

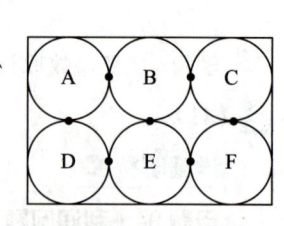

方法二: 从反面做.

"不相切"的反面就是"相切", 两圆相切必有 1 个切点, 因此可以通过找圆与圆之间不同的切点来计算反面. 从图中可找出 7 个切点, 故相切的概率为 $\frac{7}{C_6^2} = \frac{7}{15}$, 则不相切的概率 $1 - \frac{7}{15} = \frac{8}{15}$.

6 (A)

思路点拨

空间几何体的截面问题, 先将该截面单独拿出来, 求出各边长度, 从而确定这个截面是一个等腰梯形, 然后利用勾股定理算出梯形的高即可求出其面积.

详细解析

母题 61·空间几何体的基本问题

将四边形 $ABCD$ 所在平面单独拿出，如图所示，易知四边形 $ABCD$ 是等腰梯形．由 D 向 AB 作垂线，垂足为 E．根据题意可知，上底 $DC=\sqrt{2}$，下底 $AB=2\sqrt{2}$，腰 $AD=\sqrt{5}$，因此 $AE=\dfrac{AB-CD}{2}=\dfrac{\sqrt{2}}{2}$，高 $DE=\sqrt{AD^2-AE^2}=\sqrt{5-\dfrac{1}{2}}=\dfrac{3\sqrt{2}}{2}$，故梯形面积为

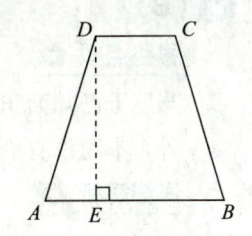

$$S=\dfrac{(CD+AB)\cdot DE}{2}=\dfrac{(\sqrt{2}+2\sqrt{2})\times \dfrac{3\sqrt{2}}{2}}{2}=\dfrac{9}{2}.$$

> **易错警示**
> 这个梯形所在的面与正方体底面并不垂直，因此梯形的高≠正方体棱长，不能用棱长 2 当作高代入计算，否则将错选（E）项．

7 (B)

> **思路点拨**
> "烙饼问题""开关问题"等和本题同属于一种问题，此类问题常用奇偶性分析法求解，先判断完成一件事所需次数的奇偶性，从而判断出完成所有事情所需次数的奇偶性及最小值；另外，当数值不大的情况下，也可采用穷举法．

详细解析

母题 3·奇数与偶数问题

方法一：奇偶分析法．

由于每次翻转 3 只杯子，n 次一共翻转了 $3n$ 只杯子．

一只杯子的杯口从朝上到朝下，需要翻转奇数次，即可以是 1 次、3 次、5 次、……，那么 8 只杯子从杯口朝上到朝下，所需翻转的总次数＝8 个奇数之和，即总次数必为偶数，故有

$$\begin{cases}3n \text{ 是个偶数}, \\ 3n\geq 8\end{cases}\Rightarrow n \text{ 最小为 } 4.$$

方法二：穷举法．

将杯子编号为 1～8．

第一次翻转 1，2，3；第二次翻转 4，5，6；第三次翻转 5，6，7；第四次翻转 5，6，8．此时所有杯子全部杯口朝下，因此最少需要四次操作．

8 (C)

> **详细解析**

母题 6·整数不定方程问题＋母题 1·整除问题

设甲部门有 x 人、乙部门有 y 人、丙部门有 z 人．根据题意，有

$$\begin{cases} 6(x-26)=z+26, \\ y-5=z+5 \end{cases} \Rightarrow 6x-y=172 \Rightarrow x-y=172-5x.$$

求 $172-5x$ 除以 5 的余数，因为 $5x$ 是 5 的倍数，$172\div 5=34\cdots\cdots 2$，故余数为 2.

9 (B)

思路点拨

当题干已知面积求面积，且有部分边长比例关系时，一般考虑相似或等面积模型来求解．另外，本题没有给图形，因此考生在做题时需要先画图．

详细解析

母题 59·平面几何五大模型

如图所示，已知 AD 为直径，因为直径所对圆周角为直角，故 $\angle AED=90°$.
因此 $\triangle AED \sim \triangle ABC$，相似比为 $\dfrac{AD}{AC}=\dfrac{1}{2}$，故面积比 $\dfrac{S_{\triangle AED}}{S_{\triangle ABC}}=\dfrac{1}{4}$，则

$$S_{\triangle AED}=\dfrac{1}{4}S_{\triangle ABC}=2.$$

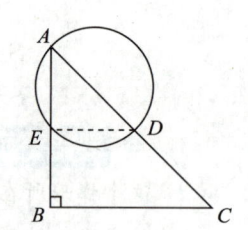

10 (D)

思路点拨

105 的质因数有 3 个，但是自然数的位数不确定，因而需要根据位数分类讨论．

详细解析

母题 4·质数与合数问题＋母题 76·排列组合的基本问题

首先将 105 分解质因数，得 $105=3\times 5\times 7$，因此该自然数由 $(3,5,7)$ 中的数构成，根据自然数的位数不同，可分三类：

①若自然数为一位数，则有 $C_3^1=3$(个)；

②若自然数为两位数，则有 $A_3^2=6$(个)；

③若自然数为三位数，则有 $A_3^3=6$(个).

故总个数为 $3+6+6=15$(个).

11 (D)

详细解析

母题 88·简单算术问题

设 A 玩具单价为 x 元、B 玩具单价为 y 元，根据题意，有

$$\begin{cases} x+y=1.4, \\ 200x+150y=250 \end{cases} \Rightarrow \begin{cases} x=0.8, \\ y=0.6. \end{cases}$$

故 A 玩具单价为 0.8 元．

12 (C)

思路点拨

比赛及闯关问题中，优先考虑首尾进球情况有无特殊性．本题因为乙队只进 2 个球，故其领

先的情况只会出现在前 3 个球,因此只需考虑前 3 个进球回合,且多种情况的题目从正反两面考虑均可.

详细解析 ▼

母题 76·排列组合的基本问题

方法一：从正面做.

乙队没有领先过,那么第一个球一定甲进,剩下的 5 个球中,乙进 2 个,有 C_5^2 种可能,其中只有第二、三个球乙进不符合题意,故进球顺序有 $C_5^2-1=9$ (种).

方法二：从反面做.

一共进 6 个球,其中甲进 4 个,乙进 2 个.

总的进球顺序有 $\dfrac{A_6^6}{A_4^4 A_2^2}=15$ (种),或者 $C_6^2 C_4^4=15$ (种),乙领先的情况有两类：

①乙踢进第一个球,此时乙领先,后 5 个球再任选一个乙进,有 $C_5^1=5$ (种).

②甲踢进第一个球,但第二、三个球乙踢进,有 1 种.

因此满足题目的进球顺序有 $15-5-1=9$ (种).

⑬ (E)

思路点拨 ▼

不相邻问题用插空法：将不相邻的元素往其他元素中插空.本题将女生往男生中插空的同时,保证不插在两端即可.

详细解析 ▼

母题 82·常见古典概型问题＋母题 77·排队问题

插空法.事件总数为 A_6^6；先将 4 个男生任意排,有 A_4^4 种,形成 3 个空(两端的不算),2 个女生插空,有 A_3^2 种.故概率为 $P=\dfrac{A_4^4 \times A_3^2}{A_6^6}=\dfrac{1}{5}$.

⑭ (C)

思路点拨 ▼

行程问题的破题关键：画好线段图,设未知数,找等量关系.

本题甲、乙出发地点相同,乙的速度快,丙与甲、乙距离相等时一定是丙走到了甲、乙中间,那么此时乙、丙一定已经相遇过而甲、丙还未相遇,根据这个关系画图列方程即可.

详细解析 ▼

母题 98·行程问题

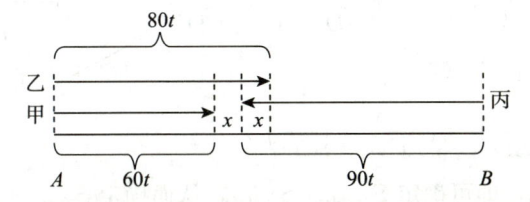

如图所示,设丙车与甲、乙车的距离为 x 千米,用时 t 小时,图中可以找到多个等量关系：

①$S_甲+x+S_丙=AB$；②$S_乙+S_丙-x=AB$；③$S_甲+2x=S_乙$．可任选两个列出方程组

$$\begin{cases} 60t+x+90t=208, \\ 80t+90t-x=208, \end{cases}$$

解得 $t=1.3$，故用时 $60\times 1.3=78$（分钟）．

15 (E)

思路点拨

①不规则图形的涂色问题可以根据各部分的关系，转化为熟悉的规则图形；
②此类问题常将接壤最多的区域作为解题突破口．

详细解析

母题 76 · 排列组合的基本问题

将五块区域编号 1～5，通过观察我们发现区域 5 和其余 1、2、3、4 区域都相邻，其他区域依次相邻，故可以将图形转化成我们熟悉的规则图形，如图所示．

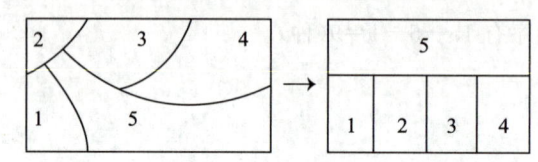

根据特殊位置优先法，先考虑 5 号区域，有 4 种选择；则剩下的 1、2、3、4 为简单直线涂色问题，可以看成用 3 种颜色涂色，有 $3\times 2\times 2\times 2=24$（种）．因此共有 $4\times 24=96$（种）涂色方法．

二、条件充分性判断

16 (B)

思路点拨

本题条件为线段之间的比例关系，且结论为两个三角形的面积比，故应从相似的角度入手，找相似三角形．图中 $\triangle BDC$ 与 $\triangle ABD$ 显然不相似，而 $\triangle ABD$ 和 $\triangle ACD$ 形状相近，故可以先找 $\triangle ABD$ 与 $\triangle ACD$ 的相似关系．

详细解析

母题 59 · 平面几何五大模型

$$\begin{cases} \angle BDA=\angle C（弦切角=圆周角）, \\ \angle A=\angle A \end{cases} \Rightarrow \triangle ABD \sim \triangle ADC.$$

相似三角形相似比为对应边之比，即 $\dfrac{AB}{AD}=\dfrac{AD}{AC}=\dfrac{BD}{CD}$．

而面积比等于相似比的平方，故

$$S_{\triangle ABD}:S_{\triangle ADC}=\left(\dfrac{AB}{AD}\right)^2=\left(\dfrac{AD}{AC}\right)^2=\left(\dfrac{BD}{CD}\right)^2.$$

> 也可以用切割线定理证明相似：
> $AD^2=AB\cdot AC \Rightarrow \dfrac{AB}{AD}=\dfrac{AD}{AC}$

若已知任意一组相似比，即可确定 $S_{\triangle ABD}:S_{\triangle ADC}$，从而确定 $S_{\triangle ABD}:S_{\triangle BDC}$．

条件(1)：已知 $\dfrac{AD}{CD}$，无法确定 $S_{\triangle ABD} : S_{\triangle ADC}$，故不充分．

条件(2)：已知 $\dfrac{BD}{CD}$，可以确定 $S_{\triangle ABD} : S_{\triangle ADC}$，进而确定 $S_{\triangle ABD} : S_{\triangle BDC}$，故充分．

17 (A)

思路点拨

$|x-a|-|x-b|$ 是绝对值线性差问题，有两条重要结论：
① 图像为 Z 字形或反 Z 字形；② $y_{\max} = |a-b|$，$y_{\min} = -|a-b|$．

详细解析

母题 17 · 绝对值的最值问题

设 $f(x) = |x-2| - |x-3|$，根据线性差的结论可知，函数图像为 Z 字形，如图所示．
由此可得，方程 $|x-2| - |x-3| = a$ 根的情况为：
① 当 $a=1$ 或 -1 时，方程有无穷多个解；
② 当 $-1 < a < 1$ 时，方程有唯一解；
③ 当 $a < -1$ 或 $a > 1$ 时，方程无解．

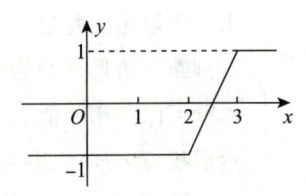

条件(1)：当 $0 < a \leqslant \dfrac{1}{2}$ 时，方程有唯一解，每一个 a 的值，都对应唯一的 x 的值，条件(1)充分．

条件(2)：当 $a=1$ 时，方程有无穷多个解，x 可取 $x \geqslant 3$ 中的任何一个数，x 的值无法确定．条件(2)不充分．

易错警示

错因1：看到条件中的 a 是范围，误以为 a 不是具体的数值，则 x 也无法确定具体的值；
错因2：结论"确定 x 值"是"唯一解问题"，即在 a 的范围内，x 有唯一解，考生误认为是"有解问题""恒成立问题"，因此误用三角不等式 $|x-2|-|x-3| \leqslant |(x-2)-(x-3)| = 1$ 得 $a \leqslant 1$，而条件(1)和(2)均满足 $a \leqslant 1$，错选(D)项．

18 (C)

思路点拨

两个平均量混合求数量——十字交叉法．

详细解析

母题 91 · 平均值问题

条件(1)：知道两个班平均分，但是没有两个班其他相关的等量关系，无法判断，不充分．
条件(2)：知道总平均分但是不知道各自平均分也无法判断，不充分．
故考虑联立两个条件．

方法一：十字交叉法．

如图所示，设甲、乙两班平均分分别为 $\overline{x_甲}$，$\overline{x_乙}$，两班总平均分为 $\overline{x}$，利用十字交叉法可求出人数之比，从而确定人数多的班，故两个条件联立起来充分．

$$\begin{array}{c} \overline{x_{甲}} \\ \overline{x_{乙}} \end{array} \diagdown \overline{x} \diagup \begin{array}{c} |\overline{x_{乙}}-\overline{x}| \\ |\overline{x_{甲}}-\overline{x}| \end{array} = \begin{array}{c} 甲班人数 \\ 乙班人数 \end{array}$$

方法二：特值法．

不妨设甲班平均分为 60 分，人数为 x；乙班平均分为 90 分，人数为 y．两个班的总平均分为 80 分．则有 $\dfrac{60x+90y}{x+y}=80$，解得 $\dfrac{x}{y}=\dfrac{1}{2}$，可得人数多的班为乙班．故两个条件联立可确定人数多的班．

19 (B)

思路点拨 ▽

求三角形角的度数，若有已知的角，则可通过相似、全等关系来求解未知角；若无已知角，则需判断三角形是否为特殊三角形．

本题可以利用相似三角形求解，由边长成等比数列得出边长比例关系，从而得到三角形相似，然后找与 $\angle BAC$ 相关的角．

详细解析 ▽

母题 49·等比数列基本问题＋母题 59·平面几何五大模型

因为 BD，AB，BC 成等比数列，于是 $AB^2=BD \cdot BC \Rightarrow \dfrac{AB}{BD}=\dfrac{BC}{AB}$．

又因为 $\angle B$ 是公共角，所以 $\triangle ABD \backsim \triangle CBA$，故 $\angle BAC=\angle BDA$．

条件(1)：已知 $BD=DC$，由此无法推出任何关于角度的结论，故条件(1)不充分．

条件(2)：已知 $AD \perp BC$，可得 $\angle BDA=90°$，故 $\angle BAC=\angle BDA=90°$，条件(2)充分．

20 (C)

思路点拨 ▽

女生的总数是各组女生数之和，组别只有 4 类：①全是男生；②全是女生；③2 男 1 女；④2 女 1 男，因此只需要知道每种组别的数量，即可求出女生的人数．

详细解析 ▽

母题 88·简单算术问题

方法一：特值法．

条件(1)：假设全男生有 10 组，全女生有 10 组，$3×10+3×10=60<75$，但剩下 5 个组中男女比例不知道，无法确定女生人数，条件(1)不充分．

条件(2)：假设只有一名男生的组和只有一名女生的组都是 10 组，剩下的 5 个组男女比例不知道，也无法确定，条件(2)不充分．

考虑联立，假设全男生有 10 组，全女生有 9 组，剩下 6 组中只有一名男生的组和只有一名女生的组相等，都是 3 组，因此女生人数为 $3×9+3×1+3×2=36$，可以确定女生人数，故两个条件联立充分．

方法二：分析法.

每组 3 人，共 25 个组，当两个条件联立时，四种情况（思路点拨已说明）的组数都已知，因此可以确定女生的人数，故联立充分.

21 (D)

详细解析

母题 49·等比数列基本问题

设公比为 $q(q>0)$，则 $b=aq$，$c=aq^2$.

条件(1)：根据条件 a 是直角边长，可知 c 是斜边长，由勾股定理得，$a^2+(aq)^2=(aq^2)^2$，解得 $1+q^2=q^4$，$q^2=\dfrac{1+\sqrt{5}}{2}$，$q$ 有唯一正数解，因此能确定公比值，条件(1)充分.

条件(2)：根据条件 c 是斜边长，可知 a 是直角边长，等价于条件(1)，故条件(2)也充分.

易错警示

本题易错选(C)项，误认为联立才能确定勾股定理的方程. 但实际上，直角三角形斜边一定大于直角边，因此单独的条件(1)、(2)都可以得出三边大小关系，即 $a<b<c$.

22 (B)

思路点拨

本题属于典型的 $x+\dfrac{1}{x}=a$ 模型，破题关键为利用 $x+\dfrac{1}{x}=a$ 推导出 $x-\dfrac{1}{x}$ 的值，解题方式为通过升幂或降幂将已知条件转化为 $x+\dfrac{1}{x}=a$ 的形式.

详细解析

母题 29·已知 $x+\dfrac{1}{x}=a$ 或者 $x^2+ax+1=0$，求代数式的值

条件(1)：假设 $\sqrt{x}+\dfrac{1}{\sqrt{x}}=a$（根据对勾函数可知 $a\geqslant 2$）.

由 $\left(\sqrt{x}-\dfrac{1}{\sqrt{x}}\right)^2=\left(\sqrt{x}+\dfrac{1}{\sqrt{x}}\right)^2-4$，可得 $\sqrt{x}-\dfrac{1}{\sqrt{x}}=\pm\sqrt{a^2-4}$，因此

$$x-\dfrac{1}{x}=\left(\sqrt{x}-\dfrac{1}{\sqrt{x}}\right)\left(\sqrt{x}+\dfrac{1}{\sqrt{x}}\right)=\pm a\sqrt{a^2-4},$$

故条件(1)不充分.

条件(2)：假设 $x^2-\dfrac{1}{x^2}=a$.

由 $\left(x^2+\dfrac{1}{x^2}\right)^2=\left(x^2-\dfrac{1}{x^2}\right)^2+4$，可得 $x^2+\dfrac{1}{x^2}=\sqrt{a^2+4}$. 等式两边同时加 2，可得

$$x^2+\dfrac{1}{x^2}+2=\left(x+\dfrac{1}{x}\right)^2=\sqrt{a^2+4}+2,$$

因为 x 是正实数，故 $x+\dfrac{1}{x}=\sqrt{\sqrt{a^2+4}+2}$，唯一确定.

又因为 $x^2-\dfrac{1}{x^2}=\left(x+\dfrac{1}{x}\right)\left(x-\dfrac{1}{x}\right)$，其中 $x+\dfrac{1}{x}$ 和 $x^2-\dfrac{1}{x^2}$ 的值唯一，故可以确定 $x-\dfrac{1}{x}$ 的值．

条件(2)充分．

23．（E）

详细解析

母题 49·等比数列基本问题＋母题 35·一元二次函数的基础题

条件(1)：$a(a+b)=b^2\Rightarrow a^2+ab=b^2$，两边同时除以 b^2，可得 $\left(\dfrac{a}{b}\right)^2+\dfrac{a}{b}=1$，解一元二次方程，则有 $\dfrac{a}{b}=\dfrac{-1\pm\sqrt{5}}{2}$，无法确定 $\dfrac{a}{b}$ 的值．条件(1)不充分．

条件(2)：不知道 a,b 的等量关系，无法得出结论，条件(2)不充分．

联立两个条件，则有 $\begin{cases}a(a+b)=b^2,\\a(a+b)>0\end{cases}\Rightarrow a(a+b)=b^2>0$，等价于条件(1)，故联立也不充分．

24．（C）

思路点拨

判定等差数列的三种方法：①定义法：$a_n-a_{n-1}=d$；②通项形如 $a_n=An+B$；③前 n 项和形如 $S_n=Cn^2+Dn$．本题观察条件可知，需根据累加法得出通项公式．

详细解析

母题 53·数列的判定＋母题 56·已知递推公式求 a_n 问题

条件(1)：利用累加法，得

$$a_n^2-a_{n-1}^2=2(n-1)$$
$$a_{n-1}^2-a_{n-2}^2=2(n-2)$$
$$\vdots$$
$$a_2^2-a_1^2=2,$$

累加可得，$a_n^2-a_1^2=n(n-1)$，则有 $a_n=\sqrt{a_1^2+n(n-1)}$，a_1 的值不知道，显然无法判断是什么数列，条件(1)不充分．

条件(2)：仅仅知道前三项是等差数列，并不能得出整个数列是等差数列的结论，条件(2)不充分．

联立两个条件，有 $\begin{cases}a_2=\sqrt{a_1^2+2},\\a_3=\sqrt{a_1^2+6}.\end{cases}$ 根据条件(2)的关系 $2a_2=a_1+a_3$，可得

$$2\sqrt{a_1^2+2}=a_1+\sqrt{a_1^2+6}\Rightarrow 4a_1^2+8=a_1^2+a_1^2+6+2a_1\sqrt{a_1^2+6}$$
$$\Rightarrow a_1^2+1=a_1\sqrt{a_1^2+6}\Rightarrow a_1^4+1+2a_1^2=a_1^2(a_1^2+6),$$

解得 $a_1^2=\dfrac{1}{4}$．

代入 $a_n=\sqrt{a_1^2+n(n-1)}$ 中，可得 $a_n=\sqrt{\dfrac{1}{4}+n^2-n}=\sqrt{\left(n-\dfrac{1}{2}\right)^2}=n-\dfrac{1}{2}$，显然是等差数列，两个条件联立充分．

> **易错警示**
> 条件(2)仅代表 a_1，a_2，a_3 是等差数列，并不是通项公式，不能由它得出数列是等差数列.

25 (A)

思路点拨

绝对值不等式的证明，通常先举反例排除明显错误的选项，再使用三角不等式或不等式的性质进行证明.

详细解析

母题 14·绝对值的化简求值与证明

条件(1)：

方法一：三角不等式：$|x|-|y| \leqslant ||x|-|y|| \leqslant |x-y| \leqslant |x|+|y|$.

因为 $|a-2b|=|2b-a|$，根据三角不等式可得 $|2b-a| \geqslant |2b|-|a|$，由题干已知 $|2b-a| \leqslant 1$，所以有 $|2b|-|a| \leqslant |2b-a| \leqslant 1$，因此
$$|2b|-|a| \leqslant 1 \Rightarrow 2|b|-1 \leqslant |a| \Rightarrow |b|-1 \leqslant |a|-|b|.$$
$|b|>1 \Rightarrow |b|-1>0$，可得 $|a|-|b| \geqslant |b|-1>0 \Rightarrow |a|>|b|$，条件(1)充分.

方法二：证明不等式.

由 $|a-2b| \leqslant 1$，可得 $2b-1 \leqslant a \leqslant 2b+1$.

根据 $|b|>1$ 可得 $b>1$ 或 $b<-1$，然后进行讨论：

当 $b>1$ 时，$a \geqslant 2b-1 \Rightarrow a-b \geqslant b-1>0$，此时 $a>b>1$；

当 $b<-1$ 时，$a \leqslant 2b+1 \Rightarrow a-b \leqslant b+1 \Rightarrow a-b<0$，此时 $a<b<-1$.

综上，$|a|>|b|$ 一定成立，故条件(1)充分.

条件(2)：特值法. 令 $b=0.5$，$a=0$，条件(2)不充分.

三、逻辑推理

26 (C)

秒杀思路

题干出现多个假言判断，并且这些假言判断无重复元素（无法进行串联），选项也均为假言判断，故本题为<u>假言无串联模型</u>，可使用三步解题法或选项排除法。

详细解析

第1步：画箭头。

题干：

①信念不坚定→陷入思想迷雾∧无法应对挑战风险。

②把中国的事情办好∧把中国特色社会主义事业发展好→坚持"四个自信"。

第2步：逆否。

题干的逆否命题为：

③不会陷入思想迷雾∨能应对挑战风险→信念坚定。

④¬坚持"四个自信"→¬把中国的事情办好∨¬把中国特色社会主义事业发展好。

注意：解这类题时，若题干的条件比较复杂，则逆否这一步可以根据选项的需要来定，有需要时再逆否。

第3步：找答案。

(A)项，坚持"四个自信"→把中国的事情办好，根据箭头指向原则，由②可知，"坚持'四个自信'"后无箭头指向，故此项可真可假。

(B)项，信念坚定→不会陷入思想迷雾，根据箭头指向原则，由③可知，"信念坚定"后无箭头指向，故此项可真可假。

(C)项，能应对挑战风险→信念坚定，由③可知，此项必然为真。

(D)项，将中国特色社会主义事业发展好→充分理解百年党史揭示的历史逻辑，由题干无法判断此项的真假。

(E)项，不能理解百年党史揭示的理论逻辑→无法遵循百年党史揭示的实践逻辑，由题干无法判断此项的真假。

27 (E)

论证结构

此题的提问方式为"最能支持以上学者的观点"，故直接定位"学者的观点"。

学者：这首诗实际上是寄给友人的。

秒杀思路

学者只是表达了观点，而没有论据，故只分析学者的观点即可。搭建"这首诗"和"友人"的桥梁，即可支持学者。

选项详解

(A)项，此项指出这首诗作于李商隐妻子死后，那么说明该诗可能不是寄给妻子的，但这并不能说明这首诗是寄给友人的，故不能支持学者的观点。

(B)项，无关选项，学者的观点不涉及明清小说戏曲。

(C)项，无关选项，学者的观点不涉及温庭筠的《舞衣曲》。

(D)项，此项指出该诗是寄给妻子的，削弱学者的观点。此外，此诗是寄给妻子的说法得到了许多人的认同，但许多人认同的观点并不一定就是事实，犯了诉诸众人的逻辑错误。

(E)项，"西窗"专指客房、客厅，即接待宾客友人的地方，故此项在"这首诗"和"友人"之间建立了联系，搭桥法，支持学者的观点。

28 (A)

秒杀思路

题干由数量关系和假言构成，故本题为<u>数量假言模型</u>。此类题常用两种解题方法：在数量关系处找矛盾法、二难推理法。

详细解析

根据条件(1)可得：¬"焦点访谈"∨¬"人物故事"。

根据条件(2)可得：¬"国家记忆"∨¬"自然传奇"。

相容选言判断"￢A∨￢B"的含义为：A、B两件事至少有一件不发生。

因此，"焦点访谈""人物故事""国家记忆""自然传奇"这4个节目至少有2个不观看。

再结合"5个节目中选择了3个节目观看"，可知老王一定观看"纵横中国"。故(A)项正确。

29 (C)

论证结构

此题的提问方式为"最能支持GCP的观点"，故直接定位"GCP的观点"。

GCP：各国在新冠肺炎疫情期间采取了封锁和限制措施 —导致→ 汽车使用量下降了一半左右 —导致→ 2020年的碳排放量同比下降了创纪录的7%。

秒杀思路

GCP的观点涉及"2020年的碳排放量下降"，故直接锁定(A)项和(C)项。

(A)项，GCP的观点中不涉及"2020年碳排放量下降最明显的国家或地区"，故排除。

(C)项，"2020年在全球各行业减少的碳排放总量中，交通运输业所占比例最大"，即：2020年全球碳排放量的下降与汽车使用量下降有关，因果相关，支持GCP的观点。

选项详解

(B)项，无关选项，GCP的观点中不涉及延缓气候变化的方法。

(D)项，无关选项，GCP的观点中不涉及"2015年之后10年"的情况。

(E)项，无关选项，GCP的观点中不涉及"2021年"的情况。

30 (E)

秒杀思路

观察选项，发现5个选项中，有的选项是事实，有的选项是假言，故本题为<u>选项事实假言模型</u>。

优先代入含假言的选项[(E)项]进行验证。

详细解析

把(E)项的前件看作已知事实，则小陈家是该小区2号楼的住户。

直接找题干中的重复信息"小陈家"和"2号楼"。

由"某小区2号楼1单元的住户都打了甲公司的疫苗"和"小陈家都没有打甲公司的疫苗"可得：小陈家不是该小区2号楼1单元的住户。

再结合事实"小陈家是该小区2号楼的住户"，可知小陈家不是1单元的住户。

可见，由(E)项的前件可以推出(E)项的后件，故(E)项正确。

31 (B)

论证结构

锁定关键词"由此认为"，可知此前是论据，此后是论点(即：研究人员的观点)。

研究人员：①默认网络是一组参与内心思考的大脑区域，这些<u>内心思考包括回忆旧事、规划未来、想象等</u>。②孤独者大脑的默认网络联结更为紧密，其灰质容积更大 —证明→ 大脑默认网络的结构和功能与<u>孤独感</u>存在正相关。

选项详解

(A)项，无关选项，题干的论证不涉及人们在什么时候会使用默认网络。

(B)项，由论据①可知，大脑的默认网络是参与内心思考的大脑区域，此项在"大脑的默认网络"和"孤独感"之间建立了联系，搭桥法，支持研究人员的观点。

(C)项，无关选项，此项说明的是"孤独感"和"大脑区域萎缩"的关系，而题干论证的是"大脑的默认网络"和"孤独感"的关系。

(D)项，无关选项，题干的论证并未涉及了解孤独感对大脑的影响所带来的好处。

(E)项，无关选项，题干的论证并未涉及"穷窿"。

32. (B)

秒杀思路

题干均可转化为假言判断，选项均为事实，故本题为假言事实模型，常采用两种解题思路：找矛盾法、二难推理法。另外，此题的提问方式为"以下哪项是不可能的"，且选项均列举出了参加或不参加的人员，故可使用选项排除法。

详细解析

方法一：选项排除法。

(B)项，若宋、孔都不参加，根据条件(1)可知，张、李均参加；再由条件(3)可知："张∧宋"为真，可得：宋参加。由"宋不参加"推出"宋参加"，推出了矛盾，故(B)项不可能为真。

其余各项均与题干条件不矛盾，可能为真。

方法二：分类讨论法（二难推理法）。

观察题干，发现"李"重复出现 3 次，故可以"李"为突破口。

情况 1：若李不参加，则由条件(1)可知，张、孔均参加。

情况 2：若李参加，则由条件(3)可得：(张∧宋)∨(¬张∧¬宋)，此时，有如下两种情况：

情况 a：张、宋都参加。

情况 b：张、宋都不参加；由"张不参加"并结合条件(1)可知，李、孔均参加。

综合上述信息，可得下表：

情况	参加人员
情况 1：李不参加	张、孔均参加
情况 a：李参加	张、宋都参加
情况 b：李参加	李、孔均参加

由上表可知，无论李参加与否，宋、孔二人至少有一人参加，故(B)项不可能为真。

33. (E)

论证结构

此题的提问方式为"最能支持该病毒学家的推测"，故直接定位"病毒学家的推测"。锁定关键词"由此他推测"，可知此前是论据，此后是病毒学家的推测。

病毒学家：2009 年甲型 H1N1 流感毒株出现时，自 1977 年以来一直传播的另一种甲型流感毒株消失了，由此推测，人体同时感染新冠病毒和流感病毒的可能性应该低于预期。

秒杀思路

病毒学家的推测中涉及的是"新冠病毒"和"流感病毒",故不涉及这二者之间关系的选项均可迅速排除。

选项详解

(A)项,无关选项,病毒学家的推测强调的是两种病毒共存的可能性,此项指出接种流感"疫苗"对同时感染这两种病毒的概率的影响。(干扰项·转移论题)

(B)项,此项中的"另一种病毒"是否为"流感病毒"并未言明,故此项无法支持病毒学家的推测。

(C)项,此项说明人体感染一种病毒后的"几周内",其先天免疫系统的防御能力会逐步增强,有助于说明感染新冠病毒"几周"后可能会降低感染流感病毒的可能,但无法说明"同时"感染两种病毒的情况。

(D)项,无关选项,病毒学家的推测并不涉及如何避免感染新冠病毒。

(E)项,此项说明感染新冠病毒会使得流感病毒无法在细胞内进行复制,因此人体同时感染这两种病毒的可能性也随之大大降低,支持病毒学家的推测。

34 (D)

论证结构

题干的提问方式为"最能质疑上述专家的观点",故直接定位"专家的观点"。

专家:多吃猪蹄其实并不能补充胶原蛋白。

秒杀思路

要质疑专家的观点,只需找到一个选项说明多吃猪蹄确实能补充胶原蛋白。

选项详解

(A)项,说明猪蹄中的胶原蛋白会被消化系统分解,即无法直接补充胶原蛋白,补充新的论据,支持专家的观点。

(B)项,此项指出其他物质(即优质蛋白和水果、蔬菜中的营养物质)足以提供人体所需的胶原蛋白,无法说明多吃猪蹄是否可以补充胶原蛋白,故无法支持或削弱专家的观点。

(C)项,此项说明"猪蹄中胶原蛋白的含量并不多",一定程度上支持"多吃猪蹄其实并不能补充胶原蛋白"。此项"但"后面的内容均与吃猪蹄是否可以补充胶原蛋白无关。

(D)项,此项指出猪蹄中的胶原蛋白经过人体消化后可分解成氨基酸,再合成人体必需的胶原蛋白,直接说明多吃猪蹄确实能补充胶原蛋白,即直接削弱专家的观点。

(E)项,此项讨论的是胶原蛋白的分布及功效,与专家的观点无关。

35 (A)

秒杀思路

题干出现假言,选项均为事实,故本题为假言事实模型。常采用两种解题思路:找矛盾法、二难推理法。

详细解析

观察已知条件,发现条件(1)和条件(2)的后件均有"庚""辛",故考虑通过这二者实现串联。

串联条件(2)和条件(1)可得:乙、戊、己中至多有2人是哲学专业→甲、丙、庚、辛4人专业各不相同→¬（丁、庚、辛3人都是化学专业）→¬（甲、丙、壬、癸中至多有3人是数学专业），等价于：乙、戊、己中至多有2人是哲学专业→<u>甲、丙</u>、庚、辛4人<u>专业各不相同</u>→丁、庚、辛3人不都是化学专业→<u>甲、丙、壬、癸都是数学专业</u>。

> 甲、丙、壬、癸中至多有3人是数学专业，此处取非可利用数学知识进行理解：
> 把"甲、丙、壬、癸"4人看成一个集合，在这个集合中：数学专业的人≤3，因此，¬（甲、丙、壬、癸中至多有3人是数学专业），即可转化为：¬（该集合中数学专业的人≤3），故可得：该集合中数学专业的人＞3。由于只有4人，因此，甲、丙、壬、癸都是数学专业。

此时，"甲、丙专业不相同"和"甲、丙都是数学专业"出现了矛盾。

故"乙、戊、己中至多有2人是哲学专业"为假，进而可得：乙、戊、己3人均是哲学专业。

故(A)项正确。

36 (E)

秒杀思路

题干出现假言和全称(全称可看作假言)，且这些判断中无重复元素(无法进行串联)，选项均可转化为假言判断，故本题为<u>假言无串联模型</u>，可使用三步解题法或选项排除法。

详细解析

第1步：画箭头。

题干：

①H市定点医疗机构→已实现医保电子凭证的实时结算。

②扫码结算→激活。

第2步：逆否。

题干的逆否命题为：

③¬已实现医保电子凭证的实时结算→¬H市定点医疗机构。

④¬激活→¬扫码结算。

第3步：找答案。

(A)项，H市非定点医疗机构→¬实现医保电子凭证的实时结算，题干并未涉及H市"非定点医疗机构"的情况，故此项无法确定真假。

(B)项，此项等价于：可能有的可使用医保电子凭证结算的医院不是H市的定点医疗机构，由①可知，有的已实现医保电子凭证的实时结算是H市定点医疗机构，二者为下反对关系，一真另不定，故此项不确定为真。

(C)、(D)项，这两个选项的主体均是"外地参保人员"，与题干的主体"本市参保人员"并不一致，故这两项均无法确定真假。

(E)项，¬激活→¬扫码结算，等价于④，故此项必然为真。

37 (C)

秒杀思路

题干由事实和假言构成，故本题为<u>事实假言模型</u>，可使用口诀"题干事实加假言，事实出发做串联；肯前否后别犹豫，重复信息直接连"秒杀。

详细解析 ◐

题干补充新事实：(3)李订阅了《人民日报》。

题干还知如下信息：

(4)每人订阅两种报纸。

(5)每种报纸均有两人订阅。

(6)各人订阅的均不完全相同。

从事实出发，由(3)"李订阅了《人民日报》"并结合(5)可知，宋、王、吴3人中只有一人订阅《人民日报》。故宋、吴不可能均订阅《人民日报》，即：条件(2)的后件为假，根据口诀"否后必否前"，可得：李、王均订阅《文汇报》。

再由"李、王均订阅《文汇报》"并结合(5)可知，宋、吴均未订阅《文汇报》。

由于吴未订阅《文汇报》，若《光明日报》《参考消息》吴均不订阅，则无法满足(4)"每人订阅两种报纸"，所以，吴至少订阅《光明日报》《参考消息》中的一种。

由"吴至少订阅《光明日报》《参考消息》中的一种"可知，条件(1)的前件为真，根据口诀"肯前必肯后"，可得：李订阅《人民日报》而王未订阅《光明日报》。

综上，可得下表：

报纸 人物	《人民日报》	《文汇报》	《光明日报》	《参考消息》
宋		×		
李	✓	✓		
王		✓	×	
吴		×		

由上表可知，若王订阅《人民日报》，则李、王两人订阅的报纸完全相同，与(6)矛盾，因此，王未订阅《人民日报》。

再由(4)"每人订阅两种报纸"可得：王订阅《参考消息》。

故(C)项正确。

38 (B)

论证结构 ◐

此题的提问方式为"最能解释上述实验结果"，故锁定研究人员的发现。

研究人员发现：长期噪声组的鱼在第12天开始死亡，其他两组的鱼则在第14天开始死亡。

秒杀思路 ◐

研究人员的发现，即：长期噪声组的鱼早死亡了2天。

锁定"长期噪声"，发现只有(B)项涉及"长期噪声"，观察(B)项，易知(B)项解释了长期噪声组的鱼更早死亡的原因，故此题选(B)。

选项详解 ◐

(A)项，无关选项，题干的论证不涉及噪声污染是否危害两栖动物、鸟类和爬行动物。

(C)项，无关选项，此项比较的是有噪声的环境和天然环境的区别，而题干比较的是长期噪声与短期噪声、安静环境的区别；此外，"鱼容易感染寄生虫"与"鱼类死亡"也并非同一概念。

(D)项，不能解释，此项仅强调了噪声污染会增加鱼类的健康风险，但不涉及长期噪声与短期噪声、安静环境的差异。

(E)项，此项仅仅指出短期噪声不会损害鱼的免疫系统，但没有解释长期噪声组的鱼为什么更早死亡。

39 (D)

秒杀思路
此题是从7种商品中选择4种，故本题为选人问题中的选多模型。由于此题的提问方式为"以下哪项组合符合上述要求"，故可优先考虑选项排除法。

选项详解
(A)项，与条件(1)"若选择甲，则丁、戊、庚3种中至多选择其一"矛盾，排除。
(B)项，与条件(2)"若丙、己2种中至少选择1种，则必选乙但不能选择戊"矛盾，排除。
(C)项，与条件(1)"若选择甲，则丁、戊、庚3种中至多选择其一"矛盾，排除。
(D)项，与题干的已知条件均不矛盾，正确。
(E)项，与条件(2)"若丙、己2种中至少选择1种，则必选乙但不能选择戊"矛盾，排除。

40 (E)

秒杀思路
题干由特称(有的)和全称判断组成，故本题为有的串联模型，从"有的"开始串联即可秒杀。

详细解析
题干信息：
①发现当下不足∧确立前进目标∧改进不足∧实现目标→乐观精神。
②乐观精神→拥有幸福感。
③生活中大多数人都拥有幸福感，符号化可得，生活中：有的人→拥有幸福感。
④有的人→发现当下不足∧改进不足∧￢拥有幸福感。

条件③、④中均有"有的"，由于从条件③出发推不出任何结论，故从条件④开始串联。

由④、②、①串联可得：⑤有的人→发现当下不足∧改进不足∧￢拥有幸福感→￢乐观精神→￢发现当下不足∨￢确立前进目标∨￢改进不足∨￢实现目标。

又知，￢发现当下不足∨￢确立前进目标∨￢改进不足∨￢实现目标＝发现当下不足∧改进不足→￢确立前进目标∨￢实现目标。

故⑤等价于：有的人→发现当下不足∧改进不足∧￢拥有幸福感→￢确立前进目标∨￢实现目标。

故有：有的人→￢确立前进目标∨￢实现目标，即：有的人→￢(确立前进目标∧实现目标)，因此，(E)项正确。

41 (A)

秒杀思路
题干由数量关系和假言构成，故本题为数量假言模型，可使用口诀"题干数量加假言，数量关系优先算；如有事实就串联，还有矛盾和二难"进行解题。

详细解析 ▼

本题补充新条件：④乙在丁之前的学年选修。

第1步：数量关系优先算。

由①和"4个学年选修8门课程，每个学年选修其中的1到3门课程"可得：⑤后三个学年选修的课程数量为1门、2门、3门。进而可得：⑥第一学年选修2门课程。

第2步：再从事实出发。

(1)公用条件分析。

由"丙、己和辛课程安排在一个学年"并结合⑤、⑥可知，丙、己、辛在后三个学年中的一个学年选修；故③的后件为假，根据口诀"否后必否前"可得：甲、丙、丁均不在第四学年选修。因此，甲、丙、丁均在前三个学年选修。

再根据②"丁课程安排在紧接其后的一个学年"可知，丁不可能在第一学年，故丁在第二学年或者第三学年选修。

若丁在第二学年选修，根据②"丙、己和辛课程安排在一个学年，丁课程安排在紧接其后的一个学年"可知，丙、己和辛在第一学年选修，这与"丙、己、辛在后三个学年中的一个学年选修"矛盾。因此，丁在第三学年选修；丙、己和辛在第二学年选修。

(2)加入新补充的条件分析。

再由④"乙在丁之前的学年选修"和"每个学年选修其中的1到3门课程"可知，乙只能在第一学年选修。故(A)项正确。

42 (A)

详细解析 ▼

本题补充新条件：⑦甲、庚均在乙之后的学年选修。

引用上题公用条件分析，可得下表：

第一学年	第二学年	第三学年	第四学年
	丙、己、辛	丁	¬甲

根据上表，由"每个学年选修其中的1到3门课程"和⑦可知，甲不在第一、第二、第四学年选修，故甲在第三学年选修；再由⑦和⑤可知，乙在第一学年选修、庚在第四学年选修。

由⑥"第一学年选修2门课程"可知，戊在第一学年选修。故(A)项正确。

43 (C)

详细解析 ▼

第1步：画箭头。

题干：

①传统节日→快乐和喜庆∧塑造着文化自信。

②开辟未来→不忘历史。

③善于创新→善于继承。

④繁荣兴盛→融入现代生活。

⑤提供心灵滋养与精神力量→融入现代生活。

第 2 步：逆否。

观察选项，可知此题不需要逆否。

注意：解这类题时，若题干的条件比较多，则逆否这一步可以根据选项的需要来定，有需要时再逆否。

第 3 步：找答案。

(A)项，繁荣兴盛→提供心灵滋养与精神力量，题干不涉及"繁荣兴盛"和"提供心灵滋养与精神力量"之间的推理关系，故此项可真可假。

(B)项，融入现代生活→提供心灵滋养与精神力量，根据箭头指向原则，由⑤可知，"融入现代生活"后无箭头指向，故此项可真可假。

(C)项，由①可知，传统节日→快乐和喜庆；传统节日→塑造着文化自信。根据"所有→有的"可得：有的传统节日→快乐和喜庆，等价于：有的快乐和喜庆→传统节日。从而串联可得：有的快乐和喜庆→传统节日→塑造着文化自信。故此项为真。

(D)、(E)两项的内容题干均未涉及，故可真可假。

44 (C)

论证结构 ▽

锁定关键词"由此指出"，可知此前是论据，此后是论点（即：专家的主张）。

专家：电视剧一阵风，剧外人急红眼，很多家长触"剧"生情，过度代入，焦虑情绪不断增加，引得家庭"鸡飞狗跳"，家庭与学校的关系不断紧张 ——证明→ 这类教育影视剧只能贩卖焦虑，进一步激化社会冲突，对实现教育公平于事无补。

秒杀思路 ▽

题干的论证对象是"教育影视剧"，可迅速锁定(C)项和(D)项，优先分析这两项。

选项详解 ▽

(A)项，无关选项，此项未涉及"教育影视剧"，与专家的主张无关。

(B)项，无关选项，此项阐述了父母过度焦虑对亲子关系、家庭关系的影响，但与"教育影视剧"无关。

(C)项，此项说明教育影视剧对国家教育政策有重要影响，而并非对实现教育公平于事无补，直接质疑专家的主张。

(D)项，此项指出教育影视剧对"学校"的作用，但并未说明这些作用能否帮助实现"教育公平"，故不能质疑专家的主张。

(E)项，无关选项，此项是对家长提建议，与专家的主张无关。

45 (B)

秒杀思路 ▽

题干由事实和假言构成，故本题为事实假言模型，可使用口诀"题干事实加假言，事实出发做串联；肯前否后别犹豫，重复信息直接连"秒杀。

详细解析 ▽

从事实出发，由"战争片必须在周三放映"并结合"周二至周日每天放映6种类型中的一种，各不重复"可知，条件(1)和条件(2)的后件均为假，根据口诀"否后必否前"，可知条件(1)和条件

(2)的前件也均为假。

由条件(1)的前件为假可得：¬周二悬疑∧¬周五悬疑；

由条件(2)的前件为假可得：¬周四悬疑∧¬周六悬疑。

综上可知，周二、周三、周四、周五、周六均不放映悬疑片。

又由"周二至周日每天放映动作片、悬疑片、科幻片、纪录片、战争片、历史片6种类型中的一种，各不重复"可知，周日放映悬疑片。故(B)项正确。

46 (C)

详细解析

本题补充新条件：(4)历史片的放映日期既与纪录片相邻，又与科幻片相邻。

根据上题分析可知，周日放映悬疑片；再结合(3)"战争片必须在周三放映"，可得下表：

周二	周三	周四	周五	周六	周日
	战争片				悬疑片

由(4)可知，历史片、纪录片和科幻片是在连续的三天放映，故只能是在周四、周五、周六这三天放映(时间与影片未必一一对应)。

因此，周二放映动作片。故(C)项正确。

47 (E)

论证结构

锁定关键词"据此断定"，可知此前是论据，此后是论点。

题干：科学家在实验室中调整了一种小型土壤线虫的两组基因序列，成功地将这种生物的寿命延长了5倍——证明→如果将延长线虫寿命的科学方法应用于人类，人活到500岁就会成为可能。

秒杀思路

题干中论据的论证对象是"小型土壤线虫"，论点的论证对象是"人"，故本题论证对象不一致，指出论证对象有区别即可削弱。

选项详解

(A)项，无关选项，题干讨论的是基因调整技术对"寿命延长"的作用，并未涉及个体的"繁殖能力"是否会缺失。

(B)项，此项看似想要削弱科学家的观点，实则指出了人活到500岁确实能够通过基因调整技术实现，明否暗肯，支持题干。(干扰项·明否暗肯)

(C)项，此项指出基因调整技术要在人类身上使用还需要经历较长一段时间，但并未说明这项技术对人寿命的延长是否有作用，故无法质疑题干。

(D)项，无关选项，题干的论证并未涉及影响人身心健康的因素。

(E)项，此项指出人和线虫本质上有区别，活到500岁是不可能实现的，拆桥法，质疑力度最大。

48 (C)

详细解析

贾某：邻居易某在自家阳台侧面安装了空调外机，空调一开，外机就向我家卧室窗户方向吹热风。我对此叫苦不迭，于是找到易某协商此事。

易某：现在哪家没装空调？别人安装就行，偏偏我家就不行？

贾某找易某商议空调外机朝向的问题，然而易某的回答却是"为什么我家不能安装空调"，这与贾某的问题并非同一话题。因此，易某犯了转移论题的逻辑错误，故(C)项正确。

49 (D)

秒杀思路

题干由假言构成，选项均为事实，故本题为假言事实模型。常采用两种解题思路：找矛盾法、二难推理法。

详细解析

条件(1)和条件(2)中，重复出现"王没有创作诗歌"，若其为真，则根据口诀"肯前必肯后"，可知条件(1)和条件(2)的后件均为真，即：李爱好小说∧李创作小说，与"每人创作的作品形式与各自的文学爱好均不相同"矛盾，故"王没有创作诗歌"为假，即：(4)王创作诗歌。

由"王创作诗歌"可知，条件(3)的前件为真，根据口诀"肯前必肯后"，可得：(5)李爱好小说且周爱好散文。

根据"每人创作的作品形式与各自的文学爱好均不相同"并结合(4)"王创作诗歌"可知，王不爱好诗歌。

再由"每人只爱好诗歌、戏剧、散文、小说4种文学形式中的一种，且各不相同"可得，王爱好戏剧且丁爱好诗歌。

故(D)项正确。

50 (A)

秒杀思路

题干原本为人、爱好、创作三组元素的一一匹配，但根据上题，已将人与爱好完全匹配，故本题为人、创作两组元素的一一匹配。可使用表格法，并结合题干的确定事实进行推理。

详细解析

本题补充新事实：(6)丁创作散文。

根据上题分析和(6)，可得下表：

人物	爱好	创作
王	戏剧	诗歌
李	小说	
周	散文	
丁	诗歌	散文

根据"每人创作的作品形式与各自的文学爱好均不相同"可知，李不创作小说，因此，周创作小说、李创作戏剧。故(A)项正确。

51 (C)

题干现象

题干涉及一组对比实验，故本题属于求异法模型。

题干：

第①组(种金盏草)：玫瑰长得很繁茂。

第②组(未种金盏草)：玫瑰呈现病态，很快就枯萎了。

选项详解

(A)项，"园艺公司的推荐"不是玫瑰长势不同的原因，无法解释题干。

(B)项，此项指出金盏草不会与玫瑰争夺营养且可以保持土壤湿度，说明有利于玫瑰的生长，可以解释种金盏草的玫瑰长得很繁茂，但无法解释未种金盏草的玫瑰为何很快就枯萎了。

(C)项，指出金盏草可以杀死土壤中的害虫，使玫瑰免受其侵害，即和金盏草一同种植的玫瑰可以免受土壤中害虫侵害，正常生长；未种植金盏草的花坛中，由于土壤中害虫的存在，致使玫瑰呈现病态进而枯萎。此项明确指出了金盏草与玫瑰生长的关系，故最能解释题干现象。

(D)项，此项仅能解释"种了金盏草的花坛，玫瑰长得很繁茂"，无法解释"未种金盏草的花坛，玫瑰很快就枯萎了"的情况。

(E)项，施肥有利于生长，仅种玫瑰花的花坛施肥偏少，但也得到了一定补充，无法解释其枯萎现象。

52 (B)

秒杀思路

题干中的已知条件均为假言(选言可看作假言)，选项均为事实，故本题为假言事实模型。常采用两种解题思路：找矛盾法、二难推理法。

详细解析

方法一：通过串联，找矛盾法。

第1步：将题干符号化。

①龙川→呈坎。

②龙川∨徽州古城=¬龙川→徽州古城=¬徽州古城→龙川。

③呈坎→新安江山水画廊。

④徽州古城→新安江山水画廊。

⑤新安江山水画廊→江村。

第2步：串联。

由④、②、①、③串联可得：¬新安江山水画廊→¬徽州古城→龙川→呈坎→新安江山水画廊。

由"¬新安江山水画廊"出发推出了矛盾，故"¬新安江山水画廊"为假，即"新安江山水画廊"为真。

第3步：推出答案。

由"新安江山水画廊"为真，可知⑤的前件为真，根据口诀"肯前必肯后"，可得：去江村。

故5人选择游览的地点肯定有江村和新安江山水画廊，即(B)项正确。

方法二：分类讨论法（二难推理法）。

"龙川∨徽州古城"可看作半事实，故可分类讨论：

情况1：若"龙川"为真。

由①、③、⑤串联可得：龙川→呈坎→新安江山水画廊→江村。

情况2：若"徽州古城"为真。

由④、⑤串联可得：徽州古城→新安江山水画廊→江村。

故无论哪种情况，都会去新安江山水画廊和江村，故必游览这两个地方，即(B)项正确。

53 (E)

论证结构

锁定关键词"由此断定"，可知此前是论据，此后是论点（即：研究人员的断定）。

研究人员：在研究10万人的胃镜检查资料后发现，有胃底腺息肉的患者无人患胃癌，而没有胃底腺息肉的患者中有178人患有胃癌 —证明→ 胃底腺息肉与胃癌呈负相关。

选项详解

(A)项，无关选项，题干的论证并未涉及"家族癌症史"。

(B)项，无关选项，题干的论证并未涉及被研究人员的年龄。

(C)项，无关选项，题干的论证并未涉及胃底腺息肉患者在被研究人员中的比例。（干扰项·无关新比例）

(D)项，无关选项，题干讨论的是"胃底腺息肉"与"胃癌"之间的关系，此项讨论的是"胃底腺息肉"与"萎缩性胃炎、胃溃疡"之间的关系。（干扰项·转移论题）

(E)项，此项说明有胃底腺息肉的人其体内没有致癌物，故患胃癌的风险低（即负相关），支持研究人员的断定。

54 (D)

秒杀思路

题干由数量关系和假言构成，故本题为<u>数量假言模型</u>，并且此题涉及建筑师与特色建筑之间的匹配，故在数量关系处易出矛盾。

详细解析

条件(1)和条件(2)的前件、后件中均出现"乙"，故优先考虑"乙"。但由条件(1)推不出矛盾，故分析条件(2)：

若乙或丁至少有一个项目入选观演建筑或会堂建筑，则乙、丁入选纪念建筑和工业建筑，与"每人均有2个项目入选"矛盾，故乙、丁均未入选观演建筑，也均未入选会堂建筑。

由"乙没有入选观演建筑"，可知条件(1)的后件为假，根据口诀"否后必否前"，可得：甲、乙均未入选观演建筑，也均未入选工业建筑。

综上，可得下表：

奖项\建筑师	纪念建筑	观演建筑	会堂建筑	商业建筑	工业建筑
甲		×			×
乙		×	×		×
丙					
丁		×	×		
戊					
己					

由于"每人均有 2 个项目入选",故乙入选纪念建筑和商业建筑。

此时,条件(3)还未使用,故分析条件(3)。其前件涉及丁,故分析丁。

由上表可知,丁在纪念建筑、商业建筑、工业建筑中入选 2 个,故丁在纪念建筑、商业建筑中至少要入选 1 个,即条件(3)的前件为真,根据口诀"肯前必肯后",可得:甲、己入选的项目均在纪念建筑、观演建筑和商业建筑之中。再结合上表可知:甲入选纪念建筑和商业建筑。

此时,可得下表:

建筑师\奖项	纪念建筑	观演建筑	会堂建筑	商业建筑	工业建筑
甲	√	×	×	√	×
乙	√	×	×	√	×
丙					
丁		×			
戊					
己			×		×

由上表并结合"每个门类有上述 6 人的 2 到 3 个项目入选"可知:丙和戊入选会堂建筑。故(D)项正确。

55 (A)

详细解析

本题补充新事实:(4)已有项目入选商业建筑。再结合上题分析,可得下表:

建筑师\奖项	纪念建筑	观演建筑	会堂建筑	商业建筑	工业建筑
甲	√	×	×	√	×
乙	√	×	×	√	×
丙			√		
丁		×	×		
戊			√		
己			×	√	×

由于"每个门类有上述 6 人的 2 到 3 个项目入选",可得下表:

建筑师\奖项	纪念建筑	观演建筑	会堂建筑	商业建筑	工业建筑
甲	√	×	×	√	×
乙	√	×	×	√	×
丙			√	×	
丁		×	×	×	
戊			√	×	
己			×	√	×

由于"每人均有 2 个项目入选",可知丁入选纪念建筑和工业建筑,可得下表:

建筑师＼奖项	纪念建筑	观演建筑	会堂建筑	商业建筑	工业建筑
甲	√	×	×	√	×
乙	√	×	×	√	×
丙			√	×	
丁	√	×	×	×	√
戊			√	×	
己			×	√	×

由于"每个门类有上述 6 人的 2 到 3 个项目入选",可得下表:

建筑师＼奖项	纪念建筑	观演建筑	会堂建筑	商业建筑	工业建筑
甲	√	×	×	√	×
乙	√	×	×	√	×
丙	×		√	×	
丁	√	×	×	×	√
戊	×		√	×	
己	×	×	×	√	×

由于"每人均有 2 个项目入选",可知己入选观演建筑。故(A)项正确。

四、写作

56 论证有效性分析

谬误分析

①"默默无闻、无私奉献是人们尊崇的德行"与"不能成为社会的道德精神"自相矛盾。因为,前文肯定了默默无闻、无私奉献是人们尊崇的德行,后文说它不可能成为社会的道德精神,即否定了这是一种德行。

②材料认为一种德行"必须"借助大众媒体的传播,才能成为社会的道德精神,过于绝对。道德精神形成的途径有很多,用其他方式也可以,比如学校教育、家庭教育等,不一定"必须借助大众媒体的传播"。

③当事人"不事张扬"不能说明善事"不为人知",也不能说"它就得不到传播"。一些无私奉献的事件可以通过其他人口口相传、媒体报道、政府表彰等方式为人所知。因此,材料也无法推出无私奉献的精神"不可能成为社会的道德精神"的结论。

④"善举被大力宣传后为人了解",并不能否定当事人做好事时的"默默无闻"。默默无闻本质的特性是在奉献做出的时间点就已经存在的,而媒体的宣传是在无私奉献行为做出之后,因此二者并无直接关系。而且,此处与前文中的"它就得不到传播"自相矛盾。

⑤"默默无闻的善举一旦被媒体大力宣传,当事人必然会受到社会的肯定与赞赏",过于绝对。

当今社会存在着很多不同的声音，有的人可能会对默默无闻的善举产生怀疑和非议，认为其在作秀。所以，默默无闻的善举未必会受到社会的肯定与赞赏。

⑥当事人受到社会的"肯定与赞赏"，不能否定当事人"无私奉献"的动机。因为即使当事人获得了社会的回报，但如果当事人在做好事时并不存在索取回报的想法，那就说明他是没有私心的，那么即使他在事后收到了回报，也仍然是"无私"奉献。

参考范文

默默奉献无法成为社会的道德精神吗？

上文通过一系列论证得出"默默无闻的行为无法成为社会的道德精神"的结论，但其论证存在诸多逻辑谬误，现分析如下：

首先，"默默无闻、无私奉献是人们尊崇的德行"与"不能成为社会的道德精神"自相矛盾。因为，前文肯定了默默无闻、无私奉献是人们尊崇的德行，后文说它不可能成为社会的道德精神，即否定了这是一种德行。

其次，材料认为一种德行"必须"借助大众媒体的传播，才能成为社会的道德精神，过于绝对。道德精神形成的途径有很多，用其他方式也可以，比如学校教育、家庭教育等，不一定"必须借助大众媒体的传播"。

再次，当事人"不事张扬"不能说明善事"不为人知"，也不能说"它就得不到传播"。一些无私奉献的事件可以通过其他人口口相传、媒体报道、政府表彰等方式为人所知。因此，材料也无法推出无私奉献的精神"不可能成为社会的道德精神"的结论。

而且，"善举被大力宣传后为人了解"，并不能否定当事人做好事时的"默默无闻"。默默无闻本质的特性是在奉献做出的时间点就已经存在的，而媒体的宣传是在无私奉献行为做出之后，因此二者并无直接关系。

最后，当事人受到社会的"肯定与赞赏"，不能否定当事人"无私奉献"的动机。因为即使当事人获得了社会的回报，但如果当事人在做好事时并不存在索取回报的想法，那就说明他是没有私心的，那么即使他在事后收到了回报，也仍然是"无私"奉献。

综上所述，由于材料存在多处逻辑漏洞，故其结论的正确性有待商榷。

（全文共609字）

57 论说文

参考立意

①企业经营应做好迭代优化。
②企业经营应有取舍。
③扬长弃短打造核心竞争力。
④扬长弃短势在必行。
⑤从鸟类飞行看效率优先。
⑥个人发展需不断提升。
⑦社会治理应不断革新。

参考范文

个人成长需要不断"优化"

吕建刚

鸟类为什么会飞？是因为它在进化中优化了利于飞行的身体部位、舍弃了不利于飞行的身体部位。和鸟类一样，个人也应不断"优化"，获得成长。

首先，不断"优化"是个人发展的主观需要。根据马斯洛需求层次理论，人在满足了自己的衣、食、住、行等方面的需求后，会存在更高精神层面的需求。比如自我价值的实现。一个人的自我价值是在成长过程中建立起来的，需要不断发挥其体力和智力的潜能，这其实就是一个不断"进化"的过程。

其次，不断"优化"是人才竞争的客观要求。由于社会分工的存在，人们往往只专注于某个领域进行深入的研究，但随着时代的发展，如果不能成为一名复合型人才，可能难以满足多样化、高端化的社会需求，当别人不断成长时，自我不"优化"，稍有不慎可能就会被淘汰。

然而，很多人做不到自我优化，认知缺陷是主要原因。一方面，由于缺乏对市场、环境、资源变化的判断，许多人意识不到自我优化的重要性；另一方面，即便是察觉到了需要改变，但也"无从下手"。

不过，问题并非不可解决，提高认知需要"内省""思齐"。一方面，我们应该加强信息的输入，可以通过持续不断地学习，改正自己的错误观念，对时事热点、行业状况、科研动态等做到心中有数；另一方面，我们应该畅通沟通的渠道，可以通过论辩等方式吸收他人的反馈，从而完善自身。

孟轲曾经说过："故天将降大任于斯人也，必先苦其心志，劳其筋骨，饿其体肤，空乏其身，行拂乱其所为，所以动心忍性，曾益其所不能。"总之，人不能裹足不前，要不断"优化"！

（全文共630字）

2021年全国硕士研究生招生考试
管理类综合能力试题答案详解

一、问题求解

1（B）

思路点拨

要使三天售出的商品种类尽可能的少，则要让每两天之间售出的种类尽可能多重复．可借助三饼图或线段图等，辅助分析．

详细解析

母题 32·集合的运算

方法一：常规方法（三饼图法）．

设三天售出的商品种类分别为集合 A、B、C，三天售出的商品有 x 种相同，只在第一天、第三天售出的商品有 y 种相同．

根据分块法，可得出各个部分的商品数量，如右图所示．则三天售出的商品一共有

$$\begin{aligned} A\cup B\cup C &= A+B+C-A\cap B-B\cap C-A\cap C+A\cap B\cap C \\ &= 50+45+60-25-30-(x+y)+x \\ &= 100-y. \end{aligned}$$

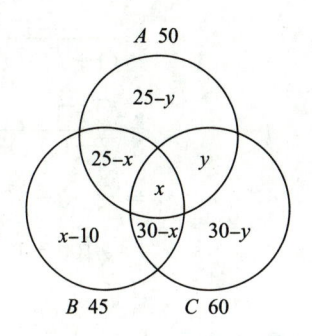

故若要使三天售出的商品种类最少，y 应该尽可能大，由图可知，$\begin{cases} 25-y \geq 0, \\ 30-y \geq 0 \end{cases} \Rightarrow y \leq 25$，故 y 的最大值为 25，此时，三天售出的商品至少为 75 种．

方法二：线段图法．

将商品种数类比成线段长度，如下图所示，若使三天售出的商品种类最少，应尽可能使这三天的线段重叠部分最长，那么第三天的种类应尽量和第一天与第二天多重复．不难得出，三天售出的商品种类最少为 75 种．

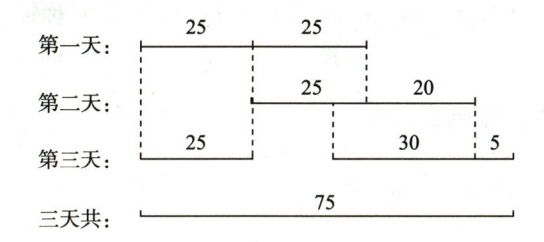

秒杀技巧

前两天共售出商品 $50+45-25=70$（种），后两天共售出商品 $45+60-30=75$（种），因此三天售出的商品最少为 75 种．

2 (C)

详细解析

母题 57·数列应用题

设三人的年龄从小到大依次为 a_1，a_2，a_3，公差为 d. 根据已知条件，可知 $10(a_3-a_1)=10\times 2d=a_2$，则 $a_3=a_2+d=21d$. 所以年龄最大的是 21 的倍数，观察选项，选(C)项.

3 (A)

详细解析

母题 9·实数的运算技巧

$$\frac{1}{1+\sqrt{2}}+\frac{1}{\sqrt{2}+\sqrt{3}}+\cdots+\frac{1}{\sqrt{99}+\sqrt{100}}$$
$$=\frac{\sqrt{2}-1}{(1+\sqrt{2})(\sqrt{2}-1)}+\frac{\sqrt{3}-\sqrt{2}}{(\sqrt{2}+\sqrt{3})(\sqrt{3}-\sqrt{2})}+\cdots+\frac{\sqrt{100}-\sqrt{99}}{(\sqrt{99}+\sqrt{100})(\sqrt{100}-\sqrt{99})}$$
$$=\frac{\sqrt{2}-1}{2-1}+\frac{\sqrt{3}-\sqrt{2}}{3-2}+\cdots+\frac{\sqrt{100}-\sqrt{99}}{100-99}$$
$$=\sqrt{2}-1+\sqrt{3}-\sqrt{2}+\cdots+\sqrt{100}-\sqrt{99}$$
$$=\sqrt{100}-1$$
$$=9.$$

4 (B)

详细解析

母题 4·质数与合数问题

小于 10 的质数有 2，3，5，7，如果 p，q 满足 $1<\frac{q}{p}<2$，则 $p<q<2p$.

穷举法易知，当 $\frac{q}{p}=\frac{3}{2}$ 或 $\frac{5}{3}$ 或 $\frac{7}{5}$ 时，满足条件，故 p，q 有 3 组.

5 (B)

思路点拨

二次函数图像关于对称轴对称，题干已知 $f(2)=f(0)$，可得对称轴为 $x=1$.

详细解析

母题 35·一元二次函数的基础题

易知对称轴为 $-\frac{b}{2a}=1$，即 $b=-2a$. 故

$$\frac{f(3)-f(2)}{f(2)-f(1)}=\frac{9a+3b+c-(4a+2b+c)}{4a+2b+c-(a+b+c)}=\frac{5a+b}{3a+b}=\frac{3a}{a}=3.$$

秒杀技巧

可将二次函数特殊化：因为 $f(2)=f(0)$，故可设 $f(x)=x(x-2)$.

此时 $f(3)=3$，$f(2)=0$，$f(1)=-1$，因此 $\dfrac{f(3)-f(2)}{f(2)-f(1)}=\dfrac{3}{-(-1)}=3$.

6 (D)

思路点拨

三个元件并联，只要电流可以通过其中任意一个元件，电流就可以在 P，Q 间通过．因此从反面考虑更简单，让电流不能通过，即三个元件都不通过电流．

详细解析

母题 85・独立事件

"电流能在 P，Q 之间通过"的反面是"电流不能通过"．根据题意，电流在每个元件上通过与否相互独立，因此电流不通过任何一个元件的概率为
$$p=(1-0.9)\times(1-0.9)\times(1-0.99)=0.0001.$$
故电流能在 P，Q 之间通过的概率为 $1-0.0001=0.9999$．

7 (D)

思路点拨

从两组中各选 2 人，恰有 1 名女生，自然根据女生来自甲组或乙组进行分类．

详细解析

母题 76・排列组合的基本问题

这名女生选法可分为两类：

①这名女生来自甲组，即从甲组中选 1 男 1 女，从乙组中选 2 男，有 $C_3^1 C_3^1 C_4^2=54$（种）．

②这名女生来自乙组，即从甲组中选 2 男，从乙组中选 1 男 1 女，有 $C_3^2 C_4^1 C_2^1=24$（种）．

由分类加法原理可知，这 4 人中恰有 1 名女生的选法有 $54+24=78$（种）．

8 (D)

思路点拨

求正方体、长方体等柱体的外接球半径，通常根据体对角线与外接球直径相等，建立等式进行求解．

详细解析

母题 63・空间几何体的切与接

设正方体边长为 a 米，球的半径为 R 米．

已知正方体的体积 $V=a^3=8$，可得 $a=2$．

正方体的体对角线等于外接球的直径，故 $\sqrt{3}a=2R$，解得 $R=\sqrt{3}$．

故球体的表面积为 $4\pi R^2=12\pi$ 平方米．

9 (A)

思路点拨

不规则图形的面积求解，通常将其转化成规则图形相加减．观察图形可知 3 个阴影部分全等，可将图形分割成扇形与三角形．

详细解析

母题 60 · 求面积问题

做辅助线，如右图所示．

阴影部分由 6 个相同的弓形组成，每个弓形面积＝60°角的扇形－等边三角形，因此

$$S_{阴影}=6\times S_{弓形}=6\times(S_{扇形}-S_{等边三角形})=6\times\left(\frac{1}{6}\pi r^2-\frac{\sqrt{3}}{4}r^2\right)=\pi-\frac{3\sqrt{3}}{2}.$$

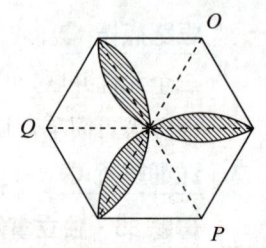

⑩ (C)

思路点拨

在平面解析几何中求图形的面积，需先将图像画出．如下图所示，四边形可看成两个以 AC 为底边的三角形的组合，因此观察图形，找出高最长的情况即可．

详细解析

母题 72 · 解析几何中的面积问题

已知点 A，C 是直线 $x=3$ 与圆 $x^2+y^2=25$ 的交点，则点 A，C 的坐标分别为 $(3,4)$、$(3,-4)$，$AC=8$，即这个四边形的其中一条对角线为 8．

因为四边形可看成两个三角形的面积和，即 $S_{四边形ABCD}=S_{\triangle ACB}+S_{\triangle ACD}$，为使面积最大，则让 $\triangle ACB$ 和 $\triangle ACD$ 的高分别最长．由图易得当 $BD\perp AC$ 时，两个三角形的高最长为 BE 和 DE，此时面积最大，所以

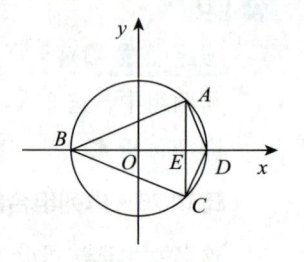

> 对角线相互垂直的四边形的面积等于 $\frac{1}{2}\times$对角线$_1\times$对角线$_2$

$$S_{\max}=\frac{1}{2}\cdot BE\cdot AC+\frac{1}{2}\cdot DE\cdot AC=\frac{1}{2}BD\cdot AC=10\times8=40.$$

易错警示

有同学误认为可将线段 BD 都放在线段 AC 左侧，形成一个矩形，从而算出面积的最大值为 48．但是在题干"四边形 $ABCD$"的描述下，点 A、B、C、D 只能按顺时针或逆时针排列，即线段 AC、BD 必为对角线，B、D 一定在 AC 两侧．

⑪ (D)

思路点拨

简化题干，排除干扰内容，本题中无奖的奖券不影响"一、二等奖哪个先抽完"这一结果，故只需考虑一、二等奖这 10 张有奖券，而"一等奖先于二等奖抽完"等价于"最后一张有奖券是二等奖"．

详细解析

母题 77 · 排队问题＋母题 84 · 袋中取球模型

$$P(最后一张有奖券为二等奖)=\frac{最后一张有奖券为二等奖的情况数}{一、二等奖全部抽奖情况数}.$$

考虑一、二等奖的顺序，共有 A_{10}^{10} 种可能．

最后一张为二等奖 C_7^1，其余 9 张有奖券任意排 A_9^9，故共有 $C_7^1 A_9^9$ 种可能．

故所求概率为 $\dfrac{C_7^1 A_9^9}{A_{10}^{10}}=0.7$．

秒杀技巧 ▼

抽签模型中，每次抽到一等奖、二等奖的概率分别为 0.3 和 0.7，故最后一张有奖券抽到二等奖的概率为 0.7．

⑫ (B)

思路点拨 ▼

思路①：根据 $|a|^2=a^2$，使用换元法，转化为定义域为 $[0,+\infty)$ 的二次函数最值问题；

思路②：绝对值万能法——分类讨论去绝对值，找在不同分段上的最小值．

详细解析 ▼

母题 36·一元二次函数的最值

方法一：换元法．

$$\begin{aligned}f(x)&=x^2-4x-2|x-2|\\&=x^2-4x+4-2|x-2|-4\\&=|x-2|^2-2|x-2|-4.\end{aligned}$$

令 $|x-2|=t\geqslant 0$，则 $f(x)=t^2-2t-4=(t-1)^2-5$．

故当 $t=1$ 时，函数有最小值 -5．此时，$|x-2|=t=1$，$x=1$ 或 3．

方法二：分类讨论法去绝对值符号．

① 当 $x-2\geqslant 0$，即 $x\geqslant 2$ 时，$f(x)=x^2-4x-2|x-2|=x^2-6x+4=(x-3)^2-5$，当 $x=3$ 时，函数有最小值 -5．

② 当 $x-2<0$，即 $x<2$ 时，$f(x)=x^2-4x-2|x-2|=x^2-2x-4=(x-1)^2-5$，当 $x=1$ 时，函数有最小值 -5．

综上所述，函数 $f(x)=x^2-4x-2|x-2|$ 的最小值为 -5．

⑬ (E)

思路点拨 ▼

球的颜色共有三种，直接计算"至多两种颜色"的分类情况较多，因此考虑从反面入手，"至多两种"的反面为"有三种"．

详细解析 ▼

母题 84·袋中取球模型

"3 个球颜色至多有两种"的对立事件为"3 个球的颜色各不相同"，满足条件的取法为从红色、白色、黑色三种颜色中各取一个，为 $C_2^1 C_2^1 C_2^1$ 种；总共取球的方式有 C_6^3 种．故这 3 个球颜色至多有两种的概率为

$$P=1-\dfrac{C_2^1 C_2^1 C_2^1}{C_6^3}=1-\dfrac{6}{20}=0.7.$$

> **易错警示**
>
> 若从正面分析,情况复杂容易漏分类,分类情况有以下几种:①只有1种颜色,则只能是3个黑球;②有2种颜色,则有1红2白,1红2黑,1白2黑,2白1黑.

14 (E)

思路点拨

思路①:溶液混合前后溶质保持不变,可由此建立等量关系求解;

思路②:甲、乙两溶液的混合可看成平均量的混合,可由十字交叉法得出浓度关系.

详细解析

母题96·溶液问题

方法一:常规方法.

设甲酒精的浓度为 x、乙酒精的浓度为 y,根据溶质守恒定律,可得

$$\begin{cases} 10x+12y=70\%\times(10+12), \\ 20x+8y=80\%\times(20+8), \end{cases}$$

解得 $x=91\%$.故甲酒精的浓度为 91%.

方法二:十字交叉法.

设甲酒精的浓度为 x、乙酒精的浓度为 y,采用十字交叉法,可得

甲: x $\diagdown$ $0.7-y$
     70% $=\dfrac{10}{12}$
乙: y $\diagup$ $x-0.7$

甲: x $\diagdown$ $0.8-y$
     80% $=\dfrac{20}{8}$
乙: y $\diagup$ $x-0.8$

联立解得 $x=0.91$,$y=0.525$.故甲酒精的浓度为 91%.

15 (D)

思路点拨

思路①:由相遇时间可求出两人速度和,再通过甲走完全程的行驶时间求出甲的速度;

思路②:由 $s=vt$ 可知,路程相等时速度与时间成反比,故可求出甲、乙速度比.

详细解析

母题98·行程问题

设甲的速度为 $v_甲$ 千米/小时、乙的速度为 $v_乙$ 千米/小时.

相遇问题中,速度和×相遇时间=路程和,故 $(v_甲+v_乙)\times 2=330$,解得 $v_甲+v_乙=165$.

方法一:单独看甲,甲一共行驶了4小时24分钟,即甲用 $\dfrac{22}{5}$ 小时走完全程,故 $v_甲\times\dfrac{22}{5}=330$,

解得 $v_甲=75$,则 $v_乙=90$.

方法二:正反比例.

根据题意可知,乙行驶2小时的路程与甲行驶了2小时24分钟的路程相等.故 $\dfrac{v_甲}{v_乙}=\dfrac{t_乙}{t_甲}=\dfrac{5}{6}$;

又因为 $v_甲+v_乙=165$,可得 $v_甲=75$,$v_乙=90$.故乙的车速为90千米/小时.

二、条件充分性判断

16 (C)

思路点拨

本题与浓度问题类似,比如在溶液中滴入高浓度的新溶液,会使浓度提高,滴入低浓度的溶液会稀释溶液,使浓度降低. 因此

新增同学平均身高＞原班级平均身高⇒现班级平均身高增加.

详细解析

母题91·平均值问题

条件(1):不知道男女平均身高的大小关系,无法判断,不充分.

条件(2):不知道新增加的两名同学的身高与原男、女同学平均身高的关系,也无法判断,不充分.

联立两个条件,新增加的同学身高与原男同学相同,而原男同学平均身高大于女同学,显然这两个同学会拉高平均身高,两个条件联立充分.

17 (D)

思路点拨

条件(1)的形式为类二次函数,条件(2)的形式为类圆的方程,因此可将结论转化为类直线方程,从而利用数形结合解题.

详细解析

母题35·一元二次函数的基础题＋母题68·直线与圆的位置关系

$x \leq y$ 转化为 $x-y \leq 0$,表示直线 $x-y=0$ 上的点及其上方区域,再将条件中的不等式转化为同一平面内的图形区域,判断条件与结论所表示的图形区域间的包含关系.

条件(1):**方法一:数形结合.**

$x^2 \leq y-1$,可化为 $y \geq x^2+1$,即表示抛物线 $y=x^2+1$ 上的点及其上方区域. 如右图所示,$y \geq x^2+1$(阴影部分)始终在直线 $y=x$ 的上方,故条件(1)充分.

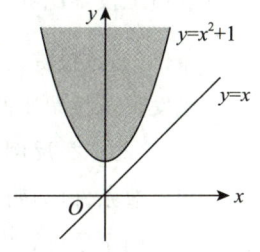

方法二:不等式证明.

已知 $y \geq x^2+1$,要想证明 $y \geq x$,则证明 $x^2+1 \geq x$ 恒成立即可.

作差法证明:$(x^2+1)-x=x^2-x+1=\left(x-\dfrac{1}{2}\right)^2+\dfrac{3}{4}>0$,因此 $x^2+1>x$ 恒成立,故 $y>x$ 恒成立,条件(1)充分.

条件(2):数形结合. $x^2+(y-2)^2 \leq 2$ 表示圆心为 $(0,2)$、半径为 $\sqrt{2}$ 的圆上及圆内的点. 圆心到直线 $y=x$ 的距离 $d=\dfrac{|0-2|}{\sqrt{1^2+(-1)^2}}=\sqrt{2}$,则该圆与直线 $y=x$ 相切,如右图所示. 故圆上及圆内所有点均满足 $y \geq x$,条件(2)也充分.

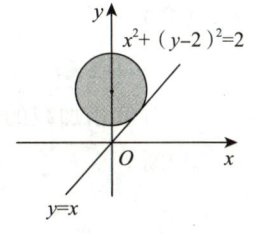

18 (E)

详细解析

母题 97・工程问题

方法一：常规方法．

设总工作量为 1，甲、乙、丙的工作效率分别为 x，y，z，则结论为 $x+y+z\geqslant\dfrac{1}{2}$．

条件(1)和条件(2)显然单独都不充分，故考虑联立．

联立可得，$\begin{cases} x+y=\dfrac{1}{3}, \\ x+z=\dfrac{1}{4}, \end{cases}$ 无法得出 $x+y+z$ 的值，故联立也不充分．

方法二：特殊值＋举反例．

假设清理一块场地的总工作量为 12，则结论为甲＋乙＋丙 $\geqslant 6$．

条件(1)和条件(2)联立得 $\begin{cases} 甲+乙=4, \\ 甲+丙=3, \end{cases}$ 可得 $2\times$ 甲＋乙＋丙＝7，假设甲一天工作量为 2，则甲＋乙＋丙＝5，不符合结论，故联立不充分．

19 (C)

思路点拨

本题条件和结论都是比例或不等关系，因此为便于判断，可设特值进行分析．

详细解析

母题 92・比例问题

假设总人数为 50 人，则男、女员工人数分别是 30 人、20 人．

女员工投票比例＝$\dfrac{\text{参与投票的女员工数}}{\text{女员工总数}}$，要使该比例最小，则使女员工投票人数最少．

条件(1)：投赞成票的人数超过总人数的 40%，即大于 20 人．举反例，假设全是男员工投票，则女员工投票比例为 0，故条件(1)明显不充分．

条件(2)：举反例，假设女员工有 2 人投票，男员工有 1 人投票，则有 10% 的女员工参加了投票，故条件(2)明显不充分．

联立两个条件，由条件(1)可知投赞成票的人数最少是 21，假设投票的员工都是投赞成票，再根据条件(2)，参加投票的女员工比男员工多，则女员工投票最少有 11 人，此时女员工投票比例为 $\dfrac{11}{20}>50\%$，故两个条件联立充分．

20 (C)

思路点拨

绝对值相加减的问题，可通过分类讨论去绝对值分析，或利用三角不等式的取等条件进行判断．

详细解析

母题 14·绝对值的化简求值与证明

举反例易知，条件(1)和条件(2)单独皆不充分，故考虑联立．

方法一：分类讨论法去绝对值符号．

设 $|a+b|=k$，$|a-b|=m$，分类讨论去绝对值，可得

$$\begin{cases}a+b=k,\\a-b=m\end{cases}\text{或}\begin{cases}a+b=k,\\a-b=-m\end{cases}\text{或}\begin{cases}a+b=-k,\\a-b=m\end{cases}\text{或}\begin{cases}a+b=-k,\\a-b=-m.\end{cases}$$

但是不管是哪一组解，最终的结果都是 $|a|+|b|=\dfrac{|k+m|}{2}+\dfrac{|k-m|}{2}$，结果为定值，故两个条件联立充分．

方法二：三角不等式法．

由三角不等式得式①：$|a+b|\leqslant|a|+|b|$，式②：$|a-b|\leqslant|a|+|b|$．

当 $ab\geqslant0$ 时，式①取到等号，即 $|a|+|b|=|a+b|$；

当 $ab<0$ 时，式②取到等号，即 $|a|+|b|=|a-b|$．

而 a，b 之间的关系要么是 $ab\geqslant0$，要么 $ab<0$，因此 $|a|+|b|$ 的值可确定．

故两个条件联立充分．

21 (A)

思路点拨

若参数 a 确定，则圆的方程就能确定，因此由条件"直线与圆相切$\Leftrightarrow$圆心到直线的距离等于半径"建立等量关系．

详细解析

母题 68·直线与圆的位置关系

方法一： 将圆化为标准方程：$\left(x-\dfrac{a}{2}\right)^2+\left(y-\dfrac{a}{2}\right)^2=\dfrac{a^2}{2}$，圆心为 $\left(\dfrac{a}{2},\dfrac{a}{2}\right)$，半径为 $r=\dfrac{|a|}{\sqrt{2}}$．

条件(1)：已知直线 $x+y=1$ 与圆相切，则圆心到直线的距离等于半径，即

$$d=\dfrac{\left|\dfrac{a}{2}+\dfrac{a}{2}-1\right|}{\sqrt{2}}=\dfrac{|a|}{\sqrt{2}}\Rightarrow|a-1|=|a|,$$

解得 $a=\dfrac{1}{2}$，可以确定圆 C 的方程，条件(1)充分．

条件(2)：同理，$d=\dfrac{\left|\dfrac{a}{2}-\dfrac{a}{2}-1\right|}{\sqrt{2}}=\dfrac{1}{\sqrt{2}}=\dfrac{|a|}{\sqrt{2}}$，解得 $a=\pm1$，无法确定圆 C 的方程，条件(2)不充分．

方法二：图像法．

由于是确定性问题，则只需要在图上找出与已知直线相切的圆的个数即可．

将圆化为标准方程：$\left(x-\dfrac{a}{2}\right)^2+\left(y-\dfrac{a}{2}\right)^2=\dfrac{a^2}{2}$，由此可知，圆心 $\left(\dfrac{a}{2},\dfrac{a}{2}\right)$ 在直线 $y=x$ 上，且

圆恒过原点．由左图可知，符合题干且与直线 $x+y=1$ 相切的圆有且只有一个；由右图可知，符合题干且与直线 $x-y=1$ 相切的圆有两个，故条件(1)充分，条件(2)不充分．

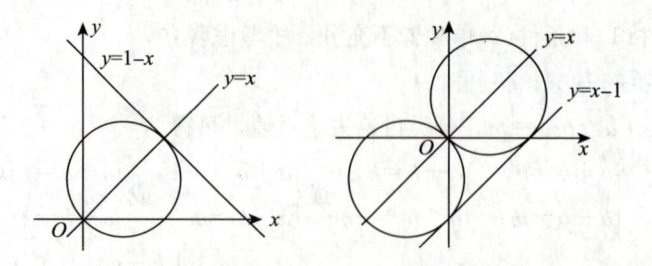

22 (A)

思路点拨

根据题意可列出一个含有 3 个未知数的方程，且未知数为整数，故本题为整数不定方程问题，通常结合奇偶性、整除的特征、尾数分析等减少穷举范围．

详细解析

母题 6 · 整数不定方程问题

设果汁、牛奶、咖啡的数量分别是 x，y，z，且 x，y，$z \in \mathbf{N}^+$．

条件(1)：$12x+15y+35z=104$，观察可知，z 只可能等于 1 或 2(当 $z=3$ 时，$35z=105>104$)．

① 当 $z=1$ 时，$12x+15y=69$，即 $4x+5y=23$．根据 $5y$ 的尾数只能为 0 或 5 可知，$4x$ 尾数只能为 8，可得 $x=2$，$y=3$．

② 当 $z=2$ 时，$12x+15y=34$．根据 $15y$ 的尾数只能为 0 或 5 可知，$12x$ 尾数只能为 4．当 $x=2$ 时，$y=\dfrac{2}{3}$(舍)，故此方程无整数解．

因此可得唯一解 $x=2$，$y=3$，$z=1$，能确定各种物品的数量，条件(1)充分．

条件(2)：当 $z=1$ 时，$12x+15y=180$，即 $4x+5y=60$．

根据奇偶性分析，$5y$ 必为偶数，因此其尾数只能为 0，$4x$ 尾数也只能为 0，可得 $x=5$，$y=8$ 或 $x=10$，$y=4$，因此无法确定各种物品的数量，条件(2)不充分．

23 (E)

思路点拨

想要算出上班距离，则须已知或求得维修路段以及正常路段的通行速度与通行时间．

详细解析

母题 98 · 行程问题

条件(1)和条件(2)分别只有时间或速度的信息，显然不充分．

联立两个条件，时间的信息仅知道维修路段用时比平时多 0.5 小时，无法求出具体通行时间；速度的信息仅知道维修路段通行速度，无法求出正常路段通行速度，故联立也不充分．

> **易错警示**
>
> 部分学生看到有时间有速度，就误认为路程可以求出，但总路程要用全程时间×全程平均速度，要看这两个关键量是否都可得．

24 (C)

思路点拨

判定是否为等比数列，关键是看 $\dfrac{a_{n+1}}{a_n}$ 是否为定值且各项均不能为 0.

详细解析

母题 53·数列的判定

条件(1)：只能确定 a_n 与 a_{n+1} 同号，显然不充分.

条件(2)：a_{n+1}，a_n 可以等于 0，不满足等比数列的条件，条件(2)也不充分.

联立两个条件，由条件(2)可得，$(a_{n+1}-2a_n)(a_{n+1}+a_n)=0$，解得 $a_{n+1}=2a_n$ 或 $a_n=-a_{n+1}$；

由条件(1)可知，a_n 与 a_{n+1} 同号且不能为 0，可舍去第 2 种情况，故 $\dfrac{a_{n+1}}{a_n}=2$，是等比数列，两个条件联立起来充分.

> **易错警示**
>
> 条件(2)因式分解得 $(a_{n+1}-2a_n)(a_{n+1}+a_n)=0$ 时，同学会误认为 $\dfrac{a_{n+1}}{a_n}=2$ 或 -1，则数列 $\{a_n\}$ 一定为等比数列，忽略了验证等比数列成立的前提条件 $a_n\neq 0$.

25 (D)

思路点拨

判定直角三角形相似，思路①：三边对应成比例；思路②：有一个锐角相等.

详细解析

母题 54·等差数列和等比数列综合题

方法一：条件(1)：设两个直角三角形的三边由短到长依次为 a，aq_1，aq_1^2 和 b，bq_2，bq_2^2，根据勾股定理，可列式 $a^2+(aq_1)^2=(aq_1^2)^2$，$b^2+(bq_2)^2=(bq_2^2)^2$，解得 $q_1^2=q_2^2=\dfrac{1+\sqrt{5}}{2}$，因为 $q>1$，故 $q_1=q_2\Rightarrow\dfrac{q_1}{q_2}=1$，因此 $\dfrac{a}{b}=\dfrac{aq_1}{bq_2}=\dfrac{aq_1^2}{bq_2^2}$，三边对应成比例则两个直角三角形相似，条件(1)充分.

条件(2)：设两个直角三角形的三边由短到长依次为 a，$a+d_1$，$a+2d_1$ 和 b，$b+d_2$，$b+2d_2$，根据勾股定理可列式 $a^2+(a+d_1)^2=(a+2d_1)^2$，$b^2+(b+d_2)^2=(b+2d_2)^2$，解得 $a=3d_1$，$b=3d_2$，则两个三角形三边分别为 $3d_1$，$4d_1$，$5d_1$ 和 $3d_2$，$4d_2$，$5d_2$，因此 $\dfrac{3d_1}{3d_2}=\dfrac{4d_1}{4d_2}=\dfrac{5d_1}{5d_2}$，三边对应成比例则两个直角三角形相似，条件(2)充分.

方法二：记两个直角三角形分别为 $\triangle ABC$ 和 $\triangle A'B'C'$，三条边分别为 a，b，c 和 a'，b'，c'.

条件(1)：联立勾股定理和等比数列中项公式，可得

$\begin{cases}a^2+b^2=c^2\\ac=b^2\end{cases}\Rightarrow a^2+ac-c^2=0\Rightarrow\left(\dfrac{a}{c}\right)^2+\dfrac{a}{c}-1=0\Rightarrow\dfrac{a}{c}=\dfrac{-1+\sqrt{5}}{2}$ 或 $\dfrac{-1-\sqrt{5}}{2}$（舍），

因此 $\sin A = \dfrac{a}{c} = \dfrac{\sqrt{5}-1}{2}$，且 $\angle A < \dfrac{\pi}{2}$；同理可得 $\sin A' = \dfrac{a'}{c'} = \dfrac{\sqrt{5}-1}{2}$，且 $\angle A' < \dfrac{\pi}{2}$.

故 $\angle A = \angle A'$. 两个直角三角形的两个内角对应相等，则两个三角形相似，故条件(1)充分.

条件(2)：联立勾股定理和等差数列中项公式，可得

$$\begin{cases} a^2 + b^2 = c^2, \\ a + c = 2b \end{cases} \Rightarrow a^2 + \left(\dfrac{a+c}{2}\right)^2 - c^2 = 0,$$

化简得 $5a^2 + 2ac - 3c^2 = 0$，因此 $(a+c)(5a-3c) = 0$，解得 $a = -c$（舍）或 $5a = 3c$，因此 $\sin A = \dfrac{a}{c} = \dfrac{3}{5}$. 同理可得 $\sin A' = \dfrac{a'}{c'} = \dfrac{3}{5}$，故 $\angle A = \angle A'$. 同理可得，两个三角形相似. 故条件(2)充分.

秒杀技巧

成等差数列的勾股数只有 3，4，5 及其倍数. 因此三边对应成比例，三角形相似，条件(2)充分.

三、逻辑推理

26 (D)

论证结构

锁定关键词"因此"，可知此前是论据，此后是论点。

题干：哲学的基本问题是思维和存在的关系问题，它是在总结各门具体科学知识的基础上形成的，并<u>不是一门具体科学</u> —证明→ 经验的个案不能反驳它（即哲学<u>不能被经验的个案反驳</u>）。

秒杀思路

易知，题干的论据和论点中出现了概念的不同，使用搭桥法，搭建"不是一门具体科学"和"不能被经验的个案反驳"之间的联系，即可支持题干。故此题可秒选(D)项。

选项详解

(A)项，无关选项，题干的论证不涉及哲学能否"推演"出经验的个案。

(B)项，无关选项，题干的论证对象为"哲学"，此项的论证对象为"任何科学"，偷换了题干的论证对象。（干扰项·偷换论证对象）

(C)项，无关选项，题干的论证不涉及具体科学是否研究思维和存在的关系问题。

(D)项，经验的个案能反驳→是具体科学，等价于：不是具体科学→不能被经验的个案反驳，搭桥法，支持题干。

(E)项，无关选项，题干的论证不涉及哲学是否可以对具体科学提供指导。

27 (E)

秒杀思路

观察选项，发现 5 个选项中，有的选项是事实，有的选项是假言，故本题可视为<u>选项事实假言模型</u>。优先代入含假言的选项[(E)项]进行验证。

详细解析

把(E)项的前件看作已知事实，则赵若兮是 N 大学历史学院的老师。

直接找题干中的重复信息"赵若兮"和"N 大学历史学院"。

由"N 大学历史学院的老师都曾经到甲县的所有乡镇进行历史考察"并结合"赵若兮是 N 大学历

史学院的老师"可知,赵若兮曾经到甲县的所有乡镇进行历史考察。
又知:赵若兮未曾到项郢镇进行历史考察。
故项郢镇一定不是甲县的。可见,由(E)项的前件可以推出(E)项的后件,故(E)项为真。

28 (D)

论证结构

题干中出现两个组别的对比实验,故本题为求异法模型。

此题的提问方式为"最能支持该研究人员的上述推断",故直接定位"研究人员的推断"。再锁定关键词"由此推断",可知此前是论据,此后是研究人员的推断。

研究人员:餐前锻炼组燃烧的脂肪比餐后锻炼组多 ——证明→ 肥胖者若持续这样的餐前锻炼,就能在不增加运动强度或时间的情况下改善代谢能力,从而达到减肥效果。

在研究人员的推断中,"肥胖者持续这样的餐前锻炼"是措施,"达到减肥效果"是目的,故此题中也存在措施目的模型。

秒杀思路

从求异法的角度,常用的支持方法为:(1)排除其他差异因素(排除差因);(2)支持因果的方法(如因果相关、排除他因、无因无果、并非因果倒置)。

从措施目的的角度,常用的支持方法为:(1)措施可行;(2)措施可以达到目的(即措施有效);(3)措施利大于弊;(4)措施有必要。

注意:本题要求支持研究人员的推断,故应当优先从措施目的的角度去支持。

选项详解

(A)项,无关选项,题干的论证不涉及"额外的代谢"和"肌肉中的脂肪"。

(B)项,此项指出有些餐前锻炼组的人知道他们摄入的是安慰剂,但这"并不影响他们锻炼的积极性",此项未涉及"餐前锻炼是否有助于减肥",故排除。

(C)项,无关选项,肌肉参与运动所需要的营养来自哪里与餐前锻炼是否有助于减肥无关。

(D)项,说明餐前锻炼确实能够消耗体内的糖分和脂肪,从而达到减肥效果,措施可以达到目的,支持题干。

(E)项,"觉得"是主观观点,不代表是事实,故不能支持题干。(干扰项·诉诸主观)

29 (C)

题干信息

甲:效益→制度,等价于:¬效益∨制度。

乙:制度∧效益。

丙:制度→效益,等价于:¬制度∨效益。

丁:¬制度→¬效益,等价于:¬效益∨制度。

戊:¬效益→¬制度,等价于:¬制度∨效益。

秒杀思路

题干中五人的发言均为选言判断或联言判断,甲和丁的发言是一致的,丙和戊的发言是一致的,因此,题干的5个判断可简化为3个。根据选项内容,可知此题是确定这3个判断的真假情况,故本题可看作<u>双判断模型</u>,使用真值表法。

详细解析 ▼

根据题干信息及分析,可得下表:

判断		甲	丁	丙	戊	乙
制度	效益	¬效益∨制度		¬制度∨效益		制度∧效益
真	真	真		真		真
假	假	真		真		假
真	假	真		假		假
假	真	假		真		假

根据上表可知,会出现5人意见符合决定、4人意见符合决定、2人意见符合决定三种情况。故(C)项正确。

30 (A)

题干现象 ▼

待解释的现象:①气象台的实测气温与人实际的冷暖感受常常存在一定的差异。②在同样的低温条件下,如果是阴雨天,人会感到特别冷,即通常说的"阴冷";如果同时赶上刮大风,人会感到寒风刺骨。

选项详解 ▼

(A)项,此项指出影响人的体感温度的因素包含气温、风速、空气湿度,这就说明了为什么在阴雨天、刮大风时,人会感到特别冷,可以解释题干中的现象①、②。

(B)项,低温情况下,由于风力不大、阳光充足,人不会感到特别寒冷,故此项可以解释为什么气象台的实测气温与人实际的冷暖感受存在差异,但无法解释题干中的现象②。

(C)项,无关选项,题干不涉及"锻炼"对人实际的冷暖感受的影响。

(D)项,无关选项,题干不涉及"有阳光的室外"的情况。

(E)项,无关选项,电风扇转动会使人感到凉快,与题干中自然环境下的差异无关。

31 (C)

秒杀思路 ▼

题干出现运动员与国籍之间的匹配,且运动员的数量比国籍的数量多,故本题为<u>两组元素的多一匹配模型</u>,可使用口诀"数量关系优先算,数量矛盾出答案"进行解题。

详细解析 ▼

<u>数量关系优先算</u>,由(1)可知,乙、戊、丁、庚、辛5人为外援,故甲、丙、己、壬、癸5人为本土运动员(来自本国)。

再根据"10名职业运动员来自5个不同的国家(不存在双重国籍的情况)"可知,(3)乙、戊、丁、庚、辛5人来自4个不同的国家。

<u>从事实出发</u>,由(2)"乙、丁、辛3人来自两个国家"并结合(3)可知,戊、庚来自4个不同国家中的另外两个。

因此,戊、庚两人与乙、丁、辛中任意一人的国籍均不重合。

故(C)项正确。

32 (A)

论证结构

李教授：张教授早年发表的一篇论文存在抄袭现象。

张教授：反驳李教授的指责。

秒杀思路

此题实际上是要求我们找一个选项作为张教授的论据去反驳李教授的指责。

选项详解

(A)项，张教授的论文是先投稿的，那就不可能抄袭别人后来发表的论文，反而是他人抄袭张教授的论文，强有力地反驳了李教授的指责。

(B)、(C)、(D)项，都是在指责李教授或者对李教授进行人身攻击，犯了诉诸人身的逻辑错误，均不能作为论据来反驳李教授。

(E)项，此项指出李教授早年的论文存在抄袭现象，但这与"张教授是否抄袭"无关。(干扰项·转移论题)

33 (D)

秒杀思路

题干出现多个假言，提问方式为"以下哪项颁奖结果与上述预测不一致"，故本题为<u>串联推理的矛盾命题</u>。

详细解析

第1步：画箭头。

①甲或乙获得最佳导演→最佳女主角和最佳编剧将在丙和丁中产生。

②最佳男主角∨最佳女主角→最佳故事片。

③¬(最佳导演∧最佳故事片)=¬最佳导演∨¬最佳故事片=最佳故事片→¬最佳导演。

第2步：串联。

由②、③串联可得：最佳男主角∨最佳女主角→最佳故事片→¬最佳导演。

第3步：找矛盾命题。

(D)项，最佳女主角∧最佳导演，与"最佳女主角→¬最佳导演"矛盾，故与题干的预测不一致。

34 (B)

秒杀思路

题干由事实和假言构成，故本题为<u>事实假言模型</u>，可使用口诀"题干事实加假言，事实出发做串联；肯前否后别犹豫，重复信息直接连"秒杀。

详细解析

从事实出发，由"¬特品"可知，条件(2)的后件为假，根据口诀"否后必否前"，可得：¬稀品∧¬名品。

由"¬稀品"可知，条件(1)的后件为假，根据口诀"否后必否前"，可得：¬完品∧¬真品。

此时，排除了特品、稀品、名品、完品、真品，故只能是精品，即(B)项正确。

35 (B)

秒杀思路

题干为3人关于游览顺序的意见,已知各人意见中都恰有一半的景点序号是正确的(即:3对3错),故本题为一个人多个判断的真假话问题,可使用选项排除法、假设法、找对当关系法来解题。

详细解析

方法一:找对当关系法。

根据题干信息,可得下表:

景点 人	序号 1	2	3	4	5	6
王	甲	丁	己	乙	戊	丙
陆	丁	己	戊	甲	乙	丙
田	己	乙	丙	甲	戊	丁

由于景点和顺序一一对应,观察王、陆两人的意见,发现关于1、2、3、4、5景点的意见均不同,故这10个意见中至少有5假;如果第6个不游览丙,则12个意见中至少有7假,与"各人意见中都恰有一半的景点序号是正确的"矛盾,因此,第6个游览丙。

同理,分析陆、田两人的意见,可知第4个游览甲;分析王、田两人的意见,可知第5个游览戊。

故前三个游览的景点是乙、丁、己(并非一一对应)。结合选项可知,(A)、(C)、(D)、(E)项均错误,故(B)项正确。

方法二:选项排除法。

(A)项,代入陆的意见可知,1、2、3、6均错,与题干"恰有一半的景点序号是正确的"矛盾,排除。

(B)项,代入题干3人的意见可知,均与题干不矛盾,正确。

(C)项,代入陆的意见可知,1、2、3、4、5均错,与题干"恰有一半的景点序号是正确的"矛盾,排除。

(D)项,代入王的意见可知,1、2、3、4、6均错,与题干"恰有一半的景点序号是正确的"矛盾,排除。

(E)项,代入田的意见可知,1、2、3、6均错,与题干"恰有一半的景点序号是正确的"矛盾,排除。

36 (A)

秒杀思路

题干中的已知条件均为假言(选言可看作假言),选项均为事实,故本题为假言事实模型。常用两种解题思路:找矛盾法、二难推理法。

详细解析

通过串联,找矛盾法。

第1步：将题干符号化。

①施阿∨施卢。

②施阿→冈爱。

③埃卢∨墨卢→冈墨，等价于：¬冈墨→¬埃卢∧¬墨卢。

第2步：串联。

由②、③串联可得：施阿→冈爱→¬冈墨→¬埃卢∧¬墨卢。

由"施阿"出发，推出没有姓氏与卢森堡匹配，与题干矛盾，故"施阿"为假。

第3步：推出答案。

由①可得：¬施阿→施卢。故施米特是卢森堡常见姓氏，即(A)项正确。

37 (E)

秒杀思路

题干由数量关系和假言构成，选项均为事实，故本题为数量假言模型，可使用口诀"题干数量加假言，数量关系优先算；如有事实就串联，还有矛盾和二难"解题。

详细解析

第1步：数量关系优先算。

由"5位研究生在3位教授中选择导师，每人只能选择1人作为导师，每位导师都有1至2人选择"可知，3位导师所带的研究生人数为：1人、2人、2人。

再由条件(1)"选择陆老师的研究生比选择张老师的多"可知，选择张老师的研究生人数为1人，故选择陆老师和陈老师的研究生人数为2人。

第2步：推出事实。

由"选择陈老师的研究生人数为2人"可知，"只有戊选择陈老师"必然为假，即条件(3)的后件为假，根据口诀"否后必否前"，可得：甲、丙、丁均不选择陆老师。

再由"选择陆老师的研究生人数为2人"可知，乙、戊选择陆老师。

第3步：由推出来的事实进行串联推理。

由"乙、戊选择陆老师"并结合"每位研究生只能选择1人作为导师"可知，条件(2)的后件为假，根据口诀"否后必否前"，可得：丙、丁均不选择张老师。

因此，丙、丁选择陈老师、甲选择张老师。故(E)项正确。

38 (B)

论证结构

锁定关键词"因此"，可知此前是论据，此后是论点。

题干：在艺术家的心灵世界里，审美需求和情感表达是创造性劳动不可或缺的重要引擎（论据①）；而人工智能没有自我意识，人工智能艺术作品的本质是模仿（论据②）——证明→人工智能永远不能取代艺术家的创造性劳动。

秒杀思路

题干的论据①等价于：没有审美需求和情感表达→不能进行创造性劳动。

题干的论据②等价于：人工智能→没有自我意识。

题干的论点等价于：人工智能→不能进行创造性劳动。

可见，本题本质上是个隐含三段论问题。

易知，补充前提③：没有自我意识→没有审美需求和情感表达。

即可与论据串联成：人工智能→没有自我意识→没有审美需求和情感表达→不能进行创造性劳动。

从而可得：人工智能→不能进行创造性劳动。

故补充的前提③即为答案，即(B)项正确。

选项详解

(A)项，无关选项，题干的论证不涉及人工智能对艺术创作的作用。

(C)项，由论据②"人工智能艺术作品的本质是模仿"可知，人工智能艺术作品都是缺乏创造性的，此项对论据②有一定的支持作用，但不是题干论证的假设。

(D)项，无关选项，题干的论证不涉及艺术家的创作与人工智能艺术品之间的关系。

(E)项，此项指出模仿的作品很少能表达情感，那说明还是存在模仿的作品能表达情感，由论据②可知，人工智能作品就是模仿的作品，故可能存在人工智能作品能够表达情感；再结合论据①可得，可能存在人工智能作品能取代艺术家的创造性劳动，削弱题干。

39 (B)

论证结构

题干的提问方式为"最能支持上述专家的观点"，故直接定位"专家的观点"，再锁定专家观点中的关键词"为了"，可知本题为<u>措施目的</u>模型。

专家：必须更新现有的研究模式，另辟蹊径研究太阳风(措施) ——以求→ 更好地保护地球免受太阳风的影响(目的)。

秒杀思路

措施目的模型的支持题，常用方法有：(1)措施可行；(2)措施可以达到目的(即措施有效)；(3)措施利大于弊；(4)措施有必要。

注意题干中出现"必须"一词，那么就要说明其他方式无效，否则，题干中的措施就不是必须的。

选项详解

(A)项，此项指出了最新观测结果产生的影响，但与专家的措施无关。

(B)项，此项指出现有的标准太阳模型无法准确观测太阳风的变化，因此，有必要"更新"现有的研究模式，即题干中的措施有必要，支持专家的观点。

(C)项，此项指出深入研究太阳风有好处，但与专家的措施无关。

(D)项，此项仅指出了太阳风所具有的属性，但与专家的措施无关。

(E)项，此项指出了高速太阳风和低速太阳风的来源，但与专家的措施无关。

40 (E)

秒杀思路

题干由数量关系(5人中恰有3人报名)和假言构成，选项均为事实，故本题为<u>数量假言模型</u>。

此题中，数量关系为5选3，则无须再另外计算。此类题常用两种解题方法：在数量关系处找矛盾法、二难推理法。

详细解析

方法一：通过串联，找矛盾法。

第1步：将题干符号化。

①张明→刘伟。

②庄敏→孙兰。

③刘伟∨孙兰→李梅。

第2步：串联找矛盾。

由①、③串联可得：张明→刘伟→李梅，逆否可得：¬李梅→¬刘伟→¬张明。

由②、③串联可得：庄敏→孙兰→李梅，逆否可得：¬李梅→¬孙兰→¬庄敏。

若李梅不报名，则5人均不报名，与"5人中恰有3人报名"矛盾，即由"¬李梅"出发推出了矛盾，故"¬李梅"为假，即"李梅"为真。

第3步：推出答案。

因此，(E)项正确。

方法二：通过重复元素，找二难推理法。

第1步：找重复元素。

观察题干，发现条件①的后件有"刘伟"，条件③的前件有"刘伟"。

第2步：找二难推理。

此时，逆否条件①，往往可以出现二难推理(口诀：前件后件一个样，后件逆否出二难)。

逆否条件①可得：¬刘伟→¬张明，再结合"5人中恰有3人报名"可得：¬刘伟→¬张明→庄敏∧孙兰∧李梅，即：⑤¬刘伟→李梅。

由条件③可得：刘伟→李梅。

根据二难推理公式，可知：李梅必然报名。

第3步：推出答案。

故(E)项正确。

41 (C)

秒杀思路

题干由数量关系(5人中恰有3人报名)和假言构成，选项均为事实，故本题为<u>数量假言模型</u>。
常用两种解题方法：在数量关系处找矛盾法、二难推理法。

详细解析

通过串联，找矛盾法。

本题补充新条件：④若刘伟报名，则庄敏也报名，即：刘伟→庄敏。

由①、④、②、③串联可得：张明→刘伟→庄敏→孙兰→李梅。

若张明报名，则5人均报名，与"5人中恰有3人报名"矛盾，因此，张明不报名。

若刘伟报名，则有4人报名，与"5人中恰有3人报名"矛盾，因此，刘伟不报名。

由"张明、刘伟两人均不报名"并结合"5人中恰有3人报名"可知，庄敏、孙兰、李梅三人报名。

故(C)项正确。

42 (A)

论证结构

此题的提问方式为"最能支持上述专家的观点",故直接定位"专家的观点"。

专家：饭后喝酸奶其实并不能帮助消化。

选项详解

(A)项,此项指出人体消化需要酶和有规律的肠胃运动,而酸奶中没有消化酶,也不能帮助肠胃运动,故酸奶不能帮助消化,支持专家的观点。

(B)项,此项说明酸奶中大部分的益生菌可能会失去活性,但是存在没有失去活性的益生菌帮助消化的可能,故不能支持专家的观点。

(C)项,此项指出饭后喝酸奶对人身体有害处,但并不涉及饭后喝酸奶是否有助于消化,无关选项。

(D)项,此项指出酸奶中的维生素B_1含量不丰富,但存在酸奶中的少量维生素B_1促进了消化的可能,故不能支持专家的观点。

(E)项,此项说明酸奶能够帮助消化,削弱专家的观点。

43 (E)

秒杀思路

此题中的已知条件均为假言,提问方式为"以下哪项选定的日期与上述条件一致",即：以下哪项符合题干要求,故优先考虑使用选项排除法。

详细解析

根据条件(1),可排除(A)项和(B)项。

根据条件(2),可排除(C)项和(D)项。

故(E)项正确。

44 (A)

论证结构

锁定关键词"认为",可知此前是论据,此后是论点。

题干：今天的教育质量将决定明天的经济实力(论据①)。PISA 是经济合作与发展组织每隔三年对 15 岁学生的阅读、数学和科学能力进行的一项测试(背景介绍)。根据 2019 年最新测试结果,中国学生的总体表现远超其他国家学生(论据②)。有专家认为,该结果意味着中国有一支优秀的后备力量以保障未来经济的发展(论点)。

选项详解

(A)项,此项说明 PISA 测试中的结果能够反映"教育质量",结合题干论据①可知,"教育质量"决定未来的"经济实力",那就可以得出"中国有后备力量保障未来经济发展"的结论(搭桥法),支持专家的论证。

(B)项,此项能支持专家的观点"中国有后备力量保障未来经济的发展",但是本题要求支持专家的"论证",而专家的论证过程并不涉及"创新",故排除此项。

(C)项,无关选项,专家的论证不涉及"其他国际智力测试"。

(D)项，此项说明中国15岁的学生在未来会有更出色的表现，但这种"未来更出色的表现"与"经济发展"的关系并不明确，因此支持力度不如(A)项。

(E)项，此项仅仅重复了题干论据②，但无法说明这对未来经济发展的影响，故不能很好地支持专家的论证。

45（A）

秒杀思路

本题为数独问题，解题关键在于找到突破口。

详细解析

观察方阵发现，第二行中的已知信息最多而未知信息最少，故先填第二行。

根据"每行、每列及每个粗线条围住的五个小方格组成的区域中的5个词均不能重复"可知，第二行第一列（从左至右）为"文化"。进而可得：第二行第四列为"理论"。

根据"每行、每列及每个粗线条围住的五个小方格组成的区域中的5个词均不能重复"可知，①不是"文化""理论""制度""自信"，因此，①填入的是"道路"，可排除(C)、(D)、(E)项。

由于粗线框内也需满足不重复原则，故②、③均不能是"文化"，可排除(B)项。

因此，(A)项正确。

46（B）

论证结构

锁定关键词"因此"，可知此前是论据，此后是论点。

题干：①水产品的脂肪含量相对较低，而且含有较多不饱和脂肪酸，对预防血脂异常和心血管疾病有一定作用；②禽肉的脂肪含量也比较低，脂肪酸组成优于畜肉；③畜肉中的瘦肉脂肪含量低于肥肉，瘦肉优于肥肉 —证明→ 在肉类的选择上，应该优先选择水产品，其次是禽肉，这样对身体更健康。

秒杀思路

题干论据中的核心概念为"脂肪含量"，而论点中的核心概念为"身体健康"，二者并非同一概念，故本题为搭桥模型中的偷换概念型。使用搭桥法，即可迅速秒杀。

选项详解

(A)项，无关选项，题干的论证不涉及罹患心血管病的风险。

(B)项，搭桥法，将题干论据中的"脂肪含量低"和论点中的"身体更健康"联系起来，支持题干。

(C)项，此项是人们的主观观点，无法很好地削弱或支持题干。（干扰项·诉诸主观）

(D)项，此项说明人们需要摄入适量的动物脂肪，那么就可能得出与题干相反的结论，即不必选择脂肪含量低的水产品和禽肉，削弱题干。

(E)项，无关选项，题干的论证不涉及脂肪含量与不饱和脂肪酸含量之间的关系。

47（B）

秒杀思路

题干中的已知条件均为假言，选项均为事实，故本题为假言事实模型。常用两种解题思路：找矛盾法、二难推理法。

详细解析

方法一：通过串联，找矛盾法。

第1步：将题干符号化。

①¬甲沛公→乙项王。

②丙张良∨己张良→丁范增。

③¬乙项王→丙张良。

④¬丁樊哙→庚沛公∨戊沛公。

第2步：串联。

由③、②、④、①串联可得：¬乙项王→丙张良→丁范增→¬丁樊哙→庚沛公∨戊沛公→¬甲沛公→乙项王，即：¬乙项王→乙项王。

故由"¬乙项王"出发推出了矛盾，因此"¬乙项王"为假，即"乙项王"为真。

第3步：推出答案。

由"乙项王"为真，可知①的后件为真、③的前件为假，而肯定后件和否定前件均推不出任何结论，故(B)项正确。

方法二：通过重复元素，找二难推理法。

第1步：找重复元素。

观察题干，发现②的前件有"丙张良"，③的后件也有"丙张良"。

第2步：找二难推理。

此时，逆否③易出二难推理(口诀：前件后件一个样，后件逆否出二难)。

逆否③可得：¬丙张良→乙项王。

"由于题干是一一匹配关系"，可知：丁范增→¬丁樊哙。由②、④、①串联可得：丙张良→丁范增→¬丁樊哙→庚沛公∨戊沛公→¬甲沛公→乙项王；即：丙张良→乙项王。

根据二难推理公式，可得：乙项王。

第3步：推出答案。

由"乙项王"为真，可知①的后件为真、③的前件为假，而肯定后件和否定前件均推不出任何结论，故(B)项正确。

48 (D)

秒杀思路

题干由事实和假言构成，故本题为事实假言模型，可使用口诀"题干事实加假言，事实出发做串联；肯前否后别犹豫，重复信息直接连"秒杀。

详细解析

本题补充新事实：⑤甲扮演沛公而庚扮演项庄。

由上题分析还知：⑥乙扮演项王。

从事实出发，由"甲扮演沛公"可知，④的后件为假，根据口诀"否后必否前"，可得：丁扮演樊哙。

由"丁扮演樊哙"可知，②的后件为假，根据口诀"否后必否前"，可得：¬丙张良∧¬己张良。

综上，确定的匹配关系有：甲扮演沛公、乙扮演项王、丁扮演樊哙、庚扮演项庄、¬丙张良∧¬己张良。

再根据"7名演员每人只能扮演其中一个角色，且每个角色只能由其中一人扮演"可知，戊扮演张良。

故(D)项正确。

49（E）

论证结构

锁定关键词"认为"，可知此前是论据，此后是论点。

专家：将双手放在眼前，把两个食指的指甲那一面贴在一起，正常情况下，应该看到两个指甲床之间有一个菱形的空间；如果看不到这个空间，则说明手指出现了杵状改变，这是患有某种心脏或肺部疾病的迹象 ——证明→ 人们通过手指自我检测能快速判断自己是否患有心脏或肺部疾病。

秒杀思路

分析专家的论据：

"将双手放在眼前，把两个食指的指甲那一面贴在一起，正常情况下，应该看到两个指甲床之间有一个菱形的空间；如果看不到这个空间，则说明手指出现了杵状改变"，描述的是一种现象；"这是患有某种心脏或肺部疾病的迹象"，为导致这种现象的原因。

故专家的论据为**现象分析型**。

专家的论断要想成立，手指出现杵状改变的原因必须是明确的，并且和心脏或肺部疾病有关，即：论据中的因果关系必须成立。

选项详解

(A)项，此项指出肺部疾病确实可能导致杵状改变，支持专家的论断。

(B)项，无关选项，题干讨论的是通过手指出现杵状改变来判断"肺部疾病"，而非"肺癌"，二者并非同一概念。

(C)项，此项指出该种检测方式可以作为一种参考，支持专家的论断。

(D)项，此项指出在杵状改变的第一阶段，不能由此判断疾病，但无法确定在其第二阶段是否能判断疾病，故削弱力度小。

(E)项，此项指出杵状改变是由手指末端软组织积液造成，直接否定了专家论据中的原因，削弱力度大。注意：此项虽然指出了"其内在机理仍然不明"，但手指末端软组织积液造成杵状改变是确定的，故此项并非"诉诸无知"。

50（C）

论证结构

培训者：快速阅读是按"之"字形浏览文章。只要精简我们看的地方，就能整体把握文本要义，从而提高阅读速度。真正的快速阅读能将阅读速度提高至少两倍，并且不影响理解。

科学家：快速阅读实际上是不可能的。

要想支持科学家的观点，实际上就是反驳培训者的观点。

选项详解

(A)项，无关选项，此项阐述的是如何阅读，但并不涉及"快速阅读"是否可行。

(B)项，此项指出了培训者不中立，但是，快速阅读是否能帮助培训者谋生或赚钱，与快速阅读本身是否可行并无直接关系。

(C)项，此项指出人的视力只能集中于相对较小的区域，那么按"之"字形快速浏览文章，会影响理解，从而反驳了培训者的观点，支持了科学家的观点。

(D)项，此项说明有人可以实现快速阅读，支持培训者的观点，反驳科学家的观点。

(E)项，此项指出快速阅读可能相当快地捕捉到文本的主要内容，说明快速阅读还是可行的，反驳科学家的观点。

51（C）

秒杀思路

题干和选项均为假言，且题干的假言判断中有联言判断和选言判断，故本题为箭摩根模型。

详细解析

题干信息：

①优秀的论文→逻辑清晰∧论据详实。

②经典的论文→主题鲜明∧语言准确。

③（论据详实∧¬主题鲜明）∨（语言准确∧¬逻辑清晰）→¬优秀的论文。

由③逆否可得：④优秀的论文→（¬论据详实∨主题鲜明）∧（¬语言准确∨逻辑清晰）。

由④可得：⑤优秀的论文→¬论据详实∨主题鲜明。

又由①可得：⑥优秀的论文→论据详实。

结合⑤、⑥可得：优秀的论文→主题鲜明，等价于：¬主题鲜明→¬优秀的论文。

故(C)项正确。

52（C）

秒杀思路

本题的提问方式为"以下哪项对上述五种除冰剂的特征概括最为准确"，只需将选项与表格内容进行对比即可。

选项详解

(A)项，Ⅲ类型除冰剂的融冰速度较慢，但污染水体方面的风险为中，故排除。

(B)项，Ⅰ类型除冰剂的融冰速度快，其三个方面的风险都高，故排除。

(C)项，与题干信息不矛盾，故正确。

(D)项，Ⅳ类型除冰剂三方面风险都不高，但其融冰速度快，故排除。

(E)项，Ⅱ类型除冰剂在破坏道路设施和污染土壤方面的风险都不高，但其融冰速度中等；Ⅳ类型除冰剂在破坏道路设施和污染土壤方面的风险都不高，但其融冰速度快，故排除。

53 (C)

论证结构

此题的提问方式为"最能支持上述专家的观点",故直接定位"专家的观点"。锁定关键词"对此有教育专家认为",可知此前是论据,此后是专家的观点。再锁定关键句"这是由于孩子受到外在的不当激励所造成的",可知此题是在找现象的原因,故本题是现象分析型。

现象:随着孩子慢慢长大,特别是进入学校之后,他们的好奇心越来越少。

原因:孩子受到了外在的不当激励。

秒杀思路

现象分析型的支持题,常用方法有:(1)因果相关;(2)并非因果倒置;(3)无因无果;(4)排除他因。

选项详解

(A)项,此项指出许多孩子迷恋电脑、手机,导致他们的好奇心越来越少,但这属于自身问题,与"外在的不当激励"无关,故不能支持专家的观点。

(B)项,此项指出长时间宅在家里导致孩子的好奇心越来越少,但与"外在的不当激励"无关,故不能支持专家的观点。

(C)项,此项指出是由于老师和家长只看考试成绩(进入学校以后的不当外在激励),导致孩子只知道死记硬背书本知识,从而使孩子的好奇心越来越少,直接指出因果相关,支持专家的观点。

(D)项,此项指出现在孩子所做的很多事情大多迫于老师、家长等的外部压力,但并未指出这是否导致孩子的好奇心越来越少,故不能支持专家的观点。

(E)项,孩子"助人为乐"和"损人利己"的结果均与"好奇心越来越少"无关,故不能支持专家的观点。

54 (A)

秒杀思路

题干由事实和假言构成,故本题为事实假言模型,可使用口诀"题干事实加假言,事实出发做串联;肯前否后别犹豫,重复信息直接连"秒杀。

详细解析

从事实出发,由"甲车和乙车停靠的站均不相同"可知,条件(3)的后件为假,根据口诀"否后必否前",可得:甲、乙和丙车中最多有1趟车在东沟停靠("至少有2趟"的意思是"大于等于2",其反面是"小于2",即最多有1趟)。

再结合"每站恰好有3趟车停靠"可知,丁、戊均在东沟停靠。

由"甲、乙和丙车中最多有1趟车在东沟停靠"可知,乙和丙不可能均在东沟停靠,故条件(1)的后件为假,根据口诀"否后必否前",可得:乙不停靠北阳∧丙不停靠北阳;再结合"每站恰好有3趟车停靠"可知,甲、丁、戊均在北阳停靠。

由"丁在北阳停靠"可知,条件(2)的前件为真,根据口诀"肯前必肯后",可得:丙、丁、戊均在中丘停靠。

再由"每站恰好有3趟车停靠"可知,甲不在中丘停靠。故(A)项正确。

55 (C)

秒杀思路

此题出现 5 座高铁站与 5 趟运行车之间的匹配,已知"5 座高铁站中,每站恰好有 3 趟车停靠",可知本题为两组元素的多一匹配模型,可使用口诀"数量关系优先算,数量矛盾出答案"进行解题。

详细解析

本题补充新的数量关系:(4)没有车在每站都停靠。

根据上题分析可得下表:

高铁站 运行车	东沟	西山	南镇	北阳	中丘
甲				√	×
乙				×	×
丙				×	√
丁	√			√	√
戊	√			√	√

第 1 步:数量关系优先算。

从补充的新数量关系出发,由"没有车在每站都停靠"可知,丁在西山和南镇这两个车站至多停靠 1 趟次、戊在西山和南镇这两个车站也至多停靠 1 趟次。即:丁、戊在西山和南镇这两个车站至多停靠 2 个趟次。

再由题干事实"甲车和乙车停靠的站均不相同"出发可知,甲、乙在西山和南镇这两个车站至多停靠 2 个趟次。

第 2 步:推出事实。

再由"5 座高铁站中,每站恰好有 3 趟车停靠"可知,西山和南镇这两个车站共有 6 趟次车。

而甲、乙、丁、戊四车在西山和南镇这两个车站至多停靠 4 个趟次。

因此,丙在西山和南镇均停靠。

故(C)项正确。

四、写作

56 论证有效性分析

谬误分析

①材料认为"我们亲眼看到的显然不是事物的真相","只有透过现象看本质才能看到真相",难以成立。因为,我们看到的事物只要是客观存在的,那就可以说是真相;而透过现象看到的"真相",指的是事物背后的规律,故此处存在偷换概念。

②"眼见为实"的意思是亲眼看见的是"真的",而材料中"眼所见者未必实"的"实"指的是事物背后的规律,故此处也存在偷换概念。

③地球自转造成了太阳东升西落，这只能说明地球自转是太阳东升西落的原因，无法说明我们观察到的"太阳东升西落"这一现象是假的，因此，无法说明"眼所见者未必实"。

④材料由房子无形的空间才有"实际效用"，推断出"眼所见者未必实，未见者为实"，存在不妥。因为，前者中的"实"指的是实用价值，后者中的"实"指的是真实，此处存在偷换概念。

⑤材料认为"父母和子女因为感情深厚而不讲究礼节，可见讲究礼节是感情不深的表现"，推断不当。因为，仅由父母和子女之间的感情和行为，无法得出人际交往的一般性结论，其他诸如朋友、邻里、同事等人际关系的法则，可能与亲子关系存在不同。

⑥由"见外"无法说明"如果你看到有人对你很客气，就认为他对你好，那就错了"。因为，存在对你很客气但对你不好的人，但也可能存在对你很客气且对你好的人。

（说明：以上谬误分析引用和改编自教育部考试中心公布的官方参考答案。）

参考范文

所见未必为实吗？

上述材料认为"眼所见者未必实"，然而其论证存在多处逻辑漏洞，分析如下：

第一，材料认为"只有将看到的表象加以分析，透过现象看本质，才能看到真相"，因此"我们亲眼看到的显然不是事物的真相"，此处存在偷换概念。我们所见的"真相"仅仅指事实，而材料却把"真相"偷换成了"表象"之下的客观规律或者事件发生的原因。

第二，地球自转造成了太阳东升西落，这只能说明地球自转是太阳东升西落的原因，无法说明我们观察到的"太阳东升西落"这一现象是假的，因此，无法说明"眼所见者未必实"。

第三，材料认为房子中有形的结构没有实际效用，而无形的空间才有实际效用，因此，"眼所见者未必实，未见者为实"，存在不妥。此处"实际效用"不等同于"眼见为实"中的"实"。房子的空间有实际作用，并不能说明人们看见的房子是假的，不是事实。

第四，材料认为"父母和子女因为感情深厚而不讲究礼节，可见讲究礼节是感情不深的表现"，推断不当。因为，仅由父母和子女之间的感情和行为，无法得出人际交往的一般性结论，其他诸如朋友、邻里、同事等人际关系的法则，可能与亲子关系存在不同。

第五，由"见外"无法说明"如果你看到有人对你很客气，就认为他对你好，那就错了"。因为，存在对你很客气但对你不好的人，但也可能存在对你很客气且对你好的人。

综上所述，上述材料漏洞百出，其结论难以成立。

（全文共566字）

57 论说文

参考立意

①以教育促进实业发展。
②教育育人，实业兴邦。
③培养德才兼备的企业家势在必行。
④要道德教育，也要科学教育。

参考范文

以教育促进实业发展

吕建刚

发展实业的关键在于教育，而教育的重点在于道德教育和科学教育。

首先，对企业家进行道德教育，可以降低社会总成本。这体现在两个方面：一方面，它可以降低企业间合作的契约成本。如果企业家是诚实守信、遵守道德、具有契约精神的，那么企业就不必把更多的精力放在防止合作伙伴的道德风险上，这无疑会提高企业间的合作效率。另一方面，它可以降低消费者的交易成本。因为如果企业都遵守企业道德，则消费者就无须把过多的精力放在辨别商品的真假、好坏上。

其次，对企业家进行科学教育，可以减少决策失误。我们都知道，企业家决策能力的高低，往往会直接决定企业的命运。华为的成功，离不开任正非决策的恰当；乐视的失败，也反映出贾跃亭决策的问题。所以，对企业家进行科学教育，尤其是让企业家接受系统的战略、管理、营销、经济等方面的理论知识，会极大地提高企业家决策的科学性，从而减少决策失误。

可见，要培养出众的企业家、行业中的顶尖人才，离不开道德教育和科学教育。

一方面，我们要以道德教育为基础，推动人文精神的发展，用人文精神引导科学精神，让科学发展以道德为准则，让企业家自发自觉地诚信经营、承担社会责任。此外，对于一些违反道德的企业家，应该重拳出击，不能姑息。

另一方面，我们要以科学教育为根本，推动科学精神的发展，并把科学意识纳入实业发展的轨道，让企业家的终身学习成为可能。

所以，国家发展在于实业，实业发展在于教育，以道德教育和科学教育促进实业发展，势在必行。

（全文共614字）

2020年全国硕士研究生招生考试
管理类综合能力试题答案详解

一、问题求解

1（D）

详细解析

母题93·增长率问题

设原价为1，则现价为 $1\times(1+10\%)\times(1+20\%)=1.32$，显然该产品两年涨价 32%.

2（A）

思路点拨

利用数轴更容易理清不等式集合的关系.

$A\subset B$ 读作 A 真包含于 B，表示集合 A 是集合 B 的真子集，且 $A\neq B$.

$A\subseteq B$ 读作 A 包含于 B，表示集合 A 是集合 B 的子集，存在 $A=B$.

详细解析

母题32·集合的运算

去绝对值解不等式，可得

A 集合：$-1<x-a<1$，解得 $a-1<x<a+1$.

B 集合：$-2<x-b<2$，解得 $b-2<x<b+2$.

由于 $A\subset B$，即 A 是 B 的真子集，因此在数轴上关系如右图所示.

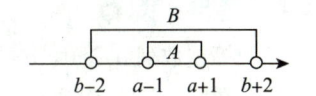

可列不等式组 $\begin{cases}a-1\geq b-2,\\ a+1\leq b+2\end{cases}\Rightarrow\begin{cases}a-b\geq -1,\\ a-b\leq 1,\end{cases}$ 由图可知两不等式不可能

同时取等，因此 $-1\leq a-b\leq 1$，即 $|a-b|\leq 1$.

秒杀技巧

特殊值法.

令 $a=1$，$b=0$，代入不等式，可得 A 集合：$0<x<2$；B 集合：$-2<x<2$. $A\subset B$ 成立，此时 $|a-b|=1$，故排除(C)、(D)项.

令 $a=0$，$b=0$，代入不等式，可得 A 集合：$-1<x<1$；B 集合：$-2<x<2$. $A\subset B$ 成立，此时 $|a-b|<1$，故排除(B)、(E)项.

易错警示

很多同学在列不等式组时，认为端点不能取等号，因而列出 $\begin{cases}b-2<a-1,\\ a+1<b+2,\end{cases}$ 得到错误的结果：$-1<a-b<1$，错选(C)项. 但本题当且仅当两个端点同时重合时，才会导致 $A=B$，因此只需列式计算后找出取等条件即可.

3 (B)

详细解析

母题 91 · 平均值问题 + 母题 100 · 最值问题

设丙的成绩为 x 分，根据题意，有

$$\begin{cases} 70\times30\%+75\times20\%+50\%x\geq60, \\ x\geq50 \end{cases} \Rightarrow \begin{cases} x\geq48, \\ x\geq50 \end{cases} \Rightarrow x\geq50.$$

故丙成绩最少为 50 分．

> **易错警示**
>
> 有学生仅列式：$70\times30\%+75\times20\%+x\times50\%\geq60$，解出 $x\geq48$，错选（A）项，审题时候没注意到"每部分成绩 ≥50"这一重要条件．

4 (B)

详细解析

母题 4 · 质数与合数问题 + 母题 82 · 常见古典概型问题

1 至 10 中的质数有 2，3，5，7 共 4 个，非质数有 6 个，因此从这 10 个数中选 1 个质数和 2 个非质数的情况有 $C_4^1 C_6^2$ 种，从 10 个数中任选 3 个的情况一共有 C_{10}^3 种．

故在 1 至 10 里任选 3 个数且恰有 1 个质数的概率为 $\dfrac{C_4^1 C_6^2}{C_{10}^3}=\dfrac{1}{2}$．

5 (E)

思路点拨

等差数列 $a_1>0$，$d<0$ 时，数列单调递减，各项的值由正变负，因此 S_n 先变大后变小，最值在"a_n 变号"时取得，所以关键是找到 $a_n=0$ 这个转折点．

详细解析

母题 48 · 等差数列 S_n 的最值问题

方法一：求通项．

$a_2+a_4=a_1=2a_3=8$，故 $a_3=4$，公差 $d=\dfrac{a_3-a_1}{2}=-2$．

于是 $a_n=-2n+10$．令 $a_n=-2n+10=0$，解得 $n=5$，即 $a_5=0$，且 $\{a_n\}$ 前 5 项和最大．

故 $\{a_n\}$ 前 n 项和的最大值为 $S_5=\dfrac{5(a_1+a_5)}{2}=\dfrac{8\times5}{2}=20$．

方法二：下标和定理．

等差数列满足 $a_2+a_4=a_1=8$，由下标和定理可得 $a_2+a_4=a_1+a_5$，解得 $a_5=0$．

因此 $S_{\max}=S_5=\dfrac{(a_1+a_5)\times5}{2}=20$．

秒杀技巧

解出 $a_1=8$，$d=-2$，易知数列为 $\{8,6,4,2,0,-2,-4,\cdots\}$，故 $\{a_n\}$ 前 n 项和的最大值为 $8+6+4+2=20$．

6 (C)

思路点拨

本题属于典型的 $x+\dfrac{1}{x}=a$ 模型，$x^2+\dfrac{1}{x^2}$、$x^3+\dfrac{1}{x^3}$ 都与 $x+\dfrac{1}{x}$ 成幂次关系，破题关键为通过已知方程求解出 $x+\dfrac{1}{x}$ 的值.

详细解析

母题 29·已知 $x+\dfrac{1}{x}=a$ 或者 $x^2+ax+1=0$，求代数式的值

原式可整理为 $\left(x+\dfrac{1}{x}\right)^2-3\left(x+\dfrac{1}{x}\right)=0$，解得 $x+\dfrac{1}{x}=3$ 或 0，根据对勾函数的性质，可知 $x+\dfrac{1}{x}\geqslant 2$ 或 $x+\dfrac{1}{x}\leqslant -2$，因此 $x+\dfrac{1}{x}=3$. 故

$$\begin{aligned}x^3+\dfrac{1}{x^3}&=\left(x+\dfrac{1}{x}\right)\cdot\left(x^2+\dfrac{1}{x^2}-1\right)\\&=\left(x+\dfrac{1}{x}\right)\cdot\left(x^2+\dfrac{1}{x^2}+2-3\right)\\&=\left(x+\dfrac{1}{x}\right)\cdot\left[\left(x+\dfrac{1}{x}\right)^2-3\right]\\&=18.\end{aligned}$$

7 (B)

思路点拨

数形结合：$x^2+y^2=(x-0)^2+(y-0)^2$，可以看作是原点到 (x, y) 的距离的平方；根据经验公式可知，$|x-2|+|y-2|=2$ 表示正方形（$|Ax-a|+|By-b|=C$，当 $A=B$ 时，图像是正方形，当 $A\neq B$ 时，图像是菱形）.

详细解析

母题 70·图像的判断 ＋ 母题 74·解析几何中的最值问题

x^2+y^2 可表示点 (x, y) 到 $(0, 0)$ 距离的平方.

画图像知 $|x-2|+|y-2|\leqslant 2$ 是一个正方形区域，如右图阴影部分所示.

原点到该正方形距离的最小值为原点到直线 AD 的距离，易知为 $\sqrt{2}$；原点到该正方形距离的最大值为原点到点 B 或点 C 的距离，易知为 $\sqrt{20}$.

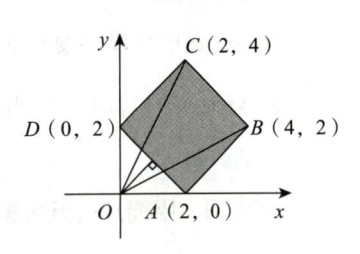

故 x^2+y^2 的取值范围是 $[2, 20]$.

秒杀技巧

极值蒙猜法.

令 $|x-2|=|y-2|=1$，则 x，y 可以为 1，1，x^2+y^2 的值最小能取到 2；

令 $|x-2|=2$，$|y-2|=0$，则 x，y 可以为 4，2，则 x^2+y^2 的值最大能取到 20.

8 (B)

思路点拨

由题干可知，总消费 $-m \geqslant$ 总消费 $\times 8$ 折，即总消费 $\times (1-8$ 折$) \geqslant m$，当总消费 $\times (1-8$ 折$)$ 的最小值大于等于 m 时，原不等式恒成立，m 的最大值取在等号处．

详细解析

母题 100 · 最值问题

设一共消费 x 元，根据题意可知，$x-m \geqslant 0.8x$ 对于 $x \in [200, +\infty)$ 恒成立．

解不等式，得 $m \leqslant 0.2x$，故 $m \leqslant (0.2x)_{\min}$．

当买 1 件 55 元的商品，2 件 75 元的商品时，$x=55+75+75=205$，此时的消费金额是满足满减的最小值，因此 $m \leqslant 0.2 \times 205 \Rightarrow m \leqslant 41$．故 m 的最大值为 41．

9 (C)

详细解析

母题 19 · 平均值和方差

以第二部电影看，一半人都感觉好，另外一半人都感觉差，说明意见分歧大（方差大）．

以第四部电影看，80% 的人都觉得好，只有 20% 的人感觉差，那么说明好评率还是具备一致性的，意见分歧小（方差小）．其他几部同理．因此这五部电影分歧由大到小排序为

第二部＞第五部＞第三部＞第一部＞第四部．

易错警示

注意本题需要联系实际生活，"好评率和差评率相差较大"和"方差大"不是一个概念．如果大家都给好评，只有极少数人给差评，可以说明"方差小"，观众分歧小；同理，如果大家都给差评，只有极少数人给好评，也可以说明"方差小"，观众分歧小；但如果一半人给好评，另一半人给差评，则说明评论两极分化，即"方差大"．

10 (E)

思路点拨

旋转过程中线段长度不变，因此 $BD=BA$，则 $\triangle DBC$ 与 $\triangle ABC$ 已知两边关系和其夹角，可用公式 $S_{\triangle ABC} = \frac{1}{2}ab \sin C$ 求解．

详细解析

母题 59 · 平面几何五大模型

令 $BC=a$，$AB=c$，利用三角形面积公式，有

$$\frac{S_{\triangle DBC}}{S_{\triangle ABC}} = \frac{\frac{1}{2}ac\sin\angle DBC}{\frac{1}{2}ac\sin\angle ABC} = \frac{\sin\angle DBC}{\sin\angle ABC} = \frac{\sin 60°}{\sin 30°} = \sqrt{3}.$$

11 (B)

思路点拨

连续三项之间的递推关系无法直接求出通项,可令 $n=1,2,3,\cdots$,列举并观察每项的变化规律,此类题目通常成周期数列.

详细解析

母题 56·已知递推公式求 a_n 问题

$a_3=a_2-a_1=1$,$a_4=a_3-a_2=-1$,$a_5=a_4-a_3=-2$,$a_6=a_5-a_4=-1$,$a_7=a_6-a_5=1$,$a_8=a_7-a_6=2$,$a_9=a_8-a_7=1$,$a_{10}=a_9-a_8=-1$,$\cdots$.

由此可知,数列 $\{a_n\}$ 是有规律的,各项会按 $1,2,1,-1,-2,-1$ 构成循环,周期为 6.

因为 $100=6\times 16+4$,所以 $a_{100}=a_4=-1$.

12 (C)

思路点拨

根据圆的面积公式 $S=\pi r^2$,可知只要求出半径即可. 连接 OB、OC,易知 $\triangle OBC$ 为等腰直角三角形,求出其直角边即为半径 r.

详细解析

> 同弧所对圆心角是圆周角的2倍

母题 58·三角形的心及其他基本问题

连接 OB、OC,可知 $\angle BOC=2\angle BAC=\dfrac{\pi}{2}$,故 $\triangle OBC$ 是等腰直角三角形.

则半径 $OB=\dfrac{\sqrt{2}}{2}BC=3\sqrt{2}$,故圆 O 的面积 $S=\pi\cdot OB^2=18\pi$.

13 (D)

思路点拨

行程问题的破题关键:画好线段图,找等量关系.

直线上的往返相遇问题,第一次相遇总路程为 S,之后每相遇一次,路程和增加 $2S$.

详细解析

母题 98·行程问题

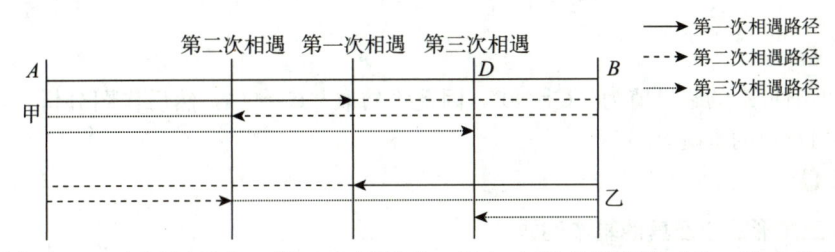

设两地距离为 S,由图可看出,第三次相遇时,甲与出发点的距离 $AD=$甲走的全程 $-2S$.

当第一次相遇时,两人共走了 S;之后的每次相遇,两人都要合起来再走 $2S$.

故到第三次相遇时共走了 $S+2S+2S=9\,000$(米),所用时间为 $\dfrac{9\,000}{100+80}=50$(分钟).

此时,甲走的路程为 $100\times 50=5\,000$(米),与出发点的距离为 $5\,000-1\,800\times 2=1\,400$(米).

秒杀技巧

直线上的 n 次相遇问题,可直接利用公式 $(2n-1)S=(v_1+v_2)t$,代入数值可解得 $t=50$,甲行

走的路程为 $S_甲 = 50 \times 100 = 5\,000$（米），由 $5\,000 = 1\,800 \times 2 + 1\,400$，可得甲距离起点 $1\,400$ 米．

14 （E）

思路点拨

要保证机器人不过点 C，只能在 A、B、D 三个节点运动，则其在每个节点的运动方向都只有 2 个选择，因此每步的概率均为 $\dfrac{2}{3}$．机器人每次从一个节点到另一个节点都是相互独立的，因此将三步的概率相乘即可．

详细解析

母题 85·独立事件

无论机器人在 A、B、D 哪个节点，它不到达节点 C 的概率均为 $\dfrac{2}{3}$．故随机走 3 步，未到达过节点 C 的概率为 $\dfrac{2}{3} \times \dfrac{2}{3} \times \dfrac{2}{3} = \dfrac{8}{27}$．

15 （D）

详细解析

母题 79·不同元素的分配问题

方法一： 女职员共 2 名且不同组，则分组情况为（男，女），（男，女），（男，男）．先考虑（男，男）这组，剩下两男两女异性搭配．具体为先从 4 名男职员中选 2 名组成一组，即 C_4^2；剩余 2 名男职员和 2 名女职员，分别男女搭配组成两组，共有 2 种情况．
故总计有 $C_4^2 \times 2 = 12$（种）不同的分组方式．

方法二： 让 2 名女职员从 4 名男职员中分别挑选 1 人作为搭档．设 2 名女职员分别为女 1、女 2，女 1 去挑 1 名男职员，即 C_4^1；女 2 从余下的 3 名男职员中挑 1 名，即 C_3^1．余下的 2 名男职员自然在同一组，即 C_2^2．故总计有 $C_4^1 C_3^1 C_2^2 = 12$（种）不同的分组方式．

方法三： 从反面考虑，反面分组情况为（女，女），（男，男），（男，男），故总方法数减去女职工同组的情况，即 $\dfrac{C_6^2 C_4^2 C_2^2}{A_3^3} - \dfrac{C_4^2 C_2^2}{A_2^2} = 15 - 3 = 12$（种）．

二、条件充分性判断

16 （B）

思路点拨

条件（1）和条件（2）的临界值为 $\angle C = 90°$，因此不妨取 $\angle C = 90°$，然后作图分析，再判断角度变大或变小对比值的影响．

详细解析

母题 58·三角形的心及其他基本问题

当 $\angle C = 90°$ 时，$\dfrac{c}{a} = 2$．固定 BC 边的长度，即 a 不变，$\angle C$ 变化时，c 也随之变化，如图所示．

条件（1）：$\angle C < 90°$ 时，c 变小，则 $\dfrac{c}{a}$ 变小，故 $\dfrac{c}{a} < 2$，条件（1）不充分．

条件（2）：$\angle C > 90°$ 时，c 变大，则 $\dfrac{c}{a}$ 变大，故 $\dfrac{c}{a} > 2$，条件（2）充分．

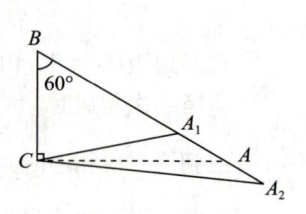

17 (C)

思路点拨

要使结论成立，则直线与圆一定是相离关系，此时圆上的点到直线距离的最小值＝圆心到直线的距离 d－半径 r.

详细解析

母题 68·直线与圆的位置关系

圆的方程可以化为 $(x-1)^2+(y-1)^2=2$，圆心到直线的距离为 $d=\dfrac{|a+b+\sqrt{2}|}{\sqrt{a^2+b^2}}$，圆上的点到直线距离的最小值大于 1，因此结论等价转化为 $d-r=\dfrac{|a+b+\sqrt{2}|}{\sqrt{a^2+b^2}}-\sqrt{2}>1$.

条件(1)：举反例，令 $a=0,b=1$，$\dfrac{|a+b+\sqrt{2}|}{\sqrt{a^2+b^2}}-\sqrt{2}=1$，条件(1)不充分.

条件(2)：举反例，令 $a=1,b=1$，$\dfrac{|a+b+\sqrt{2}|}{\sqrt{a^2+b^2}}-\sqrt{2}=1$，条件(2)不充分.

联立两个条件，得 $\dfrac{|a+b+\sqrt{2}|}{\sqrt{a^2+b^2}}-\sqrt{2}=|a+b+\sqrt{2}|-\sqrt{2}=a+b+\sqrt{2}-\sqrt{2}=a+b.$

而 $(a+b)^2=a^2+b^2+2ab=1+2ab>1$，所以 $a+b>1$.

故 $d-r=a+b>1$，所以联立两个条件充分.

18 (E)

思路点拨

若最大值能确定，则最大值要唯一，可设特值代入分析，便于判断和比较.

详细解析

母题 19·平均值和方差

条件(1)，假设 a,b,c 的平均值为 10，则 $a+b+c=30$，无法确定最大值. 故不充分.

条件(2)，假设最小值为 $c=1$，显然无法确定最大值. 故不充分.

联立可知 $a+b=30-1=29$，此时仍无法求出 a,b 的大小，当然也无法确定最大值. 故联立也不充分.

19 (C)

思路点拨

本题概率计算采用古典概型，可列出不等式计算得到使结论成立的手机数量的取值范围，或者直接比较不同数量取值下，恰有一部甲手机概率的大小，判断概率的最小值是否大于 $\dfrac{1}{2}$.

详细解析

母题 84·袋中取球模型

方法一：设甲手机数量为 n 部，则乙手机数量为 $20-n$ 部. 若恰有 1 部甲手机的概率

$$P=\dfrac{C_n^1 C_{20-n}^1}{C_{20}^2}=\dfrac{-n^2+20n}{190}>\dfrac{1}{2},$$

则 $10-\sqrt{5}<n<10+\sqrt{5}$，取近似值，即 $7.8<n<12.2$，由于 n 只能取整数，故 $n=8,9,10,$

11，12．两个条件单独不充分．

两个条件联立，可推出甲手机的取值范围为[8，12]且为整数，因此两个条件联立充分．

方法二：特值法．

条件(1)：举反例，若甲手机有 20 部，则取 2 部，恰有 1 部甲手机的概率为 0，不充分．

条件(2)：举反例，若乙手机有 20 部，则取 2 部，恰有 1 部甲手机的概率为 0，不充分．

联立两个条件：甲手机的取值范围为[8，12]，即 n 的取值有 8，9，10，11，12，根据概率公式列式比较大小，在不同取值下恰有 1 部甲手机的概率为 $\dfrac{C_{10}^1 C_{10}^1}{C_{20}^2} > \dfrac{C_9^1 C_{11}^1}{C_{20}^2} > \dfrac{C_8^1 C_{12}^1}{C_{20}^2} = \dfrac{48}{95} > \dfrac{1}{2}$，因此联立充分．

20 (E)

思路点拨

车辆和人数都是正整数，因此可根据题意列出等式或不等式，看取值范围内是否存在唯一整数解．

详细解析

母题 6·整数不定方程问题

条件(1)：无法确定车的数量和最后一辆车的人数，故不充分．

条件(2)：无法确定车的数量，故不充分．

联立两条件，设有 x 人出游，则

$$\begin{cases} 20(n-1) < x < 20n, \\ 12n + 10 = x, \end{cases}$$

解得 $\dfrac{5}{4} < n < \dfrac{15}{4}$，因为 n 为正整数，故可取 2 或 3，人数为 34 或 46．因此联立也无法确定人数．

21 (D)

思路点拨

长方体的体对角线为 $\sqrt{a^2+b^2+c^2}$，解题关键是判断该式子的值能否唯一确定．

详细解析

母题 61·空间几何体的基本问题

条件(1)：不妨设长方体一个顶点处的三个面的面积分别为 m，n，k，即 $\begin{cases} ab = m \text{①}, \\ bc = n \text{②}, \\ ac = k \text{③}, \end{cases}$ 三式相乘，

得 $(abc)^2 = mnk$；将式①代入，得 $(mc)^2 = mnk \Rightarrow c = \sqrt{\dfrac{nk}{m}}$，同理可得 $b = \sqrt{\dfrac{mn}{k}}$，$a = \sqrt{\dfrac{mk}{n}}$．

a，b，c 的值可确定，故 $\sqrt{a^2+b^2+c^2}$ 的值可以确定，条件(1)充分．

条件(2)：不妨设长方体一个顶点处的三个面的面对角线分别为 x，y，z，即 $\begin{cases} \sqrt{a^2+b^2} = x, \\ \sqrt{b^2+c^2} = y, \\ \sqrt{a^2+c^2} = z \end{cases} \Rightarrow$

$\begin{cases} a^2+b^2 = x^2, \\ b^2+c^2 = y^2, \\ a^2+c^2 = z^2 \end{cases} \Rightarrow 2(a^2+b^2+c^2) = x^2+y^2+z^2 \Rightarrow \sqrt{a^2+b^2+c^2} = \sqrt{\dfrac{x^2+y^2+z^2}{2}}$．

故 $\sqrt{a^2+b^2+c^2}$ 的值可以确定，条件(2)充分．

22 (E)

详细解析

母题 6·整数不定方程问题

条件(1)：只知三人捐款数各不相同，无法确定每人的捐款金额，条件(1)不充分．

条件(2)：设甲、乙、丙三人的捐款数分别为 $500a$，$500b$，$500c(a,b,c\in \mathbf{N}^+)$，则有
$$500a+500b+500c=3\,500,$$
即 $a+b+c=7$，此方程有多组解，因此无法确定 a,b,c 的值，条件(2)不充分．

联立两个条件，得 $a+b+c=7=1+2+4$，但无法确定 a,b,c 中谁是 1，谁是 2，谁是 4．故两个条件联立也不充分．

易错警示

本题在分析出捐款数额分别为 500、1 000、2 000 时，很容易错选(C)项．结论"确定每人的捐款金额"有两层含义，一是确定数量各是多少，二是还需确定捐款数额与甲、乙、丙三人之间的对应，显然我们只能确定数量但无法对应到具体的人．

23 (A)

思路点拨

"左侧"一词明显是图像描述，提示要数形结合．$f(x)<0$ 表示函数图像位于 x 轴下方区域，可通过二次函数开口方向与根的分布，判断条件是否充分．

详细解析

母题 35·一元二次函数的基础题

条件(1)：根据条件可知当 $a>\dfrac{1}{4}$ 时，有 $\dfrac{1}{a}<4$，$f(x)$ 为开口向上的二次函数如下图所示．

$f(x)<0$ 的解集为 $\left(\dfrac{1}{a},4\right)$，在 $x=4$ 左侧附近时，满足 $f(x)<0$，所以条件(1)充分．

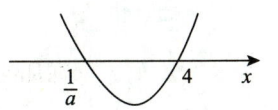

条件(2)：举反例，当 $a=0$ 时，$f(x)=-(x-4)=4-x$，在 $x=4$ 左侧附近时，有 $f(x)>0$，与结论矛盾，所以条件(2)不充分．

24 (A)

思路点拨

由于 a,b 都是正实数，因此求和的最小值可采用均值不等式，须判断是否有积的定值，以及取等条件是否满足．

详细解析

母题 20·均值不等式

根据均值不等式，可得 $\dfrac{1}{a}+\dfrac{1}{b}\geqslant 2\sqrt{\dfrac{1}{ab}}$．

条件(1)：已知 ab 的值，则 $2\sqrt{\dfrac{1}{ab}}$ 为定值，且 a 和 b 可以相等，因此 $\dfrac{1}{a}+\dfrac{1}{b}$ 的最小值为 $2\sqrt{\dfrac{1}{ab}}$，故充分．

条件(2)：均值不等式取到最小值的条件为 $a=b$，但此条件中，$a \neq b$，故最值取不到，不充分．

> **易错警示**
>
> 有些同学认为条件(2)可以利用韦达定理得 $ab=2$，再使用均值不等式 $\dfrac{1}{a}+\dfrac{1}{b} \geqslant 2\sqrt{\dfrac{1}{ab}}$ 求出其最小值，但取等条件"$a=b$"与"方程有两个不同实根"矛盾．

25 (A)

思路点拨

a，b，c，d 均为正数，条件中的形式为两项之和或两项之积，且题干结论为不等式成立，因此可结合均值不等式进行分析．

详细解析

母题 20 · 均值不等式

$\sqrt{a}+\sqrt{d} \leqslant \sqrt{2(b+c)}$，两边平方，可得 $a+d+2\sqrt{ad} \leqslant 2(b+c)$．

条件(1)：$a+d=b+c$，上式可化为 $2\sqrt{ad} \leqslant a+d$，根据均值不等式，可知条件(1)充分．

条件(2)：举反例，令 $a=1$，$d=4$，$b=c=2$，$\sqrt{a}+\sqrt{d}=3$，$\sqrt{2(b+c)}=\sqrt{8}$，结论不成立，故条件(2)不充分．

三、逻辑推理

26 (C)

秒杀思路

题干均为假言判断，并且题干的已知条件无重复元素（无法进行串联），故本题为假言无串联模型，可使用三步解题法或选项排除法。

详细解析

第 1 步：画箭头。

题干：

①知无不言、言无不尽 → 采取有则改之、无则加勉的态度 ∧ 营造言者无罪、闻者足戒的氛围。

②兼听则明 ∨ 作出科学决策 → 从谏如流 ∧ 为说真话者撑腰。

③营造风清气正的政治生态 → 乐于和善于听取各种不同意见。

第 2 步：逆否。

题干的逆否命题为：

④¬ 采取有则改之、无则加勉的态度 ∨ ¬ 营造言者无罪、闻者足戒的氛围 → ¬ 知无不言、言无不尽。

⑤¬ 从谏如流 ∨ ¬ 为说真话者撑腰 → ¬ 兼听则明 ∧ ¬ 作出科学决策。

⑥¬ 乐于和善于听取各种不同意见 → ¬ 营造风清气正的政治生态。

第 3 步：找答案。

(A)项，题干并未涉及领导干部是否必须善待批评、从谏如流、为说真话者撑腰，故此项无法从题干推出。

(B)项，此项指出"大多数"领导干部对于批评意见"能够"采取有则改之、无则加勉的态度，而题干指出领导干部对于批评意见"应"采取有则改之、无则加勉的态度,"应该"和"能够"并不等价,故此项无法从题干推出。

(C)项,¬从谏如流→¬作出科学决策,由⑤可知,此项必然为真。

(D)项,营造风清气正的政治生态→营造言者无罪、闻者足戒的氛围,由题干无法判断此项的真假。

(E)项,知无不言、言无不尽→乐于和善于听取各种不同意见,由题干无法判断此项的真假。

27 (A)

论证结构
锁定"结果发现""就会"等关键词,可知题干是现象分析型,即摆现象、析原因。

现象:寻路任务中得分较高者其嗅觉也比较灵敏。

原因:一个人空间记忆力好、方向感强,就会使其嗅觉更为灵敏。

秒杀思路
现象分析型的削弱题,常用方法有:(1)因果倒置;(2)因果无关;(3)另有他因;(4)无因有果;(5)有因无果;(6)否因削弱。

选项详解
(A)项,此项说明是嗅觉灵敏导致方向感强,而不是方向感强导致嗅觉灵敏,因果倒置,削弱题干。

(B)项,不确定此项中的"有些参试者"是寻路任务中得分高的人还是得分低的人,因此无法削弱或支持题干。(干扰项·两可选项)

(C)项,无关选项,"马拉松运动员"未必"空间记忆力好、方向感强",而且此项也没有指出马拉松运动员的嗅觉如何。

(D)项,无关选项,题干的论证不涉及"教授"和"年轻人"之间的比较。(干扰项·无关新比较)

(E)项,无关选项,"食不知味"是指心里有事,因此吃东西不香,而不是嗅觉不灵敏。

28 (C)

论证结构
此题的提问方式为"以下哪项最可能是上述专家论断的假设",故直接定位"专家的论断"。

锁定专家论断中的关键词"因此",可知此前是论据,此后是论点。

专家:医生是既崇高又辛苦的职业,要有足够的爱心和兴趣才能做好 ——证明→ 宁可招不满,也不要招收调剂生。

题干论证中的核心概念为"爱心和兴趣",论点中的核心概念为"不招收调剂生",二者并非同一概念,故本题为搭桥模型中的偷换概念型。

秒杀思路
偷换概念型的假设题,常用方法有:(1)指出核心概念具备相似性、等价性、一致性;(2)在两个核心概念之间建立推理联系或直接建立联系。

选项详解
(A)项,无关选项,专家的论断不涉及"奉献精神"与"学好医学"之间的关系。

(B)项,此项仅仅是对题干论据的一个简单重复,不是专家论断的假设。

(C)项,搭桥法,调剂生对医学缺乏兴趣,即:建立了"调剂生"与"爱心和兴趣"之间的联系,再结合论据可知,调剂生做不好医生,因此,不招收调剂生。故此项是专家论断的假设。

(D)项,此项指出因优惠条件而报考医学的学生往往缺乏奉献精神,但"奉献精神"与"爱心和兴趣"并非同一概念，故此项不是专家论断的假设。

(E)项，无关选项，专家的论断不涉及有爱心并对医学有兴趣的学生是否在意收费。

29 (D)

秒杀思路

题干是一组人和一组饮品做匹配，已知"每人都只喜欢其中的2种饮品，且每种饮品都只有2人喜欢"，故本题为**两组元素的多一匹配模型**。题干中无假言，故使用口诀"事实/问题优先看，重复信息是关键。两组匹配用表格，三组匹配就连线"秒杀。

详细解析

从事实出发，由条件(1)"甲和乙喜欢菊花，且分别喜欢绿茶和红茶中的一种"并结合"每人都只喜欢其中的2种饮品"可知，甲和乙均不喜欢咖啡和大麦茶这两种饮品。

由条件(2)"丙和戊分别喜欢咖啡和大麦茶中的一种"可知，咖啡和大麦茶分别有一人喜欢。

再结合"甲和乙均不喜欢咖啡和大麦茶这两种饮品"和"每种饮品都只有2人喜欢"可知，丁喜欢咖啡和大麦茶。

故(D)项正确。

30 (C)

秒杀思路

此题的提问方式为"以下哪项与以上论证方式最为相似"，且题干中有典型的形式逻辑关联词"如果……那么……"，故本题为**推理结构相似题**。

详细解析

题干：考生若考试通过(A)并且体检合格(B)，则将被录取(C)。因此，如果李铭考试通过(A)，但未被录取(¬C)，那么他一定体检不合格(¬B)。

符号化：A∧B→C。因此，A∧¬C→¬B。

(A)项，A∧B→C。因此，¬C→¬A∨¬B。故与题干不同。

(B)项，A∧B→C。因此，A∧¬B→¬C。故与题干不同。

(C)项，A∧B→C。因此，A∧¬C→¬B。故与题干相同。

(D)项，A∧B→C。因此，C∧¬B→¬A。故与题干不同。

(E)项，A∧B→C。因此，A∧C→B。故与题干不同。

31 (B)

秒杀思路

题干由事实和假言构成，故本题为**事实假言模型**，可使用口诀"题干事实加假言，事实出发做串联；肯前否后别犹豫，重复信息直接连"秒杀。

详细解析

从事实出发，条件(1)是事实，但其他条件与条件(1)均没有重复元素，故无法实现串联推理。

条件(2)是个半事实，分析条件(2)：冬至对应不周风、广莫风之一。

找重复信息"冬至"，可知条件(4)的后件"冬至对应明庶风"为假，根据口诀"否后必否前"，可得：立夏对应清明风∧立春对应条风。

找重复信息，可知条件(3)的前件为真，根据口诀"肯前必肯后"，可得：(5)夏至对应条风∨立冬对应不周风。

由于"立春对应条风",则"夏至对应条风"为假,故由(5)可得:¬夏至对应条风→立冬对应不周风。因此,冬至不对应不周风。

由条件(2)可知,冬至对应广莫风。

故(B)项正确。

32 (E)

详细解析

由题干及上题分析可知,节气与节风的对应情况为:立秋——凉风、立夏——清明风、立春——条风、立冬——不周风、冬至——广莫风。故本题被简化为三个节气(春分、秋分、夏至)与三种节风(明庶风、阊阖风、景风)的一一匹配。

本题给出新条件:(6)"春分"和"秋分"两个节气对应的节风在"明庶风"和"阊阖风"之中。

可知,余下的"夏至"和"景风"对应,即(E)项正确。

33 (C)

秒杀思路

小王(前提):①女员工的绩效>男员工的绩效。

小李(结论):②绩效最差的女员工>新入职员工中绩效最好的员工。

题干由1个前提和1个结论构成,要求补充条件使得小李的结论成立,故本题可视为隐含三段论模型的变形。

详细解析

要想使得小李的论断成立,则需要建立"男员工"和"新入职员工"之间的联系,故只有(A)、(C)两项符合要求。

如果(A)项为真,即"男员工都是新入职的",但此项没有对女员工做出断定,故可能存在新入职的女员工。假设新入职的员工中仅有1名女性(张珊),则由①可得:张珊的绩效>男员工的绩效,又知"男员工都是新入职的",故张珊是新入职员工中绩效最好的员工。由于张珊的绩效不一定是女员工中最差的,故可能存在绩效最差的女员工不如新入职员工中绩效最好的员工(即新员工张珊的绩效),与小李的论断矛盾,故排除(A)项。

如果(C)项为真,即"新入职的员工都是男性",结合①可得:女员工的绩效>所有新入职员工的绩效,进而可得:绩效最差的女员工>新入职员工中绩效最好的员工,能使小李的论断成立,故(C)项正确。

34 (A)

秒杀思路

题干是将人口按照"区"和"户籍"这两个标准进行了两次划分,故本题为二次划分模型,使用九宫格法进行解题即可。

详细解析

由题干"该市常住人口1 170万,其中常住外来人口440万,户籍人口730万"可知,该市常住人口包括常住外来人口和户籍人口。

设G区常住外来人口为a万人,户籍人口为b万人;H区常住外来人口为c万人,户籍人口为d万人。结合题干信息可得下表:

区域 \ 常住人口	常住外来人口 200 万人	户籍人口
G 区 240 万人	a	b
H 区 200 万人	c	d

由上表可得：$\begin{cases} a+b=240 \\ a+c=200 \end{cases}$，两式相减得：$b-c=40$。

故该市 G 区的户籍人口比 H 区的常住外来人口多，即(A)项正确。

35 (B)

论证结构

锁定关键词"会"，可知本题为预测结果模型。

专家：许多老年人仍然习惯传统的现金交易（原因）——预测→移动支付的迅速普及会将老年人阻挡在消费经济之外，从而影响他们晚年的生活质量（预测结果）。

秒杀思路

预测结果模型的削弱题，需要我们找个理由，说明结果预测不当。

选项详解

(A)项，无关选项，题干的论证不涉及社会对老年人生活质量的关注。

(B)项，此项说明即使老年人不会移动支付，也可以由子女代购，给出了新的理由说明移动支付的迅速普及并不会影响老年人晚年的生活质量，直接削弱专家的论断。

(C)项，无关选项，题干的论证对象为"老年人"，此项的论证对象为"消费者"及"商家"。

(D)项，题干中的许多老年人是"习惯"传统的现金交易，并非"不会"移动支付，故此项只能解决"会不会"移动支付的问题，不能解决"习惯"问题，故此项排除。

(E)项，此项说明有些老年人确实无法适应移动支付，支持专家的论断。

36 (E)

秒杀思路

此题的提问方式为"以下哪项对该城市这一周天气情况的概括最为准确"，故只需将选项与表格内容进行对照即可。

选项详解

(A)项，刮风 $\vee$ 下雨，与星期三、星期五的天气情况不符，排除。

(B)项，刮风 $\vee$ 晴天，与星期三的天气情况不符，排除。

(C)项，无风 $\vee$ 无雨，与星期一、星期四、星期日的天气情况不符，排除。

(D)项，有风 $\wedge$ 风力超过 3 级 → 晴天，与星期六的天气情况不符，排除。

(E)项，题干中满足"有风 $\wedge$ 风力不超过 3 级"的星期一、星期四、星期日，这三天都不是晴天，故此项正确。

37 (A)

秒杀思路

题干出现 2 天和 6 件事之间的匹配，故本题为两组元素的多一匹配模型。此题的提问方式为"以下哪项是可能的"，故优先考虑选项排除法。

详细解析

由题干可知，假期3天中，1天休息，另外2天做事。

已知③和④安排在假期的第2天，结合条件(2)可得：③、④和⑤安排在第2天，故排除(E)项。

再由条件(3)可知，②在第1天完成，故排除(B)项。

故第3天休息，不做任何事，由此可排除(C)、(D)项。

故(A)项正确。

38 (C)

详细解析

本题补充新事实：假期第2天只做⑥等3件事。

再结合题干"除安排1天休息之外，其他2天准备做6件事"可知，1天休息，其余2天各做3件事。

由条件(2)和条件(3)可知，④和⑤在同一天，且②和③不在同一天，故其中一天的安排为④+⑤+②和③中的一件。

故，另外一天的安排为①+⑥+②和③中的一件，故(C)项正确。

39 (D)

秒杀思路

题干出现多个假言，选项均为事实，故本题为假言事实模型。常用两种解题思路：找矛盾法、二难推理法。

详细解析

通过串联，找矛盾法。

第1步：将题干符号化。

①¬丁丑∨¬丙丑→戊丑∧甲丑。

②¬甲卯∨¬己卯∨¬庚卯→戊寅∧丙卯。

第2步：串联。

由①、②串联可得：¬丁丑∨¬丙丑→戊丑∧甲丑→¬甲卯→戊寅∧丙卯；

即：¬丁丑∨¬丙丑→戊丑∧戊寅。

第3步：推出答案。

由"¬丁丑∨¬丙丑"出发推出了"戊同时合并到丑和寅两个子公司"，与条件(1)"一个部门只能合并到一个子公司"矛盾，故"¬丁丑∨¬丙丑"为假，即"丁、丙均合并到丑公司"为真。因此，(D)项正确。

40 (C)

论证结构

王研究员：吃早餐对身体有害，因为可能引发Ⅱ型糖尿病。

李教授：事实并非如此。不吃早餐不仅会增加患Ⅱ型糖尿病的风险(观点1)，还会增加患其他疾病的风险(观点2)。

选项详解

(A)项，无关选项，此项涉及的是吃早餐的好处，不涉及不吃早餐是否会有李教授说的那些风险。

(B)项，无关选项，此项不涉及不吃早餐的影响。

(C)项,此项说明经常不吃早餐不利于血糖调节(支持观点1),且容易患上胃溃疡、胆结石等疾病(支持观点2),故此项直接支持李教授的观点,力度最强。

(D)项,无关选项,此项强调的是"很难按时吃早餐"与"健康"之间的关系,此外,"很难按时吃早餐"≠"不吃早餐","亚健康"≠"患其他疾病"。(干扰项·转移论题)

(E)项,不能支持,"不良的生活习惯"并不能说明人们患病。(干扰项·转移论题)

41 (A)

秒杀思路

题干是对"合法语句"的定义,提问方式为"以下哪项是合法的语句",故本题为<u>定义题</u>,将选项与定义的要点一一对应即可。

选项详解

(A)项,根据题干定义要点(1)和(2),可知 aWb、dXe 分别构成一个有涵义语词,又根据题干定义要点(3),可知 dXeZ 构成一个有涵义语词,再根据题干定义要点(4),可知 aWb 与 dXeZ 由 c 连接,构成一个合法的语句。

(B)项,根据题干定义要点(1)和(2),可知 aWb、aZe 分别构成一个有涵义语词,但两者之间由两个无涵义语词连接,不满足题干定义要点(4)。

(C)项,根据题干定义要点(1)、(2)、(3),可知 fXa、bZWb 分别构成一个有涵义语词,但两者之间由一个有涵义语词连接,不满足题干定义要点(4)。

(D)项,根据题干定义要点(1)和(2),可知 aZd 构成一个有涵义语词,aZd 与 X 这两个有涵义语词之间由四个无涵义语词连接,不满足题干定义要点(4)。

(E)项,根据题干定义要点(1)、(2)、(3),可知 XW、ZdWc 分别构成一个有涵义语词,XW 与 ZdWc 这两个有涵义语词之间由两个无涵义语词连接,不满足题干定义要点(4)。

42 (E)

秒杀思路

题干由事实和假言(选言可看作假言)构成,故本题为<u>事实假言模型</u>,可使用口诀"题干事实加假言,事实出发做串联;肯前否后别犹豫,重复信息直接连"秒杀。

详细解析

从事实出发,由"<u>种植银杏</u>"可知,(3)的后件为假,根据口诀"否后必否前",可得:<u>不种植枣树</u>。
再由(1)"椿树、枣树至少种植一种"可得:<u>种植椿树</u>。
由"种植椿树"可知,(2)的前件为真,根据口诀"肯前必肯后",可得:<u>种植楝树但不种植雪松</u>。此时可知,已经种植了 3 种树,而题干要求种植 4 种树,故余下的桃树必须种植。
综上,(E)项是不可能为真的。

43 (C)

论证结构

锁定关键词"这说明",可知此前是论据,此后是论点。
题干:①西藏披毛犀化石的鼻中隔只是一块不完全的硬骨;②早先在亚洲北部、西伯利亚等地发现的披毛犀化石的鼻中隔要比西藏披毛犀的"<u>完全</u>" $\xrightarrow{证明}$ 西藏披毛犀具有更原始的形态。

秒杀思路

题干论据中的核心概念是"鼻中隔的完全程度",论点中的核心概念是"原始程度",二者并非同一概念，直接使用搭桥法建立二者的联系即可支持。五个选项中只有(C)项涉及"鼻中隔"，可秒选(C)。

选项详解
(A)项，无关选项，题干的论证并未涉及物种的起源地。
(B)项，无关选项，题干讨论的是披毛犀化石的鼻中隔与披毛犀原始形态的关系，而此项仅涉及披毛犀化石的早晚。
(C)项，此项说明披毛犀鼻中隔的形成是从不完全到完全的过程，那么鼻中隔形成越不完全，则披毛犀的形态越原始，搭桥法，建立了"鼻中隔的完全程度"与"原始程度"之间的关系，支持题干。
(D)项，无关选项，题干的论证不涉及披毛犀接受耐寒训练的地点。
(E)项，此项不涉及"鼻中隔"，与题干的论证无关。

44 （C）

论证结构
锁定关键词"是因为"，可知本题为现象分析型。
现象：黄土高原以前植被丰富，长满大树，而现在千沟万壑，不见树木，这是植被遭破坏后水流冲刷大地造成的惨痛结果，即：黄土高原不长植物。
原因：黄土高原的黄土其实都是生土。

秒杀思路
本题现象中的核心概念为"不长植物"，原因中的核心概念为"生土"，使用搭桥法建立二者的联系即可。

选项详解
(A)项，无关选项，题干讨论的是生土不长植物，此项讨论的是生土不长庄稼。
(B)项，无关选项，题干的论证并未涉及生土无人耕种的原因，此外，"无人耕种"与题干中的"不长植物"也并非同一话题。
(C)项，搭桥法，此项首先指出了"生土"形成的原因，并在"生土"和"缺乏植物生长所需要的营养成分(即：植物无法生长)"之间建立了联系，必须假设。
(D)项，无关选项，题干的论证对象为"黄土高原"，此项的论证对象为"东北的黑土地"。（干扰项·偷换论证对象）
(E)项，无关选项，题干的论证对象为"生土"，此项的论证对象为"熟土"。（干扰项·偷换论证对象）

45 （B）

论证结构
锁定关键词"由此认为"，可知此前是论据，此后是科学家的观点；再锁定关键词"未来"，可知本题为预测结果模型。
科学家：这项技术可以把二氧化碳等物质"电成"有营养价值的蛋白粉，不像种庄稼那样需要具备合适的气温、湿度和土壤条件 —预测→ 这项技术开辟了未来新型食物生产的新路，有助于解决全球饥饿问题。

秒杀思路
预测结果模型的支持题，常用方法有：(1)直接指出因果相关；(2)补充结果会发生的理由。
注意此题选的是"不能支持"的项。

选项详解

(A)项，可以支持，说明该项技术可以产生出有营养价值的食物。
(B)项，不能支持，粮食问题是否是全球性重大难题，与该项技术能否解决这一难题无关。
(C)项，可以支持，说明该项技术不仅改变了农业，还有额外的好处。
(D)项，可以支持，说明该项技术可以产生出有营养价值的食物。
(E)项，可以支持，说明该项技术有助于解决沙漠和其他面临饥荒地区的饥饿问题。

46 (E)

秒杀思路

题干出现人与国家之间的匹配，但人数比国家数多，故本题为两组元素的多一匹配模型。题干涉及数量关系且"每个国家总有他们中的2~3人去旅游"，故可使用口诀"数量关系优先算，数量矛盾出答案"进行解题。

详细解析

第1步：数量关系优先算。
由题干信息，可知甲、乙、丙、丁、戊5人每人去其中的2个国家旅游，因此，总计出国次数为10次，共有4个国家可选，且每个国家只有2~3人去，故可视为10人分4组，且分组情况只能为3、3、2、2。

第2步：推出事实。
由条件(3)"丁和乙只去欧洲国家旅游"和"每人都去了其中的2个国家旅游"可知，丁和乙一定去英国和法国。
根据条件(2)，若丙、戊二人也去英国和法国旅游，则英国和法国均有4人去，与"每个国家总有他们中的2~3人去旅游"矛盾，因此，丙、戊均不去英国和法国。
再结合"每人都去了其中的2个国家旅游"，可得：丙、戊二人去日本和韩国。故(E)项正确。

47 (A)

详细解析

由上题分析可知，乙、丁二人去英国和法国；丙、戊二人去日本和韩国。
由"丁去英国"可知，条件(1)的后件为假，根据口诀"否后必否前"，可得：甲不去韩国。
根据上述信息可得下表：

人员 国家	甲	乙	丙	戊	丁
日本		×	√	√	×
韩国	×	×	√	√	×
英国		√	×	×	√
法国		√	×	×	√

又由"5人去欧洲国家旅游的总人次与去亚洲国家的一样多"，可知去欧洲国家旅游和去亚洲国家旅游的总人次应各5次，故甲必须去日本，才能满足此条件，即(A)项正确。

48 (A)

论证结构

此题的提问方式为"最能支持陪审员所作的判决"，故直接定位"陪审员所作的判决"。
陪审员的判决：支持原告，判决该商人支付75美元检查费。

支持原告,即反对被告(商人)的说法:"鲸鱼不是鱼"。

选项详解

(A)项,此项指出法律规定鲸鱼油是鱼油,而法律恰恰是判决的依据,故此项正确。

(B)项,从逻辑上分析"鲸鱼是鱼",虽然有道理,但它并不是法律判决的依据,故支持力度不如(A)项。

(C)项,此项指出19世纪的美国人对于"鲸鱼是否是鱼"有不同的看法,但并未说明哪种观点正确,故无法支持陪审员的判决。

(D)项,此项指出了从事科学研究的人与律师和政客的观点不一致,但并未说明双方的观点孰对孰错,故无法支持陪审员的判决。

(E)项,此项指出古希腊先哲认为鲸鱼不是鱼,但古希腊先哲的观点并不是陪审员判决的依据,故不能支持。

49 (C)

论证结构

此题的提问方式为"最能加强上述专家的论证",故直接定位"某专家由此认为"后的内容,在专家的论证中,锁定关键词"因此",可知此前是论据,此后是论点。

专家:未来10年,美国、加拿大、德国等主要发达国家对高层次人才的争夺将进一步加剧,而发展中国家的高层次人才紧缺状况更甚于发达国家 ──证明→ 我国高层次人才引进工作急需进一步加强。

秒杀思路

题干论据中的对象为"发展中国家",论点中的对象为"我国",论证对象不一致,使用搭桥法,建立二者的关系即可支持题干。故此题可秒选(C)项。

选项详解

(A)项,无关选项,题干的论证并未涉及我国理工科高层次人才与文科高层次人才紧缺程度的比较。(干扰项·无关新比较)

(B)项,无关选项,题干讨论的是"高层次人才",此项讨论的是"一般性人才"。(干扰项·转移论题)

(C)项,此项建立了"发展中国家"与"我国"之间的联系,即,直接指出论据的对象和论点的对象具有一致性,搭桥法,支持专家的论证。

(D)项,无关选项,题干讨论的是高层次人才的紧缺状况,此项讨论的是人才的重要性。(干扰项·转移论题)

(E)项,干扰项,题干讨论的是"未来10年"的情况,此项说明的是"近年来"的情况。

50 (E)

论证结构

此题的提问方式为"最能支持上述专家的观点",故直接定位"专家的观点"。

专家:数字阅读具有重要价值,是阅读的未来发展趋势。

选项详解

(A)项,此项说明数字阅读"说不定"会对生活产生影响,但"说不定"表示可能,故此项支持力度弱。

(B)项,此项指出当前数字阅读可能会出现虚假信息,即数字阅读目前可能具有一定的危害性,削弱专家的观点。

(C)项，此项指出有些网络平台的"听书"有缺点，削弱专家的观点。

(D)项，此项指出纸质阅读仍将是阅读的主要方式，而数字阅读有缺点，削弱专家的观点。

(E)项，此项指出数字阅读的价值及发展趋势，支持专家的观点。

51 (E)

秒杀思路

题干出现4个部门和4项工作之间的一一匹配，故本题为两组元素的一一匹配模型。此题的提问方式为"以下哪项工作安排是可能的"，故可使用选项排除法。此外，本题也可根据题干的假言进行推理(详见方法二)。

详细解析

方法一：选项排除法。

(A)项，平安部负责协调，由"各部门负责的工作各不相同"可知，民生部不能负责协调，由条件(2)可得：民生部负责秩序。由条件(1)可得：建设部负责环境→综合部负责协调∨综合部负责秩序，与"各部门负责的工作各不相同"矛盾，排除。

(B)项，建设部负责秩序，由"各部门负责的工作各不相同"可知，综合部不能负责秩序，又由条件(1)可知，综合部负责协调，故民生部不能负责协调，排除。

(C)项，综合部负责安全，可知条件(1)的后件为假，根据口诀"否后必否前"，可得：建设部不能负责环境且不能负责秩序，又知民生部负责协调，则建设部无活可干，排除。

(D)项，民生部负责安全，可知条件(2)的后件为假，根据口诀"否后必否前"，可得：平安部不能负责环境且不能负责协调，又知综合部负责秩序，则平安部无活可干，排除。

(E)项，建设部负责秩序，由条件(1)可知，综合部负责协调。由"各部门负责的工作各不相同"可知，条件(2)的后件为假，根据口诀"否后必否前"，可得：平安部不能负责环境且不能负责协调，故平安部负责安全、民生部负责环境，无矛盾，可能正确。

方法二：直接推理法。

由条件(1)可得：(3)建设部负责秩序→综合部负责协调。

条件(2)的后件中有"协调""秩序"，故可以此为切入点。

若(3)的前件为真，根据口诀"肯前必肯后"可知，其后件也为真。故，建设部负责秩序、综合部负责协调。

由"建设部负责秩序、综合部负责协调"可知，条件(2)的后件为假，根据口诀"否后必否前"，可得：¬平安部负责环境∧¬平安部负责协调；再结合"每个部门只负责其中的一项工作，且各部门负责的工作各不相同"可知，平安部负责安全、民生部负责环境。与题干均不矛盾。

故该种情况可能为真，即(E)项正确。

52 (B)

论证结构

题干：学问的本来意义与人的生命、生活有关(A)。但是，如果学问成为口号或教条(B)，就会失去其本来的意义(¬A)。因此，任何学问都不应该成为口号或教条(¬B)。

此题题干其实是个归谬法(证假设真)，即：假设"学问成为口号或教条"为真，得到了一个与事实矛盾的结论，因此，"学问成为口号或教条"为假。

选项详解

(A)项，椎间盘是没有血液循环的组织(A)。但是，如果要确保其功能正常运转(B)，就需依靠其周围流过的血液提供养分(¬A)。因此，培养功能正常运转的人工椎间盘应该很困难(C)。此项论证中偷换了"椎间盘"和"人工椎间盘"这两个概念，故与题干的论证方式不同。

(B)项，大脑会改编现实经历(A：已知事实)。但是，如果大脑只是储存现实经历的"文件柜"(B：假设为真)，就不会对其进行改编(¬A：与已知事实矛盾)。因此，大脑不应该只是储存现实经历的"文件柜"(¬B：故证明为假)。所以此项与题干的论证方式相同。

(C)项，人工智能应该可以判断黑猫和白猫都是猫(应该A)。但是，如果人工智能不预先"消化"大量照片(¬B：假设为假)，就无从判断黑猫和白猫都是猫(¬A)。因此，人工智能必须预先"消化"大量照片(B：故证明为真)。此项是个反证法(证真设假)，与题干的论证方式不同。而且，此项中的"应该可以判断"与"可以判断"概念不同。

(D)项，机器人没有人类的弱点和偏见(A)。但是，只有数据得到正确采集和分析(B)，机器人才不会"主观臆断"(C)。因此，机器人应该也有类似的弱点和偏见(¬A)。此项与题干的结构不同。

(E)项，历史包含必然性(A_1)。但是，如果坚信历史只包含必然性(A_2)，就会阻止我们用不断积累的历史数据去证实或证伪它(B)。因此，历史不应该只包含必然性(¬A_2)。此项与题干的结构不同。

> 归谬法：要证明某个命题为假，先假设其为真，推出一个与已知事实矛盾的结论，故该命题为假(证假设真)。
>
> 反证法：要证明某个命题为真，先假设其为假，推出一个与已知事实矛盾的结论，故该命题为真(证真设假)。

53 (E)

秒杀思路

题干均为性质判断或假言判断，并且题干的已知条件无重复元素(无法进行串联)；选项几乎都是假言判断，故本题为假言无串联模型，可使用三步解题法或选项排除法。

详细解析

第1步：画箭头。

题干：

(1)人非生而知之者，孰能无惑？等价于：所有人必然有惑。

(2)惑不从师→惑不得解。

(3)生乎吾前 ∧ 闻道先乎吾→从而师之。

(4)生乎吾后 ∧ 闻道先乎吾→从而师之。

(5)无贵无贱，无长无少，道之所存，师之所存也。即：道之所存→师之所存。

第2步：逆否。

注意：由于题干中的信息过多，在考试时，逆否这一步要视选项的需要而定，需要逆否哪个条件再逆否哪个条件，这样可以节约做题时间。

观察各选项的前件，发现(2)需要逆否，其他均不需要逆否。

(2)逆否可得：(6)解惑→从师。

第 3 步：找答案。

(A)项，题干未涉及"与吾生乎同时"，故此项可真可假。

(B)项，师之所存→道之所存，根据箭头指向原则，由(5)可知，"师之所存"后无箭头指向，故此项可真可假。

(C)项，题干信息(5)的意思并不是"无论贵贱长少都是吾师"，而是"无论贵贱长少，只要有道，都是吾师"，故此项可真可假。

(D)项，题干未涉及"与吾生乎同时"，故此项可真可假。

(E)项，解惑→从师，由(6)可知，此项必为真。

54 (D)

秒杀思路

题干中 4 人均给出了 4 道题的答案，并已知每人的正确个数，故本题为一个人多个判断的真假话问题。

详细解析

由于第一题和第二题中 4 个人分别选了 A、B、C、D，故一定有人答对。

因为总共只答对 2 题，故第三题和第四题 4 个人均答错。

由"第四题 4 个人均答错"可知，第四题的正确答案是 A，即(D)项正确。

55 (A)

秒杀思路

由于每道题的正确答案各不相同，故本题可视为选项 A、B、C、D 与 4 道题之间的一一匹配。两组元素的一一匹配问题，可采用表格法。

详细解析

由题干和上题分析可得下表：

试题 选项	第一题	第二题	第三题	第四题
A	×	×	×	√
B		×	×	×
C				×
D	×			×

由"每道题的正确答案各不相同"可知，第二题和第三题的正确答案一定是 C 或 D，故第一题的正确答案只能是 B，即(A)项正确。

四、写作

56 论证有效性分析

谬误分析

①冰雪运动中心投入运营，未必能获得可观的经济效益。因为，材料仅仅讨论了在南方设立冰雪运动中心的可能收入，但是，未考虑诸如气候条件、消费习惯、消费水平、经营成本等诸多影响这一投资是否能够盈利的因素，因此，其投资结论过于乐观。

②"北京与张家口共同举办冬奥会"未必"会在中国掀起一股冰雪运动热潮"。因为，冰雪运动与

夏季运动不同，它需要一定的气候和场地条件才能进行，仅靠冬奥会的带动就能掀起冰雪运动热潮未免过于乐观。

③仅仅因为"好奇心"未必能使南方人投身于冰雪运动。一方面，如前文所述，冰雪运动需要气候和场地条件；另一方面，"好奇心"驱使的行为，是否具备可持续性存在疑问。

④"开展商业性冰雪运动的同时也经营冬季运动用品"未必有利可图。因为，参与冰雪运动的人未必购买冬季运动用品，他们也有可能租用；而且，冬季运动用品价格不菲，也会成为大家购买冬季运动用品的阻力。

⑤材料认为"人们更青睐直接体验式的商业模态"缺少论据支持，难以成立。因为网络购物也有其自身独特的优势，比如购物方便、价格低廉等。因此，人们未必更青睐直接体验式的商业模态。

⑥材料认为冰雪运动"无疑具有光明的前景"难以成立。直接体验式的商业模态形式多样，比如购物、餐饮、娱乐等，因此，即使人们更青睐直接体验式的商业模态，人们所青睐的也未必是冰雪运动。

（说明：以上谬误引用和改编自教育部考试中心公布的官方参考答案。）

参考范文

投资冰雪运动中心真能获利吗？

材料认为"投资商业性的冰雪运动中心，能获得可观的经济效益"，但其论证存在多处逻辑漏洞，分析如下：

第一，"北京与张家口共同举办冬奥会"未必"会在中国掀起一股冰雪运动热潮"。因为，冰雪运动与夏季运动不同，它需要一定的气候和场地条件才能进行，仅靠冬奥会的带动就能掀起冰雪运动热潮未免过于乐观。

第二，仅仅因为"好奇心"未必能使南方人投身于冰雪运动。一方面，如前文所述，冰雪运动需要气候和场地条件；另一方面，"好奇心"驱使的行为，是否具备可持续性存在疑问。

第三，冰雪运动需要"价格不菲的运动用品"，不意味着"开展商业性冰雪运动的同时也经营冬季运动用品"就有利可图。既然这些运动用品价格不菲，那么它就可能让人望而却步，成为大家参与冰雪运动的阻力。如果没有人或很少人参与冰雪运动，那么从事此类商业活动如何盈利呢？

第四，材料认为"人们更青睐直接体验式的商业模态"缺少论据支持，难以成立。因为网络购物也有其自身独特的优势，比如购物方便、价格低廉等。因此，人们未必更青睐直接体验式的商业模态。

第五，材料仅仅讨论了在南方设立冰雪运动中心的可能收入，但是，未考虑诸如气候条件、消费习惯、消费水平、经营成本等诸多影响这一投资是否能够盈利的因素。因此，难以得出一定盈利的结论。

综上所述，材料的论证存在多处漏洞，"投资商业性的冰雪运动中心能获利"的投资结论过于乐观。

（全文共582字）

57 论说文

命题思路分析

习近平总书记在党的十九大报告上指出，要"登高望远、居安思危"，并把"防范化解重大风险"作为打好全面建成小康社会决胜期的三大攻坚战之首。

2019年6月25日《人民日报》的《思想纵横》栏目发表文章《防范危机好过应对危机》，该文章第1段内容如下：

"1986年，美国'挑战者'号航天飞机爆炸，这是人类航天史上的一次重大灾难。据事后调查，灾难的主要原因与航天飞机上的O型密封圈有关。这种密封圈存在一个缺陷，即在低温环境下密封性会变差，导致危险气体漏出，从而威胁整个航天飞机的安全。'挑战者'号发射之前，有几个工程师已经发现这个问题并提出警告，可是美国宇航局忽视了这些警告，仍然在一个寒冷的早晨强行发射，结果酿成机毁人亡的惨剧。'挑战者'号灾难事故发生的原因令人深思，它提醒我们既要高度警惕'黑天鹅'事件，也要防范'灰犀牛'事件。"

参考立意

①危机意识（海恩法则、墨菲定律）。
②善于听取异见。

参考范文

善于听取异见

老吕助教　张英俊

古语有云："多见者博，多闻者智，拒谏者塞，专己者孤。"斯沃克高层不顾密封圈技术专家的多次反对，执意发射航天飞机，最终酿成惨剧。这个悲剧告诉我们：管理者要善于听取异见。

首先，听取异见可以使管理者"取长补短"。任何人都不可能是"百事通"，都有知识盲区和能力短板。在信息大爆炸的当下，管理者更不可能穷尽所有信息、洞察所有情况。不同的意见可以为决策者提供更广阔的视角和思路。所以，管理者在企业经营的过程中，要善于听取和接纳他人意见，做出科学决策、避免重大损失。

其次，听取异见可以少走弯路。英国哲学家培根曾言："能够听到别人给自己讲实话，使自己少走或不走弯路，少犯错误或不犯大的错误，这是福气和造化。"管理者个人的时间和精力有限，很难做到事必躬亲。管理者认真听取他人想法、广泛了解真实情况，在进行比较、综合、分析后，可以很大程度地摆脱局限性、片面性，在很多情况下也就能够实现"躬行"的目的，甚至达到事半功倍的效果。即使种种意见最终不能被采纳，管理者也能从中了解员工的具体需求、真实想法，有益于增强决策透明度和员工参与度，形成从谏如流的良好组织氛围，真正地调动组织成员的积极性。

如何做到"接纳异见、广开言路"呢？一方面，管理者要练就广阔的胸襟，包容不同意见，要允许各种不同声音的存在。只有听取各种不同的声音，才能全面客观地了解和掌握各方面情况，做出理性的判断和正确的决策。另一方面，管理者在广开言路、接纳意见的同时，也要准确分析市场，结合自身优势和事件发展状况，寻找到合理定位，在全盘考虑的基础上进行决策，不能刚愎自用，也不能人云亦云。

兼听则明，偏信则暗。管理者要从斯沃克高层身上吸取教训，别再让类似本可避免的悲剧重演！

（全文共710字）

2019年全国硕士研究生招生考试
管理类综合能力试题答案详解

一、问题求解

1. (C)

思路点拨

思路①：可根据等量关系：前3天工作量＋后5天工作量＝工作总量，列式求解；
思路②：工作总量具体值是多少并不影响最终结果，因此可用特值法简化运算．

详细解析

母题97·工程问题

方法一：设工作效率需要提高 x，原工作效率为 $\frac{1}{10}$，根据题意，得

$$\frac{1}{10}\times 3+\frac{1}{10}\times(1+x)\times 5=1,$$

解得 $x=40\%$，故工作效率需要提高 40%．

方法二：设原计划每天完成的量为10，因此总量为100．工作3天完成30，剩下的70需要5天完成，则每天完成的量为 $\frac{70}{5}=14$．因此效率提高量为 $\frac{14-10}{10}\times 100\%=40\%$．

2. (B)

思路点拨

观察函数各项均为正，且求和的最小值，可利用均值不等式凑"乘积一定"，在拆项时通常将次数较小的项的系数进行均拆．

详细解析

母题20·均值不等式

由题意知，在 $(0,+\infty)$ 内，$f(x)=2x+\dfrac{a}{x^2}=x+x+\dfrac{a}{x^2}\geqslant 3\sqrt[3]{x\cdot x\cdot \dfrac{a}{x^2}}=3\sqrt[3]{a}$．

故当 $x=x=\dfrac{a}{x^2}$ 时，$f(x)$ 取到最小值 $3\sqrt[3]{a}$，即

$$\begin{cases} x_0=\dfrac{a}{x_0{}^2}, \\ f(x_0)=3\sqrt[3]{a}=12, \end{cases}$$

拆项的方法：将次数较小的项进行均等拆分

解得 $x_0=4$．

3. (C)

详细解析

母题99·图像与图表问题＋母题92·比例问题

观察图像可知，一季度男观众总人数为 $5+4+3=12$(万人)，女观众总人数为 $6+3+4=13$(万人)．则一季度的男、女观众人数之比为 $12:13$．

4 (D)

思路点拨

本题求解 a^2+b^2 的值,故 a,b 的正负性与大小关系都不影响最终结果,此类问题一般会先设定好 $a,b,0$ 之间的大小关系,简化运算.

详细解析

母题 13·绝对值方程、不等式

由 $ab=6$ 知,a,b 同号.不妨设 $a>b>0$,则已知条件可转化为 $\begin{cases} ab=6, \\ a+b+a-b=6 \end{cases} \Rightarrow \begin{cases} a=3, \\ b=2. \end{cases}$

故 $a^2+b^2=13$.

秒杀技巧

特殊值法.观察可知,$a=3,b=2$ 符合条件,直接代入可得(D)项.

5 (E)

思路点拨

圆关于直线的对称,本质是找圆心关于直线的对称点.

①对称圆圆心与已知圆心连线的中点在对称轴上;

②对称圆圆心与已知圆心连线与对称轴垂直.

详细解析

母题 73·对称问题

圆 $(x-5)^2+y^2=2$ 的圆心 C 为 $(5,0)$,关于 $y=2x$ 的对称点设为 (x,y),则

$$\begin{cases} \dfrac{y+0}{2}=2\cdot\dfrac{x+5}{2}, \\ \dfrac{y-0}{x-5}=-\dfrac{1}{2}, \end{cases} \text{解得} \begin{cases} x=-3, \\ y=4. \end{cases}$$

所以圆 C 的方程为 $(x+3)^2+(y-4)^2=2$.

秒杀技巧

图像观察法.图像画准确些,如右图所示,观察可知 C 的对称点位于第二象限,且纵坐标的绝对值比横坐标的绝对值稍大一点,故选(E)项.

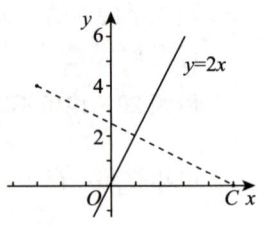

6 (D)

思路点拨

植树问题的两种常见模型:

①线形植树:以一条线形(非封闭,两端点皆可种树)来植树,植树数量 $=\dfrac{\text{总长}}{\text{间距}}+1$;

②环形植树:以环形(封闭图形)来植树,植树数量 $=\dfrac{\text{总长}}{\text{间距}}$.

详细解析

母题 90·植树问题

设正方形的边长为 x 米,则周长为 $4x$ 米.

第一种情况能种满整个花园的边,为环形植树,每隔 3 米种一棵树还剩 10 棵,则共 $\dfrac{4x}{3}+10$ 棵树;

第二种情况种不满花园的边，为线形植树，每隔 2 米种一棵树刚好种满 3 条边，共 $\frac{3x}{2}+1$ 棵树．

故 $\frac{4x}{3}+10=\frac{3x}{2}+1$，解得 $x=54$．

故这批树苗共有 $\frac{4\times 54}{3}+10=82$（棵）．

7 (D)

思路点拨

乙取 2 张，甲取 1 张，相比来看，乙的卡片数字之和不大于甲的情况数较少，因此不妨从反面进行分析．

详细解析

母题 82·常见古典概型问题

从反面分析，求"乙的卡片数字之和≤甲的卡片数字"的情况，可分 4 类：

①甲抽取卡片 3，则乙的卡片数字之和小于等于甲的情况有(1，2)，共 1 种；

②甲抽取卡片 4，则乙的卡片数字之和小于等于甲的情况有(1，2)，(1，3)，共 2 种；

③甲抽取卡片 5，则乙的卡片数字之和小于等于甲的情况有(1，2)，(1，3)，(1，4)，(2，3)，共 4 种；

④甲抽取卡片 6，则乙的卡片数字之和小于等于甲的情况有(1，2)，(1，3)，(1，4)，(1，5)，(2，3)，(2，4)，共 6 种．

事件的总数为 $C_6^1 C_5^2 = 60$（种），故所求概率为

$$P=1-\frac{6+4+2+1}{60}=\frac{47}{60}.$$

8 (B)

思路点拨

求平均值时可以选一个数为基准，简化计算量；

方差的大小可以通过观察数据的波动大小，从而快速判断．

详细解析

母题 99·图像与图表问题＋母题 19·平均值和方差

观察两组数据，都是在 80～100 之间，不妨以 90 为基准，简化计算量．

$$E_1=90+\frac{0+2+4-2-4+5-3-1+1+3}{10}=90.5;$$

$$E_2=90+\frac{4-2+6+3+0-5-6-10-8+8}{10}=89.$$

故 $E_1 > E_2$．

观察可知，语文成绩的上下波动比数学成绩小，故有 $\sigma_1 < \sigma_2$．

9 (E)

思路点拨

当正方体与半球相接时，正方体最大．

球的内接：找直径为斜边的直角三角形；

半球的内接：找半径为斜边的直角三角形．

详细解析 ◉

母题 63 · 空间几何体的切与接

设正方体的边长为 a,球体半径为 R.

方法一:如左图所示,将此上半球对称成下半球,补成完整的球体,则有边长为 a,a,$2a$ 的长方体与球相接,长方体的体对角线等于球体直径,可得 $\sqrt{a^2+a^2+(2a)^2}=6$,解得 $6a^2=36$.

方法二:如右图所示,根据勾股定理可得 $R^2=r^2+a^2$,其中 r 为正方体面对角线的一半,因此 $r=\frac{\sqrt{2}}{2}a$,代入可得 $3^2=\left(\frac{\sqrt{2}}{2}a\right)^2+a^2$,解得 $6a^2=36$.

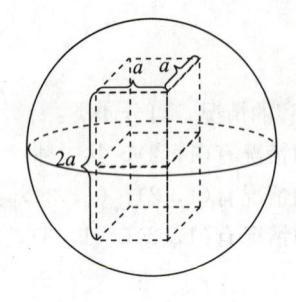

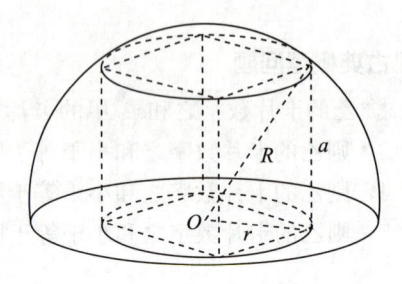

⑩ (B)

思路点拨 ◉

三角形三边都已知,求中线的方式有:勾股定理、余弦定理、中线定理.

详细解析 ◉

母题 58 · 三角形的心及其他基本问题

方法一:勾股定理.

如右图所示,从 A 点作直线 $AE \perp BC$.

设 $DE=x$,由题意知 $BE=4-x$,$CE=4+x$.

在 $\triangle ABE$ 中用勾股定理,有 $AE^2=AB^2-BE^2=4^2-(4-x)^2$.

在 $\triangle ACE$ 中用勾股定理,有 $AE^2=AC^2-CE^2=6^2-(4+x)^2$.

联立两式,得 $4^2-(4-x)^2=6^2-(4+x)^2 \Rightarrow x=\frac{5}{4}$.

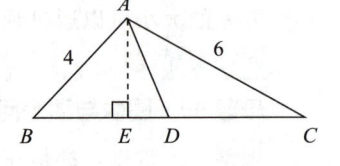

在 $\triangle ADE$ 中用勾股定理,有 $AD^2=AE^2+DE^2=6^2-(4+x)^2+x^2=10$.

因此 $AD=\sqrt{10}$.

方法二:余弦定理.

根据余弦定理,可知 $\cos B=\frac{a^2+c^2-b^2}{2ac}$. 分别对 $\triangle ABC$ 和 $\triangle ABD$ 使用余弦定理,可得

$$\cos B=\frac{4^2+8^2-6^2}{2\times 4\times 8}=\frac{4^2+4^2-AD^2}{2\times 4\times 4},$$

解得 $AD=\sqrt{10}$.

秒杀技巧 ◉

在 $\triangle ABC$ 中,由中线定理,得 $AB^2+AC^2=2BD^2+2AD^2 \Rightarrow 16+36=32+2AD^2$.

解得 $AD=\sqrt{10}$.

11 (E)

思路点拨 ▽

求工作时间：根据"各个效率之和＝合作效率"列方程组求解；
求单位工费：根据"工作时间×单位工费＝总工费"列方程组求解．

详细解析 ▽

母题 97 · 工程问题

设甲单独工作 x 天完成，每天的工时费为 m 万元；乙单独工作 y 天完成，每天的工时费为 n 万元．

根据工作总量都为单位 1，可得 $\begin{cases} \dfrac{6}{x}+\dfrac{6}{y}=1, \\ \dfrac{4}{x}+\dfrac{9}{y}=1 \end{cases} \Rightarrow \begin{cases} x=10, \\ y=15. \end{cases}$

根据工作时间×单位工费＝总工费，可得 $\begin{cases} 6(m+n)=2.4, \\ 4m+9n=2.35 \end{cases} \Rightarrow \begin{cases} m=0.25, \\ n=0.15. \end{cases}$

故甲公司单独完成的总费用为 $10 \times 0.25 = 2.5$（万元）．

12 (D)

思路点拨 ▽

空间几何体的截面问题，应先将该截面单独拿出来，根据题意易得 A, B, C, D, E, F 分别是对应棱的中点，因此该截面图形的各边边长相等，为正六边形．

详细解析 ▽

母题 61 · 空间几何体的问题

由题意可知此六边形为正六边形，边长为面对角线的一半，即 $\sqrt{2}$．

如右图所示，连接六边形的对角线，形成 6 个边长为 $\sqrt{2}$ 的等边三角形．

每个等边三角形面积为 $S = \dfrac{\sqrt{3}}{4} \times (\sqrt{2})^2 = \dfrac{\sqrt{3}}{2}$．

故六边形的面积为 $6 \times \dfrac{\sqrt{3}}{2} = 3\sqrt{3}$．

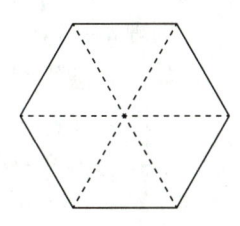

13 (C)

思路点拨 ▽

由"路程＝时间×速度"可知，$v-t$ 图中图形区域的面积即为路程．

详细解析 ▽

母题 99 · 图像与图表问题 ＋ 母题 98 · 行程问题

已知图形可以看成梯形，也可以将右边三角形补到左边后看成矩形．若看成矩形，则
$$S = v_0 t = v_0 \times 0.8 = 72 \Rightarrow v_0 = 90.$$

14 (D)

思路点拨 ▽

正面思路：2 人来自不同学科，因此先选出 2 个学科，再从学科里选候选人；
反面思路：2 人来自不同学科情况数＝总情况数－2 人来自同一学科情况数．

详细解析

母题 76 · 排列组合的基本问题

方法一：从正面做.

由题意知，从中选派来自不同学科的 2 人参加支教工作，可分为两步：

首先，选择 2 个不同学科的方式有 $C_5^2=10$（种）；

再从每个学科的 2 个候选人中各挑一人，有 $C_2^1 C_2^1 = 4$（种）.

由分步乘法原理可得，不同的选派方式有 $10 \times 4 = 40$（种）.

方法二：从反面做.

从 $2 \times 5 = 10$（名）候选人中任意选择 2 人参加，方式共有 $C_{10}^2 = 45$（种）；

其中 2 人都来自一个学科有 $C_5^1 = 5$（种）情况.

故其余情况都为来自不同学科的方案，共有 $45 - 5 = 40$（种）.

15 （A）

思路点拨

思路①：求解递推数列时，若无明显思路可采用归纳法，通过穷举尝试找规律；

思路②：观察题干中的递推公式，属典型的"类一次函数数列"，可采用设 t 凑等比法，构造出新的等比数列.

详细解析

母题 56 · 已知递推公式求 a_n 问题

方法一：归纳法.

令 $n=1$，$a_2 - 2a_1 = 1$，则 $a_2 = 1$；

令 $n=2$，$a_3 - 2a_2 = 1$，则 $a_3 = 3$；

同理 $a_4 = 7$，$a_5 = 15$，可猜想 $a_n = 2^{n-1} - 1$.

故 $a_{100} = 2^{99} - 1$.

方法二：设 t 凑等比法.

$a_{n+1} - 2a_n = 1$，即 $a_{n+1} = 2a_n + 1$ ①.

令 $a_{n+1} + t = 2(a_n + t)$，整理，得 $a_{n+1} = 2a_n + t$ ②，且式①和式②等价，由此可得 $t = 1$，故

$$a_{n+1} + 1 = 2(a_n + 1) \Rightarrow \frac{a_{n+1} + 1}{a_n + 1} = 2.$$

令 $b_n = a_n + 1$，则 $b_1 = a_1 + 1 = 1$，$\frac{b_{n+1}}{b_n} = 2$，故 $\{b_n\}$ 是首项为 1、公比为 2 的等比数列.

$b_n = b_1 \cdot q^{n-1} = 2^{n-1}$，故 $a_n = b_n - 1 = 2^{n-1} - 1$，故 $a_{100} = 2^{99} - 1$.

秒杀技巧

根据选项推断通项公式 a_n，令 $n=100$，则（A）项为 $a_n = 2^{n-1} - 1$，（B）项为 $a_n = 2^{n-1}$，（C）项为 $a_n = 2^{n-1} + 1$，（D）项为 $a_n = 2^n - 1$，（E）项为 $a_n = 2^n + 1$，由题知 $a_1 = 0$，满足该条件的只有（A）项.

二、条件充分性判断

16 （C）

思路点拨

甲、乙、丙图书数量都不超过 10 本，因此可以采用穷举法判断甲的值能否唯一确定.

详细解析 ▼

母题 49・等比数列基本问题

设甲、乙、丙原有图书分别为 x，y，$z(x,y,z\leqslant 10)$ 本，则甲再购入 2 本图书后有 $x+2$ 本．两个条件单独显然不充分，故联立．可分两种情况讨论：

① 该数列是常数列，则 $x+2=y=z$，甲图书数量显然能确定．

② 该数列不是常数列：1，2，4；1，3，9；2，4，8；3，6，12；4，6，9．其中，当数列为 1，3，9；3，6，12；4，6，9 时，确定其中两个数，第三个数自然可确定．当 y，z 分别为 2，4 时，$x+2$ 可取 1 或 8，但 $x+2>1$，故只能为 8，则甲图书数量能确定．故两个条件联立充分．

17 (D)

思路点拨 ▼

此人获奖分为三种情况：① 甲袋获奖、乙袋不获奖；② 甲袋不获奖、乙袋获奖；③ 甲袋获奖、乙袋获奖．而此人不获奖只有一种情况：甲袋不获奖且乙袋不获奖，故从反面考虑更为简单．

详细解析 ▼

母题 85・独立事件 ＋ 母题 20・均值不等式

此人不获奖的概率 $=(1-p)(1-q)=1-p-q+pq$．

故获奖概率 $=1-(1-p-q+pq)=p+q-pq$．

条件(1)：因为 $\dfrac{p+q}{2}\geqslant\sqrt{pq}$，故 $pq\leqslant\left(\dfrac{p+q}{2}\right)^2=\dfrac{1}{4}$，故 $p+q-pq\geqslant 1-\dfrac{1}{4}=\dfrac{3}{4}$，充分．

条件(2)：$p+q\geqslant 2\sqrt{pq}=1$，故 $p+q-pq\geqslant 1-\dfrac{1}{4}=\dfrac{3}{4}$，充分．

18 (A)

思路点拨 ▼

直线与圆有两个交点 $\Leftrightarrow$ 圆心到直线的距离 d 小于半径 r．

详细解析 ▼

母题 68・直线与圆的位置关系

方法一： 圆的方程等价于 $(x-2)^2+y^2=1$，可知圆心为 $(2,0)$、半径为 1．直线与圆相交，故圆心到直线距离小于半径，得 $\dfrac{|2k-0|}{\sqrt{k^2+1^2}}<1\Rightarrow-\dfrac{\sqrt{3}}{3}<k<\dfrac{\sqrt{3}}{3}$．

故条件(1)充分，条件(2)不充分．

方法二： 若直线 $y=kx$ 与圆 $x^2+y^2-4x+3=0$ 有两个交点，则说明联立直线和圆的方程有两个不同的解，即方程 $(1+k^2)x^2-4x+3=0$ 的判别式 $\Delta>0$，得

$\Delta=(-4)^2-4\times 3(1+k^2)>0\Rightarrow-\dfrac{\sqrt{3}}{3}<k<\dfrac{\sqrt{3}}{3}$．

方法三：图像法．

如右图所示，直线在 OB 到 OA 之间时才与圆有两个交点，$AC=1$，$OC=2$，根据勾股定理可得 $OA=\sqrt{3}$，因此直线 OA 的斜率为 $k=\tan\angle AOC=\dfrac{AC}{AO}=\dfrac{\sqrt{3}}{3}$，故 $-\dfrac{\sqrt{3}}{3}<k<\dfrac{\sqrt{3}}{3}$．

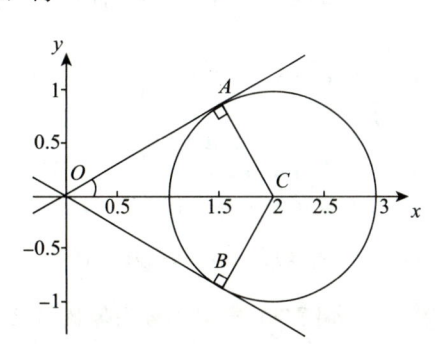

19 (C)

详细解析 ▽

母题 6 · 整数不定方程问题

两个条件单独显然不充分,联立之.

设小明的年龄为 m^2,则 $20+m^2=n^2 (m, n \in \mathbf{N}^+)$,整理得
$$(n+m)(n-m)=20=5\times4=10\times2=20\times1.$$

由奇偶性可知,$n+m$ 与 $n-m$ 同奇同偶,故只能是 $n+m=10$,$n-m=2$,解得 $m=4$,$n=6$.

故小明的年龄为 $4^2=16$,两个条件联立充分.

秒杀技巧 ▽

此题可以用穷举法,在人类的年龄范围内穷举即可.

条件(1):小明可能为 1,4,9,16,25,36,49,64,81,100 岁;

条件(2):小明可能为 5,16,29,44,61,80 岁;

两个条件皆满足的只有 16 岁,故两个条件联立能确定小明的年龄.

20 (D)

详细解析 ▽

母题 37 · 根的判别式问题

由题意,可知 $\Delta=a^2-4(b-1)=a^2-4b+4$.

条件(1):$b=-a$,则 $\Delta=a^2-4b+4=a^2+4a+4=(a+2)^2\geq0$,有实根,充分.

条件(2):$b=a$,则 $\Delta=a^2-4b+4=a^2-4a+4=(a-2)^2\geq0$,有实根,充分.

21 (B)

思路点拨 ▽

当题干已知面积求面积,且有部分边长比例关系时,一般考虑相似或等面积模型来求解.

本题中,无论 O 在 BC 的什么位置,$S_{\triangle AOD}=\frac{1}{2}S_{正}$;$P$ 为 AO 中点,则 $S_{\triangle POD}=\frac{1}{2}S_{\triangle AOD}$.

$\triangle PQD$ 与 $\triangle POD$ 可利用等面积模型,得出面积关系.

详细解析 ▽

母题 59 · 平面几何五大模型

条件(1):Q 的位置不定,无法确定 $\triangle PQD$ 与 $\triangle POD$ 的面积关系,不充分.

条件(2):由 Q 为 DO 的三等分点可得 $DQ=\frac{1}{3}DO$,因此 $S_{\triangle PQD}=\frac{1}{3}S_{\triangle POD}$,由上述分析可知,

$S_{\triangle POD}=\frac{1}{2}S_{\triangle AOD}=\frac{1}{4}S_{正}$,所以 $S_{\triangle PQD}=\frac{1}{12}S_{正}$,充分.

> **易错警示**
>
> 单独看条件(2)"Q 为 DO 的三等分点",因为三等分点有 2 个,有同学认为不能确定 QD 与 DO 的关系,故判定条件不充分.但是几何题要注意题目给出的图形,题干在描述时已经强调了"如图",结合图像我们能确定该三等分点是指靠近 D 点的三等分点,则有 $QD=\frac{1}{3}OD$.

22 (E)

思路点拨

题干和条件中涉及的除数为 2、3、5，都比较小，因此在证明时不妨先举例验证．

详细解析

母题 2·带余除法问题

条件(1)：举反例，假设 n 除以 2 余 1，则 $n=1,3,5,\cdots$，故 n 除以 5 的余数分别为 $1,3,0,\cdots$，不能确定，不充分．

条件(2)：举反例，假设 n 除以 3 余 1，则 $n=1,4,7,\cdots$，故 n 除以 5 的余数分别为 $1,4,2,\cdots$，不能确定，不充分．

联立两个条件，假设 n 除以 2 余 1，除以 3 余 1，则 $n-1$ 能被 6 整除．若 $n=7$，除以 5 的余数为 2；若 $n=13$，除以 5 的余数为 3，显然余数不确定．故两个条件联立也不充分．

23 (C)

思路点拨

今年与去年相比，各系录取人数不变，因此可以将各系变化量求和，得出变化总量，从而分析出平均分的变化．

详细解析

母题 91·平均值问题 + 母题 99·图像与图表问题

条件(1)：不知化学系和地学系的录取平均分数变化，故无法判断理学院录取平均分数变化，不充分．

条件(2)：不知数学系和生物系的录取平均分数变化，故无法判断理学院录取平均分数变化，不充分．

联立两个条件，数学系变化量：$60\times 3=180$（分）；生物系变化量：$60\times(-2)=-120$（分）；化学系变化量：$90\times 1=90$（分）；地学系变化量：$30\times(-4)=-120$（分）．

故理学院总分变化量：$180-120+90-120=30$（分）．招生人数不变，总分增加，所以平均分增加了，故两个条件联立充分．

24 (A)

思路点拨

本题要证明结论 $\lg(x^2+y^2)\leqslant 2$ 成立，通过代数运算，显然难以入手，因此考虑数形结合．将 $\lg(x^2+y^2)\leqslant 2$ 整理为 $x^2+y^2\leqslant 100$，表示圆及其内部区域，从而能与已知直线放在直角坐标系内，作图分析．

详细解析

母题 74·解析几何中的最值问题 + 母题 101·线性规划问题

直线 $kx-y+8-6k=0$，可整理为 $k(x-6)-(y-8)=0$，是恒过点 $A(6,8)$ 的直线系，而直线 $x-6y+42=0$ 也过点 $A(6,8)$．

$\lg(x^2+y^2)\leqslant 2$，整理可得 $x^2+y^2\leqslant 100$，表示以原点为圆心、10 为半径的圆及其内部，易知圆也过点 $A(6,8)$．画图像如图所示，阴影部分即为区域 D．由图可知，当直线 l_1：$kx-y+8-6k=0$ 经过圆与直线 l_2：$x+8y-56=0$ 的交点 E 时，取到临界值．

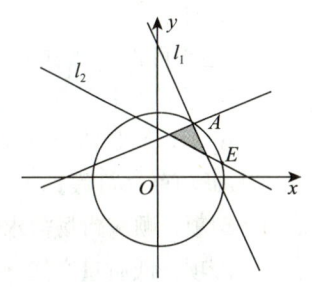

因此联立 $\begin{cases} x+8y-56=0, \\ x^2+y^2=100, \end{cases}$ 解得 $x=8$,$y=6$.

此时,斜率为 $k_{AE}=\dfrac{8-6}{6-8}=-1$,故斜率的范围为 $k\in(-\infty,-1]$.

故条件(1)充分,条件(2)不充分.

25 (A)

思路点拨

已知 S_n 判定数列 $\{a_n\}$,通常用 S_n-S_{n-1} 法,即 $a_n=\begin{cases} S_1, & n=1 \\ S_n-S_{n-1}, & n\geq 2, \end{cases}$ 若 $a_n=An+B(n\in \mathbf{N}^+)$,则数列为等差数列.

详细解析

母题53·数列的判定

条件(1):当 $n=1$ 时,$a_1=S_1=3$;当 $n\geq 2$ 时,$a_n=S_n-S_{n-1}=n^2+2n-(n-1)^2-2(n-1)=2n+1$.验证可知 a_1 满足该通项公式,故条件(1)充分.

条件(2):当 $n=1$ 时,$a_1=S_1=4$;当 $n\geq 2$ 时,$a_n=S_n-S_{n-1}=n^2+2n+1-(n-1)^2-2(n-1)-1=2n+1$,验证可知 a_1 不满足该通项公式,故条件(2)不充分.

秒杀技巧

等差数列求和公式符合 $S_n=Cn^2+Dn$ 的特征,形如一个没有常数项的一元二次函数,故条件(1)充分,条件(2)不充分.

三、逻辑推理

26 (B)

秒杀思路

题干出现多个假言且能进行串联,选项几乎都是假言,故本题为**串联推理的基本模型**,可使用四步解题法。

详细解析

第1步:画箭头。

①供给侧结构性改革→满足需求。

②低质量产能→过剩。

③顺应市场需求不断更新换代的产能→¬过剩。

第2步:串联。

由②、③串联可得:④顺应市场需求不断更新换代的产能→¬过剩→¬低质量产能。

第3步:逆否。

④逆否可得:低质量产能→过剩→¬顺应市场需求不断更新换代的产能。

第4步:分析选项,找答案。

(A)项,满足需求→质优价高的产品,题干不涉及"满足需求"与"质优价高的产品"之间的关系,故此项可真可假。

(B)项,顺应市场需求不断更新换代的产能→¬低质量产能,由④可知,此项必然为真。

(C)项,低质量产能→不能满足个性化需求,题干不涉及"低质量产能"与"满足个性化需求"之间的关系，故此项可真可假。

(D)项，满足个性化、多样化消费的需求→不断更新换代的产品，由题干无法判断此项的真假。

(E)项，题干并未涉及是否必须进行供给侧结构性改革，故此项可真可假。

27 (C)

论证结构

锁定关键词"由此可以推断"，可知此前是论据，此后是论点。

题干：在许多画面中，人们手持长矛，追逐着前方的猎物 —证明→ 3万年前的人类已经居于食物链的顶端。

选项详解

(A)项，此项只能说明人类确实可以猎杀一些动物，但并未说明是否存在其他动物可以猎杀人类，故无法判断当时的人类是否已经居于食物链的顶端。

(B)项，此项说明了3万年前虎、豹等大型食肉动物会猎杀人类，那么当时的人类并非已经居于食物链的顶端，削弱题干。

(C)项，此项指出人类可以猎杀动物，但是动物不能猎杀人类，说明了人类已经居于食物链的顶端，支持力度大。

(D)项，无关选项，题干的论证不涉及岩画对人类生存能力的作用。

(E)项，无关选项，题干的论证不涉及人类脱离动物、产生宗教的动因。

28 (D)

秒杀思路

题干由事实和假言构成，故本题为**事实假言模型**，可使用口诀"题干事实加假言，事实出发做串联；肯前否后别犹豫，重复信息直接连"秒杀。

详细解析

从事实出发，由"李诗不爱好苏轼的词"可知，条件(3)的后件为假，根据口诀"否后必否前"，可得：李诗不爱好杜甫的诗。

由"李诗不爱好辛弃疾的词"可知，条件(1)的后件为假，根据口诀"否后必否前"，可得：李诗不爱好王维的诗。

由"每人喜爱的唐诗作者不与自己同姓"可知，李诗不喜爱李白。

再结合"4位唐诗宋词爱好者各喜爱4位唐朝诗人中的一位"可得，李诗喜爱刘禹锡。

由"李诗喜爱刘禹锡"可知，条件(2)的前件为真，根据口诀"肯前必肯后"，可得：李诗爱好岳飞的词，即(D)项正确。

29 (C)

论证结构

锁定关键词"由此"，可知此前是论据，此后是论点。

科学家：猫的大脑皮层神经细胞的数量只有普通金毛犬的一半 —证明→ 狗比猫更聪明。

秒杀思路

论据中的核心概念为"神经细胞的数量"，论点中的核心概念为"聪明"，二者并非同一概念，故本题为**搭桥模型**，建立二者的联系即可秒杀。

选项详解

(A)项，无关选项，题干的论证并未涉及猫和狗对人类所做贡献的比较。(干扰项·无关新比较)

(B)项，无关选项，狗需要做出一些复杂行为并不能说明狗比猫更聪明。

(C)项，此项说明大脑皮层神经细胞的数量越多的动物，其聪明程度越高，建立了"神经细胞数量"与"聪明程度"之间的联系，搭桥法，必须假设。

(D)项，无关选项，题干的论证并未涉及猫的脑神经细胞数量比狗少的原因。

(E)项，无关选项，题干讨论的是猫与狗之间的比较，此项讨论的是棕熊与猫、狗之间的比较。(干扰项·无关新比较)

30 (D)

秒杀思路

题干由数量关系和假言构成，故本题为<u>数量假言模型</u>。常用两种解题方法：在数量关系处找矛盾法、二难推理法。但由于本题的选项均已列出三人，故可优先考虑选项排除法。

选项详解

(A)项，由条件(2)可知，有赵丙不可有刘戊，排除。

(B)项，由条件(1)可知，有陈甲必有邓丁，排除。

(C)项，由条件(2)可知，有傅乙不可有刘戊，排除。

(D)项，与题干已知信息均不矛盾，正确。

(E)项，由条件(2)逆否可知，有刘戊则不可能有赵丙，排除。

31 (E)

秒杀思路

题干中的已知条件均为假言，选项均为事实，故本题为<u>假言事实模型</u>。常用两种解题思路：找矛盾法、二难推理法。

详细解析

本题补充新条件：(3)陈甲∨刘戊，等价于：¬陈甲→刘戊。

通过重复元素，找二难推理法。

第1步：找重复元素。

观察条件(1)和条件(3)，可知条件(1)的前件出现"陈甲"，条件(3)的前件出现"¬陈甲"，则由(1)、(3)继续往后推理，容易出现二难推理(口诀：前件一正一反，容易出现二难)。

第2步：找二难推理。

由(3)、(2)串联可得：¬陈甲→刘戊→¬傅乙∧¬赵丙，再结合"拟派遣3人"可知，派遣邓丁和张己，即：¬陈甲→邓丁。

由条件(1)可得：陈甲→邓丁。

根据二难推理公式，可得：邓丁。故(E)项正确。

32 (A)

论证结构

锁定关键词"据此建议"，可知此前是论据，此后是论点。

科学家：熬夜有损身体健康 —证明→ 人们应该遵守作息规律。

选项详解

(A)项，补充新的论据，说明熬夜会导致多种疾病，严重时还会造成意外伤害或死亡，即：熬夜有损身体健康，支持力度大。

(B)项，此项指出缺乏睡眠容易导致暴饮暴食、体重增加，但"暴饮暴食、体重增加"这一后果的严重性显然不如(A)项，故支持力度不如(A)项。

(C)项，此项指出熬夜会造成反应变慢、认知退步、思维能力下降和情绪失控等一系列问题，但没有直接指出熬夜对身体健康的影响，故支持力度不如(A)项。

(D)项，无关选项，此项强调的是睡眠对人类的作用，但没有指出熬夜对身体健康的影响。

(E)项，无关选项，此项说明睡眠不足会导致面容憔悴、缺乏魅力，但没有直接指出熬夜对身体健康的影响。

33 (D)

详细解析

本题为确定题干的论证结构，即：找出题干的论据和论点。

论点一定是"有所断定"，易知①为论点，即"今天，我们仍然要提倡勤俭节约"。

②、④具体指出了勤俭节约的好处，故②、④是①的论据。

找重复信息，发现③和"社会保障资源"有关，故③支持②。

找重复信息，发现⑤和"资源消耗"有关，故⑤支持④。

综上，可知(D)项正确。

34 (E)

论证结构

锁定关键词"据此认为"，可知此前是论据，此后是论点。

研究人员：当母亲与婴儿对视时，双方的<u>脑电波趋于同步</u>且婴儿发声尝试交流 —证明→ 母亲与婴儿对视有助于婴儿的<u>学习与交流</u>。

秒杀思路

论据中的核心概念为"脑电波趋于同步"，论点中的核心概念为"学习与交流"，二者并非同一概念，故使用搭桥法即可支持题干。

选项详解

(A)项，无关选项，题干的论证对象为"母亲与婴儿"，此项的论证对象为"两个成年人"。（干扰项·偷换论证对象）

(B)项，无关选项，题干的论证对象为"母亲与婴儿"，此项的论证对象为"父母与孩子"；此外，题干的论证并未涉及"双方的情绪与心率同步"这一话题。（干扰项·偷换论证对象、干扰项·转移论题）

(C)项，无关选项，题干的论证对象为"母亲与婴儿"，此项的论证对象为"部分学生"。（干扰项·偷换论证对象）

(D)项，此项指出母亲与婴儿对视时会发出"信号"，而题干指出母亲与婴儿对视时"脑电波"趋于同步，二者并非同一概念。（干扰项·转移论题）

(E)项，此项指出"脑电波趋于同步"有助于"交流"，搭桥法，支持研究人员的观点。

35 （B）

秒杀思路

题干中出现选言（可看作假言）和假言，选项均为事实，故本题为假言事实模型。常用两种解题思路：找矛盾法、二难推理法。又由于本题的提问方式为"以下哪项是可能的密码组合"，故本题还可以使用选项排除法。

详细解析

方法一：选项排除法。

（A）项，4个英文字母连续排列，数字之和等于15，与条件（3）矛盾，排除。

（B）项，4个英文字母不连续排列，且数字之和等于18，符合题干条件。

（C）项，4个英文字母连续排列，但数字之和不等于15，与条件（2）矛盾，排除。

（D）项，4个英文字母连续排列，但数字之和不等于15，与条件（2）矛盾，排除。

（E）项，4个英文字母不连续排列，但数字之和不大于15，与条件（1）矛盾，排除。

方法二：先将题干符号化，再找二难推理法。

第1步：将题干符号化。

①4个英文字母不连续排列→密码组合中的数字之和大于15。

②4个英文字母连续排列→密码组合中的数字之和等于15。

③密码组合中的数字之和或者等于18，或者小于15。

第2步：找二难推理。

条件①和条件②的前件一正一反，容易出现二难。

根据二难推理公式，由①和②可得：④密码数字之和大于15∨密码数字之和等于15。

第3步：推出答案。

由④"密码数字之和大于15∨密码数字之和等于15"可得：⑤密码数字之和一定不小于15。

由⑤、③串联可得：密码数字之和一定不小于15→密码数字之和等于18。

由"密码数字之和等于18"，可知②的后件为假，根据口诀"否后必否前"，可得：4个英文字母不连续排列。

故（B）项正确。

36 （A）

秒杀思路

本题为数独问题，解题关键在于找突破口。

详细解析

观察图形可知，第3行所涉及的信息较多，故以其为突破口。

由于第三行只剩"数"和"乐"，根据"每列不重复"可知，第三行第四列不是"乐"，因此，第三行第四列为"数"、第六列为"乐"。补充至图中，如下图所示：

	乐		御	书	
				乐	
射	御	书	数	礼	乐
		射		数	礼
	御		数		射
					书

然后使用选项排除法：

(A)项，均与已知条件不矛盾。

(B)项，"礼"与第三行重复，排除。

(C)项，"御"与第一行重复，排除。

(D)项，"数"与第三行重复，排除。

(E)项，"御"和"礼"均与第三行重复，排除。

综上，(A)项正确。

37 (C)

秒杀思路

此题是在7大类中至少选6类，故本题为选人问题中的选多模型。条件(1)、(2)都与数量有关，优先算出数量关系。

详细解析

第1步：数量关系优先算。

由条件(1)"至少有6类入围"可知，至多有1类没有入围。

由条件(2)"流行、民谣、摇滚中至多有2类入围"可知，流行、民谣、摇滚中至少有1类没有入围。

综上，7大类中有且仅有1类没有入围，并且没有入围的那1类是流行、民谣、摇滚中的1个。因此，民族、电音、说唱、爵士均入围。

第2步：推出结论。

由"民族、电音、说唱、爵士均入围"可知，条件(3)的后件为假，根据口诀"否后必否前"，可得：¬摇滚∨民族。

"¬摇滚∨¬民族"等价于：(4)民族→¬摇滚。

由"民族、电音、说唱、爵士均入围"可知，(4)的前件为真，根据口诀"肯前必肯后"，可得：¬摇滚，即(C)项正确。

38 (D)

秒杀思路

题干中有甲、乙、丙、丁、戊5人的判断，已知这5人的判断"只有一真"，故本题为真假话问题。优先找矛盾关系，如果题干中没有矛盾关系，则根据"只有一真"，找下反对关系或推理关系。

详细解析

题干信息：

①乙。

②¬乙∧丙。

③¬丙。

④¬丁∧甲。

⑤¬甲→¬丁，等价于：甲∨¬丁。

题干还知：做好事者是5位教师中的一位。

第1步：找矛盾。

题干中没有矛盾关系。

第2步：找下反对关系或推理关系。

若①为真，则③也为真，与题干"只有一真"矛盾，因此，①为假，即："¬乙"为真。

若②为真，则⑤也为真，与题干"只有一真"矛盾，因此，②为假，即："乙∨¬丙"为真。

第3步：推出结论。

乙∨¬丙＝¬乙→¬丙，又由于"¬乙"为真，根据口诀"肯前必肯后"，可得：¬丙。因此，③为真，其他四个已知信息均为假。

由⑤为假可得："¬甲∧丁"为真，即丁是做好事的教师。故(D)项正确。

39 (A)

论证结构

题干：赵博士占用大量的科研时间，连副教授都没评上，因此，他的节能减排的观点不可信。

题干所犯的逻辑谬误为"诉诸人身"，即赵博士连副教授都不是，因此，他的观点不可信。

选项详解

(A)项，张某年轻、级别低，因此，张某的观点不可信。故此项也犯了诉诸人身的逻辑谬误，与题干相同。

(B)项，绩效奖励制度→公平，反对绩效奖励制度→反对公平，属于形式逻辑错误(混淆充分和必要条件)，与题干不同。

(C)项，此项以情感为反驳的依据，犯了诉诸情感的逻辑谬误，与题干不同。

(D)项，此项认为众多人的观点就是正确的，犯了诉诸众人的逻辑谬误，与题干不同。

(E)项，质子、电子：存在∧¬看到，与"存在→看到"矛盾，可以证明"只有直接看到的事物才能确信其存在"的观点是错误的。因此，此项论证正确，与题干不同。

40 (B)

秒杀思路

题干为一个相容选言判断，要求验证该相容选言判断，即判断卡片中是否会出现其矛盾命题，若出现其矛盾命题，则为假；若不出现其矛盾命题则为真。故此题考查的是简单德摩根定律问题，直接用德摩根公式解题即可。

详细解析

题干信息：偶数∨花卉。

其矛盾命题为：¬偶数∧¬花卉，即：奇数∧动物。

因此，需要验证"虎""7""鹰"，即3张卡片。故(B)项正确。

41 (D)

秒杀思路

题干中的已知条件均为假言，选项均为事实，故本题为<u>假言事实模型</u>。常用两种解题思路：找矛盾法、二难推理法。

详细解析

观察题干的已知条件，发现"保洁"重复出现的次数最多，故优先考虑。

由条件(2)出发，无法推出矛盾。因此，从条件(3)入手。

条件(3)符号化为：乙保洁→丙销售∧丁保洁。

由"乙保洁"推出"丁保洁"，与"每种岗位都有其中一人应聘"矛盾。因此，"乙保洁"为假，即："¬乙保洁"为真。

由"¬乙保洁"可知，条件(2)的前件为真，根据口诀"肯前必肯后"，可得：甲应聘保洁且丙应聘销售。

由"甲应聘保洁"可知，条件(1)的后件为假，根据口诀"否后必否前"，可得：丁不应聘网管。

再由"每人只选择一种岗位应聘，且每种岗位都有其中一人应聘"可知，丁应聘物业、乙应聘网管。

故(D)项正确。

42 (C)

论证结构

锁定关键词"就此指出"，可知此前是论据，此后是专家的观点；再次锁定专家观点中的"未来"，可知专家是在对未来智能导游的发展趋势进行预测，故本题为<u>预测结果模型</u>。

专家：智能导游 App 可定位用户位置，自动提供景点讲解等功能 ——预测→ 未来智能导游必然会取代人工导游，传统的导游职业行将消亡。

秒杀思路

预测结果模型的削弱题，需要我们找个理由，说明结果预测不当。

选项详解

(A)项，此项只能说明智能导游可以取代导游讲解器，是否可以取代人工导游无法得知，故不能削弱专家的论断。

(B)项，无关选项，题干的论证与"用户黏性""商业价值"等无关。

(C)项，提出反面论据，直接指出了智能导游 App 无法代替人工导游，最能削弱题干。

(D)项，此项是"目前"的情况，而题干论证的是"未来"的情况，无关选项。

(E)项，说明人工导游的讲解是标准化的，是可以被智能导游 App 取代的，只是退出市场需要时间而已，支持在"未来"智能导游会取代人工导游。

43 (E)

秒杀思路

题干的提问方式为"根据上述信息，以下除了哪项，其余各项均可得出"，这种提问方式，有可能考形式逻辑题，也有可能考论证逻辑中的推论题。

观察题干，发现题干由 3 个断定构成：

①甲：上周给我看病的医生在抽烟。

②乙：抽烟的医生→不关心自己的健康→不关心他人的健康。

③甲：是的。不关心他人的健康→没有医德→不会找他看病(即抽烟的医生→不关心自己的健康→不关心他人的健康→没有医德→不会找他看病)。

其中，①是事实，②、③均为性质判断(可看作假言)，故本题是个事实假言型的<u>推理题</u>。

选项详解

(A)项，由③可知，此项为真。

(B)项，由②可知，此项为真。

(C)项，由③可知，此项为真。

(D)项，由①、②、③可知，此项为真。

(E)项，"没有医德"的观点是甲提出的，乙对此并未涉及，故此项可真可假。

44 (B)

秒杀思路

锁定关键词"故",可知此前是论据,此后是论点。

题干由一个前提(可看作假言)和一个结论(可看作假言)组成,提问方式为"以下哪项是上述论证所隐含的前提",故此题实际上是隐含三段论问题。

详细解析

第1步:将题干中的前提符号化。

前提①:得道者→多助→天下顺之。

前提②:失道者→寡助→亲戚畔之。

前提③:以天下之所顺,攻亲戚之所畔→必胜。

第2步:如果有多个前提,将前提串联。

串联前提①和③,可得:得道者→多助→天下顺之→必胜。

故有:得道者→必胜。

第3步:将题干中的结论符号化。

结论:君子→必胜。

第4步:补充从前提到结论的箭头,从而得出结论。

易知,需要补充前提④:君子→得道者。

即可串联得:君子→得道者→必胜,从而推出题干的结论。

故前提④就是答案,即(B)项正确。

45 (C)

论证结构

本题的提问方式为"最能支持上述专家的论断",故直接定位"专家的论断"。

专家:家长陪孩子写作业,相当于充当学校老师的助理,让家庭成为课堂的延伸,会对孩子的成长产生不利影响。

选项详解

(A)项,此项说明家长陪孩子写作业有好处,削弱题干。

(B)项,无关选项,此项说明家长完成学校老师布置的"家长作业"有难度,但这与家长陪孩子写作业是否会对孩子的成长产生不利影响无关。

(C)项,补充论据,说明家长陪孩子写作业确实对孩子的成长产生了不利影响,支持题干。

(D)项,此项只能说明家长辅导孩子有困难,但不涉及这种辅导是否会对孩子的成长产生不利影响,故不能支持。

(E)项,此项给家长辅导孩子提出了建议,但不涉及这种辅导是否会对孩子的成长产生不利影响,故不能支持。

46 (B)

秒杀思路

题干为天山植被形态从高到低的顺序,故本题为排序问题。一般使用不等式法和选项排除法解题。

详细解析

将题干信息用不等式表示:

(1)荒漠<森林带<冰雪带。

(2)荒漠<山地草原<森林带。

(3)山地草原≤森林带≤山地草甸。
(4)山地草甸草原≤山地草甸≤高寒草甸。
由(4)可知,山地草甸在山地草甸草原和高寒草甸之间,故(B)项不可能。
其余各项均与题干条件不矛盾,可能为真。

47 (D)

秒杀思路
题干出现5个人和5本书籍之间的一一匹配,故本题为<u>两组元素的一一匹配模型</u>。而题干中有事实也有假言,故此题也可看作<u>事实假言模型</u>,优先从事实出发做分析。

详细解析
从事实出发,由条件(2)"乙和丁只爱读中国古代经典,但现在都没有读诗的心情"可知,乙和丁分别选择《史记》和《论语》中的一本。

由"乙和丁分别选择《史记》和《论语》中的一本"并结合题干"5人在5种书中各选一种阅读,互不重复"可知,甲不能选择《史记》。

由"甲不能选择《史记》"和条件(1)"甲爱读历史,会在《史记》和《奥德赛》中选一本"可知,甲只能选《奥德赛》。

若条件(3)的前件"乙选《论语》"为真,根据口诀"肯前必肯后",可知其后件也为真,此时,丁、戊均选《史记》,与"5人在5种书中各选一种阅读,互不重复"矛盾,故乙不选《论语》。

再由"乙和丁分别选择《史记》和《论语》中的一本"可知,乙选《史记》、丁选《论语》。故(D)项正确。

48 (B)

秒杀思路
题干均为假言判断,并且这些假言判断无重复元素(无法进行串联),选项也均为假言判断,故本题为<u>假言无串联模型</u>,可使用三步解题法或直接使用选项排除法。

详细解析
第1步:画箭头。
题干:
①只为自己劳动→可能成为著名学者、大哲人、卓越诗人∧永远不能成为伟大人物。
②为人类福利劳动(为大家而献身)→重担不能把我们压倒∧我们所感到的不是可怜的、有限的、自私的乐趣∧我们的幸福将属于千百万人∧我们的事业将默默地、但是永恒发挥作用地存在下去∧面对我们的骨灰,高尚的人们将洒下热泪。

第2步:逆否。
题干的逆否命题为:
①逆否可得:③不能成为著名学者、大哲人、卓越诗人∨¬永远不能成为伟大人物→¬只为自己劳动。
②逆否可得:④¬(重担不能把我们压倒∧我们所感到的不是可怜的、有限的、自私的乐趣∧我们的幸福将属于千百万人∧我们的事业将默默地、但是永恒发挥作用地存在下去∧面对我们的骨灰,高尚的人们将洒下热泪)→¬为人类福利劳动(¬为大家而献身)。
注意:由于题干中的信息太过复杂,在考试时,逆否这一步要视选项的需要而定,需要逆否哪个条件再逆否哪个条件,这样可以节约做题时间。

第3步:找答案。
(A)项,¬为大家而献身→重担就能将他压倒,根据箭头指向原则,由④可知,"¬为大家而献身"后无箭头指向,故此项可真可假。

(B)项，为大家而献身→我们的幸福将属于千百万人∧面对我们的骨灰，高尚的人们将洒下热泪，由②可知，此项必然为真。

(C)项，┐为人类福利劳动(┐为大家而献身)→我们所感到的就是可怜的、有限的、自私的乐趣，根据箭头指向原则，由④可知，"┐为大家而献身"后无箭头指向，故此项可真可假。

(D)项，为人类福利劳动(为大家而献身)→成为著名学者、大哲人、卓越诗人∧成为伟大人物，由题干信息无法判断此项的真假。

(E)项，只为自己劳动→我们的事业就不会默默地、但是永恒发挥作用地存在下去，由题干信息无法判断此项的真假。

49 (A)

秒杀思路

题干是蔬菜和三餐之间的匹配，两组元素数量不一致，故本题为<u>两组元素的多一匹配模型</u>。题干中无假言，故使用口诀"事实/问题优先看，重复信息是关键。两组匹配用表格，三组匹配就连线"秒杀。

详细解析

从事实出发，由条件(2)"芹菜不能在黄椒那一组"并结合条件(4)"黄椒必须与豇豆在同一组"可知，芹菜不和豇豆在同一组。

故(A)项正确。

50 (B)

详细解析

由"4类12种蔬菜分为3组"并结合条件(1)"同一类别的蔬菜不在一组"可得：(5)每一组都包括一种菜、一种瓜、一种豆、一种椒。

从事实出发，由"韭菜、青椒与黄瓜在同一组"并结合条件(2)中"芹菜不能在黄椒那一组"可知，芹菜和红椒在同一组。

再由(5)"每一组都包括一种菜、一种瓜、一种豆、一种椒"可知，黄椒和菠菜在同一组。

又由条件(4)"黄椒必须与豇豆在同一组"可知，黄椒、豇豆和菠菜在同一组。故(B)项正确。

51 (E)

论证结构

锁定关键词"由此推测"，可知此前是论据，此后是论点。

题干：《淮南子·齐俗训》是考证牛肉汤做法的最早的文献资料 —证明→ 牛肉汤的起源不会晚于春秋战国时期。

秒杀思路

题干论据中的核心概念和论点中的核心概念不一致，即由《淮南子·齐俗训》来推断牛肉汤的起源时间不会晚于"春秋战国时期"，故需要在二者之间搭桥。

选项详解

(A)项，指出《淮南子·齐俗训》完成于西汉时期，西汉时期晚于春秋战国时期，故牛肉汤的起源可能晚于春秋战国时期，削弱题干。

(B)项，无关选项，题干的论证并未涉及"耕牛"从何时开始被使用。

(C)项，无关选项，题干的论证并未涉及《淮南子》作者的家乡。

(D)项，春秋战国时期已经有了熬汤的鼎器无法说明牛肉汤就是起源于春秋战国时期，不能支持题干。

(E)项，此项建立了《淮南子·齐俗训》和"春秋战国时期"之间的关系，搭桥法，支持题干。

52 (E)

论证结构

锁定关键词"由此认为"，可知此前是论据，此后是论点。

调查者：爱笑的老人对自我健康状态的评价往往较高 —证明→ 爱笑的老人更健康。

秒杀思路

论据中的宾语和论点中的宾语概念不一致，使用拆桥法即可秒杀。

选项详解

(A)项，无关选项，题干未涉及"乐观的老人"和"悲观的老人"哪个更长寿的比较。（干扰项·无关新比较）

(B)项，此项指出了部分老人对自我健康状态评价不高的原因，但题干不涉及对原因的分析，无关选项。

(C)项，无关选项，题干不涉及男性和女性的比较。（干扰项·无关新比较）

(D)项，此项指出了老年人生活更乐观、身体更健康的原因，但题干不涉及对原因的分析，无关选项。（干扰项·无效他因）

(E)项，拆桥法，指出了"对自我健康状态的评价往往较高"与"更健康"的区别，即自我健康评价较高不一定就更健康，可以削弱题干。

53 (A)

论证结构

锁定关键词"为了"，可知本题为措施目的模型。

题干：全年平均下来，阔叶林的吸尘效果要比针叶林强不少，阔叶树也比灌木和草的吸尘效果好得多 —导致→ 大力推广阔叶树，并尽量减少针叶林面积 —以求→ 降尘。

秒杀思路

措施目的模型的削弱题，常用方法有：(1)措施不可行；(2)措施达不到目的（即措施无效）；(3)措施弊大于利；(4)措施有副作用。

选项详解

(A)项，此项指出大力推广阔叶树，并尽量减少针叶林面积，会极易暴发病虫害、火灾等，还会影响林木的生长和健康，则阔叶树也将无法正常生长，进而无法达到降尘的目的，即：措施达不到目的，削弱题干。

(B)项，此项指出针叶树在冬天基本处于"休眠"状态，生物活性差，可能无法保证吸尘效果，故支持"尽量减少针叶林面积"这一建议。

(C)项，无关选项，题干的论证并未涉及"植树造林"这一话题。

(D)项，措施有恶果，阔叶树的养护成本高，但是如果可以达到预期的降尘效果，也是可行的，故削弱力度不如(A)项。

(E)项，有其他方式可以降尘，不能削弱大力推广阔叶树也可以起到降尘的作用。

54 (C)

秒杀思路

题干为在6个相连的环形花圃中栽种花卉，故本题可视为围桌而坐模型的变形考法。本题可优先考虑从确定位置的元素入手，结合相邻花圃间的特殊关系进行正向推理。

详细解析

本题补充新事实：(4)格子5中是红色的花。

从事实出发，由事实(4)"格子5中是红色的花"可知，格子5中红色的花的品种是玫瑰或者兰花。

因为格子2、3、4、6均与格子5相邻，根据条件(3)"相邻格子中的花，其品种与颜色均不相同"可知，格子2、3、4、6中栽种的花与格子5中栽种的花均不是同一品种。

再由条件(2)"每个品种只栽种两种颜色的花"可知，每个品种的花都种了两个花圃，并且颜色不一致。

因此，格子1和格子5为同一品种，即：格子1中栽种玫瑰或者兰花。

故，格子1中不可能是菊花，即(C)项正确。

55 (D)

详细解析

本题补充新条件：(5)格子5中是红色的玫瑰，且格子3中是黄色的花。

因为格子2、3、4、6均与格子5相邻，根据条件(3)"相邻格子中的花，其品种与颜色均不相同"可知，格子2、3、4、6中栽种的花与格子5中栽种的花均不是同一品种。故：格子1和格子5为同一品种。同理可得：格子2和格子6为同一品种、格子3和格子4为同一品种。

从事实出发，由条件(5)中"格子3中是黄色的花"并结合"玫瑰有紫、红、白3种颜色，兰花有红、白、黄3种颜色，菊花有白、黄、蓝3种颜色"可知，格子3中栽种的花的品种为兰花或者菊花。此时情况较少，故可分类讨论得出答案。

不妨假设"格子3中栽种的花为黄色菊花"，根据条件(3)"相邻格子中的花，其品种与颜色均不相同"可知，格子2中栽种的花是白色兰花。

由于"格子2和格子6为同一品种"，故格子6中也栽种兰花，再根据条件(3)"相邻格子中的花，其品种与颜色均不相同"可知，格子6中的花色不能是红色、黄色，因此，格子6中栽种的花是白色兰花。

故，格子2和格子6中均栽种白色兰花，与条件(2)"每个品种只栽种两种颜色的花"矛盾，因此，该假设不成立。故：格子3中栽种的花为黄色兰花。

由于格子3和格子4为同一品种，故格子4也为兰花；再根据条件(3)"相邻格子中的花，其品种与颜色均不相同"可知，格子4中的花色不能是红色。

因此，格子4中是白色兰花。故(D)项正确。

四、写作

56 论证有效性分析

谬误分析

①由"知足常乐"无法推出"不知足者就不会感到快乐"而"只会感到痛苦"。因为，"知足常乐"的意思是知足者常常会感觉到快乐，并不是只有知足者才会感觉到快乐。

②"世界上的事物是无穷的"，并不意味着"选择也是无穷的"。因为事物是客观存在的，而选择

则受多种条件的制约。因此，选择再多也是有限的，人们不可能追求"无穷的选择"，也就无所谓"不知足"。

③选择多，虽然会在判断决策时带来额外的负担，但同时也意味着我们有可能做出更好的决策，从而获取更大的收益。因此，认为选择多就"势必带来更多的烦恼和痛苦"，并不妥当。

④由考试中的"选择题"类比生活中的决策，存在不当类比之嫌。而且，考试中的选择题带给我们的痛苦，多数不是因为选项太多，而是因为题目不会。

⑤"选择越多，选择时产生失误的概率就越高"并不妥当，二者未必存在正比关系。人的很多选择可能都是合适的选择，而且，也许正是因为选择多，我们才能做出更好的决策方案。因此，"后悔越多、痛苦越多"难以成立。

⑥"有人因为飞机晚点而后悔没选坐高铁"，这一痛苦的真正原因是"飞机晚点"，而不是"选择多"，此处存在归因谬误。"如果没有高铁可选，就不会有这种后悔和痛苦"也不成立，因为如果没有高铁可选，"飞机晚点"的痛苦依然存在。

⑦"很多股民懊悔自己没有选好股票而未赚到更多的钱"与"可选购的股票太多"没有直接的因果关系。股民懊悔的原因可能是买入、卖出的时机不对。

（说明：谬误①②③⑤⑥⑦引用和改编自教育部考试中心公布的官方参考答案，谬误④来自对材料的分析。）

参考范文

选择越多越痛苦吗？

材料认为"选择越多，可能会越痛苦"，但其论证存在多处不当，分析如下：

第一，"世界上的事物是无穷的"，并不意味着"选择也是无穷的"。因为事物是客观存在的，而选择则受多种条件的制约。因此，选择再多也是有限的，人们不可能追求"无穷的选择"，也就无所谓"不知足"。

第二，由"知足常乐"无法推出"不知足者就不会感到快乐"而"只会感到痛苦"。因为，"知足常乐"的意思是知足者常常会感觉到快乐，并不是只有知足者才会感觉到快乐。而且，"知足常乐"只是一句俗语，其本身的成立性也值得质疑。

第三，选择多，虽然会在判断决策时带来额外的负担，但同时也意味着我们有可能做出更好的决策，从而获取更大的收益。因此，认为选择多就"势必带来更多的烦恼和痛苦"，并不妥当。

第四，"选择越多，选择时产生失误的概率就越高"并不妥当，二者未必存在正比关系。人的很多选择可能都是合适的选择，而且，也许正是因为选择多，我们才能做出更好的决策方案。

第五，"有人因为飞机晚点而后悔没选坐高铁"，这一痛苦的真正原因是"飞机晚点"，而不是"选择多"，此处存在归因谬误。"如果没有高铁可选，就不会有这种后悔和痛苦"也不成立，因为如果没有高铁可选，"飞机晚点"的痛苦依然存在。

综上所述，材料的论证存在多处逻辑漏洞，选择越多，未必越痛苦。

（全文共548字）

论说文

命题思路分析

2018年是改革开放40周年。

40年前的1978年5月11日,《光明日报》发表本报特约评论员文章《实践是检验真理的唯一标准》,由此引发了一场关于"真理标准问题"的大讨论。

1978年6月2日,邓小平在全军政治工作会议上讲话,再次精辟阐述了毛泽东的实事求是、一切从实际出发、理论与实践相结合的这样一个马克思主义的根本观点、根本方法。

1978年12月18—22日,党的十一届三中全会确定了改革开放政策。

因此,老吕认为,2019年的论说文题反映了当前社会的政治热点:知识的真理性只有经过检验(实践是检验真理的唯一标准)才能得到证明。论辩(大讨论就是论辩)是纠正错误的有效途径之一,不同观点的冲突会暴露错误而发现真理。

参考立意

①理不辩不明,很多真理的发现都来源于争辩。
②实践是检验真理的标准。

参考范文

容许论辩,方见真理

正如材料所言,论辩是纠正错误的有效途径之一,不同观点的冲突会暴露错误而发现真理。在我看来,在观点冲突之时,要容许论辩,方见真理。

论辩有利于减少信息不对称。在信息高速迭代、繁复多样的时代,几乎没有人可以掌握所有的决策相关信息,片面的信息很难拼凑出完善的决策,这就为日后的决策失败埋下了风险。而不同思想的碰撞为决策提供了更广阔的视角和思路。在论辩过程中,相左的意见是难得的警示,使管理者能够主动地避开前路上未曾预料的风险。包容"争鸣",可以使决策更加科学合理、符合实际。

论辩有利于摆脱路径依赖。在决策的过程中,管理者会受以往经验的影响,从而影响决策的正确性。不同思想的交流使每个人能够各抒己见,从而迸发出新的思想火花。管理者也从中获得了再次拼搏的勇气和动力,从而选择突破原有的既定路线,谋求企业发展的新方向。

但是,如果领导比较独断专行,论辩就很难发生。因为,人们会觉得自己的观点"说了也白说",搞不好还被"穿小鞋"。一些领导者在决策之前,虽然也会征求各方意见,但实际情况往往是:要么提意见的人范围有限、代表性不足;要么对"不同意见"舍大取小乃至听而不闻。更有甚者,把提出异议的人视为不听话的"刺儿头",要么"封杀",要么"设障"。如此一来,又有谁敢踊跃发声?

所以,宽松的氛围和畅通的沟通渠道是论辩有效的保障。一方面,对企业来说,管理者要做到"兼听则明",允许不同声音的存在,听取各种不同的建议和意见,才能比较全面客观地了解和掌握各方面情况,做出理性的判断和正确的决策。另一方面,对社会而言,尊重不同的观念和声音,既是尊重公民的言论表达自由,也是为公民提供了一条释放情绪的渠道。

所以,管理者要兼听,公民要论辩,从而暴露错误、发现真理!

(全文共724字)

2018年全国硕士研究生招生考试
管理类综合能力试题答案详解

一、问题求解

1 (B)

详细解析

母题 92·比例问题

根据题意，获得一等奖、二等奖、三等奖的人数分别为 10 人、30 人、80 人，故获奖总人数为 $10+30+80=120$（人），参加竞赛的人数为 $120\div 30\%=400$（人）.

2 (A)

思路点拨

在求一组数的平均值时先观察，若是等差数列，则平均值为等差中项；若非特殊数列，则可选择基准值（如本题中男员工年龄基准值可以为 30），从而简化计算量.

详细解析

母题 99·图像与图表问题 + 母题 19·平均值和方差

方法一：基准值.

男员工的平均年龄为：$\bar{x}_{男}=30+\dfrac{-7-4-2+0+2+4+6+8+11}{9}=32$；

女员工的平均年龄为：$\bar{x}_{女}=27+\dfrac{-4-2+0+0+2+4}{6}=27$；

全体员工的平均年龄为：$\bar{x}_{全}=\dfrac{32\times 9+27\times 6}{9+6}=30$.

方法二： 观察出两组数据形如等差数列，首尾等距的两项和均相等.

男员工首尾等距两项和均为 64（$23+41=26+38=\cdots$），因此平均值为 32；

女员工首尾等距两项和均为 54（$23+31=25+29=\cdots$），因此平均值为 27.

设全体员工的平均年龄为 x，已知男员工有 9 人，女员工有 6 人，根据十字交叉法，可得

男员工平均年龄： 32 $x-27$

x

女员工平均年龄： 27 $32-x$

列方程，可得 $\dfrac{x-27}{32-x}=\dfrac{9}{6}\Rightarrow x=30$.

易错警示

很多学生反馈，说自己在审题时粗心大意，误以为是要求"男员工平均年龄"和"女员工平均年龄"，结果错选(C)项，痛失 3 分.

3 (B)

详细解析

母题 95 · 阶梯价格问题

根据题意，这个月小王流量消费为 45GB，因此应该交费
$$1\times10+3\times10+5\times(45-40)=65(元).$$

4 (A)

思路点拨

此类问题须熟练掌握三角形的面积公式，根据已知信息，选择最快求解方式．
$$S=\frac{1}{2}ah=\frac{1}{2}ab\sin C=\sqrt{p(p-a)(p-b)(p-c)}=rp=\frac{abc}{4R},$$

其中，h 是 a 边上的高，$\angle C$ 是 a, b 边所夹的角，$p=\frac{1}{2}(a+b+c)$，r 为三角形内切圆的半径，R 为三角形外接圆的半径．

详细解析

母题 58 · 三角形的心及其他基本问题

设 $\triangle ABC$ 的面积为 S，周长为 C，由题意，可得 $S=rp=r\cdot\frac{C}{2}=\frac{rC}{2}$，即 $\frac{S}{C}=\frac{r}{2}=\frac{1}{2}$，解得 $r=1$. 故 $S_{圆}=\pi r^2=\pi$.

5 (E)

思路点拨

思路①：分类讨论，去绝对值；

思路②：根据立方差公式和绝对值的性质，分解得出 a^2+ab+b^2 的值，再与 $a^2-2ab+b^2$ 联立，求出 a^2+b^2.

详细解析

母题 14 · 绝对值的化简求值与证明

方法一： 根据题意可知 a, b 的大小不影响最终结果，因此不妨设 $a>b$，则 $a-b=2$，$a^3-b^3=(a-b)(a^2+ab+b^2)=(a-b)[(a-b)^2+3ab]=2\times(4+3ab)=26$，解得 $ab=3$. 故
$$a^2+b^2=(a-b)^2+2ab=4+2\times3=10.$$

方法二： 因为 $|a-b|=2$，$|a^3-b^3|=|a-b|\cdot|a^2+ab+b^2|=26$，则 $|a^2+ab+b^2|=13$.

易知 $a^2+ab+b^2=\left(a+\frac{b}{2}\right)^2+\frac{3}{4}b^2\geqslant0$，所以 $|a^2+ab+b^2|=a^2+ab+b^2=13$①.

又因为 $|a-b|=2$，所以 $a^2-2ab+b^2=4$②.

联立式①和式②，可得 $ab=3$，$a^2+b^2=10$.

秒杀技巧

题干涉及的数较小，可以直接取值尝试，如令 $a=3$，$b=1$，得 $a^2+b^2=10$.

6 (C)

详细解析

母题 32 · 集合的运算

设仅购买一种商品的顾客有 x 位，根据三集合公式，可知

$A\cup B\cup C=$ 仅购买一种商品的顾客$+A\cap B+B\cap C+A\cap C-2A\cap B\cap C$,
则可列式：$96=x+8+12+6-2\times 2$, 解得 $x=74$.

> **易错警示**
>
> 有同学认为 $A\cap B+B\cap C+A\cap C$ 将同时购买三种商品的顾客计算了三遍，所以要减去 $3A\cap B\cap C$, 错选(D)项，因此要注意：计算了3次，但需要1次，所以应该减掉多余的2次.

7 (C)

> **思路点拨**
>
> 此类无穷数列求和的题目，先要判断从第几项开始呈等比数列，再确定首项与公比，最后代入公式 $S=\lim_{n\to+\infty}\dfrac{a_1(1-q^n)}{1-q}=\dfrac{a_1}{1-q}$.

详细解析

母题 50·无穷等比数列

连接 D_2B_2, 易得 $S_{\Box A_2B_2C_2D_2}=\dfrac{1}{2}S_{\Box A_1B_1C_1D_1}$, 同理依次可得后一个平行四边形的面积是前一个的一半，因此该数列为等比数列.

已知 $S_1=12$, 则 $S_1, S_2, S_3, \cdots$ 是首项为 12、公比为 $\dfrac{1}{2}$ 的无穷递缩等比数列，故

$$S_1+S_2+S_3+\cdots=\dfrac{S_1}{1-q}=\dfrac{12}{1-\dfrac{1}{2}}=24.$$

8 (B)

> **思路点拨**
>
> 不同元素分配时，要先分组再分配，相同组别要消序（分组时，有几组相同就消几组序）；对于指定同一组的元素无须进行分组.

详细解析

母题 79·不同元素的分配问题

根据题意，指定的2张卡片要在一组，则剩下4张分成2组，每组2张，再消序，即 $\dfrac{C_4^2 C_2^2}{A_2^2}$；

然后将三组卡片分配给甲、乙、丙三个袋子，即 $\dfrac{C_4^2 C_2^2}{A_2^2}\times A_3^3=18$(种).

> **易错警示**
>
> 组内元素数量相同，一定要消序，否则错选(E)项.

9 (C)

详细解析

母题 87·闯关与比赛问题

先胜2盘者赢得比赛，已知乙赢了第一局，若甲要赢得比赛，则甲的比赛情况只能为：输、

赢、赢.
故甲赢得比赛的概率为 $P=0.6\times0.6=0.36$.

> **易错警示**
>
> 有同学列式为 $P=0.4\times0.6\times0.6=0.144$，从而错选(A)项，因题干所述"若乙在第一盘获胜"，是一种指定条件，不需要再去计算第一盘比赛输赢的概率.

⑩ (E)

思路点拨

在解析几何中的求参数的值，关键是建立与参数相关的等量关系式. 本题为圆上点的切线问题，可以借助经验公式快速表示出切线进而求解，也可以根据圆心和切点的连线垂直于切线建立等量关系.
过圆 $(x-a)^2+(y-b)^2=r^2$ 上的一点 (x_0,y_0) 的切线方程为：
$$(x-a)(x_0-a)+(y-b)(y_0-b)=r^2.$$

详细解析

母题68·直线与圆的位置关系

方法一：切线方程.

根据圆上点的切线公式可得，圆 C 在点 $(1,2)$ 处的切线方程为 $x+(2-a)(y-a)=b$，整理得 $x+(2-a)y=(2-a)a+b$①；又因为切线过点 $(1,2)$ 和点 $(0,3)$，根据两点式可求出切线方程为 $x+y=3$②.
因为过圆上一点有且仅有一条切线，所以直线①与②为同一直线，对应项相等，则有
$$\begin{cases}2-a=1,\\(2-a)a+b=3\end{cases}\Rightarrow\begin{cases}a=1,\\b=2\end{cases}\Rightarrow ab=2.$$

方法二：利用斜率.

圆心 $(0,a)$ 和切点 $(1,2)$ 连线的斜率为 $k=\dfrac{2-a}{1-0}=2-a$；切线过点 $(1,2)$ 和点 $(0,3)$，故切线的斜率为 $k'=-1$；因为切线斜率存在且不为0，圆心和切点的连线垂直于切线，故 $k\cdot k'=-1$，即 $(2-a)\times(-1)=-1\Rightarrow a=1$. 又因为切点 $(1,2)$ 在圆上，可得 $1+(2-a)^2=b$，代入可得 $b=2$. 故 $ab=2$.

⑪ (D)

思路点拨

每个参赛队伍需要1男1女，两队混双需要先选出2男2女，再进行男女搭配.

详细解析

母题79·不同元素的分配问题

根据题意，先从男运动员和女运动员中分别选出2名运动员：$C_4^2 C_3^2$；
1名男运动员选择2名女运动员中的任意1名作为搭档，剩下2名自然成为搭档，即一共有两种可能. 故有 $C_4^2 C_3^2\times 2=36$(种).

> **易错警示**
>
> 有同学在选两支参赛队时是一队一队选的，列式为 $C_4^1 C_3^1 \times C_3^1 C_2^1 = 72$(种)，错选(E)项．错误原因在于列式相乘时，根据分步乘法原理，两队选人无形中分了两步，有了先后顺序，因此需要消序，即 $\dfrac{C_4^1 C_3^1 \times C_3^1 C_2^1}{A_2^2} = 36$(种)．

12 (A)

思路点拨

思路①：选取的卡片仅有 10 张，可以采用穷举法；

思路②：根据数字被 5 除后的余数进行分类，然后挑选相加后能被整除的组合．

详细解析

母题 82·常见古典概型问题＋母题 1·整除问题

方法一：穷举法．

从标号 1 到 10 的卡片中取出 2 张，标号之和能被 5 整除，则数字之和可能为 5、10、15．

①当和为 5 时，有 1＋4、2＋3 共 2 种情况；

②当和为 10 时，有 1＋9、2＋8、3＋7、4＋6 共 4 种情况；

③当和为 15 时，有 8＋7、9＋6、10＋5 共 3 种情况．

则随机抽取的 2 张卡片的标号之和能被 5 整除的概率为 $P = \dfrac{2+4+3}{C_{10}^2} = \dfrac{1}{5}$．

方法二：余数分类法．

按照被 5 除后的余数不同，可以分为 5 类：

余数为 0 的：5，10；余数为 1 的：1，6；余数为 2 的：2，7；

余数为 3 的：3，8；余数为 4 的：4，9．

若两个数相加之和为 5 的倍数，则仅有三种情况：

①两个余数为 0；②一个余数为 1，一个余数为 4；③一个余数为 2，一个余数为 3；

因此情况总数为 $C_2^2 + C_2^1 C_2^1 + C_2^1 C_2^1 = 9$(种)，则概率 $P = \dfrac{9}{C_{10}^2} = \dfrac{1}{5}$．

13 (C)

思路点拨

本部门主任不能检查本部门，因此为"不对号入座"，外聘人员没有分配要求因此全排列即可．

元素数量	3	4	5
不对号入座方案	2	9	44

详细解析

母题 81·不对号入座问题

已知本部门主任不能检查本部门，即 3 个对象的不对号入座问题，有 2 种可能；

再将三个外聘人员进行分配，则不同的安排方式有 $2 \times A_3^3 = 12$(种)．

14 （D）

思路点拨

截面垂直于底面，所以截下来的高 AD 就是圆柱的高，根据公式：体积＝底面积×高，因此只需转化成平面图形，求出截下部分的底面积即可．

详细解析

母题 61·空间几何体的基本问题

设底面圆的圆心为 O，连接 OA，OB，如右图所示．

因为 $\angle AOB = \dfrac{\pi}{3}$，$OA = OB$，故 $\triangle AOB$ 是以 2 为边长的等边三角形，则阴影部分面积为

$$S_{阴影} = S_{扇形AOB} - S_{\triangle AOB} = \dfrac{1}{6}\pi \times 2^2 - \dfrac{\sqrt{3}}{4} \times 2^2 = \dfrac{2}{3}\pi - \sqrt{3}，$$

故截掉部分（较小部分）的体积 $= S_{阴影} \times 高 = \left(\dfrac{2}{3}\pi - \sqrt{3}\right) \times 3 = 2\pi - 3\sqrt{3}$．

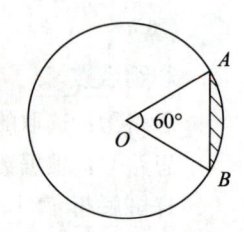

15 （E）

思路点拨

求 max 函数的最小值，min 函数的最大值，就是找所有表达式图像的交点．

详细解析

母题 45·其他特殊函数（最值函数）

如右图所示，实线部分为 $f(x)$ 函数图像，由图可知，函数在 $y = x^2$ 与 $y = -x^2 + 8$ 的交点处取得最小值，因此当 $x^2 = -x^2 + 8$ 时，函数有最小值 4．

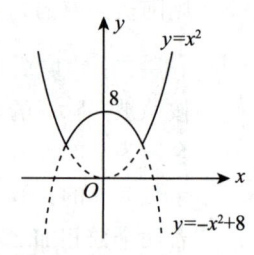

秒杀技巧

选项代入法．选项中的最小值是 4，代入验证，若 $x^2 = 4$，则 $-x^2 + 8 = 4$，此时 $f(x) = \max\{4, 4\} = 4$，因此 4 就是最小值．

二、条件充分性判断

16 （A）

思路点拨

思路①：本题是在研究 $x^2 + y^2$ 与 $x + y$ 的大小关系，而柯西不等式恰巧就可以得出两数平方和与和平方的关系，即 $2(x^2 + y^2) \geqslant (x + y)^2$；

思路②：条件(1)为类圆的方程，条件(2)为类反比例函数，结论表示两直线间的区域，可数形结合．

详细解析

母题 21·柯西不等式 + 母题 70·图像的判断

条件(1)：

方法一：柯西不等式．

根据柯西不等式 $(x + y)^2 \leqslant 2(x^2 + y^2) \leqslant 4$，即 $(x + y)^2 \leqslant 4 \Rightarrow |x + y| \leqslant 2$，条件(1)充分．

方法二：几何意义法．

$x^2 + y^2 \leqslant 2$ 表示的是以 $(0, 0)$ 为圆心、$\sqrt{2}$ 为半径的圆及其内部区域；

$|x+y|\leqslant 2$ 化简得 $-2\leqslant x+y\leqslant 2$，表示的是 $x+y=\pm 2$ 这两条直线之间的区域(含直线)．如左图所示，这两条直线刚好与圆相切，所以 $x^2+y^2\leqslant 2$ 表示的区域都在 $|x+y|\leqslant 2$ 内，条件(1)充分．

条件(2)：

方法一：举反例，令 $x=2$，$y=\dfrac{1}{2}$，可知不充分．

方法二：几何意义法．

$xy\leqslant 1$ 表示的是反比例曲线及两条曲线中间的区域，如右图阴影部分所示，明显看出 $xy\leqslant 1$ 所表示区域比 $|x+y|\leqslant 2$ 表示区域范围大，故条件(2)不充分．

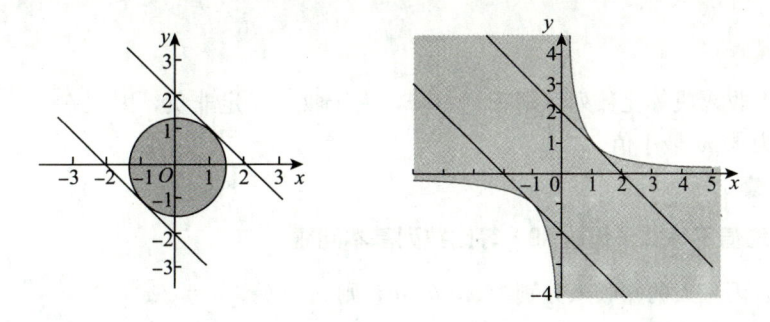

易错警示

有同学发现直接联立条件，可凑出 $x^2+y^2+2xy\leqslant 4$ 的形式，从而得出 $(x+y)^2\leqslant 4\Rightarrow |x+y|\leqslant 2$，未考虑条件(1)和(2)单独是否充分，错选(C)项．

这是做条件充分性判断题典型的错误之一：做题顺序不对．条件是否充分一定要先单独判断，都不充分的情况下再考虑联立．

17 (B)

思路点拨

等差数列的前 9 项和 S_9，可根据求和公式 $S_{2n-1}=(2n-1)a_n$ 进行转化求解．

详细解析

母题 46・等差数列基本问题

条件(1)：只知首项，无法求出前 9 项之和，故不充分．

条件(2)：由等差数列求和公式，可知 $a_1+a_2+\cdots+a_9=S_9=9a_5$，故条件(2)充分．

18 (D)

思路点拨

先将分式方程化为整式方程，由于 n，m 都为整数，因此本题属于整数不定方程问题，可将代数式进行因式分解，拆成整数乘积的形式对应求解．

详细解析

母题 6・整数不定方程问题

条件(1)：

$$\dfrac{1}{m}+\dfrac{3}{n}=1\Rightarrow 3m+n=mn\Rightarrow mn-3m-n=0$$
$$\Rightarrow m(n-3)-(n-3)=3\Rightarrow (m-1)(n-3)=3.$$

因为 m，n 是正整数，故 $\begin{cases} m-1=1, \\ n-3=3 \end{cases}$ 或 $\begin{cases} m-1=3, \\ n-3=1. \end{cases}$ 解得 $\begin{cases} m=2, \\ n=6 \end{cases}$ 或 $\begin{cases} m=4, \\ n=4. \end{cases}$

故 $m+n=8$，条件(1)充分．

条件(2)：$\dfrac{1}{m}+\dfrac{2}{n}=1 \Rightarrow 2m+n=mn \Rightarrow (m-1)(n-2)=2 \Rightarrow \begin{cases} m-1=1, \\ n-2=2 \end{cases}$ 或 $\begin{cases} m-1=2, \\ n-2=1, \end{cases}$ 解得

$\begin{cases} m=2, \\ n=4 \end{cases}$ 或 $\begin{cases} m=3, \\ n=3. \end{cases}$ 故 $m+n=6$，条件(2)也充分．

19 (D)

思路点拨 ▼

甲、乙、丙收入成等比数列，则有 $b^2=ac$，由于收入一定非负，因此 $b=\sqrt{ac}$，求 b 的最小值即可转换为求 ac 最小值．

详细解析 ▼

母题 20 · 均值不等式 + 母题 49 · 等比数列基本问题

设甲、乙、丙三人的年收入分别为 a，b，c，则 $ac=b^2$，$b=\sqrt{ac}$．

条件(1)：已知 $a+c$，根据均值不等式，$a+c \geqslant 2\sqrt{ac}=2b$，所以当 $a=c$ 时，b 的最大值为 $\dfrac{a+c}{2}$，因此条件(1)充分．

条件(2)：已知 ac，$b=\sqrt{ac}$，b 为定值，既是最大值也是最小值，因此条件(2)充分．

> **易错警示**
>
> 有同学纠结于条件(2)，误认为定值不是最值，因此错选(A)项．但实际上对于常值函数，也就是 $f(x)=c$ 而言，数学上规定 $f(x)_{\max}=f(x)_{\min}=c$．

20 (D)

思路点拨 ▼

如右图所示，可将四边形 $BCFE$ 补成一个直角三角形，只要证明 $\triangle AED$ 和新补充的部分全等，就能推出题干结论．

详细解析 ▼

母题 59 · 平面几何五大模型

条件(1)：因为 $EB=2FC$，且 $EB \parallel FC$，故 FC 为 $\triangle EBG$ 中位线，于是 $CG=BC=AD$，又 $\begin{cases} AE=FC, \\ \angle A=\angle FCG=90° \end{cases} \Rightarrow \triangle AED \cong \triangle CFG$（SAS），所以 $\triangle AED$ 与四边形 $BCFE$ 可以拼成一个直角三角形，条件(1)充分．

条件(2)：因为 $ED=EF$，故 $\triangle DEF$ 是等腰三角形，于是 $\angle AED=\angle EDF=\angle EFD=\angle CFG$，又 $\begin{cases} AE=FC, \\ \angle A=\angle FCG=90° \end{cases} \Rightarrow \triangle AED \cong \triangle CFG$（ASA），所以 $\triangle AED$ 与四边形 $BCFE$ 可以拼成一个直角三角形，条件(2)充分．

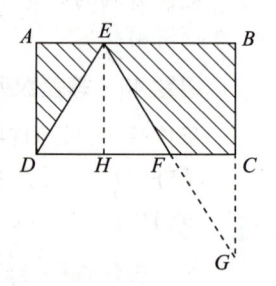

21 (E)

详细解析

母题88·简单算术问题

设甲、乙购买的玩具数量分别为 x 件、y 件,A、B 玩具的价格分别为 a 元、b 元.

条件(1):$\begin{cases} x+y=50, \\ by-ax=100, \end{cases}$ 无法确定 x 的值,不充分.

条件(2):$\begin{cases} a=2b, \\ by-ax=100, \end{cases}$ 无法确定 x 的值,不充分.

联立两个条件:$\begin{cases} x+y=50, \\ a=2b, \\ by-ax=100, \end{cases}$ 整理可得 $b(50-3x)=100$,明显不能确定 x 的值,不充分.

22 (C)

思路点拨

令 $x-y=b$,即 $y=x-b$,求 $x-y$ 的最值即可看作"截距型最值问题",根据题意画出 $y=x-b$ 的可行域,移动点 P,判断出直线截距的最值情况.

详细解析

母题101·线性规划问题

条件(1):举反例,令 $m=-10$,当点 (x,y) 在点 P 时,$x-y=-10$,不充分.

条件(2):举反例,令 $m=10$,当点 (x,y) 在点 P 时,$x-y=10$,不充分.

联立两个条件,设 $x-y=b$,则有 $y=x-b$,可知 $x-y$ 的最小值和最大值分别为直线 $y=x-b$ 截距相反数的最小值和最大值.

如右图所示,$-2 \leqslant m \leqslant 1$,即 P 在 $(-2,0)$,$(1,0)$ 之间 $\Leftrightarrow$

$A(1,3)$,$B(2,1)$ 分别为可行域边界上的点 $\Leftrightarrow$ $x-y$ 的最小值和最大值分别为 -2 和 1,所以联立充分.

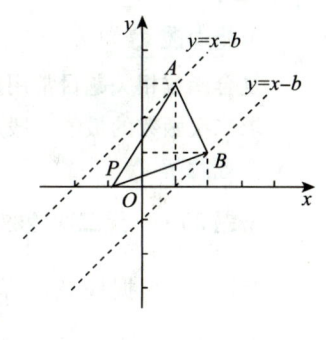

23 (D)

详细解析

母题93·增长率问题

设甲公司年终奖总额为 x,乙公司年终奖总额为 y,由题干可得 $1.25x=0.9y \Rightarrow \dfrac{x}{y}=\dfrac{18}{25}$.

条件(1):设甲、乙公司人数分别为 a,b,人均年终奖 $= \dfrac{年终奖总额}{员工人数}$,因此 $\dfrac{x}{a}=\dfrac{y}{b} \Rightarrow \dfrac{a}{b}=\dfrac{x}{y}=\dfrac{18}{25}$,条件(1)充分.

条件(2):设甲、乙公司人数分别为 a,b,可得 $\dfrac{a}{b}=\dfrac{x}{y}=\dfrac{18}{25}$,条件(2)充分.

24 (A)

详细解析

母题 68・直线与圆的位置关系

由 $x^2+y^2=2y$，整理得 $x^2+(y-1)^2=1$，因此圆心为 $(0, 1)$，$r=1$.

若圆与直线 $x+ay=b$ 不相交，则圆心到直线的距离大于等于半径，即

$$d=\frac{|0\times x+1\times a-b|}{\sqrt{1+a^2}}=\frac{|a-b|}{\sqrt{1+a^2}}\geqslant 1\Leftrightarrow |a-b|\geqslant \sqrt{1+a^2}.$$

故条件(1)充分.

条件(2)：举反例. 令 $a=1$，$b=2$，则圆心到直线的距离 $d=\frac{\sqrt{2}}{2}<1$，直线与圆相交，满足条件但不符合结论，所以条件(2)不充分.

易错警示

在代入点到直线的距离公式时，有同学没有将直线方程转化成一般式 $x+ay-b=0$，因此在代入圆心坐标后算成 $d=\frac{|a+b|}{\sqrt{1+a^2}}>1$，结果错选了(B)项.

25 (D)

思路点拨

复合函数相关题目常用换元法，令 $f[f(x)]=f(t)$，然后考虑 $f(t)$ 的定义域.
求二次函数的最值一般用对称轴和顶点式.

详细解析

母题 36・一元二次函数的最值＋母题 45・其他特殊函数

方法一：根据题意，可知 $f(x)=x^2+ax$ 的对称轴为 $x=-\frac{a}{2}$，最小值为 $-\frac{a^2}{4}$，值域为 $\left[-\frac{a^2}{4}, +\infty\right)$. 令 $f(x)=t$，则 $f[f(x)]=f(t)=t^2+at$，$f(t)$ 的定义域（即 $f(x)$ 的值域）为 $\left[-\frac{a^2}{4}, +\infty\right)$，对称轴为 $t=-\frac{a}{2}$. 如下图所示，若 $f(x)$ 的最小值和 $f(t)$ 的最小值相等，则要求 $f(t)$ 定义域含有 $-\frac{a}{2}$，只有这样，$f(t)$ 才能取到最小值 $-\frac{a^2}{4}$. 故有 $-\frac{a}{2}\geqslant -\frac{a^2}{4}$，解得 $a\leqslant 0$ 或 $a\geqslant 2$.

两个条件单独都是子集，故单独都充分.

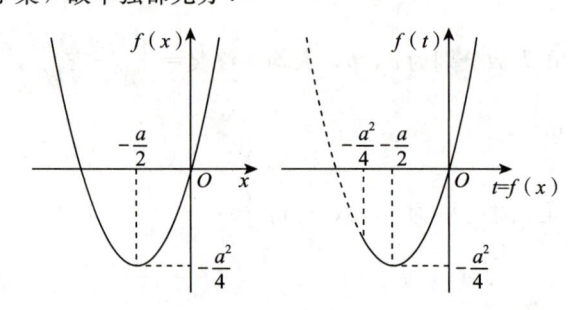

方法二：将函数表达式整理成顶点式，可得 $f(x)=x^2+ax=\left(x+\dfrac{a}{2}\right)^2-\dfrac{a^2}{4}$，故 $f(x)$ 的最小值为 $-\dfrac{a^2}{4}$。$f[f(x)]=\left[f(x)+\dfrac{a}{2}\right]^2-\dfrac{a^2}{4}$，要使其最小值也为 $-\dfrac{a^2}{4}$，则 $f(x)+\dfrac{a}{2}=0$，即 $x^2+ax+\dfrac{a}{2}=0$ 有解，$\Delta=a^2-2a\geqslant 0$，解得 $a\leqslant 0$ 或 $a\geqslant 2$。

两个条件的取值范围均在区间内，故单独都充分。

三、逻辑推理

26 (A)

详细解析

第1步：画箭头。

题干：

①人民→创造者∧见证者∧剧中人∧剧作者。

②离开人民→会变成浮萍呻吟躯壳。

③作品传之久远→观照人民的生活、命运、情感∧表达人民的心愿、心情、心声。

第2步：逆否。

题干的逆否命题为：

④¬创造者∨¬见证者∨¬剧中人∨¬剧作者→¬人民。

⑤¬会变成浮萍呻吟躯壳→¬离开人民。

⑥¬观照人民的生活、命运、情感∨¬表达人民的心愿、心情、心声→¬作品传之久远。

注意：由于题干中的信息太多，在考试时，逆否这一步要视选项的需要而定，需要逆否哪个条件再逆否哪个条件，这样可以节约做题时间。

第3步：找答案。

(A)项，¬会变成浮萍呻吟躯壳→¬离开人民，等价于⑤，故此项为真。

(B)项，创造者→¬剧中人，根据箭头指向原则，由①可知，"创造者"后无箭头指向，故此项可真可假。

(C)项，创造者→见证者，根据箭头指向原则，由①可知，"创造者"后无箭头指向，故此项可真可假。

(D)项，剧中人→剧作者，根据箭头指向原则，由①可知，"剧中人"后无箭头指向，故此项可真可假。

(E)项，表达人民的心愿、心情、心声→作品传之久远，根据箭头指向原则，由③可知，"表达人民的心愿、心情、心声"后无箭头指向，故此项可真可假。

27 (C)

详细解析

分析表格中的内容可以发现，表格仅仅涉及我国的12个城市，天气类型也仅有9种。

也就是说题干仅仅给出了"部分"城市的天气，这些天气也未必包括所有天气类型，故(C)项正确。其他选项均为绝对化选项，可直接排除。

28 （D）

论证结构

此题的问题是"最能支持上述专家的结论"，故直接定位"专家的结论"。

专家：人们似乎从晚睡中得到了快乐，但这种快乐其实隐藏着某种烦恼。

选项详解

(A)项，无关选项，此项只说明了安然入睡者和晚睡者之间的不同，但未涉及晚睡是否有"烦恼"，故不能支持专家的结论。

(B)项，此项说明晚睡者有积极的人生态度，但不涉及晚睡是否有"烦恼"，故不能支持专家的结论。

(C)项，此项强调晚睡者一到深夜就感觉自己精力充沛，但不涉及晚睡是否有"烦恼"，故不能支持专家的结论。

(D)项，此项说明晚睡提醒人们现在的正常生活存在着某种"令人不满的问题"，即：晚睡有"烦恼"，直接支持专家的结论。

(E)项，无关选项，此项仅仅说明了人们会晚睡的原因，但未涉及晚睡是否隐藏着某种烦恼。

29 （A）

论证结构

此题的问题是"最能支持上述专家的观点"，故直接定位"专家的观点"。

专家：分心驾驶已成为我国道路交通事故的罪魁祸首。

秒杀思路

"罪魁祸首"是指灾祸主要的原因、第一重要的原因。只有(A)项涉及由分心驾驶导致的交通事故"占比最高"，即是第一重要的原因，故直接选(A)项。

选项详解

(B)项，此项指出驾驶人开车时使用手机，反应时间会延迟3倍左右，但这种延迟是否必然会导致交通事故，此项并未说明，故支持力度弱。

(C)项，此项说明开车时使用手机，发生车祸的概率急剧增加，对专家的观点有支持作用。但是，专家的论证对象是"分心驾驶"，而此项的论证对象是"开车时使用手机"，二者并非同一概念。而且，此项也没有指出这是我国道路交通事故的"罪魁祸首"，故此项的支持力度弱。

(D)项，无关选项，此项仅说明了"使用手机"和"分心驾驶"之间的关系，并未涉及"使用手机"是否会引发"交通事故"。

(E)项，无关选项，此项讨论的是"美国"的情况，题干讨论的是"我国"的情况。（干扰项·偷换论证对象）

30 （B）

秒杀思路

题干由事实和假言（选言可看作假言）构成，故本题为事实假言模型，从事实出发做串联即可秒杀。

详细解析

本题补充新事实：丙周日值日。

从事实出发，由"丙周日值日"并结合题干"每人每周需轮流值日一天，且每天仅安排一人值日"可知，丙周三不值日。

由"丙周三不值日"可知，条件(2)的后件为假，根据口诀"否后必否前"，可得：甲周一不值日。
由"甲周一不值日"可知，条件(3)的前件为真，根据口诀"肯前必肯后"，可得：己周四值日且庚周五值日。
由"己周四值日"可知，条件(4)的后件为假，根据口诀"否后必否前"，可得：乙周二不值日。
再由条件(1)可得：乙周二不值日→乙周六值日。故乙周六值日，即(B)项正确。

31 (D)

详细解析

本题补充新事实：庚周四值日。
从事实出发，由"庚周四值日"并结合题干"每人每周需轮流值日一天，且每天仅安排一人值日"可知，庚周五不值日。
由"庚周五不值日"可知，条件(3)的后件为假，根据口诀"否后必否前"，可得：甲周一值日。
由"甲周一值日"可知，条件(2)的前件为真，根据口诀"肯前必肯后"，可得：丙周三值日且戊周五值日。
故(D)项一定为假。

32 (E)

秒杀思路

此题的题干结构为："不＋简单判断"，故本题为简单判断的负判断模型(矛盾命题)，直接利用替换口诀解题即可。

详细解析

韩愈的观点：弟子不必不如师，师不必贤于弟子。
弟子不必不如师＝弟子不必然不如师；师不必贤于弟子＝师不必然贤于弟子。
即： 弟子不 必然 不如 师，师不 必然 贤于 弟子。
         ↓   ↓   ↓   ↓
等价于：弟子 可能 如 师，师 可能 不贤于 弟子。
故：弟子可能如师，师可能不贤于弟子。
再根据对当关系中的"所有→有的"，由"师可能不贤于弟子"可得：有的师可能不贤于弟子。故(E)项正确。

33 (E)

秒杀思路

题干由事实和假言构成，故本题为事实假言模型，从事实出发做串联即可秒杀。

详细解析

从事实出发，由事实(2)"凡含'雨''露''雪'字的节气各属春、秋、冬季"可知，凡含"雨"字的节气属于春季，故条件(4)的前件为真，根据口诀"肯前必肯后"，可得：霜降在秋季。
由"霜降在秋季"可知，条件(3)的后件为假，根据口诀"否后必否前"，可得：清明在春季。
由题干"从春至冬每季仅列两个节气"可知，各个选项中的第1、第2个为春季的节气；第3、第4个为夏季的节气；第5、第6个为秋季的节气；第7、第8个为冬季的节气。
再结合"清明在春季"可知，若选项中有"清明"，则其一定在第1或第2个，故(E)项一定为假。

34 (C)

秒杀思路

此题的提问方式为"以下哪项与上述论证方式最为相似",并且题干出现典型的形式逻辑关联词"如果……就……",故本题为推理结构相似题。

详细解析

题干:刀不磨(A)要生锈(B),人不学(C)要落后(D)。所以,如果你不想落后(¬D),就应该多磨刀(¬A)。

符号化:A→B,C→D。所以,¬D→¬A。

(A)项,妆未梳成(A)不见客(B),不到火候(C)不揭锅(D)。所以,如果揭了锅(¬D),就应该是到了火候(¬C)。故与题干不同。

(B)项,兵在精(A)而不在多(B),将在谋(C)而不在勇(D)。所以,如果想获胜(E),就应该兵精(A)将勇(¬D)。故与题干不同。

(C)项,马无夜草(A)不肥(B),人无横财(C)不富(D)。所以,如果你想富(¬D),就应该让马多吃夜草(¬A)。故与题干最为相似。

(D)项,金(A)无足赤(B),人(C)无完人(D)。所以,如果你想做完人(¬D),就应该有真金(A)。故与题干不同。

(E)项,有志(A)不在年高(B),无志(¬A)空活百岁(C)。所以,如果你不想空活百岁(¬C),就应该立志(A)。故与题干不同。

35 (D)

秒杀思路

题干由事实和假言构成,故本题为事实假言模型,从事实出发做串联即可秒杀。

详细解析

从事实出发,由事实(4)可知,条件(1)"如果一号线不拥挤,小张就坐3站后转二号线,再坐4站到北口站"的前件为真,故其后件也为真,因此,小张花费的总时间为:3站+4站+1次换乘=7站+1次换乘。

由事实(4)可知,条件(3)的前件为真,故其后件也为真,因此,小李花费的总时间为:4站+3站+1站+2次换乘=8站+2次换乘。

再由"各条地铁线每一站运行加停靠所需时间均彼此相同"可知,小李花费的时间比小张多。

由于"3人同时都在常青站乘一号线上班",因此,小张比小李先到达单位。故(D)项正确。

36 (C)

论证结构

锁定关键词"由此认为",可知此前是论据,此后是论点。

题干:某国30岁至45岁人群中,去医院治疗冠心病、骨质疏松等病症的人越来越多,而原来患有这些病症的大多是老年人 ——证明→ 该国年轻人中"老年病"发病率有不断增加的趋势。

秒杀思路

题干论点中涉及"发病率",可知本题为数量比率模型,通常是列出比率公式,利用公式解题。

年轻人中"老年病"发病率 = $\frac{\text{年轻人中发病人数}}{\text{年轻人总人数}} \times 100\%$,因此,题干仅由分子"年轻人中发病人数"增加,无法说明发病率提高,在分母变大的情况下,发病率可能会降低。

选项详解

(A)项,无关选项,此项并不直接涉及"年轻人中老年病的发病率"。
(B)项,题干涉及的是"年轻人"中老年病发病率,而此项涉及的是"老年病"的患者范围,二者并非同一概念。(干扰项·转移论题)
(C)项,此项说明年轻人的数量急剧增加,即:分母变大,故发病率可能会降低,削弱题干。
(D)项,无关选项,题干的论证并未涉及"老年病"的具体类型,也未涉及老年人患的病。
(E)项,无关选项,题干的论证对象为年轻人,此项的论证对象为健康老龄人口;且题干并未涉及健康老龄人口的比例。(干扰项·无关新比例)

37 (A)

秒杀思路

题干为假言判断,其前件中又包含了联言判断,故本题为箭摩根模型,直接使用箭摩根公式秒杀。

详细解析

题干:①每一个体不损害他人利益∧尽可能满足其自身的利益需求→良善的社会。
其逆否命题为:②¬良善的社会→存在个体损害他人利益∨存在自身的利益需求没有尽可能得到满足。
(A)项,¬良善的社会→存在个体损害他人利益∨存在自身的利益需求没有尽可能得到满足,等价于②,故此项必然为真。
(B)项,题干并未涉及"尽可能满足每一个体的利益需求"与"社会的整体利益"之间的关系,故此项可真可假。
(C)项,可能是良善的社会→尽可能满足每一个体的利益需求,由①可知,此项可真可假。
(D)项,此项可符号化为:有些个体损害他人利益∧满足自身的利益需求→¬良善的社会,等价于:存在个体损害他人利益∧满足自身的利益需求→¬良善的社会,根据箭头指向原则,由②可知,"存在个体损害他人利益"后无箭头指向,故此项可真可假。
(E)项,某些个体的利益需求没有尽可能得到满足→¬良善的社会,根据箭头指向原则,由②可知,"某些个体的利益需求没有尽可能得到满足"后无箭头指向,故此项可真可假。

38 (D)

秒杀思路

题干由多个前提组成,要求找到"能确定赵珊珊选修的是'宋词选读'"的项,故本题为隐含三段论问题中的补充条件题。

详细解析

从题干的半事实出发,由条件(2)"喜爱诗词的赵珊珊选修的是诗词类课程"可知,赵珊珊选修的是"《诗经》鉴赏""唐诗鉴赏""宋词选读"三者中的一个。
故若排除"《诗经》鉴赏"和"唐诗鉴赏",即可确定赵珊珊选修的是"宋词选读"。
优先考虑涉及"《诗经》鉴赏"和"唐诗鉴赏"的选项,故优先考虑(D)项和(E)项。
由(D)项,庄志达选修的是"《诗经》鉴赏",并结合条件(1)可知,李晓明选修的不是"《诗经》鉴赏";再由条件(3)可知,李晓明选修的是"唐诗鉴赏"。故赵珊珊不能选修"《诗经》鉴赏"和"唐诗鉴赏",可得:赵珊珊选修的是"宋词选读"。故(D)项正确。
由(E)项推不出任何结论,故排除。

39 (C)

题干现象

待解释的矛盾现象：河流流速减缓有利于水草生长，河流中的水草总量通常也会随之而增加，但是，去年该地区在经历了一次极端干旱之后，尽管该地区某河流的流速十分缓慢，但其中的水草总量并未随之而增加，只是处于一个很低的水平。

选项详解

(A)项，此项说明以水草为食物的水生动物数量大量减少，那么水草的数量应该是增多的，而题干中水草的数量却只是处于一个很低的水平，故此项加剧了题干的矛盾。

(B)项，此项阐述了我国中原地区河流流速的普遍情况，但并未涉及经历干旱之后，河流流速缓慢但水草数量只是处于一个很低水平的原因，无关选项。

(C)项，此项说明极端干旱之后干涸了一段时间导致大量水生物死亡，而水草属于水生物，故此项很好地解释了为什么在经历干旱之后即使河流流速缓慢水草数量却只是处于一个很低的水平。

(D)项，此项说明该地区的水流速度有利于水草的生长和繁殖，但该地区的水草却仍然处于较低的水平，此项加剧了题干的矛盾。

(E)项，无关选项，题干并未涉及水草数量达到一定程度是否会对周边其他物种的生存产生危害。

40 (D)

秒杀思路

本题可看作是7艘舰艇与两个编队之间的匹配问题。题干中有确定事实，从事实出发进行推理即可。

详细解析

本题补充新事实：甲在第二编队。

从事实出发，找重复元素"甲"，由"甲在第二编队"并结合条件(3)"甲和丙不在同一编队"可知，丙在第一编队。

找重复元素"丙"，由"丙在第一编队"并结合条件(2)"戊和丙至多有一艘编列在第一编队"可知，戊在第二编队。故(D)项正确。

41 (D)

秒杀思路

本题给出新条件"丁和庚在同一编队"，但不确定在哪一编队，故可分情况讨论。

详细解析

情况1：假设丁和庚在第一编队，由条件(3)可知，甲和丙不在同一编队，又知"第一编队编列3艘舰艇"，所以第一编队的最后一个位置给甲或丙，则乙、戊、己都在第二编队。

情况2：假设丁和庚在第二编队，由条件(1)可知，己也在第二编队，又由条件(3)可知，甲和丙不在同一编队，又由于"第二编队编列4艘舰艇"，所以，第二编队的最后一个位置给甲或丙，则乙、戊均在第一编队。再由条件(4)可知，丁也必须编列在第一编队，与假设矛盾，故丁和庚不可能在第二编队。

因此，情况1成立，故(D)项正确。

42 (C)

秒杀思路

此题的提问方式为"以下哪项与上述反驳方式最为相似"，题干中有假言判断关联词"没有……

就……",故本题为推理结构相似题。

详细解析

题干：

甲：读书的目的(A)最重要的是增长知识、开拓视野(B)。

乙：读书的目的(A)最重要的是陶冶性情、提升境界(C)。没有陶冶性情、提升境界(┐C)，就达不到读书的目的(┐A)。

符号化：甲：A最重要的是B。

乙：A最重要的是C。┐C→┐A。

(A)项，甲：A最重要的是B。

乙：A最重要的是C。D→E。故与题干的反驳方式不一致。

(B)项，甲：A最重要的是B。

乙：A最重要的是C。┐C→┐B。故与题干的反驳方式不一致。

(C)项，甲：A最重要的是B。

乙：A最重要的是C。┐C→┐A。故与题干的反驳方式一致。

(D)项，甲：A最重要的是B。

乙：A最重要的是C。B→C。故与题干的反驳方式不一致。

(E)项，甲：A最重要的是B。

乙：A最重要的是C。┐C→┐B。故与题干的反驳方式不一致。

43 （B）

秒杀思路

题干出现多个假言判断，且这些假言判断无重复元素（无法进行串联），选项均为假言判断，故本题为假言无串联模型，可使用三步解题法或直接使用选项排除法。

详细解析

第1步：画箭头。

题干：

①若要人不知，除非己莫为，即：如果不想人知，那么就莫为。

符号化：人不知→己莫为。

②若要人不闻，除非己莫言，即：如果不想人闻，那么就莫言。

符号化：人不闻→己莫言。

③为之而欲人不知，言之而欲人不闻，此犹捕雀而掩目，盗钟而掩耳者。"此犹"的意思是"这种行为就像"，不是推理关系。

第2步：逆否。

题干的逆否命题为：

①逆否可得：④己为→人知。

②逆否可得：⑤己言→人闻。

第3步：找答案。

(A)项，己不言→人不闻，根据箭头指向原则，由②可知，"己莫言"后无箭头指向，故此项可真可假。

(B)项，己为→人知；己言→人闻。此项等价于④和⑤，故此项为真。

(C)项，能做到盗钟而掩耳→可言之而人不闻，由③可知，此项可真可假。

(D)项，己不为→人不知，根据箭头指向原则，由①可知，"己莫为"后无箭头指向，故此项可真可假。

(E)项，能做到捕雀而掩目→可为之而人不知，由③可知，此项可真可假。

44 (B)

秒杀思路

题干并未涉及假言、选言、联言判断，并且题干的问题是"根据以上信息，可以得出以下哪项"，故本题为**论证逻辑型推论题**。

详细解析

题干：中国卷烟消费量在2015年同比下降了2.4%，使得2015年全球卷烟总消费量同比下降了2.1%。

由平均值的原理可知，中国卷烟消费量下降了2.4%，这说明其他国家卷烟消费量下降比率必须低于2.1%，才能使全球卷烟总消费量下降2.1%。所以，其他国家的卷烟消费量下降比率低于2.1%，当然也低于中国(2.4%)。故(B)项正确。

45 (D)

秒杀思路

题干出现书橱与书类之间的一一匹配，但其匹配关系不明确。由于此题的提问方式为"以下哪项是不可能的"，故可考虑选项排除法。

选项详解

(A)项，由条件(1)"前3排书橱均放有哲学类新书"可知，此项必然为真。

(B)项，由条件(2)可知，第5排书橱的左侧放有经济类新书，其他排是否放有经济类新书，由题干信息无法得知，故此项可能为真。

(C)项，题干并未涉及第4排书橱的书类，故此项可真可假。

(D)项，由条件(2)"法学类新书都放在第5排书橱"可知，此项必然为假。

(E)项，由条件(3)"管理类新书放在最后一排书橱"，且题干并未涉及一共有多少排书橱，可知此项可真可假。

46 (A)

秒杀思路

题干出现多个假言且能进行串联，选项也几乎均为假言，故本题为**串联推理的基本模型**，可使用四步解题法。

详细解析

第1步：画箭头。

①收到邀请函→论文通过审核。

②本次学术会议只欢迎持有主办方邀请函的科研院所的学者参加，等价于：只有持有(收到)主办方邀请函的科研院所的学者，本次学术会议才欢迎。

符号化为：本次学术会议欢迎→收到邀请函。

第2步：串联。

由②、①串联可得：③本次学术会议欢迎→收到邀请函→论文通过审核。

第3步：逆否。
③逆否可得：④¬论文通过审核→¬收到邀请函→¬本次学术会议欢迎。
第4步：分析选项，找答案。
(A)项，此项等价于：论文没有通过审核的学者，本次学术会议不欢迎其参加，符号化为：¬论文通过审核→¬本次学术会议欢迎，由④可知，此项必然为真。
(B)项，论文通过审核→参加本次学术会议，根据箭头指向原则，由③可知，此项可真可假。
(C)项，论文通过审核∧收到邀请函→本次学术会议欢迎，根据箭头指向原则，由③可知，此项可真可假。
(D)项，由此项可知，有些未持有主办方邀请函的学者，本次学术会议欢迎，与④"¬收到邀请函→¬本次学术会议欢迎"矛盾，故此项必然为假。
(E)项，有些论文通过审核的学者不能参加本次学术会议，由③可知，此项可真可假。

47 (B)

秒杀思路
题干由事实和假言构成，故本题为事实假言模型，从事实出发做串联即可秒杀。

详细解析
从事实出发，由条件(4)可知，兰园与菊园相邻。
由"兰园与菊园相邻"，可知条件(3)的后件为假，根据口诀"否后必否前"，可得：菊园不在园林的中心，故(B)项正确。

48 (C)

详细解析
本题补充新事实：北门位于兰园。从事实出发，直接找相关信息即可。
由"北门位于兰园"，可知条件(2)的后件为假，根据口诀"否后必否前"，可得：南门位于竹园。
由"南门位于竹园"，可知条件(1)的后件为假，根据口诀"否后必否前"，可得：东门不位于松园∧东门不位于菊园。
又由于3个门分别位于3个不同的园子，而北门位于兰园，南门位于竹园，故东门不位于兰园也不位于竹园，即东门只能位于梅园。因此(C)项正确。

49 (E)

论证结构
锁定关键词"据此认为"，可知此前是论据，此后是专家的观点；再锁定关键词"会导致"，可知专家的观点是对相关区域青蛙数量变化的预测，故本题为预测结果模型。
专家：路盐中的钠元素会影响青蛙的受体细胞并改变原可能成为雌性青蛙的性别 ——预测→ 相关区域青蛙数量会下降。

秒杀思路
预测结果模型的支持题，常用方法有：(1)直接指出因果相关；(2)补充结果会发生的理由。

选项详解
(A)项，说明路盐流入池塘会破坏青蛙的食物链，确实可能会造成青蛙数量下降的结果，但这和题干中"影响青蛙的受体细胞并改变青蛙的性别"无关，故此项的支持力度较弱。
(B)项，此项说明雌性的青蛙变成雄性确实会影响物种的个体数量，但"可能"是一个弱化词，故此项的支持力度较弱。

(C)项，此项指出随着水池中盐含量的增加，雌性青蛙的数量不断减少，但未说明这是否会导致青蛙种群数量的下降，故此项不能支持专家的观点。

(D)项，此项指出撒盐除冰会影响青蛙的生长发育过程，但未说明这是否会导致青蛙种群数量的下降，故此项不能支持专家的观点。

(E)项，此项指出雌性数量的充足对物种的繁衍生息至关重要，说明雌性青蛙数量减少会导致青蛙种群数量的下降，支持专家的观点。其中"至关重要"一词支持力度大。

50 (D)

秒杀思路

题干由特称(有的)和全称判断组成，故本题为有的串联模型，从"有的"开始串联即可秒杀。

详细解析

题干信息：

①最终审定→意义重大∨关注度高。

②意义重大→涉及民生。

③有的最终审定→不涉及民生。

条件③中有"有的"，故从条件③开始串联。

由③、②串联可得：④有的最终审定→不涉及民生→意义不重大。

即：有的最终审定→意义不重大，等价于：有的意义不重大∧最终审定。

由①可知，最终审定∧意义不重大→关注度高。

故有：有的意义不重大→关注度高。

故(D)项正确。

51 (E)

秒杀思路

此题的提问方式为"以下哪项与上述对话方式最为相似"，题干能进行符号化，并且不存在论证过程，故本题为推理结构相似题。

详细解析

题干：

甲：知(A)难(B)行(C)易(D)，知(A)然后行(C)。

乙：不对。知(A)易(D)行(C)难(B)，行(C)然后知(A)。

(A)项，甲：知人者(A)智(B)，自知者(C)明(D)。

乙：不对。知人(A)不易(E)，知己(C)更难(F)。故与题干的对话方式明显不一致。

(B)项，甲：不破(A)不立(B)，先破(¬A)后立(¬B)。

乙：不对。不立(B)不破(A)，先立(¬B)后破(¬A)。故与题干的对话方式明显不一致。

(C)项，甲：想想(A)容易(B)做起来(C)难(D)，做(C)比想(A)更重要。

乙：不对。想到(E)就能做到(F)，想(A)比做(C)更重要。故与题干的对话方式明显不一致。

(D)项，甲：批评他人(A)易(B)，批评自己(C)难(D)；先批评他人(A)，后批评自己(C)。

乙：不对。批评自己(C)易(B)，批评他人(A)难(D)；先批评自己(C)，后批评他人(A)。故与题干的对话方式明显不一致。

(E)项，甲：做人(A)难(B)做事(C)易(D)，先做人(A)再做事(C)。

乙：不对。做人(A)易(D)做事(C)难(B)，先做事(C)再做人(A)。故与题干的对话方式明显一致。

52 (C)

秒杀思路 ▽

题干出现多个性质判断且能进行串联，提问方式为"以下哪项是不可能的"，故本题为串联推理的矛盾命题。

详细解析 ▽

第1步：画箭头。

(1)值得拥有专利→创新＝￢创新→￢值得拥有专利。

(2)不是每一项创新都值得拥有专利，即：有的创新→￢值得拥有专利。

(3)模仿→￢创新。

(4)并非每一个模仿者都应该受到惩罚，即：有的模仿者→￢应该受到惩罚。

第2步：串联。

由(3)、(1)串联可得：模仿→￢创新→￢值得拥有专利。

第3步：找矛盾命题。

注意：上述推理过程中的"→"并非假言判断的"→"，其为性质判断。

因此，找以下三种情况，均与题干矛盾：

情况1：有的模仿值得拥有专利。

情况2：有的模仿是创新。

情况3：有的不是创新值得拥有专利。

观察选项易知，(C)项等价于情况1，故(C)项是不可能的。

53 (A)

秒杀思路 ▽

题干中的已知条件均为假言，选项均为事实，故本题为假言事实模型。常用两种解题思路：找矛盾法、二难推理法。

详细解析 ▽

方法一：先将题干符号化，再找二难推理法。

第1步：将题干符号化。

①不含违禁→进口。

②甲违禁∨乙违禁→进口戊∧进口己。

③丙违禁→不进口丁。

④进口戊→进口乙∧进口丁。

⑤不进口丁→进口丙。

⑥进口丙→不进口丁。

第2步：找二难推理。

由①可得：⑦丙不含违禁→进口丙。

由⑦、⑥串联可得：丙不含违禁→进口丙→不进口丁，即：丙不含违禁→不进口丁。

结合条件③：丙违禁→不进口丁。

根据二难推理公式，可得：不进口丁。

第 3 步：推出答案。

由"不进口丁"可知，⑤的前件为真，根据口诀"肯前必肯后"，可得：进口丙。

由"不进口丁"可知，④的后件为假，根据口诀"否后必否前"，可得：不进口戊。

由"不进口戊"可知，②的后件为假，根据口诀"否后必否前"，可得：甲、乙均不违禁。

由"甲、乙均不违禁"，结合①可得：进口甲、乙。

综上，甲、乙、丙均进口，即(A)项正确。

方法二：通过串联，找矛盾法。

第 1 步：将题干符号化。（同方法一）

第 2 步：串联。

由③逆否可得：进口丁→丙不违禁；再和①、⑥串联可得：进口丁→丙不违禁→进口丙→不进口丁。

故由"进口丁"出发推出了矛盾，所以"进口丁"为假，即："不进口丁"为真。

第 3 步：推出答案。（同方法一）

54 （B）

秒杀思路

题干出现男生、女生、比分之间的一一匹配，故本题为多组元素的一一匹配模型。题干中无假言，故使用口诀"事实/问题优先看，重复信息是关键。两组匹配用表格，三组匹配就连线"秒杀。

详细解析

第 1 步：事实/问题优先看。

题干的问题为：前三局比赛结束时谁的总积分最高？

总积分最高，可知此人与其对手的比分为 6：0，即此人三胜，其对手三负。

由条件(4)可知，李龙连输 3 局，故女方有一人连胜 3 局，此人即为本题答案。

第 2 步：重复信息是关键。

由于李龙的对手是女的，因此，要找"李龙"和"女选手"，故锁定条件(1)。

分析条件(1)：由"王玉的比赛桌在李龙比赛桌的右边"可知，王玉不是李龙的对手，且李龙不在 4 号桌；又知"杨虹在 4 号桌比赛"，故杨虹也不是李龙的对手；由"张芳跟吕伟对弈"可知，张芳也不是李龙的对手。

因此，施琳是李龙的对手，施琳与李龙的比分为 6：0。

故施琳的总积分最高，即(B)项正确。

55 （C）

详细解析

第 1 步：事实/问题优先看。

题干的问题中提供了一个关键信息：有位选手前三局均与对手下成和局。

可知，此选手与其对手前三局的比分为 3：3。

第 2 步：重复信息是关键。

找"和局"或者利用"不是和局"进行排除。

由条件(3)可知，此人不是赵虎；又由条件(4)可知，此人不是李龙和范勇。故此人只能是吕伟。但选项中无吕伟，继续推理，由条件(1)"张芳跟吕伟对弈"可知，此人是张芳。

故(C)项正确。

四、写作

56 论证有效性分析

谬误分析

①材料中"物质决定精神"中的"物质"与"物质主义潮流"中的"物质"含义不同。前者是指哲学上的物质，后者是指生活中的物质条件，因此材料偷换概念。

②材料认为"物质丰富只会充实精神世界，物质主义潮流不可能造成人类精神世界的空虚"，过于绝对。物质生活与精神生活之间不存在简单的正比关系。如果一个人沉迷于追求物质的需求与欲望，可能会导致忽视精神生活，造成人类精神世界的空虚。

③"后物质主义理论"仅仅是国外某个学派所提出的观点，这一观点是否可以普遍地说明社会问题，还需要实践的检验和学术界的认同。

④材料认为"物质生活丰裕的人，往往会更注重精神生活"，未必成立。因为，这并不能否定一些人会沉溺于物质享受而忽略精神追求的事实。

⑤材料中以高校大学生的调查作为论据，并没有太大的说服力。第一，这个调查的抽样范围、调查方式、样本数量等关键信息不明确，无法判断该调查的有效性；第二，仅由高校大学生的情况也难以确定其他人群的情况，存在以偏概全的可能。

⑥"物质生活丰富"与前文中的"物质主义潮流"概念不同。因此，无法由此来否定"物质主义潮流将极大地冲击人类社会固有的价值观念"这一命题。

（说明：以上谬误分析引用和改编自教育部考试中心公布的官方参考答案。）

参考范文

物质生活不会冲击精神世界吗？

上述材料通过种种论证，试图说明物质生活的丰富不会冲击人类的精神世界，然而其论证存在多处不当，分析如下：

首先，材料中"物质决定精神"中的"物质"与"物质主义潮流"中的"物质"含义不同。前者是指哲学上的物质，后者是指生活中的物质条件，因此材料偷换概念。而且，"物质生活丰富"与"物质主义潮流"概念也不同。因此，无法由此来否定"物质主义潮流将极大地冲击人类社会固有的价值观念"这一命题。

其次，材料认为"物质丰富只会充实精神世界，物质主义潮流不可能造成人类精神世界的空虚"，过于绝对。物质生活与精神生活之间不存在简单的正比关系。如果一个人沉迷于追求物质的需求与欲望，可能会导致忽视精神生活，造成人类精神世界的空虚。

再次，"后物质主义理论"仅仅是国外某个学派所提出的观点，这一观点是否可以普遍地说明社会问题，还需要实践的检验和学术界的认同。

而且，"物质生活丰裕的人，往往会更注重精神生活"并不能否定一些人会沉溺于物质享受而忽略精神追求的事实。

最后，材料中以高校大学生的调查作为论据，并没有太大的说服力。第一，这个调查的抽样范围、调查方式、样本数量等关键信息不明确，无法判断该调查的有效性；第二，仅由高校大学生的情况也难以确定其他人群的情况，存在以偏概全的可能。

综上所述，材料的论证存在种种逻辑谬误，物质生活不会冲击精神世界的观点难以成立。

（全文共578字）

57 论说文

参考立意

① 拥抱人工智能，走创新之路。
② 发展人工智能，冒点风险又何妨。
③ 人工智能的危与机。
④ 科技发展与危机预警。
⑤ 科技创新也需要"边界"。
⑥ 人工智能的双面性。
⑦ 善借人工智能之力。

参考范文

拥抱人工智能　走技术创新之路

吕建刚

关于人工智能是否能促进未来人类社会的发展，众说纷纭。在我看来，我们应该拥抱人工智能，走技术创新之路。

发展人工智能，有助于推动就业升级。人工智能的运用和逐步普及，代替了许多可以被代替的行业劳动，使人们可以从笨重的、重复的、机械的劳动中解放出来，转到更富智慧、更人性化、更高端的工作中去，有利于进一步提升人们的综合能力和生活品质。

发展人工智能，有助于推动服务升级。在商业领域，人工智能能够收集客户的信息，再利用大数据分析对接客户，从而制定满足客户个性化需求的方案。在医疗领域，人工智能能够通过分析病患的身体特征，快速诊断出病患的身体毛病，匹配出最快的治疗方案。在生活领域，人工智能使无人驾驶成为可能，降低了交通事故率。

但是，随着人工智能技术的愈发成熟，人类隐私、安全、数据等风险也将出现。例如人脸识别技术，如果人脸图像等数据没有被妥善保管和合理使用，就会侵犯用户的隐私。再比如，用户在网站上的浏览行为也都会变成数据被沉淀下来，而这些数据的汇集都可能导致个人隐私的泄露。

要杜绝这类现象发生，需要多方协同用力。

对政府来说，首先要进一步完善人工智能相关立法，对伦理法理进行明确的界定，做到有法可依，执法必严。其次要完善企业征信系统，将用人工智能侵权牟利的企业打入黑名单，形成"一处侵权、处处受限、寸步难行"的侵权惩戒格局。

对个人而言，要建立起隐私保护意识，如果个人的权益受到了人工智能的侵犯，要敢于维权，不能一笑而过。

随着科技的进步，人工智能已成为时代的潮流。因此，我们要顺流而上，拥抱人工智能，坚定不移地走科技创新之路！

（全文共669字）

2017年全国硕士研究生招生考试
管理类综合能力试题答案详解

一、问题求解

1 (E)

思路点拨

根据题意，可分为 $a>b$ 和 $a+1<b$ 两种情况，不重不漏地穷举即可.

详细解析

母题 82·常见古典概型问题

记符合要求的甲、乙数对为 (a, b).
①符合 $a>b$ 的情况：$(2, 1)$，$(3, 1)$，$(3, 2)$；
②符合 $a+1<b$ 的情况：$(1, 3)$，$(1, 4)$，$(2, 4)$.
满足题意的情况共有 6 种.

所有可能的情况有 $C_3^1 C_4^1 = 12$（种），故所求概率为 $\frac{6}{12} = \frac{1}{2}$.

2 (E)

思路点拨

若已知两边之比和夹角关系（相等或互补），可根据公式 $S = \frac{1}{2}ab\sin C$ 求面积关系.

详细解析

母题 59·平面几何五大模型

由 $\angle A + \angle A' = \pi$ 可知，$\sin\angle A = \sin\angle A'$ ($\angle A' = \pi - \angle A$). 故

$$\frac{S_{\triangle ABC}}{S_{\triangle A'B'C'}} = \frac{\frac{1}{2} \cdot AB \cdot AC \cdot \sin\angle A}{\frac{1}{2} \cdot A'B' \cdot A'C' \cdot \sin\angle A'} = \frac{4}{9}.$$

秒杀技巧

特值法．假设 $\angle A = \angle A' = \frac{\pi}{2}$，又因为 $AB : A'B' = AC : A'C' = 2 : 3$，故 $\triangle ABC$ 和 $\triangle A'B'C'$ 相似，相似比为 $2 : 3$，面积比等于相似比的平方，即 $4 : 9$.

3 (B)

详细解析

母题 79·不同元素的分配问题

不同的分组方式共有 $\dfrac{C_6^2 C_4^2 C_2^2}{A_3^3} = 15$（种）.

> **易错警示**
>
> 不同元素在均匀分组时，若小组无名称，则需要消除组序，本题若忘记消序则错选(E)项．

4 (B)

思路点拨

比较方差的大小就是看数据的波动情况，波动越大，方差越大．也可使用公式计算．

$$\sigma = S^2 = \frac{1}{n}[(x_1-\bar{x})^2+(x_2-\bar{x})^2+\cdots+(x_n-\bar{x})^2].$$

详细解析

母题 99·图像与图表问题＋母题 19·平均值和方差

根据方差公式可得

$$\overline{X_1}=\frac{2+5+8}{3}=5,\ \sigma_1=\frac{(2-5)^2+(5-5)^2+(8-5)^2}{3}=6;$$

$$\overline{X_2}=\frac{5+2+5}{3}=4,\ \sigma_2=\frac{(5-4)^2+(2-4)^2+(5-4)^2}{3}=2;$$

$$\overline{X_3}=\frac{8+4+9}{3}=7,\ \sigma_3=\frac{(8-7)^2+(4-7)^2+(9-7)^2}{3}=\frac{14}{3}.$$

故有 $\sigma_1 > \sigma_3 > \sigma_2$．

秒杀技巧

观察三组数据的波动情况，可得

甲：最大值－最小值＝8－2＝6；

乙：最大值－最小值＝5－2＝3；

丙：最大值－最小值＝9－4＝5．

可根据三组数据中最大值与最小值的落差快速比较波动大小．

5 (C)

思路点拨

将长方体完全切割成正方体，要在长方体无剩余的情况下个数最少，则正方体的棱长应当最大，且为长、宽、高的公约数，即求长、宽、高的最大公约数．

详细解析

母题 5·约数与倍数问题

长方体的长、宽、高的最大公约数为 3，故小正方体的棱长为 3．

则切成相同正方体的个数＝$\dfrac{\text{长方体体积}}{\text{正方体体积}}=\dfrac{12\times9\times6}{3^3}=24$．

> **易错警示**
>
> 不能简单地认为长方体的体积等于若干正方体之和，写成 $12\times9\times6=3\times6^3$ 的形式，从而认为正方体棱长为 6．因为当棱长为 6 时，不能整切，即切割之后有剩余．

6 (B)

详细解析 ▾

母题93·增长率问题

设降价前的价格为100，则两次降价后的价格为$100×(1-10\%)^2=81$.
故现售价是降价前的81%.

7 (E)

思路点拨 ▾

应用题常设未知数，列方程．由于是等差数列，利用公差设未知数可以减少方程组的未知数个数，且连续三项相加时只需知道中间项即可．

详细解析 ▾

母题46·等差数列基本问题 + 母题88·简单算术问题

方法一：利用公差设未知数．

设甲、乙、丙车载重量分别为$x-d$，x，$x+d$，则

$$\begin{cases} 2(x-d)+x=95, \\ (x-d)+3(x+d)=150 \end{cases} \Rightarrow \begin{cases} 3x-2d=95, \\ 4x+2d=150, \end{cases}$$

解得$x=35$，所以一次最多运送货物为$(x-d)+x+(x+d)=3x=105$吨．

方法二：设未知数解方程组．

设甲、乙、丙车的载重量分别为x，y，z，则有

$$\begin{cases} 2y=x+z, \\ 2x+y=95, \\ x+3z=150, \end{cases}$$

解得$x=30$，$y=35$，$z=40$，故一次最多运送货物为$x+y+z=3y=105$吨．

8 (D)

思路点拨 ▾

咨询总人数＝上午人数＋下午人数－上、下午重复人数．

详细解析 ▾

母题32·集合的运算

9名同学占张老师下午咨询学生的10%，可知下午一共咨询了$9÷10\%=90$(人)；
这9名同学上午和下午都咨询了，故一天咨询的总人数为$90+45-9=126$.

9 (D)

思路点拨 ▾

先根据机器人的行走路线画出搜索区域的图形，然后将不规则图形转化成规则图形进行求解．

详细解析 ▾

母题60·求面积问题

机器人的搜索区域可以看成中间一个矩形＋两边两个半圆，矩形的长、宽分别为10米、2米，

半圆的半径为 1 米，如下图所示．所以图形面积为 $10 \times 2 + 2 \times \dfrac{\pi \times 1^2}{2} = 20 + \pi$（平方米）．

```
    ┌─────────────┐
  ( │     2       │ )
    └─────────────┘
         10
```

10（B）

思路点拨

根据绝对值的零点分类讨论去绝对值，分别解出不等式后求并集．

详细解析

母题 13·绝对值方程、不等式

当 $x<1$ 时，原式等价于 $1-x+x \leqslant 2$，恒成立；

当 $x \geqslant 1$ 时，原式等价于 $x-1+x \leqslant 2$，解得 $x \leqslant \dfrac{3}{2}$，故 $1 \leqslant x \leqslant \dfrac{3}{2}$；

两种情况求并集，解集为 $\left(-\infty, \dfrac{3}{2}\right]$．

秒杀技巧

对于解不等式、方程的题目，都可以通过选项代入验证或排除．令 $x=0$，符合题意，排除 (C)、(D)、(E) 项；令 $x=\dfrac{3}{2}$，符合题意，排除 (A) 项，故选 (B) 项．

11（D）

思路点拨

倍数表示法．能被 9 整除的数可以记为 $9k(k \in \mathbf{Z})$，因此这些数的平均值为

$$\bar{x} = \dfrac{9(1+2+\cdots+k)}{k} = \dfrac{9k(1+k)}{2k} = \dfrac{9(1+k)}{2}.$$

详细解析

母题 19·平均值和方差

由题意，$1 \sim 100$ 之间能被 9 整除的数可以记为 $1 \leqslant 9k \leqslant 100 \Rightarrow 1 \leqslant k \leqslant 11$，共有 11 个数，故

$$\bar{x} = \dfrac{9(1+k)}{2} = \dfrac{9 \times (1+11)}{2} = 54.$$

秒杀技巧

被 9 整除的数是从 9 到 99 共 11 个，它们是成等差数列的，因此平均值为 $\dfrac{9+99}{2} = 54$．

12（B）

思路点拨

每道题答对的概率是相互独立的，且每道题都答对才能得满分，因此只要将不同的题目答对的概率全部相乘即可．

详细解析

母题 85·独立事件

有 6 道题，能确定正确选项，因此答对的概率为 1；

有 5 道题，能排除 2 个错误选项，因此答对的概率为 $\dfrac{1}{2}$；

有 4 道题，能排除 1 个错误选项，因此答对的概率为 $\dfrac{1}{3}$；

所以全部题目答对的概率为 $1^6 \times \left(\dfrac{1}{2}\right)^5 \times \left(\dfrac{1}{3}\right)^4 = \dfrac{1}{2^5} \times \dfrac{1}{3^4}$.

13 (A)

思路点拨

本题有 2 个未知数，但只能列出 1 个方程，故属于整数不定方程问题，常利用奇偶性、整除的特征、尾数分析法等减少穷举范围.

详细解析

母题 6·整数不定方程问题

设购买甲设备 x 件、乙设备 y 件（$x, y \in \mathbf{N}^+$），根据题意，得
$$1750x + 950y = 10\,000 \Rightarrow 35x + 19y = 200,$$
根据奇偶性可知，$35x$ 和 $19y$ 同奇同偶.

若同为偶数，则 $35x$ 尾数为 0，$19y$ 尾数也为 0，无解；

若同为奇数，则 $35x$ 尾数为 5，$19y$ 尾数也为 5，解得 $y = 5$，$x = 3$.

秒杀技巧

将选项代入 $35x + 19y = 200$ 进行尾数分析，可发现 (B)、(C)、(D)、(E) 项的尾数均不可能为 0，故只能选 (A) 项.

14 (A)

详细解析

母题 60·求面积问题

$$S_{阴影} = S_{扇形AOB} - S_{\triangle AOC} = \dfrac{1}{8}\pi \times 1^2 - \dfrac{1}{2} \times \dfrac{\sqrt{2}}{2} \times \dfrac{\sqrt{2}}{2} = \dfrac{1}{8}\pi - \dfrac{1}{4}.$$

15 (C)

思路点拨

没复习人数 = 全部人数 − 至少复习过一科的人数，用集合的思想将复习过不同学科的学生进行分类，则至少复习过一科的人数可采用三集合标准型公式进行求解.

详细解析

母题 32·集合的运算

记复习过数学的人构成集合 A，复习过语文的人构成集合 B，复习过英语的人构成集合 C. 则至少复习过一科的人有
$$A \cup B \cup C = A + B + C - A \cap B - A \cap C - B \cap C + A \cap B \cap C$$
$$= 20 + 30 + 6 - 10 - 3 - 2 + 0 = 41.$$

全班一共 50 人，故一门也没复习的人数为 $50 - 41 = 9$.

二、条件充分性判断

16 (D)

详细解析

母题 97 · 工程问题

设文件总数为 x，第一个小时处理 $\frac{1}{5}x$，第二个小时处理 $\frac{1}{4} \times \frac{4}{5}x = \frac{1}{5}x$.

条件(1)：$\frac{1}{5}x + \frac{1}{5}x = 10$，解得 $x = 25$，充分.

条件(2)：$\frac{1}{5}x = 5$，解得 $x = 25$，充分.

17 (E)

思路点拨

设期初数量为 a，平均增长率为 x，增长了 n 期，期末数量为 b，则 $a(1+x)^n = b$.

详细解析

母题 93 · 增长率问题

设 1 月、12 月的产值分别为 a_1，a_{12}，月平均增长率为 x，由平均增长率公式可得

$$a_1(1+x)^{11} = a_{12} \Rightarrow x = \sqrt[11]{\frac{a_{12}}{a_1}} - 1.$$

故欲知月平均增长率 x，须知 a_1 和 a_{12}. 因此两条件单独不充分，联立也无法确定 12 月的产值，所以无法确定月平均增长率.

举例说明：1 至 12 月产值分别为 1，2，3，4，5，6，7，8，9，10，11，12 和 1，2，3，4，5，6，7，8，9，10，12，11.

一月产值和全年总产值一定，但两组数据的月平均增长率分别为 $\sqrt[11]{12}-1$ 和 $\sqrt[11]{11}-1$，明显不相同.

> **易错警示**
>
> 本题常见错误逻辑如下：
> 假设月平均增长率为 x，已知一月份产值为 a_1，全年总产值为 S，故列式
> $$a_1 + a_1(1+x) + a_1(1+x)^2 + \cdots + a_1(1+x)^{11} = S.$$
> 联立两个条件，上式中仅有月平均增长率 x 未知，因此错选(C)项.
>
> 月平均增长率 $x = \sqrt[n]{\frac{b}{a}} - 1$ 只和 ①期初数量；②期末数量；③增长期数，这三个量相关. 因此月平均增长率仅仅是对于期末的平均增长率，和中间项无关.
>
> 例如：(1, 2, 3) 和 (1, 0, 3) 两组数，月平均增长率一样，都是 $\sqrt{3}-1$，而中间值不一定相同.
>
> 因此上述错误列式中，不能用 $a_1(1+x)$、$a_1(1+x)^2$、$\cdots$ 表示二月份、三月份、$\cdots\cdots$ 的产值.

18 (A)

思路点拨

由圆与 x 轴相切，可得圆心到 x 轴的距离等于半径，即圆心纵坐标的绝对值=半径．

详细解析

母题 68·直线与圆的位置关系

$x^2+y^2-ax-by+c=0$ 圆心为 $\left(\dfrac{a}{2}, \dfrac{b}{2}\right)$，$r=\dfrac{\sqrt{a^2+b^2-4c}}{2}$．

已知圆与 x 轴相切，因此 $\dfrac{\sqrt{a^2+b^2-4c}}{2}=\left|\dfrac{b}{2}\right|$，平方可得 $\dfrac{a^2+b^2-4c}{4}=\dfrac{b^2}{4}$，解得 $c=\dfrac{a^2}{4}$．

条件(1)：已知 a 值，可确定 c 的值，条件(1)充分．

条件(2)：已知 b 值，a 值无法确定，则不可确定 c 值，条件(2)不充分．

秒杀技巧

因为切点在 x 轴上，可以假设切点为 $(1,0)$，代入可得 $1-a+c=0$，c 只跟 a 有关，选(A)．

19 (C)

详细解析

母题 98·行程问题

由题可知，$S=v_{动}\cdot t_{动}+v_{汽}\cdot t_{汽}=220t_{动}+100t_{汽}$．条件(1)和条件(2)单独都无法确定分别乘坐动车与汽车的行驶时间，因此条件单独不充分，联立之．

联立两个条件，可得 $t_{动}=t_{汽}=3$ 小时，则 A、B 两地的距离 $S=(220+100)\times 3=960$（千米），所以联立充分．

20 (B)

思路点拨

直线和抛物线有两个交点 $\Leftrightarrow$ 联立两个解析式，方程有两个不相等的实数根 $\Leftrightarrow \Delta>0$．

详细解析

母题 35·一元二次函数的基础题

将直线与抛物线解析式联立，$\begin{cases} y=ax+b, \\ y=x^2 \end{cases} \Rightarrow x^2-ax-b=0$．

又已知有两个交点，说明方程有两个不相等的实数根，$\Delta=a^2+4b>0$．

条件(1)：$a^2>4b \Rightarrow a^2-4b>0$．举反例，令 $a=1$，$b=-1$，$\Delta=a^2+4b=-3<0$，不充分．

条件(2)：$b>0$，$a^2\geq 0 \Rightarrow \Delta=a^2+4b>0$，条件(2)充分．

21 (B)

思路点拨

球的体积 $V=\dfrac{4}{3}\pi R^3$，因此确定 R 即可确定铁球体积．作出铁球在水池中的剖面图，通常构造与球半径 R 相关的直角三角形，用勾股定理计算求解．

详细解析

母题61·空间几何体的基本问题

条件(1)：只知铁球露出水面的高度，无法确定铁球的体积，不充分．

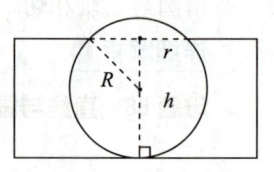

条件(2)：如右图所示，已知球与水面交线的周长，根据周长 $C=2\pi r$，可知水面与球的截面圆的半径 r．已知水深为 h，设球的半径为 R，则球心到水面的距离为 $h-R$，由勾股定理得 $R^2=r^2+(h-R)^2$，解得 $R=\dfrac{r^2+h^2}{2h}$，则可确定铁球的体积，条件(2)充分．

> **易错警示**
>
> 有同学在读完两个条件后，根据球的半径＝(铁球露出水面高度＋水深)÷2，不假思索地联立两个条件，结果错选(C)项．
>
> 因此在做条件充分性判断题时一定要注意做题的顺序，先单独判断，都不充分才联立．

拓展训练

如果题目没有给示意图，则铁球入水还有第二种可能性，画出纵截面，如下图所示．

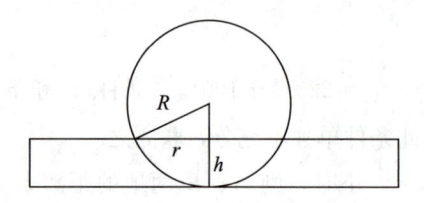

此时，球的半径为 R，球心到水面的距离为 $R-h$．由勾股定理得 $R^2=r^2+(R-h)^2$，解得球体半径为 $R=\dfrac{r^2+h^2}{2h}$，发现两种情况半径相同，故仅由条件(2)即可求得体积．

22 (A)

思路点拨

$|a-b|$ 的几何意义是两点之间的距离，因此 $\min\{|a-b|,|b-c|,|a-c|\}$ 可转化成找 a，b，c 三点之间的最小距离．

详细解析

母题14·绝对值的化简求值与证明

条件(1)：a，b，c 均为 $[-5,5]$ 上的点．根据数轴可以看出，当 a，b，c 三点最分散时，三点间距离最大，即 $a=-5$，$b=0$，$c=5$，画图如下：

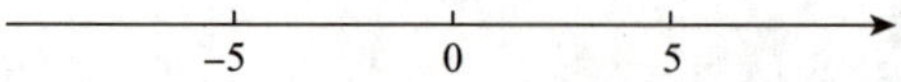

此时 $\min\{|a-b|,|b-c|,|a-c|\}=5$，则其他所有情况必然有 $\min\{|a-b|,|b-c|,|a-c|\}\leqslant 5$．故条件(1)充分．

条件(2)：举反例，令 $a=20$，$b=5$，$c=-10$，距离最小值为 15，不充分．

23 (C)

详细解析

母题 6 · 整数不定方程问题

条件(1)：设共有 x 位教师提供了题目，每位教师提供 y 道题目，则有 $\begin{cases} xy=52, \\ x\leqslant 12 \end{cases} (x, y \in \mathbf{N}^+)$.

因为 $52=1\times 52=2\times 26=4\times 13$，且 $x\leqslant 12$，故有 2 位或 4 位教师提供了题目，不能确定教师人数，条件(1)不充分.

条件(2)：每位教师提供的题型不超过 2 种，由"共征集 5 种题型"可知，至少需要 3 位教师提供题型. 但是仍旧不能确定教师人数，条件(2)不充分.

两个条件联立可知，只能有 4 位教师，故联立充分.

24 (C)

思路点拨

思路①：看成不放回取球模型，设特值共有 10 道题，然后计算合格概率；
思路②：看成伯努利概型，A 类题每道会做的概率为 0.6，B 类题每道会做的概率为 0.8.

详细解析

母题 84 · 袋中取球模型 + 母题 86 · 伯努利概型

两个条件单独显然不充分，联立之.

方法一：不放回取球模型.

不妨设 A、B 两类题各 10 道. A 类题 6 道会做，合格概率为 $\dfrac{C_6^3+C_6^2 C_4^1}{C_{10}^3}=\dfrac{2}{3}$；B 类题 8 道会做，合格概率为 $\dfrac{C_8^2}{C_{10}^2}=\dfrac{28}{45}$. 显然 $\dfrac{2}{3}>\dfrac{28}{45}$，联立充分.

方法二：伯努利概型.

A 类考试，3 道会 2 道，或者 3 道全会都算合格，合格的概率为
$$P_A=0.6^3+C_3^2\times 0.6^2\times 0.4=0.648;$$
B 类考试，2 道必须都会，概率为 $P_B=0.8^2=0.64$.
$P_A>P_B$，故此人参加 A 类考试合格的概率大，联立充分.

注意：方法一与方法二对于题目理解不同，因此结果存在一定差别. 取球模型认为题目数量是有限个，因此可以设特值进行比较；伯努利概型认为题目数量趋于无穷. 在取球模型下，若题目数量无限多，则概率与伯努利概型结果趋近相同.

25 (A)

详细解析

母题 36 · 一元二次函数的最值

由一元二次函数的顶点坐标公式，可得 $f(x)=x^2+2ax+b$ 的最小值为 $\dfrac{4b-4a^2}{4}=b-a^2$，若最小值小于 0，则 $b-a^2<0$.

条件(1)：1，a，b 成等差数列，故 $2a=1+b$，$b=2a-1$.
$$b-a^2=2a-1-a^2=-(a^2-2a+1)=-(a-1)^2\leqslant 0,$$

又 $a\neq b$，因此 $2a-1\neq a\Rightarrow a\neq 1$，故 $b-a^2=-(a-1)^2<0$，条件(1)充分．

条件(2)：1，a，b 成等比数列，故 $a^2=b$，$b-a^2=0$．条件(2)不充分．

> **易错警示**
>
> 有同学在审题时忽略了"a，b 是两个不相等的实数"这一要求，因此错选(E)项．

三、逻辑推理

26 （A）

秒杀思路

题干由特称(有的)和假言判断组成，故本题为<u>有的串联模型</u>。从"有的"开始串联即可秒杀。

详细解析

题干信息：

①任何涉及核心技术的项目→ㄱ受制于人。

②我国许多网络安全建设项目涉及信息核心技术，即：有的我国的网络安全建设项目→涉及核心技术。

③全盘引进国外先进技术∧不努力自主创新→我国的网络安全将受到严重威胁。

条件②中有"有的"，故从条件②开始串联。

由②、①串联可得：④有的我国的网络安全建设项目→涉及核心技术→ㄱ受制于人，故(A)项正确。

27 （B）

秒杀思路

题干均为性质判断(可看作假言)，且已知条件可以串联，故本题为<u>串联推理的基本模型</u>，可使用四步解题法。

详细解析

第1步：画箭头。

①任何结果→背后有原因。

②背后有原因→可以被认识。

③可以被认识→必然不是毫无规律。

第2步：串联。

由①、②、③串联可得：④任何结果→背后有原因→可以被认识→必然不是毫无规律。

第3步：逆否。

④逆否可得：可能是毫无规律→ㄱ可以被认识→ㄱ背后有原因→ㄱ任何结果。

第4步：分析选项，找答案。

(A)项，无关选项，题干没有涉及能够被人认识的事物的范围，故此项可真可假。

(B)项，由④可得：任何结果的出现必然不是毫无规律，与"有些结果的出现可能毫无规律"矛盾，故此项必然为假。

(C)项，此项等价于③，故此项必然为真。

(D)项，此项等价于①，故此项必然为真。

(E)项，由④可知，此项必然为真。

28 (D)

论证结构

锁定关键词"由此指出",可知此前是论据,此后是论点(即:专家的观点)。

专家:海外代购让政府损失了税收收入 —证明→ 政府应该严厉打击海外代购行为。

选项详解

(A)项,无关选项,此项说明政府确实在打击海外代购,但没有说明这种打击是否应该。

(B)、(C)项,说明了海外代购业务量快速增长的原因,但不涉及"政府损失税收收入"的问题,无关选项。

(D)项,支持题干的论据,说明了海外代购的产品避开了关税,导致政府损失了税收收入,应该严厉打击。

(E)项,无关选项,题干不涉及国内民众消费需求的变化以及是否进行产业升级。

29 (E)

秒杀思路

此题是从6人中选若干人进行角色扮演,故本题为选人问题中的选多模型。此题直接推理无法得出结论,由于选项多为假言判断,因此可将选项中假言判断的前件视为事实,代入题干进行推理,看能否推出后件。

选项详解

(A)项,若戊和己出演路人,由条件(4)可知,此场景中没有购物者。再由条件(3)可知,乙、丁二人不出演商贩。所以乙可能出演外国游客,且外国游客可能只有1人。故此项错误。

(B)项,乙出演外国游客,可能丁出演商贩,由条件(3)可知,甲、丙二人出演购物者。所以可能存在"甲、乙、丙、丁在同一场景,且此场景中没有路人"的情况。故此项错误。

(C)项,根据题意并结合条件(2)、(4)可知,不同场景只有购物者和路人的角色不同,可能存在"路人只有1人,且是由另一个场景出演购物者的2人中的其中1人出演"的情况,故此项错误。

(D)项,甲、乙、丙、丁可能在同一场景中同时出现,即可能乙出演外国游客,丁出演商贩,甲和丙出演购物者。故此项错误。

(E)项,丁和戊出演购物者,由条件(4)可知,此场景中没有路人,且没有其他人出演购物者。

由条件(3)可得,乙商贩∨丁商贩→甲购物者∧丙购物者,等价于:¬甲购物者∨¬丙购物者→¬乙商贩∧¬丁商贩,故乙、丁二人不出演商贩。

由条件(2)可知,此场景中没有路人,则必然有其他3类角色,故有外国游客和商贩。

故,现知乙不出演商贩、不出演购物者,即乙只能出演外国游客。故此项正确。

30 (E)

论证结构

此题的提问方式为"下列哪项最可能是法院判决的合理依据",故应定位"法院判决"。

法院判决:驳回原告请求。

题干其他信息如下:

①区教育局(被告)根据儿童户籍所在施教区做出决定,该儿童被安排到离家2公里外的学校就读。

②该儿童家长（原告）依据"就近入学"原则，将区教育局告上法院。

秒杀思路

本题实则是要求找出一个选项作为法院判决的论据。

区教育局和家长的分歧在于，区教育局认为"就近入学"原则是指学校离"户籍所在地"近，而家长认为是离"家"近。法院驳回家长的请求，即：法院认为区教育局的行为并无违法违规之处。

选项详解

(A)项，此项指出就近入学不是"唯一根据"，但可以是"根据之一"，故此项无法支持法院的判决。（干扰项·否定最高级）

(B)项，无关选项，题干不涉及"施教区的中心位置"。

(C)项，法院判决的合理依据只能是法律法规，而不是行政安排，故排除此项。

(D)项，此项指出儿童具体入学安排还要根据特定的情况加以变通，但无法由此判断题干中的情况是否在应该变通之列。若题干不属于该种情况，则法院判决正确；若题干属于该种情况，则法院判决错误。（干扰项·两可选项）

(E)项，说明区教育局的做法符合法律规定，故依据法律规定法院可驳回原告的请求，支持法院的判决。

31. (C)

秒杀思路

题干由事实和假言构成，故本题为<u>事实假言模型</u>，使用口诀"题干事实加假言，事实出发做串联；肯前否后别犹豫，重复信息直接连"秒杀。

详细解析

从事实出发，由"国债投资比例不能低于1/6"可知，该笔存款的投资一定有国债投资。

观察已知条件发现，条件(3)不涉及国债投资，故可优先考虑。

若条件(3)的前件为真，根据口诀"肯前必肯后"，可知其后件也为真，此时，该笔存款没有用于国债投资，与事实矛盾，因此，条件(3)的前件为假，即："外汇投资比例低于1/4"为假，故"外汇投资比例不低于1/4"为真。

由"外汇投资比例不低于1/4"和"国债投资比例不能低于1/6"可知，条件(2)的后件为假，根据口诀"否后必否前"，可得：股票投资比例不低于1/3，故(C)项必然正确。

32. (E)

论证结构

锁定关键词"因此"，可知此前是论据，此后是论点（即：专家的断言）。

专家：①通识教育重在帮助学生掌握尽可能全面的基础知识；②人文教育重在培育学生了解生活世界的意义，并对自己及他人行为的价值和意义作出合理的判断，形成"智识"——证明→人文教育对个人未来生活的影响会更大一些。

选项详解

(A)项，无关选项，题干并未涉及大学中通识教育课程量和人文教育课程量之间的比较。（干扰项·无关新比较）

(B)项，此项说明了"知识"和"智识"的不可替代性，即人文教育和通识教育都重要，削弱专家的断言。

(C)项，不能支持，此项说明了"没有知识"和"错误的价值观"产生的影响，但无法确定二者中哪个对未来生活的影响会更大一些。

(D)项，不能支持，此项指出了人文教育的重要性，但没有对人文教育与通识教育进行比较。

(E)项，此项说明对个人来说"智识"比"知识"更重要，即人文教育比通识教育更重要，直接支持专家的断言。

33 (C)

秒杀思路

此题涉及 7 个省份调研的先后顺序，故本题为排序问题。

详细解析

本题补充新事实：(5)邢经理首先赴安徽省调研。

从事实"第三个调研江苏省"出发，无法推出任何结论，故从补充的新事实出发进行推理。

由"邢经理首先赴安徽省调研"并结合条件(1)"第一个或最后一个调研江西省"可知，第七个调研江西省。

由"邢经理首先赴安徽省调研"并结合条件(2)"调研安徽省的时间早于浙江省，在这两省的调研之间调研除了福建省的另外两省"可知，第四个调研浙江省，且福建省不能在第二个和第三个调研。

再由"第四个调研浙江省"并结合条件(3)"调研福建省的时间安排在调研浙江省之前或刚好调研完浙江省之后"可知，第五个调研福建省。故(C)项正确。

34 (C)

详细解析

本题补充新事实：(5)安徽省是邢经理第二个调研的省份。

从事实"第三个调研江苏省"出发，无法推出任何结论，故从补充的新事实出发进行推理。

由"安徽省是邢经理第二个调研的省份"并结合条件(2)"调研安徽省的时间早于浙江省，在这两省的调研之间调研除了福建省的另外两省"可知，第五个调研浙江省。故(C)项正确。

35 (D)

论证结构

王研究员：对于创业者来说，最重要的是需要一种坚持精神。

李教授：对于创业者来说，最重要的是要敢于尝试新技术。

此题的提问方式为"以下哪项最准确地指出了王研究员与李教授观点的分歧所在"，故本题为争论焦点题。

秒杀思路

争论焦点题的解题原则有：(1)双方表态原则；(2)双方差异原则；(3)论点优先原则。

选项详解

(A)项，王研究员和李教授两人均没有涉及"迎接各种创业难题的挑战"，违反双方表态原则。

(B)项，王研究员和李教授两人均没有涉及"坚持创新"，违反双方表态原则。

(C)项，王研究员和李教授两人均没有涉及"努力发明新技术"，违反双方表态原则。

(D)项，题干中王研究员认为"对于创业者来说，最重要的是需要一种坚持精神"，李教授认为

"对于创业者来说,最重要的是要敢于尝试新技术",故此项指出了两人的争论焦点。

(E)项,王研员和李教授两人均没有涉及"敢于成立小公司"和"敢于挑战大公司",违反双方表态原则。

36 (A)

论证结构

锁定关键词"由此认为",可知此前是论据,此后是论点;再锁定论点中的关键词"将会",可知是对未来结果的预测,故本题为预测结果模型。

专家:持续接触高浓度污染物会直接导致10%至15%的人患有眼睛慢性炎症或干眼症 —预测→ 如果不采取紧急措施改善空气质量,这些疾病的发病率和相关的并发症将会增加。

秒杀思路

预测结果模型的支持题,常用方法有:(1)直接指出因果相关;(2)补充结果会发生的理由。

选项详解

(A)项,此项补充新的理由说明长期接触有毒颗粒物确实会造成人眼受损并且会影响泪腺细胞,进而可能造成眼部疾病,支持专家的观点。

(B)项,无关选项,是否在污染环境中工作与污染环境是否会造成眼部疾病无关。

(C)项,无关选项,花粉季出现的眼睛问题与题干中冬季雾霾导致的眼睛问题无关。

(D)项,无关选项,无法由此项断定题干中的样本是否具有代表性。

(E)项,此项指出在重污染环境中采取戴护目镜、定期洗眼等措施有助于预防干眼症等眼疾,所以,即使不采取紧急措施改善空气质量,这些疾病的发病率和相关的并发症也可能不会增加,削弱专家的观点。

37 (E)

秒杀思路

题干并未涉及假言、选言、联言判断,并且题干的提问方式为"根据上述信息,可以得出以下哪项",故本题为论证逻辑型推论题。

详细解析

本题可采用赋值法,设三个年级的人数各有3人,则有下表:

项目 年级	名句与诗名对应		名句与作者对应	
	能	不能	能	不能
一年级	3	0	3	0
二年级	?	?	2	1
三年级	2	1	?	?

(A)项,无法推出,题干信息未提及二年级学生能够将名句与诗名对应的比例和三年级学生能够将名句与作者对应的比例。

(B)项,由题干信息无法推出此项。

(C)项,无法推出,不能将名句与作者对应起来的一、二年级学生比例$=\frac{0+1}{6}=\frac{1}{6}<\frac{1}{3}$。

(D)项,无法推出,题干信息未提及二年级学生能够将名句与诗名对应的比例。

(E)项，可以推出，能将名句与诗名对应起来的一、三年级学生比例$=\dfrac{3+2}{6}=\dfrac{5}{6}>\dfrac{2}{3}$。

38 (B)

论证结构 ▽

锁定关键词"认为"，可知此前是论据，此后是论点（即：科学家的观点）。

论据：<u>婴儿通过触碰物体、四处玩耍和观察成人的行为等方式来学习</u>，但机器人通常只能按照编定的程序进行学习。

科学家：既然<u>婴儿是地球上最有效率的学习者</u>，那么，应该设计出能像婴儿那样不费力气就能学习的机器人。

秒杀思路 ▽

题干中出现概念的跳跃，将画横线的部分搭桥即可秒杀。

选项详解 ▽

(A)项，无关选项，题干的论证并未涉及婴儿的大脑和其他动物幼崽大脑之间的比较。（干扰项·无关新比较）

(B)项，必须假设，此项在论据的核心概念"婴儿的学习方式"与论点的核心概念"最有效率"之间建立了联系（搭桥法）。

(C)项，无关选项，题干没有对最好的机器人与最差的婴儿学习者的学习能力进行对比。（干扰项·无关新比较）

(D)项，由机器人能像婴儿那样学习，无法推出机器人的智能就有可能"超过"人类，此项属于推理过度。

(E)项，偷换论证对象，题干并未涉及"成年人"的学习能力。

39 (D)

论证结构 ▽

科学家：黄金纳米粒子很容易被人体癌细胞吸收，如果将其包上一层化疗药物，就可作为"运输工具"，将化疗药物准确地投放到癌细胞中（措施）$\xrightarrow{以求}$提升癌症化疗的效果，并降低化疗的副作用（目的）。

秒杀思路 ▽

措施目的模型的支持题，常用方法有：(1)措施可行；(2)措施可以达到目的（即措施有效）；(3)措施利大于弊；(4)措施有必要。

选项详解 ▽

(A)项，"疗效有待大量临床检验"说明可能疗效很好，也可能疗效很差。（干扰项·诉诸无知）

(B)项，无关选项，题干的措施是用黄金纳米粒子携带的化疗药物治疗癌症，此项的措施与此无关。

(C)项，如果黄金纳米粒子不会与人体细胞发生反应，那么就不会被人体癌细胞吸收，削弱题干的论据"黄金纳米粒子很容易被人体癌细胞吸收"。

(D)项，支持题干，此项说明题干的措施已经具备了可行性，此外，此项还说明化疗药物只作用于癌细胞，并不伤及其他细胞，即提升癌症化疗的效果并且不会造成副作用，故措施可以达到目的。

(E)项，此项指出医生容易判定黄金纳米粒子是否已投放到癌细胞中，但未说明此种方法的效果如何，故此项支持的力度较弱。

40 (B)

秒杀思路

此题的题干均可看作假言，提问方式为"以下哪项与上述对话方式最为相似"，故本题为<u>推理结构相似题</u>。

详细解析

题干：甲：¬己所欲→¬施于人。乙：己所欲→施于人。

(A)项，甲：¬人草木→¬能无情。乙：¬草木有情∧人有情。故与题干不相似。

(B)项，甲：¬人犯我→¬我犯人。乙：人犯我→我犯人。故与题干相似。

(C)项，甲：¬人远虑→有近忧。乙：人远虑∧有近忧。故与题干不相似。

(D)项，甲：¬在其位→¬谋其政。乙：在其位→行其政。"谋"和"行"意思不同，故与题干不相似。

(E)项，甲：¬入虎穴→¬得虎子。乙：得虎子→入虎穴。故与题干不相似。

41 (C)

秒杀思路

题干均为假言，提问方式为"以下哪项是<u>不可能的</u>"，故本题为<u>假言判断的负判断模型（矛盾命题）</u>。本题可使用选项排除法。

选项详解

(A)项，若曾寅是主持人，孟申是项目组成员，则满足题干条件(2)，且与其他题干条件不冲突，故可能为真。

(B)项，若孟申是主持人，荀辰是项目组成员，则满足题干条件(4)，且与其他题干条件不冲突，故可能为真。

(C)项，若曾寅是主持人，荀辰是项目组成员，则不满足题干条件(2)；若荀辰是主持人，曾寅是项目组成员，则不满足题干条件(3)，故不可能为真。

(D)项，若孟申是主持人，颜子是项目组成员，则满足题干条件(4)，且与其他题干条件不冲突，故可能为真。

(E)项，若颜子是主持人，荀辰是项目组成员，则满足题干条件(1)；若荀辰是主持人，颜子是项目组成员，则满足题干条件(3)，且均与其他题干条件不冲突，故可能为真。

42 (E)

论证结构

锁定关键词"由此得出结论"，可知此前是论据，此后是论点。

题干：从事有规律的工作正好满8年的白领，发现他们的体重比刚毕业时平均增加了8公斤 $\xrightarrow{证明}$ 有规律的工作会增加人们的体重。

秒杀思路

此题的提问方式为"需要询问的关键问题是以下哪项"，故本题为<u>判断关键问题模型</u>。

判断关键问题模型常用的解题方法为：对选项的问题做肯定回答，看削弱还是支持题干；再对选项的问题做否定回答，看削弱还是支持题干。肯定回答和否定回答恰好一个削弱题干一个支持题干的项，就是正确选项。

选项详解

(A)项，无关选项，此项加入"经常进行体育锻炼"这一新的原因，则可能存在他因影响体重。

(B)项，无关选项，此项评价的是时间对体重的影响。

(C)项，无关选项，此项评价的是时间对体重的影响。

(D)项，无关选项，此项评价的是性别对体重的影响。

(E)项，与题干的论证相关，如果此类人8年中体重也是增加的，则削弱题干；如果此类人8年中体重并未增加，则支持题干。故此项正确。

43 (E)

秒杀思路

此题的提问方式为"以下哪项与上述论证最为相似"，且题干中出现典型的形式逻辑关联词"如果……那么……"，故本题为推理结构相似题。

详细解析

题干：赵默是优秀的企业家。有国内外知名学府和研究机构工作的经历∧有担任项目负责人的管理经验→优秀的企业家。

(A)项，人力资源是企业的核心资源。¬开展文化活动→¬提升技能∧¬增强凝聚力和战斗力。故与题干不同。

(B)项，袁清是好作家。好作家→较强的观察能力、想象能力和表达能力。故与题干不同。

(C)项，青年是企业发展的未来。激发青年的青春力量←促其早日成才。故与题干不同。

(D)项，李然是人才。¬具有前瞻性目光、国际化视野和创新思维→¬人才。故与题干不同。

(E)项，风云企业具有凝聚力。能引导和帮助员工树立目标∧提升能力→有凝聚力。故与题干相同。

44 (D)

秒杀思路

题干出现多个性质判断，要求根据题干推断选项中性质判断的真假，故本题为对当关系模型，可使用对当关系图或对当关系口诀解题。

详细解析

题干信息：

①大多数藏书家也会读一些自己收藏的书，即：有的藏书家也会读一些自己收藏的书。

②有些藏书家将阅读放到了自己以后闲暇的时间。

③有些藏书家新购的书就很可能不被阅读了。

(A)项，无关选项，题干中只涉及"友人借书"，并未涉及将书当作友人。

(B)项，由①可知，"有些藏书家会读一些自己收藏的书"，但无法确定其是否是在闲暇时阅读，此外，"喜欢"这一概念在题干中并未出现，故无法确定真假。

(C)项，由①可知，有些藏书家也会"读一些"自己收藏的书，由此无法确定有些藏书家会"读遍（即读所有）"自己收藏的书的真假。

(D)项，由②可知，有些藏书家不会立即读自己新购的书，故此项必然为真。

(E)项，由①可知，"有的"为真，无法得知"有的不"的真假。

45 (D)

论证结构
锁定关键词"由此指出",可知此前是论据,此后是论点(即:研究人员的论证)。
研究人员:幸福或者不幸福并不意味着死亡风险的高低 —证明→ 不幸福不会对健康状况造成损害。

秒杀思路
研究人员的论据和论点的主语均为"幸不幸福"(论证对象相同),但宾语中的核心概念不同,论据中的核心概念是"死亡风险",论点中的核心概念是"健康状况"。使用拆桥法,指出二者有区别即可质疑题干。

选项详解
(A)项,指出题干中的调查存在难度,但是,有难度不代表不能做到,因此不能削弱题干。
(B)、(C)项,"有些人"的情况是个别情况,一般不能反驳调查结论。(干扰项·不当反例)
(D)项,拆桥法,指出了"死亡风险"和"健康状况"有区别,削弱题干。
(E)项,"少数"个体的情况不能反驳调查结论。(干扰项·不当反例)

46 (B)

秒杀思路
此题的提问方式为"以下哪项与上述反驳方式最为类似",且题干中出现典型的形式逻辑关联词"只有……才……",故本题为推理结构相似题。

详细解析
题干:
甲:推动科技创新→加强知识产权保护。
乙:不同意。过分强化知识产权保护→¬推动科技创新。
(A)项,妻子:取得好成绩→刻苦学习。
丈夫:不同意。刻苦∧¬思考→不一定取得好成绩。故与题干不同。
(B)项,母亲:可能做成大事→从小事做起。
孩子:不同意。只做小事(即:过分做小事)→肯定做不成大事(即:¬可能做成大事)。故与题干相同。
(C)项,老板:公司带给他回报→给公司带来回报。
员工:不同意。给公司带来回报∧我得到1%的奖励,即使1%也是有回报的。故与题干不同。
(D)项,老师:改变命运→读书。
学生:不同意。¬读书→改变命运。故与题干不同。
(E)项,顾客:有人买→价格便宜些。
商人:不同意。价格便宜些→喝西北风。故与题干不同。

47 (D)

秒杀思路
题干由事实和假言构成,故本题为事实假言模型,从事实出发即可秒杀。

详细解析
将题干信息形式化:

①妙笔生花→先游猴子观海。
②仙人晒靴→先游阳关三叠。
③美人梳妆→先游妙笔生花。
④禅心向天第四个游览，之后游仙人晒靴。

从事实出发，由④可知，"禅心向天"（第四）早于"仙人晒靴"，可得：⑤"仙人晒靴"为第五或者第六个游览。

找重复信息"妙笔生花"，由①、③可知，⑥"猴子观海"早于"妙笔生花"，早于"美人梳妆"。

由②可知，⑦"阳关三叠"早于"仙人晒靴"。

此时，⑤"仙人晒靴"为第五或者第六个游览是"半事实"，可以进行分类讨论。

情况1："仙人晒靴"为第六个游览，则根据⑥可知，"猴子观海""妙笔生花"不可能在第五个游览。

情况2："仙人晒靴"为第五个游览，则"猴子观海""妙笔生花"不可能在第五个游览。

综上，无论何种情况，"猴子观海"和"妙笔生花"均不能是第五个游览，故(D)项必然为假。

48 （C）

秒杀思路 ▾

题干给出"自我陶醉人格"的定义及具体特征，提问方式为"除了哪项均能体现上述'自我陶醉人格'的特征"，故本题为<u>定义题</u>。将选项与定义的要点一一对应即可。

注意：只要满足其中一种特征即为"自我陶醉人格"。

详细解析 ▾

"自我陶醉人格"的特征：
①过高估计自己的重要性，夸大自己的成就。
②对批评反应强烈，希望他人注意自己和羡慕自己。
③经常沉溺于幻想中，把自己看成是特殊的人。
④人际关系不稳定，嫉妒他人，损人利己。

(A)项，符合"自我陶醉人格"的特征①。

(B)项，符合"自我陶醉人格"的特征②。

(C)项，不符合"自我陶醉人格"的特征。

(D)项，符合"自我陶醉人格"的特征①、④。

(E)项，符合"自我陶醉人格"的特征③。

49 （C）

题干现象 ▾

题干中待解释的现象：我国北方地区冬天的平均气温要低很多，通常情况下，长期在寒冷环境中生活的居民可以有更强的抗寒能力，但是相当多的北方人到南方来过冬，竟然难以忍受南方的寒冷天气，怕冷程度甚至远超过当地人。

选项详解 ▾

(A)项，不能解释，"一些北方人"的观点无法解释题干中"相当多北方人"所存在的现象。

(B)项，存在极端低温的天气只是个例，由此无法解释"过冬"这个长期过程中所存在的现象。

(C)项，可以解释，北方有供暖设备，南方没有，所以北方人到了南方会感觉冷。

(D)项，无关选项，题干讨论的是北方人到南方过冬不能适应南方的寒冷天气，此项讨论的是从南方迁过去的北方人无法适应北方的气候。

(E)项，无关选项，题干比较的是南北方的差异，而此项说的是南方地区的实际温度与体感温度的差异，不涉及南北方的比较。而且，此项指出由于南方湿度大导致人们感觉比较寒冷，但对于在南方过冬的人而言，无论是南方人还是北方人，其对于南方的温度感受应是相同的，故无法解释北方人比南方人更怕冷。

50 （A）

论证结构

此题的提问方式为"除哪项外都能支持上述专家的观点"，故直接定位"专家的观点"。

专家：配音已失去观众，必将退出历史舞台。

选项详解

(A)项，此项说明"很多上了年纪的国人"习惯且愿意看有配音的外国影视剧，即配音并未失去观众，削弱专家的观点。

(B)项，此项说明有的人认为配音妨碍了对原剧的欣赏，故配音可能将退出历史舞台，补充新的论据，支持专家的观点。

(C)项，此项说明无须配音也不影响理解剧情，故配音可能将退出历史舞台，补充新的论据，支持专家的观点。

(D)项，此项说明有的人不愿等配音，那么配音就失去了其作用，故配音可能将退出历史舞台，补充新的论据，支持专家的观点。

(E)项，此项说明有的配音不被观众接受，故配音可能将退出历史舞台，补充新的论据，支持专家的观点。

51 （B）

秒杀思路

题干由事实和假言构成，故本题为事实假言模型。由于本题的提问方式为"以下哪项可能为真"，故可优先考虑选项排除法。

选项详解

(A)项，由条件(5)可知，小明只收到一份礼物，故排除。

(B)项，此项与题干的已知条件均不矛盾，可能为真。

(C)项，由条件(5)可知，小花只收到一份礼物，故排除。

(D)项，由条件(5)可知，小花只收到一份礼物，故排除。

(E)项，由条件(5)可知，小明只收到一份礼物，故排除。

52 （D）

秒杀思路

题干由事实和假言构成，故本题为事实假言模型。前期训练可以先把题干中的箭头画出来，解题足够熟练以后，则不用画出箭头，直接从事实出发即可秒杀。

详细解析

题干补充新事实：(6)小刚收到两份礼物。

从事实出发，由条件(5)中"小明只收到橙色礼物"可知，条件(1)的前件为真，根据口诀"肯前必肯后"，可得：小芳会收到蓝色礼物。

由"小芳会收到蓝色礼物"可知，条件(2)的后件为假，根据口诀"否后必否前"，可得：小雷收到红色礼物。

由条件(5)中"小花只收到紫色礼物"可知，条件(3)的后件为假，根据口诀"否后必否前"，可得：小刚收到黄色礼物。

由"小刚收到黄色礼物"并结合条件(4)"没有人既能收到黄色礼物，又能收到绿色礼物"可知，小刚未收到绿色礼物。

再结合"每份礼物只能由一人获得"可知，小刚未收到蓝色、橙色、紫色、红色、绿色礼物，结合事实(6)"小刚收到两份礼物"可知，小刚收到青色礼物。

因此，小刚收到青色、黄色两份礼物，故(D)项正确。

53 (D)

秒杀思路

题干由假言和数量关系构成，故本题为<u>数量假言模型</u>。此类题常用两种解题方法：在数量关系处找矛盾法、二难推理法。

详细解析

<u>二难推理法</u>。

由条件(1)可知，¬二胡∨¬箫＝箫→¬二胡。

由条件(4)可知，箫→¬笛子。

串联可得：箫→¬二胡∧¬笛子。

因此，若购买箫，则不购买二胡和笛子，再由条件(2)可知，笛子、二胡和古筝至少购买一种，故购买古筝。

若不购买箫，由条件(3)可知，购买古筝和唢呐，即也购买古筝。

综上，根据二难推理可得：一定购买古筝。所以(D)项，二胡∨古筝，为真。

54 (A)

秒杀思路

题干为14部电影与一周7天之间的匹配，两者数量并不一致，故本题为<u>两组元素的多一匹配模型</u>。由于此题已明确每天放映2部电影，故不需要计算数量关系。题干中无假言，故使用口诀"事实/问题优先看，重复信息是关键。两组匹配用表格，三组匹配就连线"秒杀。

详细解析

从事实出发。由条件(1)和(2)，结合题干信息，可得下表：

周一	周二	周三	周四	周五	周六	周日
			科幻片			爱情片
				科幻片		

此时，剩余3部科幻片、3部警匪片、3部武侠片和2部战争片待安排。

由条件(1)"其余6天每天放映的2部电影都属于不同类别"和条件(3)"科幻片与武侠片没有安排

在同一天"可知,剩余3部科幻片和3部武侠片不能安排在同一天,故必在周一、周二、周三、周五、周六、周日各安排一部,即周日有一部是爱情片,另外一部只可能是科幻片或武侠片。故爱情片和警匪片不可能安排在同一天,即(A)项正确。

55 (C)

详细解析

本题补充新事实:(5)同类影片放映日期连续。

结合上题分析可得下表:

周一	周二	周三	周四	周五	周六	周日
			科幻片			爱情片
			科幻片			科幻片或武侠片

此时,剩余3部科幻片、3部警匪片、3部武侠片和2部战争片待安排。

从本题补充的新事实出发,结合上表可知,周五、周六连续放映科幻片或武侠片。

若2部战争片在前三天中连续放映,则一定会出现某部影片不连续放映的情况,因此,2部战争片在周五、周六连续放映。

再由"同类影片放映日期连续"可知,3部警匪片必然是安排在周一、周二、周三连续放映。

综上,周六可能放映的电影是"战争片和科幻片"或者"战争片和武侠片"。故(C)项正确。

四、写作

56 论证有效性分析

谬误分析

①材料由"人的本性是好利恶害的",推断出"人们都会追求奖赏、逃避刑罚",难以成立。因为,人的本性不等同于人的行为,由于后天的教育或环境会影响人们的思想,所以人们未必"都"会追求奖赏、逃避刑罚。

②"好利"也可能追求其他的利益而不追求奖赏,所以不能推出"好利"的人都会追求奖赏。同样,"恶害"也可能逃避其他的伤害而不逃避刑罚,所以不能推出"恶害"的人都会逃避刑罚。

③材料认为"国君只要利用赏罚就可以把臣民治理好了",过于绝对。因为臣民治理还受到政治、经济、文化、军事等多方面因素的影响。

④材料认为"人的本性是好利恶害的",因此"这个世界上不存在廉洁之士",难以成立。因为,好利恶害不等于唯利是图而不顾礼义廉耻,由于法律和道德的约束,廉洁之士可能是存在的。因此,不能由"好利恶害"推出"没有可能"找到廉洁之士。

⑤材料由"监察官是好利恶害的",推断出官员们会"以权谋私""共谋私利",难以成立。因为,监察官即使欲利,但由于本身职责的限制,加上和其他官员共谋私利也需要具备一定的条件,所以未必会和其他官员共谋私利。因此,也不能据此来否定设置监察官的合理性。

⑥"利用赏罚的方法来促使臣民去监督""谁揭发就奖赏,谁不揭发就惩罚"的方法未必可行。因为揭发的前提是臣民对于官员以权谋私的事实是了解的,实则未必如此。而且,了解官员以权谋私事实的人也未必因为有奖赏而去揭发,还可能会因为具有共同的利益而有意隐瞒。

⑦即使"以权谋私的罪恶行为无法藏身",但如果不受到严厉的惩罚或犯罪成本很低,贪婪的人

可能还会以权谋私,所以不能得出"最贪婪的人也不敢以权谋私"的结论。

（说明：谬误①②④⑤⑥⑦引用和改编自教育部考试中心公布的官方参考答案,谬误③来自对材料的分析。）

参考范文

如此赏罚可行吗

材料认为"治理臣民,只要利用好赏罚就可以了",但其论证存在多处不当,分析如下：

首先,材料由"人的本性是好利恶害的",推断出"人们都会追求奖赏、逃避刑罚",难以成立。因为,人的本性是好利恶害的,只是韩非等人的主张,未必是事实；而且,人的本性不等同于人的行为,由于后天的教育或环境会影响人们的思想,所以人们未必"都"会追求奖赏、逃避刑罚。

其次,由"人的本性是好利恶害的",无法推出"这个世界上不存在廉洁之士"。因为,好利恶害不等于唯利是图而不顾礼义廉耻,由于法律和道德的约束,廉洁之士可能是存在的。因此,也不能由此推出"廉政建设的关键,其实只在于任用官员之后有效地防止他们以权谋私"。

再次,材料由"监察官是好利恶害的",推断出官员们会"以权谋私""共谋私利",难以成立。因为,监察官即使欲利,但由于本身职责的限制,加上和其他官员共谋私利也需要具备一定的条件,所以未必会和其他官员共谋私利。因此,也不能据此来否定设置监察官的合理性。

最后,"利用赏罚的方法来促使臣民去监督""谁揭发就奖赏,谁不揭发就惩罚"的方法未必可行。因为揭发的前提是臣民对于官员以权谋私的事实是了解的,实则未必如此。而且,了解官员以权谋私事实的人也未必因为有奖赏而去揭发,还可能会因为具有共同的利益而有意隐瞒。

综上所述,材料存在诸多逻辑错误,利用好赏罚就可防止官员以权谋私的观点难以成立。

（全文共583字）

57 论说文

参考立意

①敢于创新,不畏风险。
②立足现在,着眼长远。

参考范文

企业应研发新品

吕建刚

　　企业究竟是把有限的资金用于扩大生产还是用于研发新产品？我认为，企业经营应更多地研发新产品。

　　在企业发展的过程中，旧产品往往会面临同质化竞争。竞争对手很容易在产品的外观设计、理化性能、使用价值、包装与服务、营销手段上相互模仿，以致产品的技术含量、使用价值逐渐趋同，这必然会导致利润下滑。此外，跟随原定路线、扩大现有产品的生产线倒是看起来省时、省力。但是，出于对原有业务的"路径依赖"，企业和管理者极易失去创新和冒险的动力。柯达在数码时代的困局、诺基亚在手机领域的失败，皆因如此。

　　研发新产品可以使企业形成差异化竞争，获得超额利润。旧产品最大的问题在于，它往往会随着时间的发展成为同质化产品，进而稀释利润。此时，新产品的出现恰好解决了这个问题。因为"科学技术是第一生产力"，而创新又是引领发展的第一动力。只有利用科学技术进行创新，研发出顺应消费者喜好的新产品，才能够不断提升企业的核心竞争力，使自己的企业具有区别于对手企业的差异化优势，才能使本企业始终处于行业的前沿位置，不被时代的浪潮所淘汰。

　　因此，相比于扩大生产，企业要更多地研发新产品。

　　研发新产品，做好精准定位是关键。一方面，企业的资源是有限的，要把有限的资源利用到自己最擅长的地方，才能产生好的效果。放大企业的"长处"，生产出更多让消费者梦寐以求的新产品，才能保证其长远地发展。另一方面，定位越精准的产品，越能找到自己的细分市场，越能赢得消费者的青睐。

　　企业的成败就在于能否创新，在当今日益激烈的市场经济环境下，企业应更多地研发新产品，方能取得源源不断的成功。

（全文共660字）

2016年全国硕士研究生招生考试
管理类综合能力试题答案详解

一、问题求解

1 (D)

思路点拨

两两之比问题，通过取最小公倍数统一相同量的比例份数，从而串联起三个量的比例关系.

详细解析

母题92·比例问题

子女教育支出：生活资料支出＝3∶8；文化娱乐支出：子女教育支出＝1∶2；
其中子女教育支出的份数分别为3，2，最小公倍数为6，故统一比例后为

文化娱乐支出：子女教育支出：生活资料支出＝3∶6∶16.

设文化娱乐支出所占比重为 $3x$，可得 $3x=10.5\%$，解得 $x=3.5\%$；
故生活资料支出所占比重为 $16x=16\times 3.5\%=56\%$.

2 (C)

详细解析

母题88·简单算术问题

方法一： 设原本每边需要 x 块砖，一共有 y 块砖，根据题意，可得
$$\begin{cases} x^2+180=y, \\ (x+1)^2=y+21, \end{cases}$$
两个式子相减，$(x+1)^2-x^2=180+21$，解得 $x=100$，故 $y=100^2+180=10\ 180$.

方法二： 增加 $180+21=201$(块)砖，正方形就增加一行一列，则现在正方形的最外边为 $\dfrac{201+1}{2}=101$(块)砖，故一共有 $101\times 101-21=10\ 180$(块)砖.

秒杀技巧

选项排除法. 正方形区域瓷砖总数一定是完全平方数，则这批瓷砖减180和加21都是完全平方数，观察可知，$10\ 180-180=10\ 000$，再验证 $+21$ 是完全平方数即可.

3 (E)

详细解析

母题98·行程问题

客车与货车3小时后相遇，因此甲、乙两地距离 $3\times(90+100)=570$(千米).
客车到达甲用时为 $570\div 100=5.7$(小时)，此时货车行驶了 $90\times 5.7=513$(千米).
故货车距乙地的距离为 $570-513=57$(千米).

4 (C)

思路点拨

本题属古典概型，$P=\dfrac{3\text{张卡片数字之和等于}10\text{的情况数}}{6\text{张卡片抽取}3\text{张的情况总数}}$

详细解析

母题 82·常见古典概型问题＋母题 83·数字之和问题

$10=1+3+6=1+4+5=2+3+5$，3张卡片上数字之和等于10的取法仅有三种．

故概率 $P=\dfrac{3}{C_6^3}=\dfrac{3}{20}=0.15$．

5 (B)

思路点拨

根据题意找出价格与销量之间的关系，列式可知利润呈二次函数变化，因此求利润最大值，转化成求二次函数的最大值．

详细解析

母题 100·最值问题

设利润为 y 元，降价 $50x$ 元，则销量增加 $4x$ 台，故
$$y=(2\,400-50x-2\,000)(8+4x)=-200x^2+1\,200x+3\,200.$$

图像开口向下，对称轴为 $x=-\dfrac{b}{2a}=\dfrac{1\,200}{400}=3$．

故当 $x=3$ 时，y 有最大值，此时定价为 $2\,400-3\times50=2\,250(元)$．

秒杀技巧

选项代入法．(A)项定价 2 200 元，则利润为 $200\times(8+4\times4)=4\,800(元)$，同理可得(B)项利润 5 000 元，(C)项 4 800 元，(D)项 4 200 元，(E)项 3 200 元，因此选(B)项．

6 (B)

思路点拨

思路①：正面思考，2人来自不同专业，有三种情况；

思路②：反面思考，任选2人的总情况数－2人来自同一专业的情况数．

详细解析

母题 79·不同元素的分配问题

方法一：正面做．

由题意，2人来自不同专业的选派方式有 $N=C_2^1C_3^1+C_2^1C_4^1+C_3^1C_4^1=6+8+12=26(种)$．

方法二：反面做．

用总的选派情况数减去来自相同专业的情况数，则不同的选派方式有
$$N=C_9^2-(C_2^2+C_3^2+C_4^2)=36-(1+3+6)=26(种).$$

7 (D)

思路点拨

思路①：倍数表示法，整数 a 的倍数可表示为 $ak(k\in\mathbb{Z})$，求倍数的个数可转化为求 k 的个数；

思路②：应用容斥原理，$1\sim n$ 中能被 a 或 b 整除的数有 $\left[\dfrac{n}{a}\right]+\left[\dfrac{n}{b}\right]-\left[\dfrac{n}{[a,b]}\right]$ 个．

详细解析

母题 1·整除问题＋母题 82·常见古典概型问题

方法一：

①能被5整除的数可表示为 $5k(k\in\mathbb{Z})$，因此 $1\leqslant 5k\leqslant 100\Rightarrow 1\leqslant k\leqslant 20$，这样的数有 20 个；

②能被7整除的数可表示为 $7k(k\in\mathbb{Z})$，因此 $1\leqslant 7k\leqslant 100\Rightarrow 1\leqslant k\leqslant 14$，这样的数有 14 个；

③既能被5整除,也能被7整除的数,即能被35整除的数可表示为$35k(k\in \mathbf{Z})$,因此$1\leqslant 35k\leqslant 100 \Rightarrow 1\leqslant k\leqslant 2$,共2个.

故概率$P=\dfrac{20+14-2}{100}=0.32$.

方法二: 公式法.

1~100中,能被5或7整除的数有$\left[\dfrac{100}{5}\right]+\left[\dfrac{100}{7}\right]-\left[\dfrac{100}{[5,7]}\right]=20+14-2=32$(个),因此所求概率$P=\dfrac{32}{100}=0.32$.

> **易错警示**
> 像35、70这样既能被5整除又能被7整除的数,在计算时算了两遍,若不去掉重复的数,则会错选(E)项.

8 (D)

思路点拨

梯形蝴蝶模型:如右图所示,连接梯形的两条对角线所形成的4个三角形面积关系为$S_1:S_2:S_3:S_4=a^2:b^2:ab:ab$.

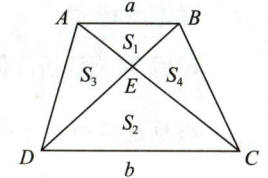

详细解析

母题59·平面几何五大模型

方法一: 根据题意可知,△ABE与△CDE相似,且相似比为AB:CD=1:2,则面积比为1:4,故$S_{\triangle CDE}=16$.
又AE:EC=BE:ED=1:2,所以$S_{\triangle ADE}=S_{\triangle BEC}=8$.
故总面积为16+8+8+4=36.

方法二: 根据梯形蝴蝶模型结论,可得
$$S_1:S_2:S_3:S_4=a^2:b^2:ab:ab=4^2:8^2:(4\times 8):(4\times 8)=1:4:2:2.$$
其中S_1为1份,且面积为4,故梯形的面积为$S=(1+4+2+2)\times 4=36$.

9 (E)

思路点拨

一个竖式箱子需要1个正方形和4个长方形,一个横式箱子需要2个正方形和3个长方形.

详细解析

母题61·空间几何体的基本问题 + 母题88·简单算术问题

设竖式的箱子为x个,横式的为y个,则有
$$\begin{cases} 4x+3y=340, \\ x+2y=160, \end{cases} \text{解得} \begin{cases} x=40, \\ y=60. \end{cases}$$
故竖式和横式箱子的个数分别为40,60.

10 (E)

思路点拨

先判断点与圆的位置关系.本题中,原点在圆上,故距离原点最远的点为圆心与原点所在直径的另一端点.

详细解析

母题 74·解析几何中的最值问题

将方程化为标准型：$(x-3)^2+(y+2)^2=13$，因为原点$(0,0)$恰好在圆上，故距离原点最远的点为原点和圆心C连线与圆的另一个交点$A(a,b)$，且该交点和原点的中点为圆心C.

由中点坐标公式，可知$a=2\times3-0=6$，$b=-2\times2-0=-4$.

秒杀技巧

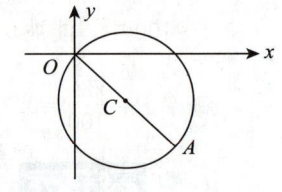

图像法＋选项排除法．如右图所示，距离原点最远的点在第四象限，故排除（A）、（C）、（D）；而（B）项是圆心的坐标，不符合题意，故选（E）．

11. (D)

思路点拨

本题属"截距型最值问题"，解题关键：设$z=2x+3y$，即$y=-\dfrac{2}{3}x+\dfrac{z}{3}$，转化为求动直线纵截距的最值．

详细解析

母题 74·解析几何中的最值问题＋母题 101·线性规划问题

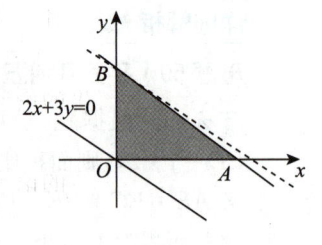

根据题意可设$z=2x+3y \Rightarrow y=-\dfrac{2}{3}x+\dfrac{z}{3}$，其在$y$轴上的截距为$\dfrac{z}{3}$，求$2x+3y$的最大值可转化为求动直线$y=-\dfrac{2}{3}x+\dfrac{z}{3}$在可行域$\triangle AOB$上移动时纵截距的最大值．

如右图所示，移动直线$y=-\dfrac{2}{3}x$，可知直线过点$B(0,3)$时截距最大，值为3，所以$\dfrac{z}{3}=3 \Rightarrow z=9$.

秒杀技巧

最值一定在$\triangle AOB$顶点处取得，故可将A，O，B三点坐标代入$2x+3y$中，结果最大的即为最大值．

12. (A)

思路点拨

画图易知$S_{\triangle ABC}=\dfrac{1}{2}\cdot|x_A-x_B|\cdot y_C$，根据韦达定理可知，$x_A+x_B=-\dfrac{b}{a}$，$x_Ax_B=\dfrac{c}{a}$，故

$$|x_A-x_B|=\sqrt{(x_A+x_B)^2-4x_Ax_B}=\dfrac{\sqrt{b^2-4ac}}{|a|}.$$

详细解析

母题 38·韦达定理问题

令$A(x_A,0)$，$B(x_B,0)$，根据韦达定理，可得

$$|x_A-x_B|=\sqrt{4a^2-4b}, S_{\triangle ABC}=\dfrac{1}{2}\cdot|x_A-x_B|\cdot y_C=\sqrt{4a^2-4b}=6,$$

故$4a^2-4b=36$，$a^2-b=9$.

> **秒杀技巧** ⯆
>
> 函数特殊化:已知 $S_{\triangle ABC}=6$,则底边 $AB=6$,因此不妨设抛物线与 x 轴的交点分别为$(-3,0)$和$(3,0)$,则函数 $y=(x+3)(x-3)=x^2-9$,此时 $a=0$,$b=-9$,选项验证,只有(A)正确.

13 **(C)**

> **思路点拨** ⯆
>
> 设备总付款=成本价+利息,成本价就是设备的定价 1 100 万元,每月支付的利息基数从 1 000 万元开始,每月递减 50 万元,直至结清设备款,因此最后一次支付利息的基数为 50 万元.

> **详细解析** ⯆

母题 57·数列应用题

购买时付 100 万元,余欠款 1 000 万元,按题意应分 $(1\,100-100)\div 50=20$(次)付清.根据题意得:

项目	首期	第一个月	第二个月	……	第十一个月	第二十个月
已付设备价/万元	100	150	200	……	1 050	1 100
设备余额/万元	1 000	950	900	……	50	0
当月支付利息/万元	0	$1\,000\times 1\%=10$	$950\times 1\%=9.5$	……	$100\times 1\%=1$	$50\times 1\%=0.5$

每月的利息构成以 10 为首项、-0.5 为公差的等差数列,总共 20 项,则总利息为 $\dfrac{(10+0.5)\times 20}{2}=105$(万元),故公司为买此设备共支付 $105+1\,100=1\,205$(万元).

14 **(D)**

> **思路点拨** ⯆
>
> 思路①:反面分析,4 门课程共开设 6 个班,从全部 6 个班中任选 2 个班,去掉选择同一课程的情况;
>
> 思路②:正面分类讨论.

> **详细解析** ⯆

母题 76·排列组合的基本问题

假设 A、B 两课程各有两个班,C、D 两课程各开设一个班.

方法一:反面考虑.

从 6 个班中任选 2 个班有 $C_6^2=15$(种)选择,两个班为同一门课程的情况 $C_2^2+C_2^2=2$(种).
因此该同学的选课方式共有 $15-2=13$(种).

方法二:正面考虑.

①选择课程为 C、D,共 1 种情况;②选择的课程为 A、B,共 $C_2^1 C_2^1=4$(种)情况;③在 A 或 B 共开设的 4 门课程中选择一门,为 C_4^1,再从 C 或 D 中选择另一门,为 C_2^1,则有 $C_4^1 C_2^1=8$(种)情况.故三类情况共有 $1+4+8=13$(种).

> 💡 **易错警示**
>
> 任意从 6 个班级选 2 个班,若忽略了"2 门课程"这一条件,会导致错选(E)项.

15 **(E)**

> **思路点拨** ⯆
>
> 洞内壁面积即为圆柱的侧面积,已知圆柱底面半径,可构造直角三角形,根据勾股定理求出圆柱的高.

详细解析

母题 61·空间几何体的基本问题

如右图所示，在圆柱中，球体半径、圆柱底面半径与圆柱高的一半构成了直角三角形．设圆柱的高为 $2h$ 厘米，则有 $h^2+6^2=10^2$，则 $h=8$，因此圆柱的高为 16 厘米，故内壁面积
$$S_{内壁}=S_{侧}=2\pi r\cdot h=2\pi\times 6\times 16=192\pi(平方厘米).$$

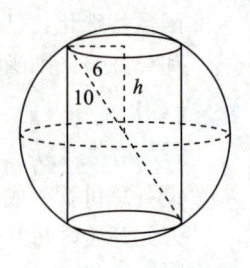

二、条件充分性判断

16（B）

思路点拨

已知两个平均量，要确定总平均量，根据十字交叉法，需要知道数量比关系．

详细解析

母题 91·平均值问题

方法一：十字交叉法＋特值法．

设男、女员工的平均年龄分别为 30、27，总平均年龄为 $\bar{x}$．

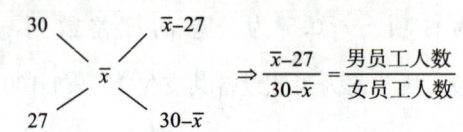

$$\Rightarrow \frac{\bar{x}-27}{30-\bar{x}}=\frac{男员工人数}{女员工人数}$$

条件(1)：已知该公司员工人数（即男女人数之和），无法求出平均年龄，条件(1)不充分．

条件(2)：已知男、女员工的人数之比，设为 a，即 $\dfrac{\bar{x}-27}{30-\bar{x}}=a$，则可以求出 $\bar{x}$，条件(2)充分．

方法二：算术平均值．

根据题意设该公司的男、女员工人数分别为 x、y，平均年龄为 c，已知男、女员工的平均年龄分别为 a、b，该公司员工的平均年龄 $c=\dfrac{ax+by}{x+y}$．

条件(1)：根据条件可知 $x+y$，但不能确定 $ax+by$ 的具体数值，故该公司员工的平均年龄不能确定，条件(1)不充分．

条件(2)：根据条件可知 $\dfrac{x}{y}$ 的数值，则公司员工的平均年龄 $c=\dfrac{ax+by}{x+y}=\dfrac{a\dfrac{x}{y}+b}{\dfrac{x}{y}+1}$ 可以确定，条件(2)充分．

秒杀技巧

根据加权平均值的定义，可知

平均年龄＝男员工平均年龄×男员工的比例＋女员工平均年龄×女员工的比例．

故条件(1)不充分，条件(2)充分．

17（C）

思路点拨

确定正方形面积⇔确定正方形边长，小正方形边长＝长方形的长－长方形的宽．

详细解析

母题 60·求面积问题

设长方形长、宽分别为 a、b，则大正方形的边长为 $a+b$，小正方形的边长为 $a-b$.

条件(1)：已知$(a+b)^2$，无法求出$a-b$，故无法确定小正方形的面积，不充分．

条件(2)：已知$\dfrac{a}{b}$，无法求出$a-b$，故无法确定小正方形的面积，不充分．

联立两个条件可列式$\begin{cases}a+b=\sqrt{S},\\ \dfrac{a}{b}=m\end{cases}$（$S$，$m$已知），则长方形的长与宽都可以确定．

因此$S_{小正方形}=(a-b)^2$可以确定，故联立充分．

18 （A）

思路点拨

根据条件可列出含有两个未知数的方程，且未知数为整数，故结合数字整除的特征或奇偶性分析，进行穷举讨论．

详细解析

母题 6·整数不定方程问题

设长度为a的管道x根，长度为b的管道y根．

条件(1)：$3x+5y=37$，$5y$的尾数为0或5，则$3x$的尾数为7或2，解得$x=4$或$x=9$，故有两组解$\begin{cases}x=4,\\ y=5\end{cases}$或$\begin{cases}x=9,\\ y=2,\end{cases}$条件(1)充分．

条件(2)：$4x+6y=37$，等号左边为偶数，右边为奇数，显然无整数解，故不充分．

> **易错警示**
>
> "能够……"表示有解即可满足结论，"确定"表示有解且是唯一解才能满足结论，有同学在条件充分性判断问题中，容易混淆这两种问法，从而本题错选(E)项．可对比第21题．

19 （C）

思路点拨

可先尝试举反例对条件进行单独验证，再使用不等式的性质进行证明．

详细解析

母题 33·不等式的性质

条件(1)：举反例，$x=7$，$y=8$，满足条件但不符合结论，不充分．

条件(2)：举反例，$x=8$，$y=5$，满足条件但不符合结论，不充分．

两个条件联立$\begin{cases}x\leqslant y+2,\\ 2y\leqslant x+2,\end{cases}$两式相加得$x+2y\leqslant y+2+x+2$，解得$y\leqslant 4$．再与$x\leqslant y+2$相加，解得$x\leqslant 6$，故两个条件联立充分．

20 （E）

思路点拨

可根据题干，先将丙酒精浓度用甲、乙浓度进行表示，再代入条件进行判断．

详细解析

母题 34·简单方程（组）和不等式（组）＋母题 96·溶液问题

设甲、乙、丙酒精浓度分别为x，y，z，故有$\dfrac{2x+y}{2+1}=z$，即$2x+y=3z$①．

条件(1)：$\dfrac{x+5y}{1+5}=\dfrac{1}{2}z$，即 $x+5y=3z$②，联立式①和式②，解得 $x=4y$，无法解出 x，y，不充分．

条件(2)：$\dfrac{x+2y}{1+2}=\dfrac{2}{3}z$，即 $x+2y=2z$③，联立式①和式③，解得 $x=4y$，无法解出 x，y，不充分．

联立两个条件，可得 $x=4y$，无法解出 x，y，联立不充分．

易错警示

有同学会误入本题的陷阱，认为共有三个未知量，题干和两个条件联立后，三个等式一定可以解出甲、乙浓度，从而错选(C)项．

21 (A)

详细解析

母题 19·平均值和方差

条件(1)：根据条件可知 $\overline{x_1}=\overline{x_2}\Rightarrow 5=\dfrac{4+5+6+7+a}{5}\Rightarrow a=3$，条件(1)充分．

条件(2)：根据公式 $S_1^2=\dfrac{1}{5}\times(3^2+4^2+5^2+6^2+7^2-5\times 5^2)=2$，得

$$S_2^2=\dfrac{1}{5}\left[a^2+4^2+5^2+6^2+7^2-5\times\left(\dfrac{4+5+6+7+a}{5}\right)^2\right]=2,$$

化简得 $a^2-11a+24=0$，解得 $a=3$ 或 $a=8$．条件(2)不充分．

秒杀技巧

条件(2)：因为"连续 5 个整数的方差为 2"，故可快速判断出 S_1 的方差为 2，但 S_2 为连续 5 个整数的情况有两种：3，4，5，6，7 或 4，5，6，7，8，因此不充分．

易错警示

列出方差等式后，学生会误以为一个方程一个未知量，因此 a 的值唯一确定，错选(D)项．

22 (C)

思路点拨

到两点距离相等的点在两点连线的垂直平分线上，故此题可以转化为求任意两点连线的垂直平分线是否交于一点．

详细解析

母题 70·图像的判断

条件(1)：举反例．如右图所示，三个点为 A、B、C 且共线时，到 A、B 距离相等的点在直线 l_1 上；到 B、C 距离相等的点在直线 l_2 上；而 $l_1 // l_2$，故平面上不存在到 A、B、C 距离相等的点，条件(1)不充分．

条件(2)：举反例．如右图所示，四个点为 A、B、C、D，其中 $AB\perp CB$，$CB\perp CD$，则到 A、B 距离相等的点在 l_1 上，到 B、C 距离相等的点在 l_2 上，到 C、D 距离相等的点在 l_3 上，而 $l_3 // l_1$，故不存在到 A、B、C、D 距离相等的点，条件(2)不充分．

联立两个条件：M 中的三个点恰好构成一个三角形，则三角形三边的垂直平分线相交于一点（即外接圆圆心），该点到三角形三个顶点的距离相等．故两个条件联立充分．

23 (B)

详细解析

母题 20·均值不等式＋母题 25·代数式的最值问题

条件(1)：由条件可得 $y=\dfrac{1}{x}$，则原式 $x^3+y^3=x^3+\dfrac{1}{x^3}$，符合对勾函数形式，当 $x<0$ 时，没有最小值，故条件(1)不充分．

条件(2)：

方法一：凑"数＋式²"．
$$x^3+y^3=(x+y)(x^2-xy+y^2)=(x+y)[(x+y)^2-3xy].$$

将 $x+y=2$ 代入，得 $x^3+y^3=2\times(4-3xy)=8-6xy.$

将 $y=2-x$ 代入消元，可得 $x^3+y^3=8-6xy=8-6x(2-x)=6(x-1)^2+2\geqslant 2.$

故当 $x=1$ 时，原式有最小值 2，条件(2)充分．

方法二：组合最值．

条件(2)根据组合最值的结论，当和有定值时，各项尽量接近时乘积取得最大值，即 $xy\leqslant 1$，$x^3+y^3=(x+y)[(x+y)^2-3xy]$，代入条件 $x+y=2$，可得 $x^3+y^3=8-6xy\geqslant 8-6=2$，存在最小值为 2，条件(2)充分．

> **易错警示**
>
> 有同学认为结论要确定和的最小值，可以使用均值不等式找到积有定值的情况，因此误认为条件(1)充分，这种做法忽略了均值不等式的重要前提"一正"，即各项均为正数．

24 (A)

详细解析

母题 56·已知递推公式求 a_n 问题

条件(1)：可知 $a_1-a_2\geqslant 0$，$a_3-a_4\geqslant 0$，以此类推，可知 $a_1-a_2+a_3-a_4+\cdots+a_9-a_{10}\geqslant 0$．条件(1)充分．

条件(2)：由条件可得 $a_n^2-a_{n+1}^2=(a_n-a_{n+1})(a_n+a_{n+1})\geqslant 0$，所以有两种情况：

① $\begin{cases} a_n-a_{n+1}\leqslant 0,\\ a_n+a_{n+1}\leqslant 0,\end{cases}$ 此时 $a_n\leqslant a_{n+1}$，$a_1-a_2+a_3-a_4+\cdots+a_9-a_{10}\leqslant 0$，不能推出结论；

② $\begin{cases} a_n-a_{n+1}\geqslant 0,\\ a_n+a_{n+1}\geqslant 0,\end{cases}$ 此时 $a_n\geqslant a_{n+1}$，$a_1-a_2+a_3-a_4+\cdots+a_9-a_{10}\geqslant 0$，能推出结论．

综上，条件(2)不充分．

秒杀技巧

条件(2)可举反例，$a_1,a_2,\cdots,a_9,a_{10}$ 为 $-10,-9,\cdots,-2,-1$，满足条件但不符合结论，故不充分．

25 (D)

思路点拨

思路①：二次函数的两个零点，就是图像与 x 轴的两个交点，因此可设交点分别为 $(m,0)$，$(n,0)$，则根据两根式函数解析式可设为 $f(x)=(x-m)(x-n)$，结论转化为求代数式 $(1-m)(1-n)$ 的取值范围；

思路②：利用根在区间内的分布情况，对函数解析式中的参数进行约束，列出全部不等式求出参数范围，从而解得 $f(1)=a+b+1$ 的取值范围．

详细解析

母题 39·根的分布问题

方法一：根据二次函数两根式求解．

设 $f(x)=x^2+ax+b=(x-m)(x-n)$，则 $f(1)=(1-m)(1-n)$．

条件(1)：$0 \leqslant m \leqslant 1$，$0 \leqslant n \leqslant 1$，故有 $0 \leqslant 1-m \leqslant 1$，$0 \leqslant 1-n \leqslant 1$．

故 $0 \leqslant (1-m)(1-n) \leqslant 1$，即 $0 \leqslant f(1) \leqslant 1$，条件(1)充分．

条件(2)：$1 \leqslant m \leqslant 2$，$1 \leqslant n \leqslant 2$，故有 $-1 \leqslant 1-m \leqslant 0$，$-1 \leqslant 1-n \leqslant 0$．

故 $0 \leqslant (1-m)(1-n) \leqslant 1$，条件(2)也充分．

方法二：区间根的分布．

条件(1)：由 $f(x)$ 在区间 $[0,1]$ 中有两个零点可知，$x^2+ax+b=0$ 在区间 $[0,1]$ 中有两个实根，故有

$$\begin{cases} f(0)=b \geqslant 0, & \text{①} \\ f(1)=1+a+b \geqslant 0, & \text{②} \\ 0<-\dfrac{a}{2}<1, & \text{③} \\ \Delta=a^2-4b>0, & \text{④} \end{cases}$$

由式③知：$-2<a<0$，$0<a^2<4$．

由式④知：$b<\dfrac{a^2}{4}$，由式③知 $a^2>0$，故 $b<\left(\dfrac{a^2}{4}\right)_{\min} \Rightarrow b \leqslant 0$．

因此 $f(1)=1+a+b \leqslant 1+0+0=1$．

联立式②知 $0 \leqslant f(1) \leqslant 1$，条件(1)充分．

同理可知，条件(2)也充分．

三、逻辑推理

26 (D)

秒杀思路

题干出现多个假言判断，且这些假言判断无重复元复（无法进行串联），选项也几乎都是假言判断，故本题为假言无串联模型，可使用三步解题法或直接使用选项排除法。

详细解析

第1步：画箭头。

题干：

①激发自主创新的活力→建设科技创新中心→推进与高校、科研院所的合作。

②催生重大科技成果→战略平台∧对接平台∧创新人才平台。

第2步：逆否。

题干的逆否命题为：

③¬推进与高校、科研院所的合作→¬建设科技创新中心→¬激发自主创新的活力。

④¬战略平台∨¬对接平台∨¬创新人才平台→¬催生重大科技成果。

第3步：找答案。

(A)项，对接平台→激发自主创新的活力，根据箭头指向原则，由②可知，"对接平台"后无箭头指向，故此项可真可假。

(B)项，战略平台→催生重大科技成果，根据箭头指向原则，由②可知，"战略平台"后无箭头

指向，故此项可真可假。
(C)项，题干不涉及企业是否具有自主创新的活力的决定因素是什么。
(D)项，¬ 创新人才平台→¬ 催生重大科技成果，由④可知，此项必然为真。
(E)项，推进与高校、科研院所的合作→激发自主创新的活力，根据箭头指向原则，由①可知，"推进与高校、科研院所的合作"后无箭头指向，故此项可真可假。

27 (C)

秒杀思路

题干出现多个假言，并且这些假言可以串联，选项几乎均为假言，故本题为串联推理的基本模型，可使用四步解题法。

详细解析

第1步：画箭头。
①保障→实行。
②实行→追责。

第2步：串联。
由①、②串联可得：③保障→实行→追责。

第3步：逆否。
③逆否可得：④¬ 追责→¬ 实行→¬ 保障。

第4步：分析选项，找答案。
(A)项，追责→保障，根据箭头指向原则，由③可知，"追责"后无箭头指向，故此项可真可假。
(B)项，无关选项，题干并未涉及"生态文明建设的重要目标"。
(C)项，¬ 追责→¬ 保障，由④可知，此项必然为真。
(D)项，造福于民→筑牢生态环境的制度防护墙，此项的内容题干并未涉及，无关选项。
(E)项，追责→实行，根据箭头指向原则，由②、③均可知，"追责"后无箭头指向，故此项可真可假。

28 (D)

论证结构

题干：注重对孩子的自然教育，能激发其自身的潜能；不注重对孩子的自然教育，其发展会受到一定的影响。
故题干是分析"注重孩子自然教育"和"不注重孩子自然教育"对孩子的影响，用的是求异法的思维，将"是否注重孩子自然教育"作为研究的变量来衡量对孩子的影响。

选项详解

(A)项，此项说明"脱离环境保护搞经济发展"和"离开经济发展抓环境保护"皆不可取，而不是两组进行对比，故此项不是求异法，与题干不同。
(B)项，此项中"会的语言种类"和"患阿尔茨海默症的平均年龄"是一个共变的过程，故此项采用的是共变法求因果关系，与题干不同。
(C)项，此项说明了老百姓过去和现在的区别，但不涉及对某一变量的分析，不是求异法，与题干不同。
(D)项，注重调查研究，可以掌握第一手资料；闭门造车（即不注重调查研究），会让我们脱离实际。此项指出"注重调查研究"和"不注重调查研究"所造成的不同结果，与题干的陈述方式最为类似。
(E)项，此项仅仅涉及一种情况，没有对比，显然不是求异法，与题干不同。

29 (E)

秒杀思路

此题的主体内容与时间相关，故本题为<u>日期、星期、时间模型</u>，可结合题干中存在的周期性规律进行推理或使用选项排除法。

详细解析

(A)项和(C)项题干均未提及，可直接排除；分析(B)、(D)、(E)项。

由题干可知，天干有10个、地支有12个；10和12的最小公倍数是60，故每60年重复一次。由于地支比天干多2个，故，天干每过一个循环，会与地支错两位，即：

天干	甲	乙	丙	丁	戊	己	庚	辛	壬	癸	甲	乙	丙	……
地支	子	丑	寅	卯	辰	巳	午	未	申	酉	戌	亥	子	……

可见，会出现甲子、甲寅、甲辰、甲午等年份，但不会出现甲丑、甲卯、甲巳等年份，故排除(B)项。

(D)项，由题干可知2014年为甲午年，10年以后就是2024年。在10年的时间里，天干恰好循环一次，故，还是"甲"；地支从"午"往后数10个（或者往前数2个），是"辰"。故 2024年为甲辰年，排除(D)项。

(E)项，由题干可知2015年为乙未年，60年一个轮回，则2075年也是乙未年，12年以后就是2087年。在12年的时间里，天干循环了一次再加2（即10+2），故从"乙"往后数2个，是"丁"；地支恰好循环了一次，还是"未"。故 2087年为丁未年，因此(E)项正确。

30 (D)

论证结构

赵明：我们一定要选拔喜爱辩论的人（爱好）。
王洪：我们需要招募的是能打硬仗的辩手（能力）。

秒杀思路

题干中出现两个人的对话，提问方式为"以下哪项最可能是两人争论的焦点"，故本题为<u>争论焦点题</u>。

争论焦点题的解题原则有：(1)双方表态原则；(2)双方差异原则；(3)论点优先原则。

选项详解

(A)项，赵明和王洪两人均没有涉及"现实与理想"，违反双方表态原则。

(B)项，赵明和王洪两人均没有涉及"研究辩论规律与培养实战能力"，违反双方表态原则。

(C)项，赵明和王洪两人均没有涉及"培养新人"，违反双方表态原则。

(D)项，赵明和王洪争论的焦点是应该招募什么样的新辩手，招募喜爱辩论的还是辩论能力强的，故此项正确。

(E)项，赵明和王洪两人均没有涉及"集体荣誉"，违反双方表态原则。

31 (A)

秒杀思路

题干中教练的陈述是一个假言判断，提问方式为"如果甲国足球队教练的陈述为真，则以下哪项是<u>不可能</u>的"，故本题为<u>假言判断的负判断模型（矛盾命题）</u>。

详细解析

题干：可能出线→下一场比赛胜利∧另一场比赛平局。

其矛盾命题为：可能出线∧¬（下一场比赛胜利∧另一场比赛平局）＝可能出线∧（¬下一场比

赛胜利∨¬另一场比赛平局)。

题干的矛盾命题有以下三种情况：

①可能出线∧¬下一场比赛胜利。

②可能出线∧¬另一场比赛平局。

③可能出线∧¬下一场比赛胜利∧¬另一场比赛平局。

若选项为以上三种情况中的任意一种，则一定为假。

(A)项，出线∧¬另一场比赛平局，由推理关系"必然→可能"可得：可能出线∧¬另一场比赛平局，等价于②，故此项不可能为真。

其余各项均可能为真。

32 (D)

论证结构

锁定关键词"推测"，可知此前是论据，此后是论点；再锁定关键词"进一步推测"，可知此前是论据，此后是论点。故本题实际上有以下两个论证过程。

推测①：土坯砖边缘整齐并且没有切割痕迹 ——证明→ 这件土坯砖由木质模具压制成型。

推测②：由土坯砖经过烧制而成的烧结砖烧制温度为850℃～900℃＋推测① ——证明→ 当时的砖是先使用模具将黏土做成土坯，然后再经过高温烧制而成的。

秒杀思路

推测①中，论据的核心概念为"边缘整齐并且没有切割痕迹"，论点的核心概念为"由木质模具压制成型"，二者并非同一概念，故推测①属于偷换概念型的支持题。

此类题常用的支持方法是搭桥法，即：(1)指出核心概念具备相似性、等价性、一致性；(2)在两个核心概念之间建立推理联系或直接建立联系。

选项详解

(A)项，无关选项，题干的论证并未涉及仰韶文化晚期的具体年代。

(B)项，无关选项，题干推测②论点中的核心概念为"烧制"，而此项的核心概念为"冶炼"，偷换概念。(干扰项·转移论题)

(C)项，无关选项，题干的论证并未涉及烧结砖的年代。

(D)项，没有采用模具而成型的土坯砖→边缘不整齐∨有切割痕迹，等价于：边缘整齐∧没有切割痕迹→采用模具而成型的土坯砖，搭桥法，支持推测①。

(E)项，无关选项，题干的论证不涉及"烧制铺地砖和空心砖"。

33 (D)

论证结构

题干出现两组人员死亡时间的对比，可知本题为求异法的削弱(差果差因模型)。

题干：

AA 型和 AG 型基因类型的人：都在上午 11 时之前去世；

GG 型基因类型的人：几乎都在下午 6 时左右去世；

所以，GG 型基因类型的人会比其他人平均晚死 7 个小时。

秒杀思路

求异法的削弱题，常用方法有：(1)另有差因；(2)削弱因果(求异法归根结底还是找原因的方法，故因果倒置、因果无关等削弱因果的方法也适用)。

选项详解

(A)项，无关选项，很多同学误认为此项中的"患上心血管疾病"是另有他因，但是，另有他因是指有其他原因导致了题干中的结果，即：患上心血管疾病导致了 GG 型基因类型的人会比其他人平均晚死 7 个小时。但此项最多只能说明"患上心血管疾病会让 GG 型基因类型的人更容易死亡"。（干扰项·无效他因）

(B)项，无关选项，题干的论证仅涉及死亡时间，不涉及死亡临近时人体的状态。

(C)项，此项说明有其他原因导致"有的人"死亡，但题干并非是在找"有的人"的死亡原因，而是探究"基因类型"与"死亡时间"的关系；此外，"有些人"与题干"实验对象"是否是同一批人也无法确定。（干扰项·无效他因）

(D)项，可以削弱，比如 2017 年 1 月 1 日 18 点死亡的人，要比 2017 年 1 月 2 日 8 点死亡的人的死亡时间更早，而不是更晚。

(E)项，无关选项，题干的结论是 GG 型基因类型的人会比其他人平均晚死 7 个小时，即只比较了死亡时间，没有比较寿命，而此项讨论的是"平均寿命"，偷换概念。（干扰项·转移论题）

34 (E)

论证结构

锁定关键词"以……为理由"，可知此部分内容为论据，此后为论点。

商家：商品已作特价处理、商品已经开封或使用 —证明→ 不应退货。

选项详解

(A)项，此项说明"开封验货后"，消费者需要自己承担责任，即：商家可以拒绝退货，支持商家。

(B)项，此项说明"特价商品"的质量就是存在欠缺的，补充新的论据，支持商家。

(C)项，因质量问题退货是有理由的退货，而题干讨论的是无理由退货，故此项无法质疑商家。

(D)项，无关选项，题干的论证并未提及公平问题。

(E)项，指出即使商品开封或使用了也可以选择退货，直接说明商家的理由不成立，削弱力度最强。

35 (B)

秒杀思路

题干由事实和假言构成，故本题为<u>事实假言模型</u>，从事实出发做串联即可秒杀。

详细解析

从事实出发，由条件(5)"宣传工作例会只需分管宣传的副书记参加，信访接待工作也只需一名副书记参加"可知，王书记既不参加宣传工作例会，也不做信访接待工作。

再从"王书记既不参加宣传工作例会，也不做信访接待工作"出发，结合条件(4)可得：王书记下乡调研。故(B)项正确。

36 (D)

论证结构

此题的提问方式为"最能质疑上述专家的观点"，故直接定位"专家的观点"。

专家：机器人战争技术的出现可以使人类远离危险，更安全、更有效率地实现战争目标。

选项详解

(A)项，无关选项，专家的观点中并未涉及现在和将来"机器人与人类"之间的掌控关系。

(B)项，此项说明机器人战争技术确实会让"部分国家"远离危险，但这并不意味着可以使"人类"远离危险，故此项支持力度有限。

(C)项，此项指出机器人战争技术的优点，支持专家的观点。

(D)项，此项说明机器人战争技术只是被少部分国家掌握，那么绝大部分国家是不掌握该项技术的，同时又指出将来战争的发生更为频繁也更为血腥，在此种情况下，即使有机器人战争技术也无法使人类远离危险，直接削弱专家的观点。

(E)项，无关选项，专家的观点中并未涉及"破坏生态环境"。

37 (A)

秒杀思路

题干已知4个判断"2真2假"，故本题为真假话问题。优先找矛盾关系，如果题干中没有矛盾关系，则找其他对当关系。

详细解析

题干有如下信息：

陈安：4人都没有送您来医院。

李康：4人中有人送您来医院。

张幸：¬李康∨¬汪福。

汪福：¬汪福。

第1步：找矛盾。

陈安和李康的话互为矛盾关系，必有一真一假。

第2步：判断其他已知条件的真假。

根据题干"2真2假"可知，汪福和张幸两人的话一真一假。

若汪福的话为真，则张幸的话也为真，这与"汪福和张幸两人的话一真一假"矛盾，因此，汪福的话为假，即：汪福送郝大爷去医院。

第3步：推出结论。

由"汪福送郝大爷去医院"可知，有人送郝大爷去医院，故李康的话为真、陈安的话为假。

因此，说真话的是李康和张幸。故(A)项正确。

38 (E)

论证结构

此题的提问方式为"均能质疑上述'理性计算'的观点"，故直接定位"理性计算"。

开车需要"理性计算"：开车在路上遇到"加塞"，你开的车就一定要让着它；开车在路上遇到有车不打方向灯在你近旁突然横过来要撞上你，你开的车也得让着它。

选项详解

注意：此题提问方式中的"以下除哪项外"。

(A)项，此项指出"理性计算"助长歪风邪气，有悖于社会的法律和道德，质疑题干。

(B)项，此项指出"理性计算"无法"安然无恙"，还是会有躲不过的事情，质疑题干。

(C)项，此项指出"理性计算"可能会对自己和无辜的人造成极大的危险，质疑题干。

(D)项，此项指出不"理性计算"也没事，警方会有公正的裁决，即不需要"理性计算"，质疑题干。

(E)项，此项指出"理性计算"可以省去许多麻烦，支持题干。

39 (E)

论证结构

"建立'城市风道'"是措施，"促进城市空气的更新循环"是目的，故本题为措施目的模型。

题干：城市雾霾天气、热岛效应 —导致→ 建立"城市风道" —以求→ 促进空气循环，驱霾散热。

秒杀思路

措施目的模型的支持题，常用方法有：(1)措施可行；(2)措施可以达到目的(即措施有效)；

(3)措施利大于弊；(4)措施有必要。

选项详解

(A)项，此项说明题干中的措施对建筑物的安全影响不大，即措施无恶果，支持题干但力度较小。

(B)项，此项指出"城市风道"的设想过于主观和随意，但并未说明此种措施是否能达到目的，故其不能支持题干。

(C)项，此项指出题干中的措施很可能是无效的，即措施达不到目的，削弱题干。

(D)项，此项指出题干中的措施是可行的，但"有些"是弱化词，支持力度小。

(E)项，此项说明"城市风道"确实能促进城市空气的更新循环，驱霾散热，即措施可以达到目的，支持力度最大。

40 (E)

题干现象

题干中待解释的现象：政府能在短期内实施"APEC治理模式"取得良好效果，却没有将这一模式长期坚持下去。

选项详解

注意：此题提问方式中的"以下除哪项外"。

(A)项，此项指出减排措施在落实过程中已产生很多难以解决的实际困难，能够解释"APEC治理模式"为什么不能长期坚持下去。

(B)项，此项直接说明"APEC治理模式"不能长期坚持下去的原因，能够解释题干。

(C)项，此项指出要长期坚持"APEC治理模式"需要评定收益和风险，能够解释"APEC治理模式"为什么不能长期坚持下去。

(D)项，此项说明题干中的"APEC治理模式"只是权宜之计，故无须长期坚持，可以解释。

(E)项，无关选项，此项说明的是为什么在APEC会议期间要采取"APEC治理模式"的原因，但并不涉及APEC会议之后这一模式为何不坚持下去。

41 (C)

论证结构

锁定关键词"由此"，可知此前是论据，此后是论点。

天文学家：伽马射线只用了4.8分钟就穿越了黑洞边界，而光需要25分钟才能走完这段距离 —证明→ 伽马射线的速度超过了光速，光速不变定律需要修改了。

选项详解

(A)项，光速不变定律已经过时∨天文学家的观测有误，若"光速不变定律已经过时"为真，则支持天文学家的结论；若"天文学家的观测有误"为真而不是"光速不变定律已经过时"，则削弱天文学家的结论。(干扰项·两可选项)

(B)项，由于无法确定天文学家的观测是否有问题，因此，也无法确定光速不变定律是否需要修改，故此项不能削弱天文学家的结论。

(C)项，天文学家的观测有误∨有人篡改了天文观测数据，"∨"表示二者必居其一，无论这两种情况发生了哪一种，都能说明题干的论据是不成立的，故此项能够削弱天文学家的结论。

(D)项，此项指出数据"可能"存在偏差，能削弱天文学家的结论，但"可能"是一个弱化词，故其削弱力度较小。

(E)项，光速不变定律在以前的实践检验中没有出现过反例，不代表它没有问题，无法削弱天文学家的结论。

42 (A)

题干现象

题干中待解释的现象：无人监督时，贴着"眼睛"图片的那一周，收款箱里的钱远远超过贴其他图片的情形。

选项详解

(A)项，指出差异原因，当图片为"眼睛"时，职员会认为有人监督，因此，更可能会自愿去放钱，可以解释。

(B)项，无关选项，题干并未涉及该公司职员和社会中的其他人自律程度的比较。（干扰项·无关新比较）

(C)项，此项并未说明"心情容易变得愉快"与"自愿放钱"之间的关系，无法解释。

(D)项，此项并未说明"感动"与"自愿放钱"之间的关系，无法解释。

(E)项，此项并未指出不同图片之间的差异，无法解释。

43 (D)

秒杀思路

题干出现七个庭院从前到后的依次排列，故本题为一字方位模型。题干中涉及多个特殊位置关系（相邻、间隔），故可以此为突破口；另外，本题的提问方式为"下列哪个庭院可能是'日'字庭院"，故也可以考虑使用选项排除法。

详细解析

方法一：选项排除法。

(A)项，与条件(1)矛盾，排除。

(B)项，若"日"在第二个庭院，当条件(2)"火"和"土"相邻满足时，则条件(3)不能满足，排除。

(C)项，若"日"在第四个庭院，当条件(2)"火"和"土"相邻满足时，则条件(3)不能满足，排除。

(D)项，若"日"在第五个庭院，当"火""土"处在第六个、第七个庭院时，则有多种可能满足条件(3)，正确。

(E)项，若"日"在第六个庭院，当条件(2)"火"和"土"相邻满足时，则条件(3)不能满足，排除。

方法二：直接推理法。

题干已知条件(2)和条件(3)中均涉及特殊位置关系，其中条件(3)涉及四个元素，故可优先考虑。

由条件(3)可知，"金""月"的间隔数与"木""水"的间隔数相同，其间隔数有多种可能。我们不妨假设其间隔数为0，构造相邻位置关系。

此时，金月、木水、火土相邻，可视为捆绑。此时可看作，3个球并列放置，再将"日"插入其中，根据数学知识"插空原理"，可知"日"的位置有如下4种情况：

情况 a："日"在第一位；

情况 b："日"在第三位；

情况 c："日"在第五位；

情况 d："日"在第七位。

由条件(1)可知，"日"不能在第一个，故其只剩3种可能，此时"日"一定是在奇数位置，即："日"可能在第三、第五、第七个庭院，这些情况与题干均不矛盾，故(D)项可能为真。

44 (E)

详细解析

本题补充新事实：(4)第二个庭院是"土"字庭院。

从确定位置的元素入手，由"第二个庭院是'土'字庭院"并结合条件(2)"'火'字庭院和'土'字庭院相邻"可知，"火"字庭院只能在第一个或第三个。由于情况较少，故可进行分类讨论。

若"火"在第三个庭院，根据题干信息可得下表：

1	2	3	4	5	6	7
	土	火				

若"金""月"两个庭院中有一个在第一个庭院，则两个庭院的间隔数至少为2，此时，"木""水"两个庭院无法满足间隔数与"金""月"一致，因此，"金""月"均在后四个庭院。

同理，"木""水"也均在后四个庭院。故，第一个庭院只能是"日"，与条件(1)矛盾，故假设不成立。

综上，"火"在第一个庭院，即(E)项正确。

45 (C)

题干现象

题干中待解释的现象：乐于助人的人，其平均寿命长于一般人，在男性中尤其如此；心怀恶意的人，其70岁之前的死亡率比正常人高出1.5~2倍。

选项详解

(A)项，无关选项，题干讨论的是"社会关系"和"寿命"之间的关系，此项讨论的是"心理健康"和"与人相处的融洽度"之间的关系。

(B)项，不能解释，题干只涉及"男性"内部的比较，并未涉及"男女"间"平均寿命""心理情况"的比较。

(C)项，指出与人为善带来轻松愉悦的情绪，有益身体健康，而损人利己则带来紧张的情绪，有损身体健康，从而产生了题干中的寿命差异，故此项可以解释题干。

(D)项，此项只涉及心存善念的人大多身体健康，并未说明心怀恶意的人的身体健康状况，缺少比较，故无法解释题干。

(E)项，不能解释，此项讨论的是"自我优越感"与"敌视情绪"的关系，仅由"长时间处于紧张状态"无法确定此类人"平均寿命""死亡率"相较于正常人如何。

46 (B)

论证结构

锁定关键词"所致"，可知此处为现象分析型。

现象：超市中销售的苹果常常留有一定的油脂痕迹，表面显得油光滑亮。

原因：残留在苹果上的农药所致。

再锁定关键词"因此"，可知此前是论据，此后是论点。在该论证过程中，"清洗"是措施，"食用"是目的，故其为<u>措施目的模型</u>。

综上，本题有如下两个论证过程：

论证1：农药残留在苹果上（原因）——导致→超市中销售的苹果常常留有一定的油脂痕迹，表面显得油光滑亮（现象）。

论证2：水果在收摘之前都喷洒了农药——导致→要清洗——以求→食用。

秒杀思路

现象分析型的假设题，常用方法有：(1)因果相关；(2)排除他因；(3)并非因果倒置；(4)无因无果。

措施目的模型的假设题，常用方法有：(1)措施可行；(2)措施可以达到目的（即措施有效）；(3)措施利大于弊；(4)措施有必要。

选项详解

(A)项，此项针对论证1，但是论证1中的论证对象为"苹果"，而此项的论证对象为"水果"，扩

大了论证范围。（干扰项·假设过度）

(B)项，此项针对论证2，说明题干中的措施有必要，必须假设，如果超市里销售的水果已经彻底被清洗，就不会有农药残留，则消费者买到也不必清洗。

(C)项，不必假设，此项指出只有那些在水果上能留下油脂痕迹的农药才可能被清洗掉，而题干中的目的是清除干净水果表面的农药残留，不仅仅是指在水果上留下油脂痕迹的农药。

(D)项，不必假设，题干的论证只涉及清洗水果，不涉及消费者对此是否"在意"。

(E)项，此项针对论证1，但是论证1中的论证对象为"苹果"，而此项的论证对象为"水果"，扩大了论证范围。（干扰项·假设过度）

47 (D)

详细解析

前提：¬理解自己→¬理解别人。
结论：¬理解自己→¬理解别人。
题干的前提和结论完全一致，故题干犯了循环论证的逻辑错误，所以，(D)项正确。

48 (B)

秒杀思路

题干是4种茶和4个盒子之间的一一匹配，故本题为**两组元素的一一匹配模型**。题干中无假言，故使用口诀"事实/问题优先看，重复信息是关键。两组匹配用表格，三组匹配就连线"秒杀。

详细解析

观察题干已知条件，"3号"出现3次，出现次数最多，故以此为突破口。
找重复元素"3号"，由条件(1)和(3)可知，1、2、3号盒子中装的是红茶、绿茶、白茶。
因此，花茶只能装在4号盒子中。故(B)项正确。

49 (B)

秒杀思路

题干已知3个判断"只有一真"，故本题为**真假话问题**。优先找矛盾关系，如果题干中没有矛盾关系，则根据"只有一真"，找下反对关系或推理关系。

详细解析

将题干信息符号化：
①赵嘉∨钱宜。
②¬孙斌。
③¬周武∧¬吴纪。

第1步：找矛盾。
题干中无矛盾关系。

第2步：找下反对关系或推理关系。
若①为真，根据题干"有且只有一人中标"可知，②、③也为真，则与题干"只有一真"矛盾，因此，①为假，即：¬赵嘉∧¬钱宜。再根据"只有一真"可知，②、③一真一假。

第3步：推出结论。
②、③一真一假，情况较少，故可进行分类讨论：
若②为真，则③为假，由③为假可得：周武∨吴纪。
若③为真，则②为假，由②为假可得：孙斌。
综上可知，周武、吴纪、孙斌三人中必有一人中标。
因此，赵嘉、钱宜、李汀三人均不中标。故(B)项正确。

50 (A)

论证结构

锁定关键词"发出警告""认为",可知这些词的后面是专家的论点。

专家警告:电子学习机可能不利于儿童成长。

专家认为:父母应该抽时间陪孩子一起阅读纸质图书。陪孩子一起阅读纸质图书,并不是简单地让孩子读书识字,而是在交流中促进其心灵的成长。

选项详解

(A)项,此项指出电子学习机让父母从孩子的阅读行为中走开,减少了父母与孩子的日常交流,所以,陪孩子一起阅读纸质图书可以在交流中促进其心灵的成长,可以支持专家的观点。

(B)、(C)项,指出使用电子学习机的缺陷,但没有涉及父母陪伴孩子阅读纸质图书的作用,因此,这两项的支持力度不如(A)项。

(D)项,指出纸质图书有好处,但没有涉及电子学习机为何不利于孩子的成长,因此,支持力度不如(A)项。

(E)项,无关选项,此项说明父母"很少有时间"陪伴孩子阅读,而题干涉及的是父母"应该"陪伴孩子阅读。

51 (D)

论证结构

"换装固态硬盘"是措施,"大幅提升游戏体验"是目的,故本题为措施目的模型。

田先生:绝大部分笔记本电脑运行速度慢的原因是硬盘速度太慢——导致→给老旧的笔记本电脑换装固态硬盘——以求→大幅提升使用者的游戏体验。

秒杀思路

措施目的模型的削弱题,优先考虑措施不可行、措施达不到目的和措施弊大于利。

选项详解

(A)项,此项说明是"使用习惯不好"导致电脑运行速度慢,削弱田先生的观点,但"一些"是弱化词,故其削弱力度较小。

(B)项,无关选项,题干不涉及销售固态硬盘和销售传统硬盘利润的比较。(干扰项·无关新比较)

(C)项,此项说明题干中的措施花费较大,即措施有副作用,削弱力度小。

(D)项,此项指出使用者的游戏体验在很大程度上取决于笔记本电脑的显卡,所以换装固态硬盘不能大幅提升使用者的游戏体验,即措施达不到目的,可以削弱且削弱力度最大。

(E)项,不能削弱,因为"少部分老旧笔记本电脑"的情况无法反驳题干中"绝大部分笔记本"的情况。

52 (A)

论证结构

"事先公开其成果"是措施,"公共卫生水平可以伴随着医学发现更快获得提高"是目的,故本题为措施目的模型。

钟医生:放弃匿名评审而事先公开其成果——导致→人们能及时利用这些信息提高他们的健康水平——以求→我们的公共卫生水平可以伴随着医学发现更快获得提高。

秒杀思路

措施目的模型的假设题,常用方法有:(1)措施可行;(2)措施可以达到目的(即措施有效);(3)措施利大于弊;(4)措施有必要。

选项详解
(A)项，指出人们确实会利用放弃匿名评审的论文，说明措施可以达到目的，必须假设。
(B)项，无关选项，题干不涉及医学研究者是否愿意成为论文评审者。
(C)项，无关选项，题干不涉及"首次发表于匿名评审杂志上的新医学信息"。
(D)项，无关选项，题干不涉及论文评审者是不是医学研究专家。
(E)项，无关选项，题干讨论的是"放弃匿名评审"，此项讨论的是"愿意放弃在杂志上发表"。

53 (C)

论证结构
"事先公开其成果"是措施，"公共卫生水平可以伴随着医学发现更快获得提高"是目的，故本题为措施目的模型。
钟医生：放弃匿名评审而事先公开其成果 —导致→ 人们能及时利用这些信息提高他们的健康水平 —以求→ 我们的公共卫生水平可以伴随着医学发现更快获得提高。

秒杀思路
措施目的模型的削弱题，优先考虑措施不可行、措施达不到目的和措施弊大于利。

选项详解
(A)项，医学杂志是否愿意放弃匿名评审制度与放弃能否达到目的无关，不能削弱钟医生的论证。
(B)项，此项中"并不完全依赖于医学新发现"，说明医学新发现是社会公共卫生水平提高的因素之一，只是不是唯一因素，还是肯定了医学新发现对提高社会公共卫生水平的作用，因此，不能削弱钟医生的论证。
(C)项，措施有恶果，放弃匿名评审会让人们更多地使用错误结论，可能会降低人们的健康水平，削弱钟医生的论证。
(D)项，无关选项，此项说明了"媒体"会公开"匿名评审杂志准备发表的医学研究成果"，而题干的论证强调的是"放弃匿名评审而事先公开其成果"。（干扰项·转移论题）
(E)项，此项说明提前公布的研究成果确会被人们用来调整他们的生活方式，即措施可以达到目的，支持钟医生的论证。

54 (C)

秒杀思路
题干由事实和假言构成，故本题为事实假言模型，从事实出发做串联即可秒杀。

详细解析
题干信息：
(1) 金粲选水蜜桃→¬水仙选金针菇。
(2) 木心：金针菇∨土豆→木耳。
(3) 火珊：水蜜桃→木耳∧土豆。
(4) 木心选火腿→¬火珊选金针菇。
(5) 每种食材只能有2人选用，每人又只能选用2种食材。
(6) 每人所选食材名称的第一个字与自己的姓氏均不相同。
从事实出发，由条件(6)可知，金粲不选金针菇、木心不选木耳、水仙不选水蜜桃、火珊不选火腿、土润不选土豆。
由"木心不选木耳"可知，条件(2)的后件为假，根据口诀"否后必否前"，可得：木心不选金针菇也不选土豆；再由"每人又只能选用2种食材"可知，木心选水蜜桃和火腿。

由"木心选水蜜桃和火腿"可知，条件(4)的前件为真，根据口诀"肯前必肯后"，可得：火珊不选金针菇。

若条件(3)的前件为真，根据口诀"肯前必肯后"，可知其后件也为真，此时，火珊选水蜜桃、木耳和土豆三种食材，与"每人又只能选用2种食材"矛盾，因此，条件(3)的前件为假，即：火珊不选水蜜桃。

因此，火珊选木耳和土豆。

由上述信息可得下表：

报名者 食材	金粲	木心	水仙	火珊	土润
金针菇	×	×		×	
木耳		×		√	
水蜜桃		√		×	
火腿		√		×	
土豆		×		√	×

根据上表，由"每种食材只能有2人选用"可知，水仙、土润均选金针菇。

由"水仙选金针菇"可知，条件(1)的后件为假，根据口诀"否后必否前"，可得：金粲不选水蜜桃。再结合"每种食材只能有2人选用"可知，土润选择水蜜桃。可将上表补充如下：

报名者 食材	金粲	木心	水仙	火珊	土润
金针菇	×	×	√	×	√
木耳		×		√	
水蜜桃	×	√	×	×	√
火腿		√		×	
土豆		×		√	×

故：土润选用金针菇和水蜜桃，即(C)项正确。

55 （B）

详细解析

本题补充新事实：水仙选用土豆。

结合上题推理结果及"水仙选用土豆"，可将表格补充如下：

报名者 食材	金粲	木心	水仙	火珊	土润
金针菇	×	×	√	×	√
木耳	√	×	×	√	×
水蜜桃	×	√	×	×	√
火腿	√	√	×	×	×
土豆	×	×	√	√	×

由上表及"每人又只能选用2种食材"可知，金粲选用木耳和火腿。故(B)项正确。

四、写作

56 论证有效性分析

谬误分析

①由"2012年我国劳动年龄人口比2011年减少了345万"难以说明"我国劳动力的供应从过剩变成了短缺"。因为，劳动年龄人口的数量减少可能会使劳动力供求比例发生变化，但不一定导致劳动力供应从过剩变成短缺。

②由长三角地区的"用工荒"和2015年第二季度的情况，难以说明"劳动力市场需求大于供给"。因为，这仅仅是部分地域和一个时间段的情况，未必具有代表性；而且，"劳动力"的市场需求大于供给不等同于"大学生"的市场需求大于供给。所以，不能由此推出"我国的大学毕业生其实是供不应求的"。

③受教育程度越高，未必整体素质就越高、适应能力就越强，也未必就越容易就业。因为，受教育程度仅仅是影响人整体素质、适应能力的一种因素，整体素质和适应能力也仅仅是影响就业的部分因素。就业不仅取决于人才的情况，还取决于用人单位的需求。

④材料认为"大学生显然比其他社会群体更容易就业"，难以成立。因为，其他社会群体中也有比大学生容易就业的群体。

⑤即使大学生比某些社会群体更加容易就业，也不能得出大学生就业并不难的结论。

⑥材料认为只要采取调整专业设置、进行就业教育、改变就业观念、鼓励自主创业等措施，那么"大学生就业难问题将不复存在"，过于乐观。因为以上措施只是改变了大学生的供给情况，但大学生就业如何还要看市场对大学生的需求情况。

⑦"实际上，一部分大学生就业难""大学生的就业难问题将不复存在"，表明当今存在大学生就业难问题，这与"大学生就业并不难"的论点自相矛盾。

（说明：谬误①②③④⑤⑦引用和改编自教育部考试中心公布的官方参考答案，谬误⑥来自对材料的分析。）

参考范文

大学生就业不难吗？

材料认为"大学生的就业不是什么问题，我们大可不必为此顾虑重重"，然而其论证存在多处问题，分析如下：

第一，由"2012年我国劳动年龄人口比2011年减少了345万"难以说明"我国劳动力的供应从过剩变成了短缺"。因为，劳动年龄人口的数量减少可能会使劳动力供求比例发生变化，但不一定导致劳动力供应从过剩变成短缺。

第二，由长三角地区的"用工荒"和2015年第二季度的情况，难以说明"劳动力市场需求大于供给"。因为，这仅仅是部分地域和一个时间段的情况，未必具有代表性；而且，"劳动力"的市场需求大于供给不等同于"大学生"的市场需求大于供给。所以，不能由此推出"我国的大学毕业生其实是供不应求的"。

第三，受教育程度越高，未必整体素质就越高、适应能力就越强，也未必就越容易就业。因为，受教育程度仅仅是影响人整体素质、适应能力的一种因素，整体素质和适应能力也仅仅是影响就业的部分因素。就业不仅取决于人才的情况，还取决于用人单位的需求。

第四，材料认为"大学生显然比其他社会群体更容易就业"，难以成立。因为，其他社会群体中也有比大学生容易就业的群体。即使大学生比某些社会群体更加容易就业，也不能得出大学生就业并不难的结论。

第五，"实际上，一部分大学生就业难""大学生的就业难问题将不复存在"，表明当今存在大学生就业难问题，这与"大学生就业并不难"的论点自相矛盾。

综上所述，材料得出的"大学生就业并不难"这一观点有待商榷。

（全文共598字）

57 论说文

参考立意

①多样性与一致性。
②个性与共性。
③求同存异。
④个性与规则。

参考范文

求同存异，促进社会发展

老吕团队　张英俊

亚里士多德曾说："城邦的本质在于多样性，但这种多样性以一致性为前提条件。"这句话在社会快速发展的今天，仍具有现实意义。想要促进社会和谐、稳定，多样性与一致性应并存。

首先，多样性是个人发展的基础。世界上没有两个相同的人，即使是双胞胎也可能存在性格、兴趣上的不同。由于个人经历是不一样的，可能对于不同事物的看法和喜好也会存在个人差异。在此基础上，也就产生了每个人有他喜欢做的，也有他不感兴趣的，存在擅长的领域，也可能会对某一行一窍不通，毕竟一个人很难可以样样精通。所以，多样性为人的发展提供了选择，让人们可以挑选出适合自己的人生道路。

其次，一致性为社会发展提供了保障。一方面，一致性为人们提供了共同的主流价值观，在共同理念的基础上，人们可以减少沟通中的摩擦，更容易达成默契和一致目标，齐心协力一起朝着这个目标奋斗，拧成一股绳，劲往一处使。另一方面，一致性也在合理范围内约束着人们的行为，让人们对于法律法规有明确的认知，培养底线思维，让社会在发展过程中是有秩序的、积极的、健康的。

所以，多样性与一致性并存，才能使个体和整体相互促进发展，实现真正的和谐。那么如何才能实现在一致性的基础上多样发展呢？教育是关键。

首先，我们国家需要培养"多样性"的人才，建立健全多元化、多层次的教育体系，无论是学术型人才还是专业型人才都要提倡。既要发展高等教育，也要重视普通教育，打造多样性、综合性的人才；其次，要培养"一致性"的价值观，要通过教育形成全社会认可的主流价值观，也要通过教育，使人们具备积极完整向上的道德观和法制观。

总之，社会发展既要"求同"，又要"存异"，百花齐放，才能促进社会的和谐稳定。

（全文共700字）

2015 年全国硕士研究生招生考试管理类综合能力试题答案详解

一、问题求解

1（E）

详细解析

母题 12 · 比例的计算

见比设 k，利用 k 表示 a, b, c.

方法一：设 $a=k$，$b=2k$，$c=5k$，则 $k+2k+5k=8k=24$，得 $k=3$.

故 $a^2+b^2+c^2=k^2+4k^2+25k^2=30k^2=270$.

方法二：$a:b:c=1:2:5$，故 $a=24\times\dfrac{1}{8}=3$，$b=24\times\dfrac{2}{8}=6$，$c=24\times\dfrac{5}{8}=15$，则

$$a^2+b^2+c^2=3^2+6^2+15^2=270.$$

2（D）

详细解析

母题 88 · 简单算术问题

设甲部门的人数为 x，乙部门的人数为 y，根据题意，得

$$\begin{cases} 2(x-10)=y+10, \\ x+\dfrac{1}{5}y=\dfrac{4}{5}y, \end{cases}$$

解得 $\begin{cases} x=90, \\ y=150. \end{cases}$ 故该公司的总人数为 240.

秒杀技巧

倍数分析法．

①根据"乙部门人数是甲部门的 2 倍"可知，总人数是 3 的倍数；

②根据"如果把乙部门员工的 $\dfrac{1}{5}$ 调到甲部门，那么两个部门的人数相等"可知，若乙部门员工占 5 份，则甲部门员工占 3 份，故总人数是 8 的倍数．

因为 3 和 8 互质，故总人数是 24 的倍数，选(D)项．

3（C）

详细解析

母题 4 · 质数与合数问题

穷举法．小于 20 的质数有 2，3，5，7，11，13，17，19.

满足题意要求的 $\{m, n\}$ 有 $\{3, 5\}$，$\{5, 7\}$，$\{11, 13\}$，$\{17, 19\}$，共 4 组．

易错警示

有同学困惑于{3,5}与{5,3}是否应该算作两组，{m,n}表示集合，根据集合元素的"无序性"，这两个写法表示同一个集合；而数对(3,5)和(5,3)，由于数字顺序不同，故视为不同的两组．

4 （A）

思路点拨

不规则图形面积、周长的求解，通常采用割补法，转化为规则图形进行计算．

详细解析

母题 60·求面积问题

设 BC 的中点为 O，连接 AO，如右图所示．

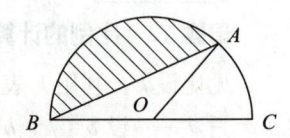

已知 $\angle ABC=30°$，易得 $\angle AOB=120°$，因此 $S_{\triangle AOB}=\dfrac{1}{2}\cdot r\cdot r\cdot \sin120°=\dfrac{\sqrt{3}}{4}r^2$，则

$$S_{阴}=S_{扇形AOB}-S_{\triangle AOB}=\dfrac{1}{3}\times\pi\times 2^2-\dfrac{\sqrt{3}}{4}\times 2^2=\dfrac{4\pi}{3}-\sqrt{3}.$$

5 （C）

思路点拨

熔化浇铸前后，材料的体积不变，故长方体的体积等于铁管的体积．
根据柱体体积＝底面积×高，可得 $V_{管}=S_{环}h=(S_{大圆}-S_{小圆})h$．

详细解析

母题 61·空间几何体的基本问题

如右图所示，铁管底面外圆半径 $R=\dfrac{1.8+0.1\times 2}{2}=1$（米），内圆半径

$r=\dfrac{1.8}{2}=0.9$（米），因此 $V=(S_{大圆}-S_{小圆})h=(\pi R^2-\pi r^2)h=\pi(1-$

$0.9^2)\times 2\approx 3.14\times 0.19\times 2\approx 1.19$（立方米）．

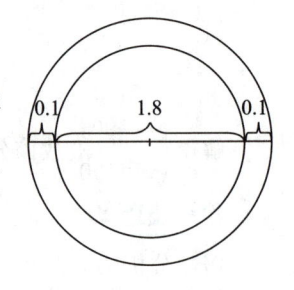

秒杀技巧

估算法．当选项之间的相对数值差距越大，估算准确率越高．
$V=3.14\times 0.19\times 2\approx 3\times 0.2\times 2=1.2$，观察选项，（C）项略小于 1.2，因此选（C）项．

易错警示

内径是内圈的直径，不是半径．

6 （D）

详细解析

母题 98·行程问题

方法一：设 A、B 的距离为 S，原计划的速度为 v，根据前半段路程比计划用时多 45 分钟，可得

$$\dfrac{S}{2\times 0.8v}-\dfrac{S}{2v}=\dfrac{45}{60}\Rightarrow \dfrac{S}{v}=6,$$

于是，实际后一半路程用时为 $t=\dfrac{1}{2}\times 6-\dfrac{45}{60}=\dfrac{9}{4}$（小时）．

因此，A、B 两地的距离为 $S=2\times 120\times \dfrac{9}{4}=540$（千米）．

方法二：正、反比例．

S 一定时 v 与 t 成反比，前半段路程里，实际速度与计划速度之比为 $4:5$，故实际用时与计划用时之比为 $5:4$；可设前半段计划用时为 t，列式得 $\left(t+\dfrac{45}{60}\right):t=5:4$，解得 $t=3$，则后半段路程实际用时 $t'=3-\dfrac{45}{60}=\dfrac{9}{4}$（小时）．故 A、B 两地的距离为 $S=2\times 120\times \dfrac{9}{4}=540$（千米）．

7 （B）

思路点拨

人数＝总分÷总平均分，此时三个班的总平均分未知，所以只能从每个班的平均成绩入手考虑，可采用极限假设法，根据总平均分的范围 $[80，81.5]$，求出人数范围．

详细解析

母题 91·平均值问题

由题易知，三个班的平均分一定在 $[80，81.5]$ 内．

假设三个班的平均成绩均为 81.5 分，则总人数为 $\dfrac{6\,952}{81.5}\approx 85.3$．

假设三个班的平均成绩均为 80 分，则总人数为 $\dfrac{6\,952}{80}=86.9$．

故总人数一定在 85.3 和 86.9 之间，为 86．

8 （C）

思路点拨

已知线段长求线段长，最先考虑三角形相似．本题中可将 MN 拆分成 $MN=ME+NE$，观察图像可找到与其相关的相似三角形，如 $\triangle AME \backsim \triangle ABC$，$\triangle CEN \backsim \triangle CAD$，故可根据相似比解出 MN．

详细解析

母题 59·平面几何五大模型

由题意可知，$\triangle AED \backsim \triangle CEB \Rightarrow \dfrac{AD}{BC}=\dfrac{AE}{CE}=\dfrac{DE}{BE}=\dfrac{5}{7}$；

$\triangle AME \backsim \triangle ABC \Rightarrow \dfrac{ME}{BC}=\dfrac{AE}{AC}=\dfrac{AE}{AE+EC}=\dfrac{5}{12}$，$\dfrac{ME}{7}=\dfrac{5}{12}$，可得 $ME=\dfrac{35}{12}$；

同理，$\triangle CEN \backsim \triangle CAD \Rightarrow \dfrac{NE}{AD}=\dfrac{CE}{AC}=\dfrac{CE}{AE+CE}=\dfrac{7}{12}$，$\dfrac{NE}{5}=\dfrac{7}{12}$，可得 $NE=\dfrac{35}{12}$；

则 $MN=ME+NE=\dfrac{35}{6}$．

9 （A）

思路点拨

求工作时间：根据"各部分效率之和＝合作效率"列方程组求解；

求工费：根据"工作时间×单位工费＝总工费"列方程组求解．

详细解析

母题 97 · 工程问题

先设甲、乙、丙三人单独完成工作的时间分别为 x 天、y 天、z 天，根据题意，得

$$\begin{cases} \dfrac{1}{x}+\dfrac{1}{y}=\dfrac{1}{2} & ①, \\ \dfrac{1}{y}+\dfrac{1}{z}=\dfrac{1}{4} & ②, \\ \dfrac{1}{z}+\dfrac{1}{x}=\dfrac{5}{12} & ③, \end{cases}$$

由式①＋式③－式②可得，$\dfrac{2}{x}=\dfrac{1}{2}+\dfrac{5}{12}-\dfrac{1}{4}=\dfrac{2}{3}$，解得 $x=3$．

再设甲、乙、丙三人每天的工时费分别为 a 元、b 元、c 元，根据题意，得

$$\begin{cases} 2(a+b)=2\,900 & ④, \\ 4(b+c)=2\,600 & ⑤, \\ 2(c+a)=2\,400 & ⑥, \end{cases}$$

由式④＋式⑥－$\dfrac{1}{2}$式⑤可得，$4a=2\,900+2\,400-1\,300=4\,000$，解得 $a=1\,000$．

因此，甲单独完成需要 3 天，工时费为 $3×1\,000=3\,000$（元）．

易错警示

有同学在列式甲、丙合作的工费时，错误列式 $2×\dfrac{5}{6}×(c+a)=2\,400$．

在计算工费时，工费＝单价×天数，又称"干几天活，给几天钱"，与完成的任务量多少、进度都无关．

⑩ (A)

详细解析

母题 38 · 韦达定理问题

由韦达定理得 $x_1+x_2=-a$，$x_1 x_2=-1$．
所以 $x_1^2+x_2^2=(x_1+x_2)^2-2x_1 x_2=a^2+2$．

⑪ (E)

思路点拨

连续增长：期初值为 a，平均增长率为 q，连续 n 次增长，则期末值 $b=a(1+q)^n$．

详细解析

母题 93 · 增长率问题

设 2005 年的产值为 a，根据题意，2005—2009 年的年均增长率为 q，则 2009 年产值为 $a(1+q)^4$；2009—2013 年的年均增长率下降了 40%，即这四年的平均增长率为 $(1-40\%)q=0.6q$，则 2013 年的产值为 $a(1+q)^4(1+0.6q)^4$．因此可列式

$$a(1+q)^4(1+0.6q)^4=14.46a=1.95^4 a \Rightarrow (1+q)(1+0.6q)=1.95,$$

整理可得 $12q^2+32q-19=(2q-1)(6q+19)=0$，解得 $q=0.5$ 或 $q=-\dfrac{19}{6}$（舍去）.

> **易错警示**
>
> 有同学在列式2009—2013年的年平均增长率时，将后四年的平均增长率错写为 $1-40\%$.

12 （E）

详细解析

母题 68·直线与圆的位置关系

圆的圆心为 $(a, 0)$，半径为 $r=1$.

因为直线和圆相切，所以圆心到直线的距离等于半径，即

$$\dfrac{|a^2|}{\sqrt{a^2+1}}=1 \Rightarrow (a^2)^2-a^2-1=0,$$

解得 $a^2=\dfrac{1+\sqrt{5}}{2}$ 或 $a^2=\dfrac{1-\sqrt{5}}{2}$（$a^2$ 不能小于 0，故舍去）.

13 （B）

思路点拨

矩形面积 $S=xy$，求 xy 的最大值，且各项均为正数，可以使用均值不等式，列出线段 AB 所在的直线方程，找和的定值.

详细解析

母题 20·均值不等式

直线 AB 的方程为 $x+\dfrac{y}{2}=1$；以 x, y 为两边长的矩形面积为 $S=xy$.

根据均值不等式，可得 $1=x+\dfrac{y}{2} \geq 2\sqrt{x \cdot \dfrac{y}{2}} \Rightarrow xy \leq \dfrac{1}{2}$. 当且仅当 $x=\dfrac{y}{2}=\dfrac{1}{2}$ 时，等号成立.

所以，矩形面积的最大值为 $\dfrac{1}{2}$.

14 （A）

思路点拨

甲获得冠军，则在半决赛中，甲、乙对阵时甲赢；在总决赛中，甲与丙还是丁对阵未知，所以要根据丙、丁半决赛结果，进行分类计算.

详细解析

母题 99·图像与图表问题 + 母题 85·独立事件

根据题意可知，甲最终获得冠军分两种情况.

第一种：甲胜乙，丙胜丁，然后甲胜丙，其概率为 $P_1=0.3 \times 0.5 \times 0.3=0.045$；

第二种：甲胜乙，丁胜丙，然后甲胜丁，其概率为 $P_2=0.3 \times 0.5 \times 0.8=0.12$.

则甲得冠军的概率为 $P=P_1+P_2=0.165$.

> **易错警示**
>
> 本题在读表格找数据时，容易理解错，每行代表参赛者与其他人比赛获胜的概率，例如找甲、丁对阵时甲胜，则获胜概率为第一行第五列0.8。

15 (D)

详细解析

母题76·排列组合的基本问题

一个矩形由两组平行边构成，因此从相互垂直的两组平行线中各选2条直线，就可构成矩形，即 $C_5^2 \times C_n^2 = 280 \Rightarrow 10 \times \dfrac{n(n-1)}{2} = 280$，解得 $n=8$。

二、条件充分性判断

16 (B)

思路点拨

"同时抽取2张"属于一次性抽奖，使用古典概型计算公式求解 P；

"每次放回后抽奖"属于独立重复试验，使用伯努利概型计算 Q。

本题求中奖概率，也就是至少有一次抽中有奖券的概率，有多种情况，从反面计算更为简便。

详细解析

母题82·常见古典概型问题 + 母题84·袋中取球模型

同时抽2张，中奖的概率 $P = \dfrac{C_1^1 C_9^1}{C_{10}^2} = \dfrac{1}{5} = 0.2$；

若放回再重复抽取，则每次中奖的概率均为 $p = \dfrac{1}{10} = 0.1$。

条件(1)：反面考虑，$P(\text{中奖}) = 1 - P(\text{两次都不中奖})$，即 $Q = 1 - 0.9^2 = 0.19 < P$，不充分。

条件(2)：反面考虑，$P(\text{中奖}) = 1 - P(\text{三次都不中奖})$，即 $Q = 1 - 0.9^3 = 0.271 > P$，充分。

17 (B)

思路点拨

多个未知数不易确定代数式的值，故可根据条件进行消元，看结果是否为定值，或设特值，看结果是否唯一。

详细解析

母题31·其他整式、分式的化简求值

条件(1)：

方法一：消元法。

由 $p+q=1$ 可得 $p=1-q$，则 $\dfrac{p}{q(p-1)} = \dfrac{1-q}{q(-q)} = \dfrac{q-1}{q^2}$，$q$ 的值未知，故不能确定所求代数式的具体值，条件(1)不充分。

方法二：特殊值法。

令 $p=-1$，$q=2$，则 $\dfrac{p}{q(p-1)} = \dfrac{1}{4}$；令 $p=2$，$q=-1$，则 $\dfrac{p}{q(p-1)} = -2 \neq \dfrac{1}{4}$，故条件(1)不充分。

条件(2)：因为 $\dfrac{1}{p}+\dfrac{1}{q}=\dfrac{p+q}{pq}=1$，所以 $p+q=pq$.

故 $\dfrac{p}{q(p-1)}=\dfrac{p}{pq-q}=\dfrac{p}{p+q-q}=1$，条件(2)充分．

18 (A)

详细解析

母题 33·不等式的性质

条件(1)：

方法一：已知 $a,b\in\mathbf{R}$，故 a,b 之间的大小关系可以分为两类，$a\geqslant b$ 或 $a<b$.
①当 $a\geqslant b$ 时，$2a\geqslant a+b\geqslant 4$，则 $a\geqslant 2$；②当 $a<b$ 时，$2b>a+b\geqslant 4$，则 $b>2$. 故条件(1)充分．

方法二：反证法．

假设 $a<2$ 且 $b<2$，则 $a+b<4$，与 $a+b\geqslant 4$ 矛盾，故有 $a\geqslant 2$ 或 $b\geqslant 2$，故条件(1)充分．

条件(2)：特殊值法．

取 $a=b=-3$，显然 $ab\geqslant 4$，但题干的结论显然不成立，故条件(2)不充分．

19 (D)

思路点拨

直线将圆分成相等的两部分，说明直线过圆心．

详细解析

母题 68·直线与圆的位置关系

将圆的方程化为标准方程 $(x-1)^2+(y-1)^2=2$，圆心为 $(1,1)$.

条件(1)：将圆心 $(1,1)$ 代入直线 $L：x+y=2$，等式成立，表明直线 L 过圆心 $(1,1)$，故充分．

条件(2)：将圆心 $(1,1)$ 代入直线 $L：2x-y=1$，等式成立，表明直线 L 过圆心 $(1,1)$，故充分．

20 (D)

思路点拨

结论为 $S_n\geqslant S_{10}$，可等价转化为证明 S_{10} 是该等差数列前 n 项和中的最小值．

详细解析

母题 48·等差数列 S_n 的最值问题

条件(1)：$a_{10}=0$，且公差 $d>0$，说明该等差数列前 9 项均为负数，第 10 项为 0，故 $S_9=S_{10}$ 均为 S_n 的最小值，$S_n\geqslant S_{10}$ 成立，条件(1)充分．

条件(2)：$a_{11}a_{10}<0$ 且 $d>0$，故有 $a_{11}>0$，$a_{10}<0$，说明该等差数列前 10 项为负数，第 11 项为正数，故 S_{10} 是 S_n 的最小值，$S_n\geqslant S_{10}$ 成立，条件(2)充分．

21 (C)

思路点拨

人数和瓶数都是整数，所以本题显然是整数不定方程问题，可根据条件列出方程或不等式，消元化简得出具体的值或取值范围．

:::详细解析

母题 6·整数不定方程问题

条件(1)、条件(2)单独都不能确定购买的瓶装水数量,因此联立.

方法一: 设人数为 x,购买瓶装水的数量为 y,则有

$$\begin{cases} y = 3x + 30, \\ 10(x-1) < y < 10x, \end{cases}$$

整理得 $10(x-1) < 3x + 30 < 10x$,解得 $\frac{30}{7} < x < \frac{40}{7}$. x 为整数,故有 $x = 5$,$y = 45$.

因此,条件(1)和条件(2)联立起来充分.

方法二: 设人数为 x,购买瓶装水的数量为 y,则有

$$\begin{cases} y = 3x + 30, \\ y = 10(x-1) + n, \ 1 \leq n < 10, \end{cases}$$

整理得 $x = \frac{40-n}{7}$,x 是正整数,因此满足整除且符合 n 的取值范围的只有 $n = 5$,故有 $x = 5$,$y = 45$. 因此,条件(1)和条件(2)联立起来充分.

22 (B)

:::思路点拨

①式子中出现公共部分,一般使用换元法化简计算;
②使用作差法进行比大小,若 $M - N > 0$,则 $M > N$.

:::详细解析

母题 9·实数的运算技巧

令 $a_2 + a_2 + \cdots + a_{n-1} = t$,则 $M = (a_1 + t)(t + a_n)$,$N = (a_1 + t + a_n)t$. 故

$$M - N = (a_1 + t)(t + a_n) - (a_1 + t + a_n)t = a_1 a_n.$$

条件(1):只能确定 $a_1 > 0$,不能确定 $a_1 a_n > 0$. 条件(1)不充分.

条件(2):$a_1 a_n > 0$,说明 $M - N > 0$,故 $M > N$. 条件(2)充分.

23 (E)

:::详细解析

母题 46·等差数列基本问题

条件(1):根据条件可知 $a_1 + a_6 = a_1 + a_1 + 5d = 2a_1 + 5d = 0$,不能确定 a_1 和 d 的取值,故不充分.

条件(2):根据条件可知 $a_1 a_6 = a_1(a_1 + 5d) = -1$,不能确定 a_1 和 d 的取值,故不充分.

联立两个条件,可得

$$\begin{cases} a_1 + a_6 = 0, \\ a_1 a_6 = -1 \end{cases} \Rightarrow \begin{cases} 2a_1 + 5d = 0, \\ a_1(a_1 + 5d) = -1, \end{cases} \text{解得} \begin{cases} a_1 = 1, \\ d = -\frac{2}{5} \end{cases} \text{或} \begin{cases} a_1 = -1, \\ d = \frac{2}{5}, \end{cases}$$

数列不唯一,所以联立也不充分.

:::秒杀技巧

联立两个条件,通过观察可看出两组解 $\begin{cases} a_1 = 1, \\ a_6 = -1 \end{cases}$ 或 $\begin{cases} a_1 = -1, \\ a_6 = 1, \end{cases}$ 显然不充分.

24 (C)

思路点拨

单独判断两个条件时，可选取几组波动程度比较大的数代入计算，进行初步判断；联立后，x_1 的值已知，结论转化为含有两个未知数的绝对值不等式问题，此类问题常通过三角不等式进行求解、证明.

详细解析

母题 14 · 绝对值的化简求值与证明

条件(1)：特殊值法. 令 $x_1=-1$，$x_2=1$，$x_3=1$，则 $\overline{x}=\dfrac{x_1+x_2+x_3}{3}=\dfrac{1}{3}$.

$|x_1-\overline{x}|=\dfrac{4}{3}>1$，不满足题干的结论，条件(1)不充分.

条件(2)：特殊值法. 令 $x_1=0$，$x_2=3$，$x_3=-3$，则 $\overline{x}=\dfrac{x_1+x_2+x_3}{3}=0$.

$|x_2-\overline{x}|=3>1$，不满足题干的结论，条件(2)不充分.

联立两个条件：

$|x_1-\overline{x}|=\left|0-\dfrac{x_2+x_3}{3}\right|=\left|\dfrac{x_2}{3}+\dfrac{x_3}{3}\right|\leqslant\dfrac{|x_2|}{3}+\dfrac{|x_3|}{3}\leqslant\dfrac{2}{3}$；

$|x_2-\overline{x}|=\left|x_2-\dfrac{x_2+x_3}{3}\right|=\left|\dfrac{2}{3}x_2-\dfrac{1}{3}x_3\right|\leqslant\dfrac{2}{3}|x_2|+\dfrac{1}{3}|x_3|\leqslant 1$；

$|x_3-\overline{x}|=\left|x_3-\dfrac{x_2+x_3}{3}\right|=\left|-\dfrac{1}{3}x_2+\dfrac{2}{3}x_3\right|\leqslant\dfrac{1}{3}|x_2|+\dfrac{2}{3}|x_3|\leqslant 1.$

故条件(1)和条件(2)联立充分.

秒杀技巧

可通过几何意义分析，已知 $x_1=0$，则 $\overline{x}=\dfrac{x_2+x_3}{3}$，$|x_k-\overline{x}|$ 表示在数轴上点 x_2，x_3 到 $\overline{x}$ 的距离，当 x_2，x_3 最分散时，即分别在两端点 -1，1 上，此时 $\overline{x}=0$，$|x_k-\overline{x}|$ 取得的最大值为 1，故 x_2，x_3 与 $\overline{x}$ 的距离恒小于等于 1.

25 (C)

详细解析

母题 33 · 不等式的性质 ＋ 母题 61 · 空间几何体的基本问题

圆柱的表面积为 $S_1=2\pi r^2+2\pi rh$；球体表面积为 $S_2=4\pi R^2$，作差比较 S_1，S_2 大小，得

$$S_2-S_1=4\pi R^2-2\pi r^2-2\pi rh=2\pi(2R^2-r^2-rh).$$

条件(1)：举反例. 设 $R=2$，$r=3$，$h=1$，$S_2-S_1=2\pi(2R^2-r^2-rh)=2\pi\times(-4)<0$，此时 $S_2<S_1$，不充分.

条件(2)：举反例. 设 $R=1$，$r=2$，$h=1$，$S_2-S_1=2\pi(2R^2-r^2-rh)=2\pi\times(-4)<0$，此时 $S_2<S_1$，不充分.

联立两个条件，有 $\dfrac{r+h}{2}\leqslant R\leqslant\dfrac{2h+r}{3}$，故 $\dfrac{r+h}{2}\leqslant\dfrac{2h+r}{3}$，解得 $r\leqslant h$.

由条件(1)可得，$R^2\geqslant\left(\dfrac{r+h}{2}\right)^2=\dfrac{r^2+h^2+2rh}{4}$，因此

$$S_2 - S_1 = 2\pi(2R^2 - r^2 - rh) \geq 2\pi\left(\frac{r^2 + 2rh + h^2}{2} - r^2 - rh\right) = 2\pi\left(\frac{h^2}{2} - \frac{r^2}{2}\right) \geq 0,$$

故 $S_2 \geq S_1$，所以条件(1)和条件(2)联立充分.

三、逻辑推理

26（D）

题干现象

待解释的矛盾：为什么我们可以看到自身发光的恒星和自身不发光但可以反射附近恒星光的行星，但是，太阳系外的行星大多无法用现有的光学望远镜"看到"。

选项详解

(A)项，不能解释，因为由题干可知，行星可以反射附近恒星的光，若现有的光学望远镜可以"看到"反射光的天体，那么行星也应该被观测到。

(B)项，不能解释，有的"恒星"未被现有的光学望远镜"看到"无法解释为什么太阳系外的"行星"大多无法用现有的光学望远镜"看到"。

(C)项，此项只涉及行星的体积问题，不涉及题干中"发光"和"反射光"这一核心因素，故不能很好地解释题干现象。

(D)项，可以解释，此项补充了新的因素，说明太阳系外的行星无法被"看到"的原因是距离太远。

(E)项，无关选项，题干的论证对象是"太阳系外的行星"，此项的论证对象是"太阳系内的行星"。（干扰项·偷换论证对象）

27（B）

论证结构

由于"每天使用移动电话通话30分钟以上的人患神经胶质癌的风险比从未使用者要高出40%"，导致专家建议"采取更加安全的措施"，采取此种措施实则是为了避免手机产生的电磁辐射威胁人体健康，故本题为措施目的模型。

专家：每天使用移动电话通话30分钟以上的人患神经胶质癌的风险比从未使用者要高出40%$\xrightarrow{\text{导致}}$人们应该采取更加安全的措施，如尽量使用固定电话通话或使用短信进行沟通$\xrightarrow{\text{以求}}$避免手机产生的电磁辐射威胁人体健康。

秒杀思路

措施目的模型的削弱题，优先考虑措施不可行、措施达不到目的和措施弊大于利。

选项详解

(A)项，辐射强度符合国家标准不代表其辐射不会威胁人体健康。（干扰项·诉诸权威）

(B)项，现在人类生活空间中的电磁辐射强度已经超过手机通话产生的电磁辐射强度，那么采取题干中的措施就无法达到避免威胁人体健康的目的，即措施达不到目的，削弱题干且力度大。

(C)项，无关选项，题干的论证不涉及人们是否能适应强电磁辐射的环境。

(D)项，指出"有些人"使用移动电话通话超过40分钟却很健康，但"有些人"的情况未必能代表所有人的情况，故其削弱力度弱。

(E)项，专家的建议是"如使用固定电话通话(A)或使用短信进行沟通(B)"，这是个选言判断，要想反驳选言判断"A∨B"，需要已知"¬A∧¬B"，仅已知"¬B"无法反驳"A∨B"。而且，专家真正的建议是"应该采取更加安全的措施"，"使用固定电话通话或使用短信进行沟通"仅仅是他所举的例子，即使这一例子不成立，也可以使用其他安全的措施，故此项不能削弱专家的建议。

28.（D）

秒杀思路

题干出现6个人围坐在正六边形桌前，故本题为**围桌而坐模型**。题干无确定位置的元素，可考虑以重复元素、特殊的位置关系（如：相邻、相隔、先后、相对等）为突破口。

详细解析

本题补充新事实：(3)己与乙不相邻。

根据题干信息，画一个正六边形桌并编号，如下图所示：

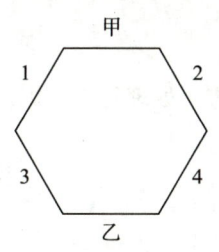

```
        甲
    1       2
    3       4
        乙
```

由条件(2)"丙与丁不相邻，也不正面相对"可知，丙和丁的座次只可能是：1和2、3和4、4和3、2和1。

由条件(3)"己与乙不相邻"可知，己只能在1或2。故丙和丁只能为：3和4、4和3，如下图所示：

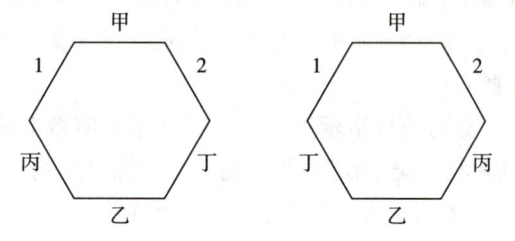

```
        甲                  甲
    1       2           1       2
    丙      丁          丁      丙
        乙                  乙
```

由以上分析可排除(B)、(C)、(E)三项。

(A)项，若甲与戊相邻，则丁与己可能正面相对，也可能不正面相对，排除。

(D)项，若丙与戊不相邻，则戊只能在丙的对面，故丙与己相邻，正确。

29.（E）

论证结构

锁定关键词"因此"，可知此前是论据，此后是论点。

题干：人类经历了上百万年的自然进化，产生了直觉、多层次抽象等独特智能；现代计算机已经具备了一定的学习能力，但这种能力还需要人类的指导，完全的自我学习能力还有待进一步发展 —证明→ 计算机要达到甚至超过人类的智能水平是不可能的。

选项详解

(A)项，无关选项，此项涉及的是"人类的语言"和"人类的感情"，而题干涉及的是"人类独特的智能"。

(B)项，无关选项，此项涉及的是"理解人类复杂的社会关系"，而题干涉及的是"人类独特的智能"。

(C)项，题干说明计算机"不具备完全的自我学习能力"，无法达到人类的智能水平，但并未断言计算机"具备完全的自我学习能力"后是否能形成直觉、多层次抽象等智能，故此项不必假设。

(D)项，此项指出计算机可以形成自然进化能力，那么计算机就可能掌握独特的智能，削弱题干。

(E)项，必须假设，否则，若直觉、多层次抽象等这些人类的独特智能可以通过学习获得，那么现代计算机就可能掌握这些智能,从而达到人类的智能水平,使题干的结论不成立(取非法)。

30（D）

秒杀思路 ▽

题干出现多个假言判断,且这些假言判断无重复元素(无法进行串联),选项也几乎都是假言判断,故本题为<u>假言无串联模型</u>,可使用三步解题法或直接使用选项排除法。

详细解析 ▽

第1步:画箭头。

题干:

①交通信号指示不一致→不得录入。

②有证据证明救助危难→不得录入。

③已录入信息→完善异议受理、核查、处理等工作规范,最大限度地减少执法争议。

第2步:逆否。

题干的逆否命题为:

④录入→交通信号指示一致。

⑤录入→无证据证明救助危难。

⑥┐完善异议受理、核查、处理等工作规范,最大限度地减少执法争议→┐已录入信息。

第3步:找答案。

(A)项,根据箭头指向原则,由⑤可知,"无证据证明救助危难"后无箭头指向,故此项可真可假。

(B)项,由③可知,题干不涉及"倾听群众异议,加强群众监督"和"最大限度地减少执法争议"之间的关系,故此项可真可假。

(C)项,由①和②可知,"交通信号指示不一致∨有证据证明救助危难"是"不得录入"的充分条件,但题干并未涉及"使用行车记录仪",故由题干无法推出此项。

(D)项,交通信号不一致→不得录入,等价于①,必然为真。

(E)项,由③可知,题干不涉及"完善异议受理、核查、处理等工作规范"和"最大限度地减少执法争议"之间的关系,故此项可真可假。

31（E）

秒杀思路 ▽

题干中出现多个概念,需要分析概念之间的关系,故本题为<u>概念间的关系模型</u>。

详细解析 ▽

观察题干的已知条件,发现条件(1)和条件(3)描述的均是青年女教师,故优先分析。

由条件(1)可知,青年女教师至少有5名;

由条件(3)可知,青年女教师至少有7名;

已知条件全部为真,故青年女教师至少有7名。

由条件(2)可知,中年女教师至少有6名。

"青年女教师"和"中年女教师"是反对关系,二者不存在交叉,但二者都属于女教师。故女性教师的人数至少有6+7=13(名),即(E)项正确。

32（A）

秒杀思路 ▽

题干已知3个判断"两真一假",故本题为<u>真假话问题</u>。

详细解析
已知三句话为两真一假,故(1)、(3)至少有一句是真话。无论哪一句为真,青年女教师的人数都至少有5名,故青年教师至少有5名,即(A)项为真。

33 (A)

论证结构
锁定关键词"所以",可知此前是论据,此后是论点。
论据:当企业处于蓬勃上升时期,往往紧张而忙碌,没有时间与精力去设计和修建"琼楼玉宇";当企业所有的重要工作都已经完成,其时间和精力就开始集中在修建办公大楼上。
论点:如果一个企业的办公大楼设计得越完美,装饰得越豪华,则该企业离解体的时间就越近;当某个企业的大楼设计和建造趋向完美之际,它的存在就逐渐失去意义。

秒杀思路
题干中出现假言判断,而题目要求削弱题干,则直接找假言判断的矛盾命题即可。
题干:企业的办公大楼设计得越完美,装饰得越豪华→企业离解体的时间就越近。
其矛盾命题为:完美豪华∧¬企业离解体的时间就越近。

选项详解
(A)项,美轮美奂(完美豪华)∧蒸蒸日上(¬企业离解体的时间就越近),此项等价于题干观点的矛盾命题,故最能质疑题干的观点。
(B)、(C)项,说明办公大楼修建得豪华,会给企业带来不利影响,进而可能导致该企业离解体的时间越来越近,支持题干的观点。
(D)项,说明办公大楼越破旧(无因),则企业越有活力(无果),无因无果,支持题干的观点。
(E)项,指出建造豪华的办公大楼并不需要企业投入太多的时间和精力,质疑题干的论据,其削弱力度不如(A)项。

34 (E)

详细解析
题干有如下信息:
(1)张云:李华同行→大巴。
(2)李华:高铁比飞机便宜→高铁。
(3)王涛:¬预报北京有雨雪天气→飞机,等价于:¬飞机→预报北京有雨雪天气。
(4)李华和王涛:航班合适→飞机。
(A)项,李华没有选择乘坐高铁或飞机,则由题干"他们可以选择乘坐飞机、高铁与大巴等交通工具进京"可知,李华不一定会乘坐大巴,而且未必与张云一起乘坐大巴进京,故此项可真可假。
(B)项,可知王涛没有乘坐飞机,由(3)可知,"预报"北京有雨雪天气,但此项说"有雨雪天气",偷换概念,故此项可真可假。
(C)项,可知李华乘坐飞机进京,即没有乘坐高铁,由(2)可知:¬高铁→¬高铁比飞机便宜。故飞机比高铁便宜或者价格一样,故此项可真可假。
(D)项,根据箭头指向原则,由(4)可知,"王涛和李华乘坐飞机"后无箭头指向,故此项可真可假。
(E)项,可知王涛没有乘坐飞机,则预报二月初北京有雨雪天气,由(3)可知,此项为真。

35 (B)

论证结构

锁定关键词"据此认为",可知此前是论据,此后是论点。题干要求"消除上述市民的质疑",故直接定位"市民的质疑"。

市民:"李祥"这个名字连续4个月中签 ——证明→ 有人在抽签过程中作弊。

选项详解

(A)项,虽然是在有关部门的监督下进行抽签,但仍然存在作弊的可能。(干扰项·诉诸权威)

(B)项,在报名的市民中,名叫"李祥"的近300人,今年7月至10月,"李祥"这个名字连续4个月中签,即:"李祥"的中签率为1:75。由于中签率是连创新低,故其他月份的中签率均高于10月份的中签率1:70。因此,"李祥"的中签率实际上是低于任意一个名字的中签率,这有助于化解市民对主办方的质疑。

(C)项,无关选项,题干的论证不涉及"张磊"。(干扰项·偷换论证对象)

(D)项,无关选项,"家长取名不回避重名"只能说明重名的人数可能较多,但这些人是否都参与了抽签,由此项无法断定。

(E)项,此项指出每位申请人拥有不同的编码,而题干并没有说明连续4个月中签的"李祥"是否拥有相同的编码,故不能消除市民的质疑。

36 (E)

论证结构

"制定标准"是措施,"还以本来面目"是目的,故本题为<u>措施目的模型</u>。

题干:"美国扁桃仁"被误译成"美国大杏仁"(原因) ——导致→ 必须制定林果的统一行业标准(措施) ——以求→ 还相关产品以本来面目(目的)。

秒杀思路

措施目的模型的假设题,常用方法有:(1)措施可行;(2)措施可以达到目的(即措施有效);(3)措施利大于弊;(4)措施有必要。

选项详解

(A)项,无关选项,题干指出是由于误译才导致其本来面目未能展现,并未涉及"外形"。

(B)项,无关选项,题干的论证不涉及进口商品名称的误译对对外贸易活动的影响。

(C)项,无关选项,题干的论证不涉及"美国大杏仁"与"中国杏仁"销量的比较。(干扰项·无关新比较)

(D)项,题干所强调的是林果专家的声音"很难传达到"相关企业和普通大众中,并未涉及相关企业和普通大众是否"认可"林果专家的意见。

(E)项,此项指出我国长期没有关于林果的统一行业标准,那么制定新的标准就是有必要的,即:措施有必要,必须假设。(注意:如果我国已经存在统一的行业标准,那么就不是制定新的标准,而是"修订"原有的标准。)

37 (C)

秒杀思路

题干由事实和假言构成,故本题为<u>事实假言模型</u>,从事实出发做串联即可秒杀。

详细解析

方法一：串联法。

题干中有以下判断：

①看电影∨拜访秦玲，可得：¬拜访秦玲→看电影。

②开车回家→¬看电影，等价于：看电影→¬开车回家。

③拜访秦玲→约定，等价于：¬约定→¬拜访秦玲。

④¬约定。

由④、③、①、②串联可得：¬约定→¬拜访秦玲→看电影→¬开车回家。

故，那天晚上张强没有开车回家，即(C)项正确。

方法二：事实出发法。

从事实出发，即"张强不可能事先与秦玲约定"，故由"只有张强事先与秦玲约定，张强才能去拜访她"可得：¬拜访秦玲。

由"¬拜访秦玲"，结合"张强要么去电影院看了电影，要么拜访了他的朋友秦玲"可得：张强去电影院看了电影。

由"张强去电影院看了电影"可知，"如果那天晚上张强开车回家，他就没去电影院看电影"的后件为假，根据口诀"否后必否前"，可得：¬开车回家，故(C)项正确。

38 （E）

秒杀思路

此题是从 3 名研究生中选 2 人、从 5 名本科生中选 3 人，故本题为**选人问题中的选多模型**，数量关系往往是突破口。

详细解析

由题干可知，同一学院或者同一社团至多选派一人，故有：

(1) ¬唐玲∨¬朱敏。

(2) ¬周艳∨¬徐昂。

(3) ¬李环∨¬朱敏。

由(2)可知，周艳和徐昂至少有一人不入选；由(3)可知，李环和朱敏至少有一人不入选。

又知 5 名本科生中有 3 人入选，故得：

(4) 周艳和徐昂有一人入选、一人不入选。

(5) 李环和朱敏有一人入选、一人不入选。

综上，文琴必入选，即(E)项正确。

39 （A）

详细解析

本题补充新事实：唐玲入选。

从事实出发，由"唐玲入选"并结合"¬唐玲∨¬朱敏"可得：¬朱敏。

由"¬周艳∨¬徐昂"可知，周艳和徐昂两人中至少有一人不入选；再结合"5 名本科生中选 3 人"可知，李环和文琴一定入选。

故(A)项正确。

40 （E）

秒杀思路

题干由 1 个特称判断构成的前提和 1 个全称判断构成的结论组成，选项均为性质判断，要求找到"最能反驳上述结论"的项，故本题为反驳三段论问题。

详细解析

第1步：将题干中的前提符号化。

前提①：有些阔叶树是常绿植物，即：有些阔叶树→常绿植物。

第2步：写题干结论的矛盾命题。

题干的结论为：②所有阔叶树都不生长在寒带地区。

题干结论的矛盾命题为：有的阔叶树生长在寒带地区。

即：③有的阔叶树→寒带。

第3步：补充从前提到结论的矛盾命题的箭头，从而反驳题干的结论。

观察③和①，根据"成对出现"的原理，可知答案一定涉及"常绿植物"和"寒带"。

易知，补充前提：常绿植物→寒带。

即可得：有些阔叶树→常绿植物→寒带，从而得到：有的阔叶树→寒带。

故补充的前提"常绿植物→寒带"就是答案，即：所有常绿植物都生长在寒带地区，故(E)项正确。

㊶ (C)

秒杀思路

在本题中，只涉及人数和年级之间的匹配，且两组元素的数量不一致，故本题为两组元素的多一匹配模型，可使用口诀"数量关系优先算，数量矛盾出答案"进行解题。

详细解析

第1步：数量关系优先算。

条件(2)和条件(3)均涉及数量关系，可优先考虑。

由条件(3)"有两个年级的队员人数相乘等于另一个年级的队员人数"，再结合"总人数为12人"及条件(2)"每个年级被选拔进入代表队的人数各不相同"可知，有且仅有一种情况：$2\times3=6$；此时人员的分配情况为：1、2、3、6。

第2步：推出结论。

由于题干没有对一个年级人数的限制条件，结合"人员的分配情况为1、2、3、6"可知，一个年级最多可以有6人，故(C)项正确。

㊷ (B)

详细解析

本题补充新事实：(4)该年级队员人数不是最少的，且选择了长跑。

从事实出发，由"选择了长跑"可知，题干"一个年级如果选择长跑，就不能选择短跑或跳高"的前件为真，根据口诀"肯前必肯后"，可得：¬短跑∧¬跳高。

由"选择了长跑"还可知，题干"一个年级如果选择跳远，就不能选择长跑或铅球"的后件为假，根据口诀"否后必否前"，可得：¬跳远。

故：该年级队员短跑、跳高和跳远这三个项目均未选择。故(B)项，选择短跑或跳远，必然为假。

㊸ (A)

秒杀思路

题干由事实和假言组成，故本题为事实假言模型，从事实出发即可秒杀。

详细解析

从事实出发，由条件(1)可得：(5)若启动甲程序，则能查杀目前已知的所有病毒。

由条件(4)和(5)可知,若启动丙程序,则能查杀目前已知的所有病毒;再结合条件(3)可得:若启动丙程序,则能防御已知的一号病毒。故,若启动丙程序,则能防御并查杀一号病毒,即(A)项正确。

注意:(E)项中,启动甲程序能查杀"目前已知的所有病毒",并非能查杀"所有病毒"。

44 (B)

论证结构

题干中出现两组对象的对比实验:

实验组:注射化合物,兔子断裂的角膜感觉神经已经复合;
对照组:未注射化合物,兔子断裂的角膜感觉神经没有复合;
故:该化合物可以使兔子断裂的角膜感觉神经复合。

所以,题干使用的方法是求异法。

选项详解

(A)项,此项根据北极冰川地区与木卫二的环境极为类似,就认为北极冰川地区所具有的某种性质木卫二也具有,故此项采用的是类比法,与题干的论证方式不一致。

(B)项,此项根据两组对比实验,得到"光照"与"植物生长"之间的关系,故此项采用的也是求异法,与题干的论证方式一致。

(C)项,偶数∨奇数。0不是奇数,所以,0是偶数。故此项采用的是选言证法(排除法),与题干的论证方式不一致。

(D)项,昆虫→三对足,蜘蛛→¬三对足。所以,蜘蛛→¬昆虫。故此项属于演绎推理中的三段论,与题干的论证方式不一致。

(E)项,此项由老王的情况推出所有老年人的情况,即:从个别到一般,故此项采用的是归纳法,与题干的论证方式不一致。

45 (D)

秒杀思路

题干出现多个假言,并且能进行串联,提问方式为"以下哪项是不可能的",即找削弱张教授陈述的项,故本题为**串联推理的矛盾命题**。

详细解析

第1步:画箭头。

①举人→生员。
②贡士→举人。
③进士→贡士。

第2步:串联。

由③、②、①串联可得:④进士→贡士→举人→生员。

第3步:找矛盾命题。

(D)项,会元∧¬举人,贡士第一名称为"会元"(即:"会元"一定是"贡士"),故此项相当于:贡士∧¬举人,与题干矛盾,不可能为真。

46 (B)

秒杀思路

题干出现多个假言,并且能进行串联,提问方式为"最能质疑上述观点",故本题为**串联推理的矛盾命题**。

详细解析

第1步：画箭头。

①出色→被提拔。

②被提拔→碌碌无为。

第2步：串联。

由①、②串联可得：出色→被提拔→碌碌无为。

第3步：找矛盾命题。

找以下三种情况，均与题干矛盾：

情况1：出色∧¬碌碌无为。

情况2：出色∧¬被提拔。

情况3：被提拔∧¬碌碌无为。

观察选项易知，(B)项举反例，被提拔∧¬碌碌无为，等价于情况3，故(B)项最能质疑题干的观点。其余各项均不是题干的矛盾命题，故均不能质疑题干的观点。

47 (C)

秒杀思路

题干出现多个假言判断，且这些假言判断无重复元素（无法进行串联），选项均为假言判断，故本题为假言无串联模型，可使用三步解题法或直接使用选项排除法。

详细解析

第1步：画箭头。

题干：

①一杯酒倒进一桶污水中→你得到一桶污水。

②一杯污水倒进一桶酒中→你得到一桶污水。

③¬加强内部管理→正直能干的人进入某低效的部门就会被吞没∧无德无才者很快就能将一个高效的部门变成一盘散沙。

第2步：逆否。

题干的逆否命题为：

④¬你得到一桶污水→¬一杯酒倒进一桶污水中。

⑤¬你得到一桶污水→¬一杯污水倒进一桶酒中。

⑥正直能干的人进入某低效的部门未被吞没∨无德无才者很快不能将一个高效的部门变成一盘散沙→加强内部管理。

第3步：找答案。

(A)项，存在几个难缠人物→很快会把组织变成一盘散沙，根据题干信息及其逆否命题，可知此项可真可假。

(B)项，¬一杯污水倒进一桶酒中→不会得到一桶污水，根据箭头指向原则，由⑤可知，"¬一杯污水倒进一桶酒中"后无箭头指向，故此项可真可假。

(C)项，正直能干的人在低效部门没有被吞没→加强内部管理，由⑥可知，此项必然为真。

(D)项，"正直能干的人进入<u>组织</u>"与题干"正直能干的人进入<u>某低效的部门</u>"并非同一概念，故此项的内容在题干中并未涉及，可真可假。

(E)项，根据箭头指向原则，由③可知，"一个无德无才的人把组织变成一盘散沙"后无箭头指向，故此项可真可假。

48 (C)

论证结构

题干：实验鼠体内神经连接蛋白的蛋白质如果合成过多，会导致自闭症（现象）。由此他们认为，自闭症与神经连接蛋白的蛋白质合成量具有重要关联（原因）。

秒杀思路

题干先描述了一个现象，又分析了这一现象的原因，故本题为现象原因模型。
另外，研究人员的研究对象是"实验鼠"，但通过"自闭症会影响社会交往、语言交流和兴趣爱好"等内容，可知其论点的对象是"人"，故此题中也存在类比模型。

选项详解

(A)项，此项指出"生活方式"可能会影响实验鼠患自闭症的比例，即另有他因影响实验鼠患自闭症的比例，削弱题干。

(B)项，此项指出"性别"可能会影响实验鼠患自闭症的比例，即另有他因影响实验鼠患自闭症的比例，削弱题干。

(C)项，抑制神经连接蛋白的蛋白质合成（无因）可缓解实验鼠的自闭症状（无果）。
另外，此项与题干构成以下求异法结构：

神经连接蛋白过多：导致自闭症；
抑制神经连接蛋白（即不多）：自闭症状缓解；

　　根据求异法的原理，可知：自闭症与神经连接蛋白的蛋白质合成量有关系。
故此项支持题干。

(D)项，无关选项，此项讨论的是"基因与神经连接蛋白"的关系，而题干讨论的是"神经连接蛋白与自闭症"的关系。

(E)项，此项中出现"神经连接蛋白"和"老年"两个影响因素，故无法确定哪个因素在起作用，因此无法支持题干。

49 (A)

论证结构

"大力开发"是措施，"替代石油"是目的，故本题为措施目的模型。
题干：大力开发和利用生物燃料（措施）──以求──▶ 替代由石油制取的汽油和柴油（目的）。

秒杀思路

措施目的模型的假设题，常用方法有：(1)措施可行；(2)措施可以达到目的（即措施有效）；(3)措施利大于弊；(4)措施有必要。

选项详解

(A)项，此项说明题干中的措施确实能够替代石油等燃料，即措施可达目的，必须假设。

(B)项，此项指出题干中的措施会造成较为严重的后果，影响人类的生存，即指出措施有恶果，削弱题干。

(C)项，无关选项，此项并未说明"生物柴油和燃料乙醇"是否能取代"石油等燃料"。

(D)项，此项指出题干中的措施会消耗大量的资源，即指出措施有恶果，削弱题干。

(E)项，无关选项，此项只说明生物燃料的开发和利用已经"取得很大成绩"，没有说明是否可以达到"替代由石油制取的汽油和柴油"的目的。

50 (D)

秒杀思路

题干出现多个假言判断，且这些假言判断无重复元素（无法进行串联），选项也几乎都是假言判断，故本题为假言无串联模型，可使用三步解题法或直接使用选项排除法。

详细解析

第1步：画箭头。

题干：

①不能在近几年消除结核病→会有数百万人死于结核病。

②控制这种流行病→有安全、廉价的疫苗。

第2步：逆否。

题干的逆否命题为：

③不会有数百万人死于结核病→在近几年消除结核病。

④没有安全、廉价的疫苗→不能控制这种流行病。

第3步：找答案。

(A)项，题干中只涉及2011年全球新增的结核病患者数量，2011年全球结核病患者的总数并不确定，因此，无法计算死亡率。

(B)项，有了安全、廉价的疫苗→就能控制结核病，根据箭头指向原则，由②可知，"有安全、廉价的疫苗"后无箭头指向，故此项无法从题干得出。

(C)项，"抗生素的耐药性"是"结核病的治疗一直都进展缓慢"的原因，但无法确定解决了抗生素的耐药性问题后，是否还会有其他影响因素，故不能判断结核病的治疗是否能取得突破性进展。

(D)项，¬会有数百万人死于结核病→在近几年消除结核病，等价于③，故此项可以从题干得出。

(E)项，根据箭头指向原则，由②可知，"有疫苗"后无箭头指向，故此项无法从题干得出。

51 (C)

秒杀思路

题干由假言组成且能进行串联，选项也几乎都是假言，故本题为串联推理的基本模型，可使用四步解题法。

详细解析

第1步：画箭头。

①¬信仰→¬道德底线。

②信仰→理论学习。

第2步：串联。

由①、②串联可得：③道德底线→信仰→理论学习。

第3步：逆否。

③逆否可得：④¬理论学习→¬信仰→¬道德底线。

第4步：分析选项，找答案。

(A)项，此项强调的是"没能守住道德的底线"和"首先丧失了崇高的信仰"之间的因果关系，而题干是推理关系。

(B)项，此项认为"信仰"是"道德底线"的充分条件，但由①可知，"信仰"是"道德底线"的必要条件，故此项可真可假。

(C)项，道德底线→理论学习，由③可知，此项必然为真。

(D)项，┐道德底线→┐信仰，根据箭头指向原则，由①可知，"┐道德底线"后无箭头指向，故此项可真可假。

(E)项，理论学习→道德底线，根据箭头指向原则，由③可知，"理论学习"后无箭头指向，故此项可真可假。

52（B）

论证结构

锁定关键词"由此指出"，可知此前是论据，此后是论点（即：专家的观点）。

专家：对照组的受试者都计算准确，而实验组中只有18%的人计算准确。经测试，实验组受试者的血液中酒精浓度只有酒驾法定值的一半 ——证明→ 或许应该让立法者重新界定酒驾法定值。

选项详解

(A)项，此项指出调整酒驾法定值可能会造成弊端，对专家的观点有一定的削弱作用。

(B)项，补充论据，说明即使酒精浓度只有酒驾法定值的一半，那也会增加事故风险，因此，需要重新界定酒驾法定值，支持专家的观点。

(C)项，无关选项，此项说明饮酒过量会带来危害，但与题干中重新界定酒驾法定值无关。

(D)项，此项说明只要在现有的酒驾法定值范围内就可以驾车，也就是无须重新界定酒驾法定值，削弱专家的观点。

(E)项，酒驾法定值设置较高"也不会将少量饮酒的驾车者排除在酒驾范围之外"，说明重新界定酒驾法定值没有意义，即无须重新界定酒驾法定值，削弱专家的观点。

53（D）

论证结构

锁定关键词"表明"，可知此前是论据，此后是论点。

题干：智商测试中那些得分提高了的学生，其脑部比此前呈现更多的灰质（灰质是一种神经组织，是中枢神经的重要组成部分）——证明→ 个体的智商变化确实存在，那些早期在学校表现并不突出的学生未来仍有可能成为佼佼者。

选项详解

(A)项，此项说明随着年龄的增长，青少年脑部区域的灰质会增加，结合题干的论据"智商测试中那些得分提高了的学生，其脑部比此前呈现更多的灰质（即灰质多的人智商高）"，从而说明随着年龄的增长，人的智商会提高，支持题干的论证。

(B)项，例证法，有些天才少年长大后智力并不出众，可能是天才少年智商变低导致其不出众，也可能是其他人智商增高导致其不出众，但无论是何种情况，均能说明智商存在变化，此项直接支持题干的结论。

(C)项，"大脑结构的变化"与"智力变化"之间存在关系，支持题干的论据。

(D)项，指出部分学生早期在学校表现不突出与其智商有关，那这部分学生现在如何呢？是仍然不突出，还是变得出众？此项并未进行说明，故此项未能说明智商是否存在变化，不能支持题干。

(E)项，指出言语智商的提高伴随着大脑左半球运动皮层灰质的增多，直接说明智商和灰质有关系，搭桥法，支持题干。

54 (E)

秒杀思路

由题干条件(2)和条件(3)可得出确定事实；由条件(2)和本题补充的新条件也可得出确定事实。故本题为**事实假言模型**，从事实出发即可秒杀。

详细解析

本题补充新条件：(6)只有一家公司招聘物理专业。

由条件(2)和(6)可知，怡和公司没有招聘物理专业。

由条件(2)和(3)可知，怡和公司没有招聘文秘专业。

从事实出发，由"怡和公司没有招聘文秘专业"可知，条件(5)的后件为假，根据口诀"否后必否前"，可得：宏宇公司招聘文秘专业。

由"宏宇公司招聘文秘专业"并结合条件(3)可知，宏宇公司没有招聘物理专业。

再由"宏宇公司没有招聘物理专业""怡和公司没有招聘物理专业"和条件(6)可知，风云公司招聘物理专业。故(E)项正确。

55 (A)

秒杀思路

由题干条件(2)和条件(3)可得出确定事实，故本题为**事实假言模型**，从事实出发即可秒杀。本题同样可看作三家公司与6个专业之间的匹配，故本题也属于**两组元素的多一匹配模型**（匹配情况是明确的，即三家公司都招聘3个专业）。

详细解析

本题补充新条件：(7)三家公司都招聘3个专业的若干毕业生。

由条件(2)和(3)可知，怡和公司没有招聘文秘专业。

从事实出发，由"怡和公司没有招聘文秘专业"可知，条件(4)和条件(5)的后件均为假，根据口诀"否后必否前"，分别可得：怡和公司没有招聘管理专业、宏宇公司招聘文秘专业。

再结合条件(7)可得：(8)怡和公司在"数学、化学、物理、法学"这4个专业中招聘其中3个专业的学生。

"数学、化学"在条件(1)中也有出现，故可结合(8)进行分析。

由条件(1)可知，若"怡和公司招聘化学专业"，则怡和公司招聘数学专业。

由(8)可知，若"怡和公司没有招聘化学专业"，则怡和公司招聘数学、物理、法学专业。

因此，怡和公司一定招聘数学专业。

再由条件(2)可得：风云公司也一定招聘数学专业。故(A)项正确。

四、写作

56 论证有效性分析

谬误分析

①材料既说生产过剩"不是真正的生产过剩"，又说"出现了真正的生产过剩"；既说"生产过剩实际上只是一种假象"，又说"生产过剩是市场经济的常见现象"，存在自相矛盾。

②材料认为"只要生产企业开拓市场、刺激需求，就能扩大销售，生产过剩马上就会化解"，过于绝对。生产企业开拓市场、刺激需求并不是扩大销售的充分条件，因为销售还取决于市场饱和度、社会购买力、社会消费心理等其他因素。而且，市场对于生产过剩的自动调节，可能是无序的

或者是无效的。

③产品的供求关系是动态的，"不可能达到绝对的平衡"，无法说明"生产过剩是市场经济的常见现象"。因为供求关系的不平衡，产生的结果也可能是供不应求。

④生产过剩是市场经济的"常见现象"，不代表生产过剩也就是经济运行的"客观规律"。"常见现象"与"客观规律"是不同的两个概念。常见现象是事物的外在表现，客观规律是事物的本质属性，二者不能混淆。

⑤既然生产过剩不是"客观规律"，那就不能推出政府对生产过剩的干预就是违背了经济运行的客观规律。

⑥材料认为"生产过剩未必会造成浪费，反而可以因此增加物资储备以应对不时之需"，难以成立。因为，"生产过剩"是指某些商品的生产超过了社会总需求，以致商品滞销，库存积压，即其产品已经超过了正常的消费需求和物资储备。因此，这一论据不能成立。

⑦生产不足确实可能会造成供不应求的现象，但"让人们重新去过缺衣少食的日子""影响社会的和谐与稳定"只是其可能的结果，材料认为"势必"如此、"就会"如此，过于绝对。

⑧材料认为"政府应该管好民生问题。至于生产过剩或生产不足，应该让市场自动调节，政府不必干预"，难以成立。因为，市场调节和政府干预并不矛盾。而且，生产过剩或生产不足也和民生相关，也是民生问题，不能将它们完全分开。

（说明：谬误①②④⑤⑥⑧引用和改编自教育部考试中心公布的官方参考答案，谬误③和⑦来自对材料的分析。）

参考范文

政府不必干预生产过剩吗？

上述材料认为政府不必干预生产过剩，然而，其论证过程存在多处不当，分析如下：

首先，材料既说生产过剩"不是真正的生产过剩"，又说"出现了真正的生产过剩"；既说"生产过剩实际上只是一种假象"，又说"生产过剩是市场经济的常见现象"，存在自相矛盾。

其次，"只要生产企业开拓市场、刺激需求，就能扩大销售，生产过剩马上就会化解"，过于绝对。生产企业开拓市场、刺激需求并不是扩大销售的充分条件，因为销售还取决于市场饱和度、社会购买力、社会消费心理等其他因素。

再次，生产过剩是市场经济的"常见现象"，不代表生产过剩也就是经济运行的"客观规律"。"常见现象"与"客观规律"是不同的两个概念。常见现象是事物的外在表现，客观规律是事物的本质属性，二者不能混淆。

而且，生产过剩是指某些商品的生产超过了社会总需求，即其产品已经超过了正常的消费需求和物资储备。因此，不能说生产过剩会"增加物资储备以应对不时之需"。另外，物资储备也是按需储备，并不是剩下什么就储备什么。

最后，材料认为"政府应该管好民生问题。至于生产过剩或生产不足，应该让市场自动调节，政府不必干预"，难以成立。实际上，市场调节和政府干预并不矛盾。而且，生产过剩或生产不足也会影响民生，也是民生问题。

综上所述，材料的论证存在多处逻辑漏洞，政府不必干预生产过剩的结论令人难以信服。

（全文共568字）

57 论说文

参考立意

① "为富"是"为仁"的物质基础。
② "为富"应当"为仁"。
③ 在"仁"的前提下追求"富"是应当被提倡的。

参考范文

既"为富"又"为仁"

吕建刚

孟子曾说:"为富,不仁矣;为仁,不富矣。"孟子虽贵为"亚圣",但窃以为此言差矣。在我看来,既"为富"又"为仁",方为正道。

"富"为"仁"提供物质基础。什么是"仁"?让老百姓过上好日子,就是最大的"仁"。如何让老百姓过上好日子?归根结底得靠财富的积累。所以,财富绝对不是洪水猛兽,老百姓的衣、食、住、行,哪一样都离不开财富。因此,我们有权利也有义务去追求财富,从而先富带动后富,最终达到共同富裕,这才是"仁"的最高境界。管仲有言:"凡治国之道,必先富民",说的也是这个道理。

"仁"是"富"的精神保障。当今社会,见利忘义者并不鲜见:"毒奶粉""地沟油""毒疫苗""毒跑道"等事件屡见不鲜。这是为何?究其原因,是这些人、这些企业丢掉了仁义,只为求富。然而,这些"富"并不长久,很容易"东窗事发",使当事人声誉扫地甚至锒铛入狱。可见,"富"需要"仁"作为精神保障。

要想形成既"为富"又"为仁"的社会风气,就要软硬兼施:

"软",就是要加强宣传教育。这是因为,任何法律都不可能面面俱到,不可能事无巨细地监督到每个人的所有行为。因此,通过宣传教育,让"为仁"成为一种自觉行为,无疑事半功倍。

"硬",就是要加强法律监管。对于那些一心"为富",忘记"为仁"的个人和企业,严惩不贷。当违规成本大于违规收益时,这些人就失去了违规的动机。

"为富"与"为仁"并不矛盾,我们要以"仁"作为精神动力去"为富",既"为仁"又"为富",只有这样,才能推动社会和谐有序地发展!

(全文共630字)

2014年全国硕士研究生招生考试
管理类综合能力试题答案详解

一、问题求解

1 (E)

思路点拨

思路①：可根据等量关系"奖品总价不变"列方程求解；

思路②：两个平均量混合，用十字交叉法可快速得出数量比．

详细解析

母题91·平均值问题

方法一： 设一等奖有 x 个，则其他奖品有 $26-x$ 个，根据题意，得
$$280 \times 26 = 400x + 270 \times (26-x),$$
解得 $x=2$.

方法二： 十字交叉法．

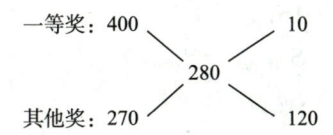

一等奖：400　　　　10
　　　　　　280
其他奖：270　　　　120

所以，$\dfrac{\text{一等奖个数}}{\text{其他奖个数}} = \dfrac{10}{120} = \dfrac{2}{24}$，即一等奖的个数为 2.

2 (B)

详细解析

母题97·工程问题

设甲公司每周的工时费为 x 万元，乙公司每周的工时费为 y 万元，则
$$\begin{cases} 10(x+y)=100, \\ 6x+18y=96, \end{cases}$$
解得 $x=7$，$y=3$. 故甲公司每周的工时费为 7 万元．

3 (B)

思路点拨

已知部分面积和边长的比例关系，可使用等面积模型推出所求面积．

详细解析

母题59·平面几何五大模型

根据等面积模型的结论，因为 $BF=2BC$，所以 $S_{\triangle ABF} = 2S_{\triangle ABC} = 4$. 又因为 $AE=3AB$，所以 $S_{\triangle AEF} = 3S_{\triangle ABF} = 12$.

秒杀技巧

特殊值法. 如右图所示, 假设 $FB \perp AB$, $AB=BC=2$, 由题意可得 $AE=6$, $BF=4$, 则 $S_{\triangle AEF} = \frac{1}{2} \times AE \times BF = \frac{1}{2} \times 6 \times 4 = 12$.

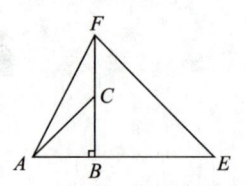

4 (B)

详细解析

母题 88·简单算术问题

设项目的预算为 x 亿元, 则上半年完成量为 $\frac{1}{3}x$ 亿元, 下半年完成量为 $\left(x - \frac{1}{3}x\right) \cdot \frac{2}{3} = \frac{4}{9}x$ 亿元. 剩余未完成投资为 $x - \frac{1}{3}x - \frac{4}{9}x = 0.8$, 解得 $x = 3.6$. 故项目的预算为 3.6 亿元.

5 (E)

思路点拨

割补法求面积, 做辅助线将阴影部分转化成若干个规则图形面积相加减的结果.

详细解析

母题 60·求面积问题

方法一: 设两圆的交点分别为 C, D, 连接 AC, AD, BC, BD, AB, 如下图所示. 易得 $\triangle ABC$ 和 $\triangle ABD$ 是等边三角形, 则

$$S_{\text{阴影}} = S_{\triangle ABC} + S_{\triangle ABD} + 4S_{\text{弓形}}$$
$$= 2 \times S_{\triangle ABC} + 4 \times (S_{\text{扇形}ABC} - S_{\triangle ABC})$$
$$= 4 \times S_{\text{扇形}ABC} - 2 \times S_{\triangle ABC}$$
$$= 4 \times \frac{1}{6} \times \pi \times 1^2 - 2 \times \frac{1}{2} \times 1^2 \times \frac{\sqrt{3}}{2} = \frac{2\pi}{3} - \frac{\sqrt{3}}{2}.$$

方法二: 设两圆的交点分别为 C, D, 连接 AC, AD, CD, AB, 如下图所示.

阴影面积 $= (S_{\text{扇}CAD} - S_{\triangle ACD}) \times 2 = \left(\frac{1}{3} \times \pi \times 1^2 - \frac{\sqrt{3}}{4} \times 1^2\right) \times 2 = \frac{2\pi}{3} - \frac{\sqrt{3}}{2}.$

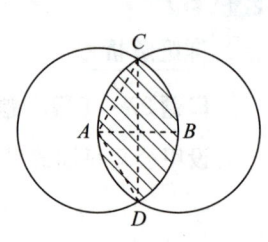

> 顶角为 120° 的等腰三角形的面积为 $\frac{\sqrt{3}}{4} \times$ 腰长^2

6 (B)

思路点拨

思路①: 根据浓度计算公式, 表示出每次倒出的溶质以及加水后的浓度, 从而列出等式计算;

思路②: 倒出溶液加满水问题, 可直接套用公式: $C_1 \cdot \frac{V - V_1}{V} \cdot \frac{V - V_2}{V} = C_2$ (其中 V 为容器总体积, V_1 和 V_2 为倒出的溶液体积, C_1 为初始浓度, C_2 为最终浓度).

详细解析

母题 96·溶液问题

方法一: 设容器的容积为 x 升.

第一次倒出 1 升酒精之后, 剩余酒精的溶质为 $90\%(x-1)$, 浓度为 $\frac{90\%(x-1)}{x}$;

第二次倒出 1 升酒精之后，剩余酒精的溶质为

$$90\%(x-1) - \frac{90\%(x-1)}{x} \times 1 = 90\% \frac{(x-1)^2}{x},$$

浓度为 $\frac{90\%(x-1)^2}{x^2} = 40\%$，解得 $x=3$ 或 $x=\frac{3}{5}$（容积一定大于 1 升，故舍去）.

<u>方法二</u>：根据题意，利用公式得 $90\% \times \left(\frac{V-1}{V}\right)^2 = 40\%$，解得 $V=3$ 或 $V=\frac{3}{5}$（舍），所以容器的容积为 3 升.

7 (D)

思路点拨 ⊙

等差数列中 $S_9 = \frac{9(a_1+a_9)}{2} = 9a_5$，因此从题干所给等式中求出 a_5 即可.

详细解析 ⊙

母题 46·等差数列基本问题

由等差数列下标和公式得，$a_2 - a_5 + a_8 = (a_2 + a_8) - a_5 = 2a_5 - a_5 = a_5 = 9$.

所以 $a_1 + a_2 + \cdots + a_9 = S_9 = 9a_5 = 81$.

秒杀技巧 ⊙

题中没有告诉公差，也不需要求公差，因此可以将数列特殊化当作常数列，令所有项都为 a，则 $a_2 - a_5 + a_8 = a - a + a = a = 9$，$a_1 + a_2 + \cdots + a_9 = 9a = 9 \times 9 = 81$.

8 (D)

思路点拨 ⊙

设 A、B 距离为 S 公里，如下图所示，第一次相遇，甲、乙两人共行驶 S 公里；第一次到第二次相遇，甲、乙又行驶了 $2S$ 公里，根据公式"时间×速度和=路程"，进行列式计算.

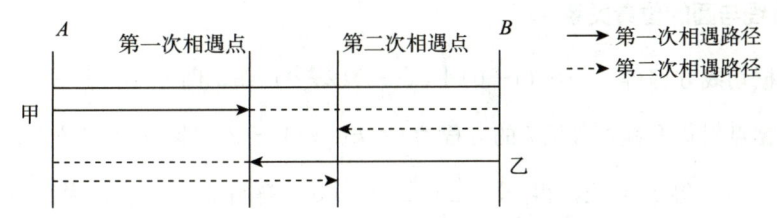

详细解析 ⊙

母题 98·行程问题

设甲初始速度为 $v_甲$ 公里/小时，乙初始速度为 $v_乙$ 公里/小时，第一次相遇用时 1 小时，第一次到第二次相遇用时 1.5 小时，有

$$\begin{cases} (v_甲 + v_乙) \times 1 = S, \\ [(v_甲 + 1.5) + (v_乙 + 1.5)] \times 1.5 = 2S, \end{cases}$$

解得 $S=9$. 故 A、B 两地的距离为 9 公里.

9 (C)

思路点拨 ⊙

共有两种情况：①掷一次，即第一次就为正面；②掷三次，第一次反面，第二、三次正面.

详细解析

母题87·闯关与比赛问题

根据题意，停止的可能有两种，见下表：

情况	第1次	第2次	第3次	第4次
①：1正，0反	正	—	—	—
②：2正，1反	反	正	正	—

故在4次之内停止的概率为 $P=\dfrac{1}{2}+\left(\dfrac{1}{2}\right)^3=\dfrac{5}{8}$.

易错警示

4次之内停止并不是一定要掷4次，停止的意思是只要出现正面次数大于反面的时候停下，不再继续掷，因此没有"3正1反"和"4正0反"的情况出现．

10（E）

详细解析

母题4·质数与合数问题

分解质因数：$770=2\times 5\times 7\times 11$，所以，$2+5+7+11=25$.

11（D）

思路点拨

思路①：过圆上一点的切线方程：$(x-a)(x_0-a)+(y-b)(y_0-b)=r^2$；

思路②：画图易知在点$(1,2)$处的切斜斜率存在且不为0，利用点斜式设出直线方程，结合圆心到切线的距离等于半径，解得斜率k，求得直线方程．

详细解析

母题68·直线与圆的位置关系

方法一：根据切线方程得$(x-0)(1-0)+(y-0)(2-0)=5$，即$y=-\dfrac{x}{2}+\dfrac{5}{2}$，故纵截距为$\dfrac{5}{2}$.

方法二：根据点斜式方程，可设l的方程为$y=k(x-1)+2$，即$kx-y-k+2=0$.

圆心到切线的距离等于半径，得$\dfrac{|-k+2|}{\sqrt{k^2+(-1)^2}}=\sqrt{5}$，解得$k=-\dfrac{1}{2}$，因此$y=-\dfrac{1}{2}x+\dfrac{5}{2}$，故纵截距为$\dfrac{5}{2}$.

秒杀技巧

画图法．如右图所示，纵截距一定大于半径$\sqrt{5}$，故只可能是(D)、(E)两项，观察图形可知(E)项不可能，故选(D)项．

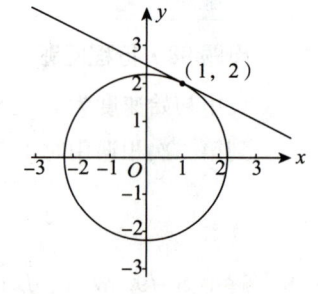

12（A）

思路点拨

求空间几何体内的线段长度，常通过构造直角三角形进行求解．

本题中AF显然为斜边，由线面垂直的性质，可知$AD'\perp D'F$(正方体棱$D'F\perp$面$AA'D'D$，则$D'F$垂直于面上的任意一条直线)，故$\triangle AD'F$为直角三角形．

可构造的三角形不唯一，如：$\triangle ADF$、$\triangle AA'F$.

详细解析

母题 61 · 空间几何体的基本问题

如右图所示，在 Rt△$AD'F$ 中，根据勾股定理，可得
$$AF=\sqrt{D'A^2+D'F^2}=\sqrt{8+1}=3.$$

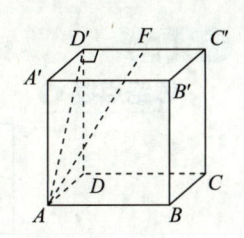

13 (E)

思路点拨

本题为古典概型，$P=\dfrac{\text{甲、乙、丙三组都是异性的情况数}}{\text{6 人平均分成甲、乙、丙三组情况数}}$.

分子：分别计算男生、女生分到甲、乙、丙三组的情况数，然后根据乘法原理相乘即可；

分母：6 个人分到甲、乙、丙三组，直接逐组挑选，因为组名不同所以不存在重复，无须消序.

详细解析

母题 82 · 常见古典概型问题

根据题意可将 3 男、3 女分别分到甲、乙、丙三组各一名，则分配方式共有 $A_3^3 A_3^3=36$（种）；

6 人平均分成甲、乙、丙三组，则总的分配方式共有 $C_6^2 C_4^2 C_2^2=90$（种）.

因此，每组志愿者都是异性的概率 $P=\dfrac{36}{90}=\dfrac{2}{5}$.

14 (C)

思路点拨

估算法求镀层体积：在镀层厚度足够薄的情况下，我们可以近似地认为镀层的面积等于几何体的表面积，故镀层的体积＝几何体的表面积×镀层的厚度.

详细解析

母题 61 · 空间几何体的基本问题

方法一：近似表面积估算．

每个球形工艺品的镀层体积 $V\approx$ 球体表面积×镀层厚度，即 $V\approx 4\pi\times 5^2\times 0.01$，则需要的正方体锭子数为

$$\dfrac{4\pi\times 5^2\times 0.01\times 10\,000}{20^3}=\dfrac{5\pi}{4}\approx 3.93(\text{个}),$$

所以至少需要 4 个锭子.

方法二：常规方法，体积公式计算．

根据球体体积公式 $V=\dfrac{4}{3}\pi R^3$ 可知，10 000 个工艺品需耗材：

$$10\,000\times\dfrac{4}{3}\pi(5.01^3-5^3)$$
$$=10^4\times\dfrac{4}{3}\pi(5.01-5)(5.01^2+5\times 5.01+5^2)$$
$$\geq 10^4\times\dfrac{4}{3}\pi\times 0.01\times 3\times 5^2=10^4\pi(\text{立方厘米}).$$

（放缩，将该括号内的 5.01 放缩成 5 进行运算）

则需要正方体锭子数为 $\dfrac{10^4\pi}{20^3}=\dfrac{5\pi}{4}\approx 3.93(\text{个})$，所以至少需要 4 个锭子.

15 （D）

思路点拨

元素数量	3	4	5
不对号入座方案	2	9	44

详细解析

母题 81·不对号入座问题

方法一：此题为不对号入座问题，直接使用结论，4 个元素，不对号入座方案共有 9 种．

方法二：设 4 位部门经理分别为甲、乙、丙、丁，他们分别在 A、B、C、D 这 4 个部门中任职．
让经理甲先选位置，可以在 B、C、D 中挑一个：C_3^1．
假设他挑了部门 B，则让部门 B 的原经理乙再选位置，他可以选择 A、C、D：C_3^1．
无论经理乙选了第几个部门，余下的 2 个人都只有 1 种选择．
故不同的方案有 $C_3^1 \times C_3^1 \times 1 = 9$（种）选择．

二、条件充分性判断

16 （A）

详细解析

母题 71·过定点与曲线系 + 母题 31·其他整式、分式的化简求值

条件(1)：将点 $(1, 0)$ 代入曲线方程，得 $y = a + b \times 1 - 6 \times 1^2 + 1^3 = a + b - 5 = 0$．
故 $(a+b-5)(a-b-5) = 0$，条件(1)充分．

条件(2)：将点 $(-1, 0)$ 代入曲线方程，得 $y = a + b \times (-1) - 6 \times (-1)^2 + (-1)^3 = a - b - 7 = 0$，
举反例，令 $a = 7, b = 0$，可得 $(a+b-5)(a-b-5) = 4$，故条件(2)不充分．

易错警示

部分同学没有整体代入的思想，误认为必须联立两个条件解出 a, b 的值才能得出最终结果，误选（C）项，但条件充分性判断一定要单独验证每个条件．

17 （B）

思路点拨

不等式 $|x^2 + 2x + a| \leqslant 1$ 的解集为空 $\Leftrightarrow$ 不等式 $|x^2 + 2x + a| > 1$ 恒成立．

详细解析

母题 40·一元二次不等式的恒成立问题

方法一：代数分析．

配方可得 $|x^2 + 2x + a| = |(x+1)^2 + a - 1|$．

条件(1)：举反例，令 $a = -3, x = 1$，$|x^2 + 2x + a| = 0$，不充分．

条件(2)：因为 $a > 2$，所以 $|(x+1)^2 + a - 1| = (x+1)^2 + a - 1 > 1$，充分．

方法二：数形结合．

$y = |f(x)|$ 的图像就是对 $f(x)$ 在 x 轴下方的图像进行翻折所得，若函数 $f(x) = x^2 + 2x + a$ 的图像与 x 轴有交点，则函数 $|f(x)|$ 的最小值为 0，不符合题意；

因此函数 $f(x)$ 的图像都必须在 x 轴上方，如右图所示，此时 $|f(x)|=f(x)$，结论等价于 $x^2+2x+a>1$ 恒成立，整理可得，$x^2+2x+a-1>0$ 恒成立，因此 $\Delta=4-4(a-1)<0$，解得 $a>2$.

故条件(1)不充分，条件(2)充分．

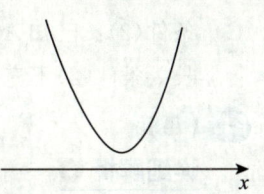

> **易错警示**
>
> 很多同学将 $|x^2+2x+a|>1$ 化为 $|(x+1)^2+a-1|>1$，直接认为 $|a-1|>1$，得到 $a>2$ 或 $a<0$，选(D)项．但是我们结合图形就会发现 $a<0$ 是不成立的，二次函数一定不能与 x 轴有交点，否则绝对值的最小值是 0.

18 (C)

详细解析

母题 54·等差数列和等比数列综合题

条件(1)和条件(2)单独显然不成立．

既是等差数列又是等比数列的数列是非零的常数列，两个条件联立显然充分．

19 (A)

思路点拨

根据完全平方公式和立方和公式，进行配凑：

$\dfrac{1}{x^2}+x^2=\left(x+\dfrac{1}{x}\right)^2-2$；$\dfrac{1}{x^3}+x^3=\left(\dfrac{1}{x}+x\right)\left(\dfrac{1}{x^2}+x^2-1\right)=\left(\dfrac{1}{x}+x\right)\left[\left(\dfrac{1}{x}+x\right)^2-3\right]$.

详细解析

母题 29·已知 $x+\dfrac{1}{x}=a$ 或者 $x^2+ax+1=0$，求代数式的值

条件(1)：$\dfrac{1}{x}+x=3$，$\dfrac{1}{x^3}+x^3=\left(\dfrac{1}{x}+x\right)\left[\left(\dfrac{1}{x}+x\right)^2-3\right]=3\times(3^2-3)=18$，条件(1)充分．

条件(2)：$\dfrac{1}{x^2}+x^2=\left(\dfrac{1}{x}+x\right)^2-2=7$，得 $\left(\dfrac{1}{x}+x\right)^2=9$.

所以，$\dfrac{1}{x}+x=\pm 3$，则 $\dfrac{1}{x^3}+x^3=\left(\dfrac{1}{x}+x\right)\left(\dfrac{1}{x^2}+x^2-1\right)=(\pm 3)\times 6=\pm 18$，条件(2)不充分．

秒杀技巧

偶次推奇次，开平方后结果不唯一，因此条件(2)可直接排除．

20 (A)

思路点拨

直径所对的圆周角为 $90°$ 且 $OD\perp AC$，可得 $\triangle AOD\sim\triangle ABC$，利用三角形相似可确定所求边长．

详细解析

母题 59·平面几何五大模型

$OD\parallel BC$，$\triangle AOD\sim\triangle ABC$，相似比为 $1:2$，$OD=\dfrac{1}{2}BC$.

条件(1)：已知 BC 的长度，能确定 OD 的长度，条件(1)充分．

条件(2)：已知 AO 的长度，但不确定 C 点的位置，也就不能确定 BC 的长，故不能确定 OD 的长．条件(2)不充分．

21 (D)

详细解析

母题 55·数列与函数、方程的综合题

若结论成立，则 $\Delta = 4(a+b)^2 - 4c^2 \geqslant 0 \Rightarrow (a+b)^2 \geqslant c^2$．

条件(1)：三角形两边之和大于第三边，即 $a+b>c$，则 $(a+b)^2 > c^2$，条件(1)充分．

条件(2)：$2c = a+b$，故 $(a+b)^2 = 4c^2$，则 $(a+b)^2 = 4c^2 \geqslant c^2$，条件(2)充分．

22 (C)

思路点拨

若切线方程的斜率为 0，是一条平行于 x 轴的直线，那么二次函数与一次函数在顶点处相切，一次函数可表示为 $y = \dfrac{4ac-b^2}{4a}$，结合已知条件即可求出 a, b, c 的值．

详细解析

母题 35·一元二次函数的基础题

条件(1)：将点 $(0, 0)$ 和点 $(1, 1)$ 代入函数表达式，可得 $\begin{cases} c=0, \\ a+b+c=1 \end{cases} \Rightarrow a+b=1$，无法确定 a, b 的值，不充分．

条件(2)：由此条件可知，二次函数与直线相切于顶点，因此 $\dfrac{4ac-b^2}{4a} = a+b$，无法确定 a, b 的值，不充分．

联立两个条件：

方法一：可得 $\begin{cases} c=0, \\ a+b=1, \\ \dfrac{4ac-b^2}{4a} = a+b, \end{cases}$ 解得 $\begin{cases} a=-1, \\ b=2, \\ c=0, \end{cases}$ 两个条件联立起来充分．

方法二：条件(2)可得切线为 $y = a+b = 1$，条件(1)已知函数 $f(x) = ax^2 + bx + c$ 过点 $(1, 1)$，因此二次函数顶点为 $(1, 1)$，对称轴 $x = -\dfrac{b}{2a} = 1$，可列方程组 $\begin{cases} c=0, \\ a+b=1, \\ -\dfrac{b}{2a}=1, \end{cases}$ 解得 $\begin{cases} a=-1, \\ b=2, \\ c=0, \end{cases}$ 两个条件联立起来充分．

23 (C)

思路点拨

P(取一个某颜色的球) $= \dfrac{某颜色球的总数}{袋中总球数} =$ 袋中该颜色球所占的比例．

详细解析

母题 84·袋中取球模型

条件(1)：随机取出的一球是白球的概率为 $\dfrac{2}{5}$，可知白球占总球数的 $\dfrac{2}{5}$，无法确定黑、红两色球的比例，不充分．

条件(2)：无法确定白、红两色球的概率，不充分.
联立两个条件：
方法一：放缩.
随机取两球中至少有一个黑球的概率大于随机取一球是黑球的概率，故随机取一球是黑球的概率小于 $\frac{1}{5}$，又已知白球占比 $\frac{2}{5}$，则红球占总球数的比例大于 $\frac{2}{5}$，红球最多，故联立起来充分.
方法二：特殊值法.
假设一共有 10 个球，则白球有 4 个，设红球有 n 个，则取出的两个球至少有一个黑球的概率为 $1-\frac{C_{n+4}^2}{C_{10}^2}<\frac{1}{5}$，整理得 $(n+12)(n-5)>0$，解得 $n>5$ 或 $n<-12$，即红球数量至少为 6 个，因此红球数量最多，故联立充分.

24 (C)

详细解析

母题 19·平均值和方差

条件(1)：$a+b+c+d+e=50$，不能确定 a,b,c,d,e，显然不充分.
条件(2)：举反例，1，2，3，4，5 的平均值为 3，方差为 2；-1，-2，-3，-4，-5 的平均值为 -3，方差也为 2，数集不可确定，条件不充分.
联立两个条件：
$$\frac{(a-10)^2+(b-10)^2+(c-10)^2+(d-10)^2+(e-10)^2}{5}=2,$$
整理得 $(a-10)^2+(b-10)^2+(c-10)^2+(d-10)^2+(e-10)^2=10$.
穷举可知，$10=0+1+1+4+4$ 或 $10=0+0+0+1+9$（不满足集合互异性，舍去）. 根据集合的互异性，可令 $a=8,b=9,c=10,d=11,e=12$，且满足 $a+b+c+d+e=50$，即可以确定集合 M. 故两个条件联立起来充分.

秒杀技巧

连续 5 个整数的方差是 2，且平均值为中间数，因此联立可以直接确定这五个数 8，9，10，11，12.

易错警示

有同学在联立后确定了这 5 个数，但是误认为 $\{8,9,10,11,12\}$ 和 $\{12,11,10,9,8\}$ 不是同一个数集，错选(E)项.

25 (A)

思路点拨

将条件中的不等号看作等号，即可看作直线和圆的表达式，运用数形结合思想，画图作出条件所表示的区域. 结论中的 $x^2+y^2\geq 1$ 属于"两点间距离型最值问题"，因此转化成证明条件所表示的点到原点的距离最小值大于等于 1.

详细解析

母题 74·解析几何中的最值问题

由题可知，$x^2+y^2=(x-0)^2+(y-0)^2=d^2\geq 1$，故只需要证明原点到条件(1)和条件(2)所表示的图形上任意一点的距离 d 满足 $d_{\min}\geq 1$.

条件(1)：等价于 $-3x+4y-5 \geq 0$，是直线 $-3x+4y-5=0$ 上的点及其上方区域，如右图所示．距离 d 的最小值为原点到直线的距离，即

$$d_{\min} = \frac{|-3 \times 0 + 4 \times 0 - 5|}{\sqrt{(-3)^2 + 4^2}} = 1,$$

故条件(1)充分．

条件(2)：如右图所示，对应的区域为圆 $(x-1)^2+(y-1)^2=5$ 上的点及其圆外区域．原点在圆内，故原点到圆的最小值等于半径减去原点到圆心的距离，即 $d_{\min} = \sqrt{5} - \sqrt{(1-0)^2+(1-0)^2} = \sqrt{5} - \sqrt{2} \approx 0.82 < 1$．

故条件(2)不充分．

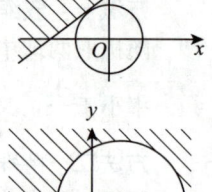

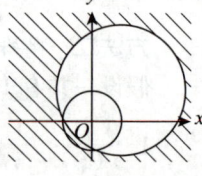

三、逻辑推理

26 (D)

论证结构

锁定关键词"将"，可知此题是对未来结果的预测，故本题为预测结果模型。

专家：人们可以通过网络随时随地获得最快的信息、最贴心的服务和最佳体验 —预测→ 光纤网络将大幅度提高人们的生活质量。

秒杀思路

预测结果模型的削弱题，需要我们找个理由，说明结果预测不当。

选项详解

(A)项，"贴心服务和美妙体验有时是虚幻的"并不能说明生活质量没有提高，此外，"有时"是弱化词，诸如出现"有时""有些""有一部分""可能""可能不"等词的选项通常都是干扰项。

(B)项，没有光纤网络，同样可以"创造"高品质的生活，不代表光纤网络不能"提高"人们的生活质量，故此项不能质疑专家的观点。

(C)项，无关选项，上网费用是否增加与光纤网络能否提高人们的生活质量无关。

(D)项，可以削弱，此项说明人们生活质量的提高仅决定于社会生产力的发展水平，而与光纤网络无关，因此，光纤网络不能大幅度提高人们的生活质量。

(E)项，此项指出快捷的网络服务可能使人们将大量时间消耗在娱乐上，但其生活质量是否得到提高不得而知，此外，"可能"是弱化词，故此项不能质疑专家的观点。

27 (C)

详细解析

题干中，数字"87654321"和电话号码"87654321"不是同一概念，因此，题干犯了偷换概念的逻辑错误。但需要注意的是，本题的偷换概念并非偷换集合概念与类概念。

题干的论证方式可整理为：A 知道 B_1，C 是 B_2，所以，A 知道 C。

(A)项，第一个"中国人"是集合概念，第二个"中国人"是类概念，故此项犯了偷换概念的逻辑错误，但是，题干并非偷换集合概念与类概念，不如(C)项更相似。

(B)项，A 由 B 构成，B 具有性质 C，所以，A 具有性质 C，与题干不同。

(C)项，晨星是指"早晨的金星"，暮星是指"傍晚的金星"，存在偷换概念，而且在推理形式上为：A 相信 B_1(晨星)，B_2(暮星)是 C(等价于：C 是 B_2)，所以，A 相信 C，故本项与题干最为相似。

(D)项，A→B，C，所以 B，显然与题干不同。

(E)项,"大蚂蚁"中的"大"是指蚂蚁中大的一种,而"大动物"中的"大"是指整个动物界中大的一种,两个"大"含义不同,犯了偷换概念的逻辑错误,但论证方式显然与题干不同,故不如(C)项更相似。

28 (B)

秒杀思路

此题的提问方式为"陈先生孩子的回答最适宜用来反驳以下哪项",锁定陈先生孩子的回答:"经历了那么多风雨,怎么就没见到彩虹呢",等价于"经历了那么多风雨,但是没有见到彩虹",即:经历风雨∧¬见到彩虹。故本题为假言判断的负判断模型(矛盾命题),但在命题的过程中,应用了逆向思维。

详细解析

陈先生的孩子:经历风雨∧¬见到彩虹。
其矛盾命题为:经历风雨→见到彩虹。故(B)项正确。

29 (B)

秒杀思路

题干是关于6位考生对3个问题的答案的预测,已知"每位考生都至少答对其中1道题",故本题为一个人多个判断的真假话问题。由于选项已将3个问题的答案依次列出,故优先使用选项排除法。

选项详解

(A)项,若此项为真,则第六位考生一道题都没答对,与"每位考生都至少答对其中1道题"矛盾,故排除。

(B)项,与"每位考生都至少答对其中1道题"并不矛盾,正确。

(C)项,若此项为真,则第一位、第四位、第六位考生一道题都没答对,与"每位考生都至少答对其中1道题"矛盾,故排除。

(D)项,若此项为真,则第二位、第三位、第五位考生一道题都没答对,与"每位考生都至少答对其中1道题"矛盾,故排除。

(E)项,若此项为真,则第一位、第四位考生一道题都没答对,与"每位考生都至少答对其中1道题"矛盾,故排除。

30 (E)

论证结构

题干涉及多组实验的对比,故本题为求异法中的对比实验模型。
题干的结构如下:

番茄红素水平最高的四分之一的人:11人中风;
番茄红素水平最低的四分之一的人:25人中风;
所以,番茄红素能降低中风的发生率。

秒杀思路

对比实验模型的削弱题,常用另有差因来削弱,有时也可用不当归纳(可能出现样本没有代表性,调查者/被调查者不中立等问题)。此外,求异法归根结底还是找原因的方法,故因果倒置、因果无关等削弱因果的方法也适用。

选项详解

(A)项,无关选项,题干只讨论发生中风与否,没有讨论中风的严重性。

(B)项，无关选项，题干讨论的是"番茄红素水平"与"中风发生率"之间的关系，并未涉及诱发中风的原因。（干扰项·无效他因）

(C)项，此项说明年龄对于实验结果可能会有影响，但"也许"是一个弱化词，故其削弱力度较弱。

(D)项，另有他因，但是因为不知道番茄红素水平低的人中喜爱进行适量体育运动的人有多少，如果少于四分之一，则质疑题干；如果也有四分之一甚至多于四分之一，则不能质疑题干。所以此项的削弱力度较弱。

(E)项，此项与题干构成共变法实验：

番茄红素水平最高的四分之一的人：11人中风；

番茄红素水平居中的二分之一的人：50人中风；

番茄红素水平最低的四分之一的人：25人中风。

如果番茄红素水平确实影响中风的发生率，那么，应该是番茄红素水平最高的，中风率最低；番茄红素水平居中的，中风率居中；番茄红素水平最低的，中风率最高。但由此项却发现，番茄红素水平居中和最低的人，中风率一样，从而说明共变关系不成立，削弱题干。

31 (C)

论证结构

锁定关键词"由此认为"，可知此前是论据，此后是论点。

题干：恐龙腿骨化石都有一定的弯曲度，这意味着恐龙没有人们想象的那么重。以前根据其腿骨为圆柱形的假定计算动物体重时，会使得计算结果比实际体重高出1.42倍 ——证明→ 过去那种计算方式高估了恐龙腿部所能承受的最大身体重量。

秒杀思路

题干的论据是"圆柱形腿骨"和"弯曲的腿骨"两种不同的腿骨形状，结论是对承受的最大身体重量估计的差别，二者存在不一致，因此使用搭桥法，故可迅速选(C)。

选项详解

(A)项，此项指出恐龙腿骨所能承受的重量比之前人们所认为的要大，而题干认为原来的计算方式高估了恐龙腿部所能承受的最大身体重量，即：恐龙腿部的承受力应该是更低的，故此项削弱题干。

(B)项，无关选项，题干的论证并未涉及体重与骨骼粗壮之间的关系。

(C)项，搭桥法，建立了腿骨形状与承受重量之间的关系，故最能支持科学家的观点。

(D)项，无关选项，题干的论证并未涉及"肌肉"对于"支撑体重"的作用是否大。

(E)项，无关选项，题干的论证并未涉及"陆地上的恐龙"和"翼龙"的比较。（干扰项·无关新比较）

32 (D)

秒杀思路

题干中小明的观点为一个假言判断，提问方式为"最能构成对小明观点的反驳"，即：反驳该假言判断，故本题为假言判断的负判断模型（矛盾命题）。

详细解析

题干：再知道男生、女生最高者的具体身高(A)∨再知道男生、女生的平均身高(B)→确定最高者与最低者之间的差距(C)。

题干的矛盾命题为：(A∨B)∧¬C。故以下三种情况均可反驳小明的观点：

情况1：A∧¬C。

情况2：B∧¬C。

情况3：A∧B∧¬C。

(A)项，此项也是假言判断，与上述三种情况均不一致，故无法反驳小明的观点。

(B)项，此项等价于：¬B∧C，故无法反驳小明的观点。

(C)项，此项也是假言判断，与上述三种情况均不一致，故无法反驳小明的观点。

(D)项，此项等价于：B∧¬C，等价于情况2，故能够反驳小明的观点。

(E)项，此项也是假言判断，与上述三种情况均不一致，故无法反驳小明的观点。

33 (B)

秒杀思路

观察题干，发现题干涉及"增长率"，故本题为统计论证中的增长率模型，可采用列数学表达式求解。

假设近10年来，某电脑公司的个人笔记本电脑销量的增长率为 a，该公司所有产品总销量的增长率为 b，根据题干信息可列下表：

项目	10年前	现在
个人笔记本电脑销量	x	$x(1+a)$
总销量	y	$y(1+b)$

选项详解

(A)项，"略有增长"与题干中"持续增长"并不矛盾，可能为真。

(B)项，10年前个人笔记本电脑销量占比 $=\dfrac{x}{y}$，现在个人笔记本电脑销量占比 $=\dfrac{x(1+a)}{y(1+b)}=\dfrac{x}{y}\times\dfrac{1+a}{1+b}<\dfrac{x}{y}$，所以，近10年来，个人笔记本电脑的销量占该公司产品总销量的比例在下降，本项与此分析矛盾，故此项不可能为真。

(C)项，根据上述表格可知，个人笔记本电脑销量由 x 增长到了 $x(1+a)$，而总销量由 y 增长到了 $y(1+b)$，故二者"同时增长"可能为真。

(D)、(E)项，由(B)项中的分析可知，这两项均可能为真。

34 (B)

秒杀思路

题干张某的观点中出现多个非标准形式的性质判断，提问方式为"最能反驳张某的观点"，故本题为简单判断的负判断模型（矛盾命题）。

详细解析

张某的观点：

①每个凡夫俗子一生之中都将面临许多问题，等价于：所有凡夫俗子一生之中都将面临许多问题。

②分析问题的方法与技巧很少有人掌握。

③华尔街的分析大师们趾高气扬、身价百倍，等价于：所有华尔街的分析大师们趾高气扬、身价百倍。

张某观点的矛盾命题分别为：

④有的凡夫俗子一生之中不会面临许多问题。

⑤分析问题的方法与技巧并非很少有人掌握。

⑥有的华尔街的分析大师不是趾高气扬、身价百倍。

(A)项，题干并未涉及凡夫俗子是否需要掌握分析问题的方法与技巧，故此项不能反驳张某的观点。

(B)项,"有些凡夫俗子一生之中将要面临的问题并不多"等价于④,与①矛盾,故此项最能反驳张某的观点。

(C)项,此项不仅不能反驳张某的观点,还可支持其观点②。

(D)项,题干并未涉及掌握分析问题的方法与技巧是否重要,故此项不能反驳张某的观点。

(E)项,"华尔街的分析大师们大都掌握分析问题的方法与技巧"与观点②并不矛盾,故此项不能反驳张某的观点。

35 (E)

论证结构

题干涉及两组孩子的对比,故本题为**求异法模型**。

题干结构如下:

维生素D缺乏的孩子:有12%在出生后一年内感染了呼吸道合胞病毒;
维生素D正常的孩子:没有这么高的比例;

所以,孕妇适当补充维生素D可降低新生儿感染呼吸道合胞病毒的风险。

秒杀思路

求异法模型的支持题,常用排除其他差异因素(排除差因)来支持。此外,求异法归根结底还是找原因的方法,故因果相关、排除他因、无因无果、并非因果倒置等支持因果的方法也适用。

选项详解

(A)项,指出新生儿"维生素D缺乏"是由于"母亲缺乏维生素D"造成的,支持孕妇适当补充维生素D可使新生儿补充足够的维生素D,但不支持孕妇适当补充维生素D可降低新生儿感染呼吸道合胞病毒的风险。因此,支持力度小。

(B)项,无关选项,题干涉及的是"呼吸道合胞病毒",此项涉及的是"流感病毒"。(干扰项·偷换论证对象)

(C)项,"有一些"补充了维生素D的孕妇,其所生的新生儿仍在出生一年内感染了呼吸道合胞病毒,这在一定程度上说明维生素D对于感染呼吸道合胞病毒没有作用,削弱题干,但力度较弱。

(D)项,从求异法的角度来说,"实验时所选的新生儿在其他方面跟一般新生儿的相似性没有得到明确验证",说明了实验并没有排除其他可能影响实验结果的因素,故此项有一定的削弱作用。

(E)项,此项直接说明了维生素D具有预防新生儿呼吸道病毒感染的作用,直接支持题干的论点,故其支持力度大。

36 (B)

题干现象

题干直接描述了一种现象,要求解释老板营销策略的成功,即:为什么"随便给"的营销策略很成功?故本题为**解释现象**,找题干现象的原因即可。

选项详解

(A)项,说明"部分"顾客会掏足够甚至更多的钱,可以解释为什么"大多数顾客均以公平或慷慨的态度结账"。但是,如果其他顾客付的钱远低于成本价格,则"随便给"的营销策略可能无法成功,故此项在解释"'随便给'的营销策略很成功"时的力度较小。

(B)项,可以解释,此项说明"随便给"的营销策略只可能赚钱,不可能赔钱,解释力度大。

(C)项,另有他因,指出盈利的原因并非来自"随便给"的营销策略,而是"地理位置",削弱了题干而不是解释题干。

(D)项,既然"客人不知道该付多少钱",那么客人就存在给得过少的可能,因此,不能解释"随便给"营销策略的成功。
(E)项,说明"随便给"的营销策略在遇到"过分吝啬的顾客"时会失效,削弱了题干而不是解释题干。

37. (C)

秒杀思路

题干出现4个人和4个身份之间的一一匹配,故本题为两组元素的一一匹配模型。题干中有假言判断,且该假言判断能用来断定题干四句话的真假,故可结合题干的假言判断进行直接推理。

详细解析

从假言判断出发,如果提到的人是经办人,则该回答为假;如果提到的人不是经办人,则为真。故可进行假设求解:
若经办人是赵义,则孙智的回答"出纳的签名不是赵义"为真,与题干"如果提到的人是经办人,则该回答为假"矛盾,故经办人不是赵义。
若经办人是钱仁礼,则赵义的回答"审批领导的签名不是钱仁礼"与李信的回答"复核的签名不是钱仁礼"均为真,与题干"如果提到的人是经办人,则该回答为假"矛盾,故经办人不是钱仁礼。
若经办人是李信,则钱仁礼的回答"复核的签名不是李信"为真,与题干"如果提到的人是经办人,则该回答为假"矛盾,故经办人不是李信。
因此,经办人必为孙智。

38. (D)

详细解析

由上题分析可知,经办人为孙智,四人的回答中都没有提到孙智,根据题干"如果提到的人不是经办人,则为真"可知,四人的回答均为真。
所以,钱仁礼不是审批领导、不是复核、不是经办人,则钱仁礼必为出纳。
复核不是李信、不是钱仁礼、不是孙智,则复核必为赵义。
故(D)项正确。

39. (A)

论证结构

锁定关键词"因此",可知此前是论据,此后是论点。
题干:行星内部含有这些元素越多,其内部温度就会越高,这在一定程度上有助于行星的板块运动,而板块运动有助于维系行星表面的水体 ——证明→ 板块运动可被视为行星存在宜居环境的标志之一。

秒杀思路

题干论据中的核心概念为"水体",论点中的核心概念为"宜居环境",二者并非同一概念,故本题为搭桥模型的假设。

选项详解

(A)项,维系水体→可能存在生命,此项在论据的核心概念"水体"和论点的核心概念"宜居环境"之间建立了联系,搭桥法,必须假设。
(B)项,此项说明放射性元素钍和铀确实能驱动行星的板块运动,支持题干的论据,但不是题干的假设。
(C)项,题干的论据中已经说明"温度"与"板块运动"之间的关系,故此项仅仅是重复题干的论据,能够支持题干,但不是题干论证的假设。
(D)项,没有水却仍然可能有生命存在,说明"水体"和"生命"不存在必然的联系,也就无法搭桥,其对于题干论证而言,具有一定的削弱作用。

(E)项,"地外生命一定存在"说明除地球以外确实存在宜居的行星,但此项无法说明"水体"和"宜居环境"之间存在联系,也就无法搭桥。

40 (D)

秒杀思路

题干是5门课程和4个支部之间的匹配问题,故本题为<u>两组元素的多一匹配模型</u>。此题中,两组元素之间的匹配情况已经确定(即4个支部各选择其中两门课程进行学习),故使用表格法。

详细解析

根据题干信息,可得下表:

课程 支部	行政学	管理学	科学前沿	逻辑	国际政治
第一支部		×	×	×	
第二支部	×		×		×
第三支部			√		
第四支部			×		

根据上表,结合"4个支部各选择其中两门课程进行学习"可知,第一支部选择行政学和国际政治、第二支部选择管理学和逻辑。可得下表:

课程 支部	行政学	管理学	科学前沿	逻辑	国际政治
第一支部	√	×	×	×	√
第二支部	×	√	×	√	×
第三支部			√		
第四支部			×		

可知,第四支部在行政学、管理学、逻辑、国际政治中选择2门学习。

再由"任意两个支部所选课程均不完全相同"可知,第四支部在行政学和国际政治中至多选一个、第四支部在管理学和逻辑中至多选一个。

即第四支部:行政学∨国际政治、管理学∨逻辑。

由"管理学∨逻辑"可得:¬管理学→逻辑,故(D)项正确。

41 (C)

题干现象

锁定关键词"但",观察其前后有看似矛盾之处,题干要求解释该现象,故本题为<u>解释矛盾</u>。

题干中的矛盾是:全球变暖,极地冰川融化,但是,北半球许多地区的民众在冬季感到相当寒冷,一些地区甚至出现了超强降雪和超低气温。

选项详解

(A)项,无关选项,题干说的是"北半球",此项说的是"南半球"。(干扰项·偷换论证对象)

(B)项,无关选项,题干说的是"冬季寒冷",此项说的是"夏季平均气温偏高"。

(C)项,此项说明全球变暖中断了原来影响这些出现寒冷天气地区的暖流,可以解释。

(D)项,北半球经历严寒冬季的地区不是原来寒流影响的主要区域,那么这些地区不应受原来洋流增强的影响而变得更加寒冷,加剧题干矛盾。

(E)项，此项只能解释北半球为什么感觉寒冷，没有说明和"全球变暖"的关系，故解释力度不如(C)项。

42 (D)

秒杀思路

题干的第一句话是一个相容选言判断：规章∨规范性文件，选项几乎都是假言判断，可知本题考查的是"∨"与"→"的推理公式。

详细解析

题干：规章∨规范性文件＝¬规章→规范性文件＝¬规范性文件→规章。

故：两个《通知》如果不属于规范性文件，则属于规章，即(D)项为真。

注意：(A)、(B)项中出现的"法律""行政法规"和(E)项中出现的"违法行为"，题干均没有提到，属于主观臆断，可直接排除。

43 (D)

秒杀思路

题干由假言判断和全称判断(可看作假言判断)组成，且能进行串联，故本题为<u>串联推理的基本模型</u>，可使用四步解题法。

详细解析

第1步：画箭头。

①一个管理者是某领域优秀的专家学者→管理好基本事务。

②品行端正的管理者→可以得到下属尊重。

③对所有领域都一知半解的人→¬得到下属尊重。

④被浩瀚公司董事会解除→¬管理好基本事务。

第2步：串联。

由①、④串联可得：⑤一个管理者是某领域优秀的专家学者→管理好基本事务→¬被解除。

第3步：逆否。

⑤逆否可得：被解除→¬管理好基本事务→¬一个管理者是某领域优秀的专家学者。

第4步：分析选项，找答案。

(A)、(B)、(C)、(E)项，由题干信息无法确定浩瀚公司董事会是否解除了"品行端正的管理者""某些管理者""受下属尊重的管理者""对所有领域都一知半解的管理者"的职务，故排除。

(D)项，由⑤可知，某领域优秀专家学者的管理者，不会被解除职务，故此项必为真。

44 (C)

秒杀思路

题干由1个选言判断和2个假言判断组成，并且假言判断的前件恰为选言判断的肢判断，易知本题考查的是二难推理公式，即：

$$A \vee B;$$
$$A \rightarrow C;$$
$$B \rightarrow D;$$
$$\overline{\text{所以，}C \vee D\text{。}}$$

详细解析

题干中有以下判断：

①甲党控制∨乙党控制。

②甲党控制→经济问题。
③乙党控制→军事危机。
根据二难推理公式，则必有：经济问题∨军事危机。故(C)项正确。

45 (D)

详细解析
第1步：画箭头。
题干有以下信息：
①学校招收一部分免费师范生，也招收一部分一般师范生。
②没有免费师范生毕业时可以留在大城市工作，即：免费师范生→¬留在大城市工作。
③一般师范生毕业时都可以选择留在大城市工作，即：一般师范生→可以选择留在大城市工作。
④任何非免费师范生毕业时都需要自谋职业，即：¬免费师范生→自谋职业。
⑤没有免费师范生毕业时需要自谋职业，即：免费师范生→¬自谋职业。

第2步：逆否。
观察各选项的前件，发现只有⑤需要逆否。
⑤逆否可得：⑥自谋职业→¬免费师范生。

第3步：找答案。
(A)项，自谋职业→可以选择留在大城市工作，由⑥可知，自谋职业→¬免费师范生，(A)项如果为真，必须有前提：¬免费师范生→可以选择留在大城市工作，但题干中无此前提，故此项可真可假。
(B)项，¬一般师范生→免费师范生，由①可知，可真可假，因为可能还存在非师范类学生。
(C)项，自谋职业→一般师范生，由⑥可知，自谋职业→¬免费师范生，但"不是免费师范生"不一定就是"一般师范生"，故此项可真可假。
(D)项，一般师范生不是免费师范生，由④可知，必须自谋职业，故此项为真。
(E)项，根据箭头指向原则，由③可知，此项可真可假。

46 (D)

秒杀思路
题干涉及人、工作室、职业之间的一一匹配，故本题为**多组元素的一一匹配模型**。题干中无假言，故使用口诀"事实/问题优先看，重复信息是关键。两组匹配用表格，三组匹配就连线"秒杀。

详细解析
题干有如下三种元素：
(1)职业：网络、文秘、后勤。
(2)工作室：110室、111室、112室。
(3)人：文珊、孔瑞、姚薇。
题干已知信息为：原本负责后勤的文珊接替了孔瑞的文秘工作，由110室调到了111室。
文珊从后勤转岗为文秘，工作室由110室变为111室。因此，后勤的工作室为110室、文秘的工作室为111室、网络的工作室为112室。
原本文珊负责后勤、孔瑞负责文秘，则姚薇负责网络；由于三人需轮岗（也就是每人不能再从事原先的工作），故姚薇不能再负责网络，由于调整后文珊也不负责网络，故：调整后孔瑞负责网络，被调到了112室。
综上：

文珊接替孔瑞的工作，被调到了111室；
孔瑞接替姚薇的工作，被调到了112室；
姚薇接替文珊的工作，被调到了110室。
故(D)项正确。

47 (B)

秒杀思路

题干出现4个人围坐在一张方桌前，故本题为围桌而坐模型。题干并未进行编序，故本题可自行编序定位进行解题。

详细解析

根据题干，可知四人可坐的方位如下图所示：

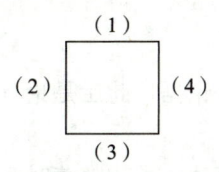

```
           (1)
      ┌─────────┐
  (2) │         │ (4)
      └─────────┘
           (3)
```

由题干"晨桦坐在建国的左手边"（面朝方桌的中心来区分左右），假设晨桦坐在(1)处，则建国坐在(2)处；再由"坐在建国对面的嘉媛不是邮递员"，可知嘉媛坐在(4)处，故向明只能坐在(3)处。如下图所示：

```
          (晨桦)
       ┌─────────┐
 (建国)│         │(嘉媛)
       └─────────┘
          (向明)
```

由"向明坐在高校教师的右手边"，可知建国是高校教师；再由"晨桦是软件工程师""嘉媛不是邮递员"，并结合"4人的职业各不相同"，可知向明是邮递员、嘉媛是园艺师。
故(B)项正确。

48 (E)

秒杀思路

题干出现多个性质判断(可看作假言判断)，提问方式为"最能反驳兰教授的上述观点"，故本题为串联推理的矛盾命题。

详细解析

第1步：画箭头。
①¬善于思考→¬优秀的管理者，等价于：优秀的管理者→善于思考。
②没有一个谦逊的智者学习占星术，即谦逊的智者都不学习占星术，即：谦逊的智者→¬占星术，等价于：占星术→¬谦逊的智者。
③占星家→占星术。
④有的占星家→优秀的管理者。
第2步：串联。
④中有"有的"，故从④开始串联。
由④、①串联可得：有的占星家→优秀的管理者→善于思考，故有：有的占星家→善于思考，等价于：⑤有的善于思考→占星家。

再串联⑤、③和②，可得：有的善于思考→占星家→占星术→¬谦逊的智者，必有：⑥有的善于思考的人不是谦逊的智者。

第3步：找矛盾命题。

(A)项，此项与④构成"下反对关系"，可以同时为真，故此项不能反驳兰教授的观点。

(B)项，此项等价于⑥，故此项不能反驳兰教授的观点。

(C)项，此项只能反驳"有的谦逊的智者→¬善于思考"，而其不是兰教授的观点，故此项不能反驳兰教授的观点。

(D)项，谦逊的智者→¬善于思考，等价于：善于思考→¬谦逊的智者，不仅不能反驳⑥，还起到了支持⑥的作用。

(E)项，此项与⑥矛盾，故此项最能反驳兰教授的观点。

49 (D)

论证结构

锁定关键词"由此认为"，可知此前是论据，此后是论点。论据中出现年龄和结网章法的共变关系，可知本题为**共变法模型**。

题干：蜘蛛越老，结的网就越没有章法 ——证明——→ 随着时间的流逝，这种动物的大脑也会像人脑一样退化。

秒杀思路

共变法模型的削弱题，常用方法有：另有其他共变因素、共因削弱和因果倒置。另外，由于共变法得到的也是因果关系，故有因无果、无因有果、另有他因、因果无关等削弱因果的方法也适用。

选项详解

(A)项，无关选项，题干的论证没有涉及"受到异性蜘蛛的青睐"这一话题。

(B)项，此项说明随着年龄的增长，蜘蛛的脑容量变小，支持题干的结论。

(C)项，此项指出"运动器官的老化"导致"年老蜘蛛结网能力下降"，从而使得年老蜘蛛结网没有章法，但是"运动器官的老化"和"大脑退化"这两种原因是可能共存的，故此项的削弱力度较为有限。

(D)项，此项说明"结网"与"大脑"不相关，即因果无关，削弱力度大。

(E)项，无关选项，题干的论证并未涉及蛛网的"功能"这一话题。

50 (D)

秒杀思路

锁定关键词"由此得出"，可知此前是论据，此后是论点。

研究人员：在安静环境中，男性和女性都说出了声源的准确位置；在嘈杂环境中，男性可以准确说出声源位置，女性很难准确说出声源位置 ——证明——→ 在嘈杂环境中准确找出声音来源的能力，男性要胜过女性。

选项详解

(A)项，在嘈杂环境中，"有些"声音是女性熟悉的声音，面对熟悉的声音女性却很难准确说出声源位置，说明男性准确找出声源的能力确实胜过女性，支持研究者的结论，但"有些"是弱化词，故其支持力度较弱。

(B)项，在嘈杂环境中，"有些"声音是男性不熟悉的声音，面对不熟悉的声音男性却可以准确说出声源位置，说明男性准确找出声源的能力确实胜过女性，支持研究者的结论，但"有些"是弱化词，故其支持力度较弱。

注意：(A)、(B)两项一正一反，但是对于题干来说起到的作用是相同的，要选的话应该都选，因此可迅速排除。

(C)项，无关选项，研究者的结论强调的是"嘈杂环境"中的情况，并非"安静环境"中的情况。

(D)项，提供新论据，支持研究者的结论，具体说明了造成男性和女性在嘈杂环境中准确说出声音来源的能力不同的原因。

(E)项，无关选项，题干对比的是男女差异，此项对比的是"人"在两种环境中的差异。（干扰项·转移论题）

51 (D)

秒杀思路 ▽

题干的提问方式为"根据以上信息，最可能得出以下哪项"，结合题干中的"所有……""有这样的人……（即有的……）"，可知此题本质上是形式逻辑题，故本题为推论题中的推理题模型。

详细解析 ▽

题干信息：

①孙先生所有的朋友声称：他们知道某人每天抽烟至少两盒，持续40年，但身体不错。

等价于：所有孙先生的朋友都知道某人每天抽烟至少两盒，持续40年，但身体不错。

②孙先生并不知道有这样的人。

③孙先生的朋友中也有像孙先生这样不知情的。

由①、③可知，孙先生的朋友中有人不知情，但却声称知情，故孙先生的朋友中一定有人说谎了，故(D)项正确。

52 (E)

秒杀思路 ▽

此题的提问方式为"根据以上信息，最可能得出以下哪项"，且题干中无形式逻辑的关联词，故本题为论证逻辑型推论题。观察题干可发现，题干涉及百分比，故本题考查的是统计论证，可采用列数学表达式求解。

详细解析 ▽

方法一：数学方法。

$$人均经费=\frac{人均本科生经费 \times 本科生人数 + 人均研究生经费 \times 研究生人数}{总人数}$$

$$=\frac{人均本科生经费 \times 本科生比例 \times 总人数 + 人均研究生经费 \times 研究生比例 \times 总人数}{总人数}$$

$$=人均本科生经费 \times 本科生比例 + 人均研究生经费 \times 研究生比例。$$

可见，人均研究生经费和研究生比例都可以影响人均经费，故(E)项为真。

方法二：极端假设法。

假设一种极端情况：甲校本科生1人，平均经费10元；研究生100人，平均经费100元。乙校本科生100人，平均经费15元；研究生1人，平均经费90元。

虽然这个假设的比例与题干并不一致，但趋势是一致的。通过这样的定性，我们可以知道，人均经费比较的趋势，与两种学生占总数的比例是完全可能有关的，与人均经费也是完全可能有关的，但与二者都不是必然相关。

53 (E)

秒杀思路

题干由事实和假言构成,故本题为事实假言模型,可使用口诀"题干事实加假言,事实出发做串联;肯前否后别犹豫,重复信息直接连"秒杀。

详细解析

本题补充新事实:(6)荀慧参加中国象棋比赛。

从事实出发,找重复元素"荀慧"。

由"荀慧参加中国象棋比赛"可知,条件(4)的前件为真,根据口诀"肯前必肯后",可得:庄聪不参加中国象棋比赛。

由"荀慧参加中国象棋比赛"并结合条件(5)"荀慧和墨灵至少有一人不参加中国象棋比赛"可知,墨灵不参加中国象棋比赛。

由"墨灵不参加中国象棋比赛"可知,条件(3)的后件为假,根据口诀"否后必否前",可得:韩敏参加国际象棋比赛。故(E)项正确。

54 (D)

详细解析

本题补充新事实:(7)庄聪和孔智参加相同的比赛项目,且孟睿参加中国象棋比赛。

从事实出发,由"庄聪和孔智参加相同的比赛项目"及"两人参加中国象棋比赛"可知,条件(2)中"庄聪和孟睿都参加中国象棋比赛"为假,再根据充要条件"同生共死"的性质可知,"孔智参加围棋比赛"为假,即:孔智不参加围棋比赛。

再结合事实(7)中"庄聪和孔智参加相同的比赛项目"可知,庄聪不参加围棋比赛。

再由"两人参加围棋比赛,两人参加中国象棋比赛,还有两人参加国际象棋比赛"和"孟睿参加中国象棋比赛"可得:庄聪和孔智参加国际象棋比赛。

由"庄聪和孔智参加国际象棋比赛"和"两人参加国际象棋比赛"可知,其他4人都不参加国际象棋比赛,故条件(3)的前件为真,根据口诀"肯前必肯后",可得:墨灵参加中国象棋比赛。

故孟睿和墨灵参加中国象棋比赛、荀慧和韩敏参加围棋比赛,即(D)项正确。

55 (D)

秒杀思路

此题的提问方式为"以下哪项可能为真",故直接考虑选项排除法。

选项详解

(A)项,若庄聪和韩敏参加中国象棋比赛,则韩敏不参加国际象棋比赛,由条件(3)可知,墨灵参加中国象棋比赛,则出现庄聪、韩敏和墨灵三个人参加中国象棋比赛,与"两人参加中国象棋比赛"矛盾,故排除。

(B)项,若韩敏和荀慧参加中国象棋比赛,则韩敏不参加国际象棋比赛,由条件(3)可知,墨灵参加中国象棋比赛,则出现韩敏、荀慧和墨灵三个人参加中国象棋比赛,与"两人参加中国象棋比赛"矛盾,故排除。

(C)项,此项与条件(2)矛盾,故排除。

(D)项,此项与已知条件均不矛盾,可能为真。

(E)项,若韩敏和孔智参加围棋比赛,由条件(2)可知,庄聪和孟睿参加中国象棋比赛,又由条件(3)可知,墨灵参加中国象棋比赛,则出现庄聪、孟睿和墨灵三个人参加中国象棋比赛,与"两人参加中国象棋比赛"矛盾,故排除。

四、写作

56 论证有效性分析

谬误分析

①制衡与监督未必能使"任何人都不能滥用权力"和"所有环节都在可控范围之内"。即使这一目标达成，也无法得出"企业的运营就不可能产生失误"的结论。因为，企业的运营失误与否还取决于管理团队的管理水平等其他条件。

②材料认为"环环相扣的监督机制能确保企业内部各级管理者无法敷衍塞责"，过于绝对，无法作为论据。因而，无法证明以制衡与监督为原则所设计的企业管理制度能保证其实施的有效性。

③材料认为"环环相扣的监督机制能确保企业内部各级管理者无法敷衍塞责"，事实上，即使有了监督机制，也不能确保所有管理者不敷衍塞责。而且，"确保无法敷衍塞责"与后文中的"万一有人敷衍塞责"自相矛盾。

④权力的平衡未必能使整个企业运营平衡。因为，企业运营的平衡，除了企业管理权力的平衡这一重要条件之外，还取决于其他条件。

⑤材料认为"权力平衡就是权力平等"，但二者并不相同。"权力平衡"是指权力的动态制约关系，而"权力平等"则是指权力的平均分配。因此，无法由此推出"这一制度本身蕴含着平等观念"，当然更不能由此得出"必将促成企业内部的和谐与稳定"这一结论。

⑥"权力的制衡与监督"难以保证"企业运营不失误、管理制度有效、日常运营平衡以及内部和谐稳定"。当然，即使做到这些也不足以保证企业一定能够成功，因为，企业的成功不仅取决于企业的内部因素，还取决于市场环境等企业的外部因素。

（说明：以上谬误分析引用和改编自教育部考试中心公布的官方参考答案。）

参考范文

权力的制衡与监督真的有效吗？

材料认为，"只要有了制衡与监督，企业的成功就有了保证"，然而其论证存在多处不当，其结论难以成立。

第一，制衡与监督未必能使"任何人都不能滥用权力"和"所有环节都在可控范围之内"。即使这一目标达成，也无法得出"企业的运营就不可能产生失误"的结论。因为，企业的运营失误与否还取决于管理团队的管理水平等其他条件。

第二，材料认为"环环相扣的监督机制能确保企业内部各级管理者无法敷衍塞责"，事实上，即使有了监督机制，也不能确保所有管理者不敷衍塞责。而且，"确保无法敷衍塞责"与后文中的"万一有人敷衍塞责"自相矛盾。

第三，材料认为"权力平衡就是权力平等"，但二者并不相同。"权力平衡"是指权力的动态制约关系，而"权力平等"则是指权力的平均分配。因此，无法由此推出"这一制度本身蕴含着平等观念"，当然更不能由此得出"必将促成企业内部的和谐与稳定"这一结论。

第四，"权力的制衡与监督"难以保证"企业运营不失误、管理制度有效、日常运营平衡以及内部和谐稳定"。而且，即使做到这些也不足以保证企业一定能够成功，因为，企业的成功不仅取决于企业的内部因素，还取决于市场环境、国家政策、宏观经济状况等企业的外部因素。

总之，权力的制衡与监督只是企业成功的因素之一，而不是全部，即使做到了这一点，也难以保证企业必然成功。

（全文共557字）

57 论说文

参考立意
①选择（决策）及其风险。
②任何成功都有代价。
③福祸相依。

参考范文

冒点风险又何妨

吕建刚

雌孔雀选择配偶时，往往选择尾巴大而艳丽的雄孔雀，以保证后代的健康。但是这种选择往往伴随着风险。在我看来，人生苦短，要活出精彩，冒点风险又何妨？

企业风险是客观存在的。一方面，管理者本身就是企业风险的来源之一。任何一个管理者都不可能是面面俱到的全才，一定有其不擅长的领域。另外，"千人千面"，每个管理者的决策能力不同，风险偏好不同，这就很难保证决策的科学性。另一方面，"光环效应"的存在，使得管理者在面临决策时，往往只看到可观的利益。利益的光环掩盖了潜在的风险，从而让管理者做出非理性决策。这一系列的问题使得企业经营不可能避免风险，那么企业家就应该有点冒险精神。

很多人愿意冒险，当然是因为冒险是有价值的。投资学上有一个概念，叫作"风险溢价"，它是指一个高风险高收益的投资的回报率与无风险的投资的回报率之间的差额。正是风险溢价的存在，才会有人愿意冒险。

当然，敢于冒险，不是盲目冒险。在企业经营中，最忌讳的是不了解行情、不了解实际情况就盲目出击。但很多管理者还是"踩了雷"，事前没有做好调研，自以为是有价值的冒险，实则是乱出手。由于信息的不对称，很容易失手，这种盲目性让很多企业吃尽了苦头。

所以，企业欲降低决策风险，需做好流程管理。一要做好事前调研，调研越仔细，决策就越有依据。二要做好事中控制，决策执行过程中，要不断地发现问题并迅速解决，不要等到最后的不良结果出现才追悔莫及。三要做好事后复盘，对没有留意到的地方进行改进。

海伦·凯勒说："人生要不是大胆地冒险，便是一无所获。"孔雀凭本能尚能实践这个道理，更何况智慧如你？

（全文共664字）

2013年全国硕士研究生招生考试
管理类综合能力试题答案详解

一、问题求解

1（C）

思路点拨

思路①：题干仅给出生产所需的时间，求效率的变化率，可设总量为特值"10"，从而简化计算；
思路②：可以根据"计划总产量＝实际总产量"列出等量关系，进行计算．

详细解析

母题93·增长率问题

方法一：特值法．

设零件总量为10件，则原计划平均每天生产1件，实际用了8天，则平均每天生产1.25件，所以平均产量提高25％．

方法二：设原计划每天的产量为a，实际比计划平均提高了x，根据产量不变，可列式
$$10a=8a(1+x),$$
解得$x=25\%$．故每天的产量比计划平均提高了25％．

2（C）

思路点拨

同向追击问题，速度差×时间＝路程差，即$(v_甲-v_乙)t=S$．

详细解析

母题98·行程问题

设甲的速度为$v_甲$米/分钟、乙的速度为$v_乙$米/分钟，易知$v_乙=\dfrac{400}{8}=50$．

已知25分钟后，乙比甲少走了一圈，则有
$$25(v_甲-v_乙)=400,$$
解得$v_甲=66$．故甲的速度为66米/分钟．

3（B）

思路点拨

高于90分的同学，他们多出的分数是用来给其他人平均的，因此他们分数应尽量高；而不及格的同学，是要消耗高于90分的同学的分数．要想使不及格人最多，那么每个人消耗的应该尽量少，因此采用极值法．

详细解析

母题100·最值问题

用极值法．设不及格的同学的分数约等于60分，有x人；及格的同学均为100分，有30－x人，得

$$(30-x)100+60x=30\times 90,$$

解得 $x=7.5$. 故理想状态下可以有 7.5 人不及格，x 取整数，则最多有 7 个人低于 60 分.

秒杀技巧

选项代入法：设不及格的同学的分数约等于 60 分.

(A)项，当有 8 人不及格时，分数最多为 $8\times 60+22\times 100=2\,680<2\,700$，不满足.

(B)项，当有 7 人不及格时，分数最多为 $7\times 60+23\times 100=2\,720>2\,700$，满足.

(C)、(D)、(E)项人数小于 7，不用考虑.

4 (E)

思路点拨

合作完工问题，通常根据"各部分效率之和＝合作效率"列出等式计算.

详细解析

母题 97·工程问题

根据题意，可设工程总量为 1，乙、丙单独承包分别需要 y 天、z 天完成，则

$$\begin{cases}\dfrac{1}{60}+\dfrac{1}{y}=\dfrac{1}{28},\\ \dfrac{1}{y}+\dfrac{1}{z}=\dfrac{1}{35},\end{cases}$$

解得 $z=105$，故丙公司承包完成该工程需要的天数为 105.

5 (E)

思路点拨

多个分式相加，采用裂项相消法，观察分母中的因式相差为 1，可使用公式 $\dfrac{1}{n(n+1)}=\dfrac{1}{n}-\dfrac{1}{n+1}$ 化简计算.

详细解析

母题 9·实数的运算技巧

$$f(x)=\dfrac{1}{(x+1)(x+2)}+\dfrac{1}{(x+2)(x+3)}+\cdots+\dfrac{1}{(x+9)(x+10)}$$

$$=\dfrac{1}{x+1}-\dfrac{1}{x+2}+\dfrac{1}{x+2}-\dfrac{1}{x+3}+\cdots+\dfrac{1}{x+9}-\dfrac{1}{x+10}$$

$$=\dfrac{1}{x+1}-\dfrac{1}{x+10}.$$

所以 $f(8)=\dfrac{1}{9}-\dfrac{1}{18}=\dfrac{1}{18}$.

6 (D)

思路点拨

思路①：本题根据销售后的库存比、库存差，可建立两个等量关系；

思路②：比例已知，实际差值量也知道，可以根据见比设 k 法，求出总量.

详细解析

母题 92·比例问题

方法一： 设甲、乙两店的进货量分别为 x 台、y 台，由题意，得

$$\begin{cases} \dfrac{x-15}{y-10}=\dfrac{8}{7}, \\ (x-15)-(y-10)=5, \end{cases}$$

解得 $\begin{cases} x=55, \\ y=45. \end{cases}$ 故 $x+y=100$.

方法二： 令此时两店库存分别为 $8k$ 台、$7k$ 台，有 $8k-7k=5$，即 $k=5$，因此总量为
$$(8+7)k+25=15\times 5+25=100(台).$$

故甲、乙两店总进货量为 100 台.

7 (D)

思路点拨

$DE//BC \Rightarrow \triangle ADE \backsim \triangle ABC$，$S_{\triangle ADE}$ 可由大三角形面积减去梯形面积求得，故可得出面积比，即相似比的平方，从而求出 DE 的长.

详细解析

母题 59·平面几何五大模型

$$S_{\triangle ABC}=\dfrac{1}{2}AC\cdot BC=\dfrac{1}{2}\times 4\times 3=6,\ S_{\triangle ADE}=S_{\triangle ABC}-S_{梯形 BCED}=6-3=3.$$

$\triangle ADE \backsim \triangle ABC$，面积比等于相似比的平方，因此

$$\dfrac{DE^2}{BC^2}=\dfrac{S_{\triangle ADE}}{S_{\triangle ABC}}=\dfrac{1}{2}\Rightarrow DE=\dfrac{\sqrt{2}}{2}BC=\dfrac{3\sqrt{2}}{2}.$$

8 (E)

思路点拨

思路①：利用两点连线与对称轴垂直＋两点中点在对称轴上，求出对称点；

思路②：经验公式 $x_0=x_1-2A\dfrac{Ax_1+By_1+C}{A^2+B^2}$，$y_0=y_1-2B\dfrac{Ax_1+By_1+C}{A^2+B^2}$；

思路③：尺规作图法.

详细解析

母题 73·对称问题

方法一： 设对称点为 (x_0, y_0)，则中点坐标为 $\left(\dfrac{x_0}{2}, \dfrac{y_0+4}{2}\right)$，有

两点连线与已知直线斜率乘积为 -1：$\dfrac{y_0-4}{x_0-0}\times(-2)=-1$， ①

中点位于直线上：$2\times\dfrac{x_0}{2}+\dfrac{y_0+4}{2}+1=0$， ②

联立式①和式②，解得 $\begin{cases} x_0=-4, \\ y_0=2. \end{cases}$ 故对称点为 $(-4, 2)$.

方法二：公式法．

根据经验公式，$x_0=0-2\times 2\times\dfrac{2\times 0+4\times 1+1}{2^2+1^2}=-4$，$y_0=4-2\times 1\times\dfrac{2\times 0+4\times 1+1}{2^2+1^2}=2$．

故对称点为$(-4,2)$．

秒杀技巧

画图法：尺规作图，易得对称点在第二象限，对照选项可知(E)项最接近．

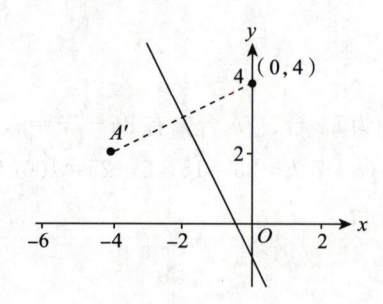

9 (E)

思路点拨

二项式定理公式：$(a+b)^n=C_n^0 a^n+C_n^1 a^{n-1}b+\cdots+C_n^{n-1}ab^{n-1}+C_n^n b^n$．

详细解析

母题 24·待定系数法与多项式的系数

原式为 5 个 x^2+3x+1 相乘，出现 x^2 项的情况分为两类：

第一类：从 5 个式子中选出 1 个 x^2，余下的 4 个式子选常数项 1，即 $C_5^1 x^2$；

第二类：从 5 个式子中选出 2 个 $3x$，余下的 3 个式子选常数项 1，即 $C_5^2 (3x)^2$．

则有 $C_5^1 x^2+C_5^2(3x)^2=95x^2$，即 x^2 系数为 95．

10 (B)

思路点拨

不同物体在熔合之后，总体积保持不变．

详细解析

母题 61·空间几何体的基本问题

设大球的半径为 R，根据题意，得

$$\dfrac{4}{3}\pi R^3=4\pi+32\pi,$$

解得 $R=3$，故表面积为 $V=4\pi R^2=4\times 9\pi=36\pi$(平方厘米)．

11 (C)

思路点拨

线性规划问题，可以先将不等式组变成方程组，求得未知数的解，若为整数，则该整数解一般为最优解．

详细解析

母题 101·线性规划问题

设需要熟练工和普通工的人数分别为 x,y，支付的报酬为 z 元，则

$$\begin{cases} x+y \leqslant 12, \\ \dfrac{x}{10}+\dfrac{y}{15} \geqslant 1, \quad (x,y \text{ 均为非负整数}), \\ z=200x+120y \end{cases}$$

将其转化为方程组 $\begin{cases} \dfrac{x}{10}+\dfrac{y}{15}=1, \\ x+y=12, \end{cases}$ 解得 $x=6$,$y=6$.

解恰为整数,故此组解为本题的最优解.

所以,支付的报酬最少为 $z_{\min}=200\times 6+120\times 6=1\,920$(元).

12 (A)

详细解析

母题 35·一元二次函数的基础题

对称轴为 $x=-\dfrac{b}{2}=1$;   ①

抛物线过点 $(-1,1)$,则有 $1=1-b+c$.   ②

联立式①和式②,可得 $b=-2$,$c=-2$.

13 (D)

详细解析

母题 38·韦达定理问题＋母题 46·等差数列基本问题

由韦达定理,可知 $a_2+a_{10}=10$.

又已知 $\{a_n\}$ 是等差数列,根据下标和定理,可知 $a_5+a_7=a_2+a_{10}=10$.

14 (B)

思路点拨

①正面思考:$P(\text{至少 1 件})=P(\text{仅 1 件一等品})+P(\text{2 件都是一等品})$;

②反面思考:$P(\text{至少 1 件})=1-P(\text{2 件都不是一等品})$.

详细解析

母题 82·常见古典概型问题＋母题 84·袋中取球模型

方法一:正面.

仅有 1 件一等品的概率为 $\dfrac{C_6^1 C_4^1}{C_{10}^2}=\dfrac{8}{15}$,2 件都是一等品的概率为 $\dfrac{C_4^2}{C_{10}^2}=\dfrac{2}{15}$,故至少有 1 件一等品的

概率为 $\dfrac{8}{15}+\dfrac{2}{15}=\dfrac{2}{3}$.

方法二:反面.

任取的 2 件没有一等品的概率为 $\dfrac{C_6^2}{C_{10}^2}=\dfrac{1}{3}$,故至少有 1 件一等品的概率为 $1-\dfrac{1}{3}=\dfrac{2}{3}$.

15 (C)

思路点拨

本题考查分步计数,总方案数应是每一步方法的乘积.出发时,每人都有 2 种选择,但是在 B、C 处不能出现甲、乙都改道的情况.

详细解析

母题 76·排列组合的基本问题

从 A 地出发再回到 A 地可分三步：

第一步：从 A 到 B，甲、乙两人各有 2 种方案，故共有 $2\times2=4$(种)方案；

第二步：从 B 到 C，有 3 种方案：甲变线乙不变线、乙变线甲不变线、二人都不变线；

第三步：从 C 到 A，同第二步，有 3 种方案.

由分步乘法原理可得，共有 $4\times3\times3=36$(种)方案.

易错警示

有同学认为，在 B、C 处改道的人只能有一个，因此在计算 B、C 时分别乘 C_2^1，最终列式得 $4\times C_2^1\times C_2^1=16$，错选(A)项. 该做法忽略了"甲、乙两人都不改道"的情况.

二、条件充分性判断

16 (A)

思路点拨

D_2 圆心不确定，因此要先通过画图找出其所在范围，再确定两圆覆盖区域形状.

详细解析

母题 72·解析几何中的面积问题

条件(1)：由 $x_0^2+y_0^2=9$ 可知，D_2 的圆心在圆 D_1 上，且 D_2 恒过 D_1 的圆心，故无论 D_2 的位置如何变化，都不更改两圆的覆盖区域，如右图所示.

由图易知，$OA=OO'=AO'=3$，则圆心角 $\angle AOB=\dfrac{2\pi}{3}$，故 D_1、D_2 覆盖区域的边界长度为 $2\times\dfrac{240°}{360°}\times2\pi r=2\times\dfrac{2}{3}\times2\pi\times3=8\pi$. 条件(1)充分.

条件(2)：D_2 的圆心在直线 $x_0+y_0=3$ 上移动，举反例，当 D_2 在如右图位置时，D_1、D_2 覆盖区域为两个相离的圆，此时边界长度为 $2\times2\pi r=2\times2\pi\times3=12\pi$. 故条件(2)不充分.

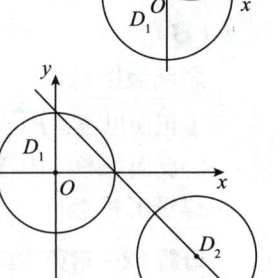

易错警示

有同学将覆盖区域误认为是中间重叠区域，实际上，那只能算是两圆的公共覆盖区域；本题应求所有覆盖区域，即 $D_1\cup D_2$.

17 (E)

详细解析

母题 4·质数与合数问题

条件(1)：举反例，当 $m=3$，$q=3$ 时，$p=3\times3+1=10$ 不是质数，故条件(1)不充分.

条件(2)：举反例，当 $m=3$，$q=3$ 时，$p=3\times3+1=10$ 不是质数，故条件(2)不充分.

条件(1)和条件(2)联立时，上述反例同样适用，故联立起来也不充分.

18 (B)

详细解析

母题 26·三角形的形状判断问题

条件(1)：$(c^2-a^2-b^2)(a^2-b^2)=0 \Rightarrow c^2=a^2+b^2$ 或 $a=b$.

故三角形为直角三角形或者等腰三角形，条件(1)不充分.

条件(2)：$S_{\triangle ABC}=\frac{1}{2}ab\cdot \sin C=\frac{1}{2}ab$，则 $\sin C=1$，且 $0°<\angle C<180°$，故 $\angle C=90°$，即 $\triangle ABC$ 为直角三角形，条件(2)充分.

易错警示

条件(1)推出 $c^2=a^2+b^2$ 或 $a=b$，"或"表示两个式子中只要有一个成立即可，当仅有 $a=b$ 成立时，$\triangle ABC$ 是等腰三角形，而非直角三角形.

19 (A)

详细解析

母题 37·根的判别式问题

由 $f(x)=ax^2+bx+c$ 为二次函数可知，$a\neq 0$.

条件(1)：$a+c=0 \Rightarrow c=-a$，故 $\Delta=b^2-4ac=b^2+4a^2>0$，则方程 $f(x)=0$ 一定有两个不等实根，条件(1)充分.

条件(2)：$a+b+c=0 \Rightarrow b=-(a+c)$，故
$$\Delta=b^2-4ac=[-(a+c)]^2-4ac=(a-c)^2\geqslant 0,$$
当 $a=c$ 时，方程 $f(x)=0$ 有两个相等实根，条件(2)不充分.

易错警示

有同学认为，条件(1)和条件(2)都未说明二次项系数 $a\neq 0$，因此错选(E)项. 注意，"已知二次函数 $f(x)=ax^2+bx+c$"是题干条件部分，作为已知条件使用，明确了 $a\neq 0$；而后半句"则方程 $f(x)=0$ 有两个不等实根"才是题干结论部分.

20 (D)

思路点拨

"库房遇烟火发出警报"意思是至少有 1 个警报器发声，可以从反面入手，得
$$P(\text{发出警报})=1-P(\text{每个报警器均未发出警报}).$$

详细解析

母题 85·独立事件

条件(1)：3 个烟火感应报警器均未发出警报的概率为 $(1-0.9)^3=0.001$，故发出警报的概率为 $1-0.001=0.999$，条件(1)充分.

条件(2)：2 个烟火感应报警器均未发出警报的概率为 $(1-0.97)^2=0.0009$，故发出警报的概率为 $1-0.0009=0.9991$，条件(2)充分.

> **易错警示**
> "达到0.999",说明概率≥0.999皆可.条件(2)中,0.999 1>0.999,故充分.

21 (C)

思路点拨

显然,本题可以先采用特值法,验证出条件单独不充分.再联立两个不等式,通过三角不等式、平方等方法,构造出关于$|a|$和$|b|$的不等关系,从而确定范围.

详细解析

母题 14 · 绝对值的化简求值与证明

条件(1):举反例,令$a=-2$,$b=1$,则$|a|>1$,故条件(1)不充分.
条件(2):举反例,令$a=2$,$b=1$,则$|a|>1$,故条件(2)不充分.
联立条件(1)和条件(2):

方法一:平方法.

由条件(1):$|a+b|\leqslant 1$,平方得$a^2+2ab+b^2\leqslant 1$.
由条件(2):$|a-b|\leqslant 1$,平方得$a^2-2ab+b^2\leqslant 1$.
两式相加得$2(a^2+b^2)\leqslant 2$,即$a^2+b^2\leqslant 1$,故$|a|\leqslant 1$,$|b|\leqslant 1$.

方法二:三角不等式法.

条件(1)和(2)相加得
$$|a+b|+|a-b|\leqslant 2,$$
由三角不等式得
$$|(a+b)+(a-b)|\leqslant|a+b|+|a-b|\leqslant 2\Rightarrow|2a|\leqslant 2\Rightarrow|a|\leqslant 1;$$
又有
$$|(a+b)-(a-b)|\leqslant|a+b|+|a-b|\leqslant 2\Rightarrow|2b|\leqslant 2\Rightarrow|b|\leqslant 1.$$

方法三:去绝对值符号.

由条件(1):$|a+b|\leqslant 1$,得$-1\leqslant a+b\leqslant 1$①.
由条件(2):$|a-b|\leqslant 1$,得$-1\leqslant a-b\leqslant 1$②,等价于$-1\leqslant b-a\leqslant 1$③.
式①和式②相加得$-2\leqslant 2a\leqslant 2\Rightarrow-1\leqslant a\leqslant 1\Rightarrow|a|\leqslant 1$;
式①和式③相加得$-2\leqslant 2b\leqslant 2\Rightarrow-1\leqslant b\leqslant 1\Rightarrow|b|\leqslant 1$.
故联立两个条件充分.

22 (C)

思路点拨

齐次分式求值,分式的值仅与x,y,z的比值相关,因此通常采用特值法简化运算.

详细解析

母题 28 · 齐次分式求值

条件(1):$3x-2y=0$,则$3x=2y$.令$x=2$,$y=3$,代入,得
$$\frac{2x+3y-4z}{-x+y-2z}=\frac{4+9-4z}{-2+3-2z}=\frac{13-4z}{1-2z},$$
分式的值随z的变化而改变,无法确定,故不充分.

条件(2)：$2y-z=0$，则 $2y=z$．令 $y=1$，$z=2$，代入，得

$$\frac{2x+3y-4z}{-x+y-2z}=\frac{2x+3-8}{-x+1-4}=\frac{2x-5}{-x-3},$$

分式的值随 x 的变化而改变，无法确定，故不充分．考虑联立两个条件．

方法一：赋值法．

令 $x=2$，$y=3$，$z=6$，则 $\frac{2x+3y-4z}{-x+y-2z}=\frac{2\times2+3\times3-4\times6}{-2+3-2\times6}=1$，两个条件联立充分．

方法二：消元法．

令 $x=\frac{2y}{3}$，$z=2y$，则 $\frac{2x+3y-4z}{-x+y-2z}=\frac{\frac{4y}{3}+3y-8y}{-\frac{2y}{3}+y-4y}=1$，两个条件联立充分．

23 (B)

思路点拨

本题采用逆推法，可由题干条件(奖金100万)与结论部分(至少100人)，分别列出一个等式和一个不等式，化简得出不同奖项之间的人数关系，然后观察条件(1)、(2)是否满足．

详细解析

母题 100·最值问题

设一等奖 x 人、二等奖 y 人、三等奖 z 人，则

奖金：$1.5x+1y+0.5z=100$，　　　　　　　　　　　　　　　①

人数：$x+y+z\geq100$，　　　　　　　　　　　　　　　　　②

将式①代入式②，得 $x+y+z\geq1.5x+1y+0.5z$，化简得 $x\leq z$．

故只需证明一等奖人数小于等于三等奖人数即可．

条件(1)：举反例，二等奖85人，一等奖10人，三等奖无，共计95人，条件(1)不充分．

条件(2)：得三等奖的人数最多，则得一等奖的人数少于得三等奖的人数，条件(2)充分．

24 (A)

详细解析

母题 79·不同元素的分配问题

欲使两个月中每晚的值班人员不完全相同，则排班方案应该至少有60种不同的组合．

条件(1)：正面思考时，不能来自同一科室=3人来自3个科室+3人来自2个科室，情况较多，故从反面考虑，不能来自同一科室=总情况数-3人来自同一科室．

由题意得 $C_{11}^3-C_6^3-C_3^3=144>60$，故条件(1)充分．

条件(2)：$C_6^1 C_3^1 C_2^1=36<60$，故条件(2)不充分．

易错警示

条件(1)表示3个人来自两个或三个科室，条件(2)表示3个人来自三个科室，两个条件并不相同，不能混淆．

25 (D)

思路点拨

条件(1)：已知连续 3 项之间的递推关系，通常先穷举再找出规律；

条件(2)：k 有多个取值，定不可能一一列举，此类情况一般先验证临界点(即最大值和最小值)是否符合题意，找出规律，进而得出其他取值的结论.

详细解析

母题 56·已知递推公式求 a_n 问题

条件(1)：根据条件可知，$k=2$，$a_1=1$，则 $a_2=2$，$a_3=1$，$a_4=1$，$a_5=0$，$a_6=1$，$a_7=1$，$a_8=0$，$a_9=1$，$a_{10}=1$，$a_{11}=0$，…，从 a_3 开始呈现周期数列的特点，任意相邻 3 项之和为 2，则 $a_{100}+a_{101}+a_{102}=2$，所以条件(1)充分.

条件(2)：由条件(1)观察可知，数列前几项规律递减，直到从某一项开始，呈现以 1，1，0 为周期的规律，因此直接验证 k 能取到的最大值.

当 $k=19$ 时，$a_1=1$，则 $a_2=19$，$a_3=18$，$a_4=1$，$a_5=17$，$a_6=16$，$a_7=1$，$a_8=15$，$a_9=14$，$a_{10}=1$，$a_{11}=13$，…，由此可见，当未到第 100 项时，数列已经呈现以 1，1，0 为周期的特征，任意相邻三项之和为 2，则 $a_{100}+a_{101}+a_{102}=2$，所以条件(2)充分.

三、逻辑推理

26 (D)

论证结构

此题的提问方式为"最能构成对<u>总经理推论</u>的质疑"，故锁定总经理的推论。

总经理：该计划去年已经为公司节约了不少经费。

秒杀思路

题干中有"节约了"这三个字，说明"节约经费"已经发生了，而总经理认为"该计划"是其原因，故本题为<u>找原因的削弱</u>，常用的削弱方法有：(1)因果倒置；(2)因果无关；(3)另有他因；(4)否因削弱；(5)无因有果；(6)有因无果。

选项详解

(A)项和(D)项看起来都像"无因有果"，一起分析。

(A)项，另一家与该公司规模及其他基本情况均类似的公司，未实施类似的节俭计划(无因)，在过去的 5 年间办公用品消耗额年均也为 10 万元(不是"有果"，因为"有果"的"果"必须是题干中的结果。题干中的结果是"经费下降"，但此项的结果是"消耗额年均为 10 万元"，这是一个平均值，而不是"下降")。

(D)项，另一家与该公司规模及其他基本情况均类似的公司，未实施类似的节俭计划(无因)，在过去的 5 年间办公用品人均消耗额越来越低(有果)，无因有果，能削弱题干。(注意：此项首先建立了另一家公司与题干公司的相似性，故排除了此项类比不当的嫌疑。)

(B)项，此项只能说明"无纸化办公"取得了"很大成效"，但题干讨论的是"办公用品节俭计划"与"节约经费"之间的关系，偷换了题干中的概念，不能削弱题干。

(C)项，题干中"年末统计时发现，公司用于各类办公用品的支出较上年度下降了 30%"是一个背景信息，一般来说背景信息是默认为真的。此项说明"没有严谨的数据分析"，试图质疑背景信息，故削弱力度弱。

(E)项，无关选项，题干仅涉及"节约办公经费"，与其他方面的开支无关。

27 (E)

秒杀思路

此题的提问方式为"以下哪项和经理得出结论的方式最为类似",故本题为<u>推理结构相似题</u>。

详细解析

公司经理:高分低能者并不鲜见(等价于:有的高分者不是人才),高分者,所以可能不是人才。

符号化:有的 A 不是 B,A,所以可能不是 B。

(A)项,管理者并非都是聪明人,等价于:有的管理者(A)不是聪明人(不是 B),不是管理者(¬A),所以可能是聪明人(B),与题干不同。

(B)项,此项中"猫都爱吃鱼"等价于"所有猫都爱吃鱼";"没有猫患近视"等价于"所有猫都不患近视";"吃鱼可以预防近视"等价于"吃鱼可能不患近视"。故此项等价于:所有猫(A)都爱吃鱼(B),所有猫(A)都不患近视(¬C),所以吃鱼(B)可能不患近视(¬C),与题干不同。

(C)项,"人的一生中健康开心最重要"并不是特称(有的)形式的性质判断,故此项与题干不同。

(D)项,有些歌手(A)是演员(B),所有的演员(B)都很富有(C),所以有些歌手(A)可能不是很富有(¬C),与题干不同。

(E)项,闪光的物体并非都是金子,等价于:有的闪光的物体(A)不是金子(不是 B),考古队挖到了闪闪发光的物体(A),所以考古队挖到的可能不是金子(不是 B),与题干相同。

28 (A)

秒杀思路

题干出现人物、景点、线路的一一匹配,故本题为<u>多组元素的一一匹配模型</u>。题干中无假言,故使用口诀"事实/问题优先看,重复信息是关键。两组匹配用表格,三组匹配就连线"秒杀。

详细解析

<u>事实优先考虑</u>。由"李明赴南山的计划是三日游"和"王刚赴南山的计划是四日游"并结合"每处景点他们三人都选择了不同的线路"可知,张波赴南山的计划是二日游。

此时,李明还有二日游和四日游两种线路、王刚还有二日游和三日游两种线路。

再结合"李明赴东湖的计划天数与王刚赴西岛的计划天数相同"可知,李明赴东湖的计划天数与王刚赴西岛的计划天数均为二日游。

故三人的行程为:

李明:南山三日游、东湖二日游、西岛四日游;

王刚:南山四日游、东湖三日游、西岛二日游;

张波:南山二日游、东湖四日游、西岛三日游。

故(A)项正确。

29 (C)

详细解析

<u>第1步:画箭头。</u>

题干:①¬ 不是实心的纯金杯→不能将它举过头顶并随意挥舞=实心的纯金杯→不能将它举过头顶并随意挥舞。

第2步：逆否。

题干的逆否命题为：②能将它举过头顶并随意挥舞→不是实心的纯金杯。

等价于：③能将它举过头顶并随意挥舞→不是实心的(空心的)∨不是纯金的。

第3步：找答案。

(A)项，根据③，由"能将它举过头顶并随意挥舞"，可推出三种可能：可能是空心的纯金杯、可能是实心的且不是纯金的、可能是空心的且不是纯金的。此项中，"空心的纯金杯"是有可能的，但无法推出这种可能是"很可能"，故排除此项。

(B)项，由题干无法直接断定"实心"与"纯金"的关系，排除。

(C)项，实心的纯金杯→不能将它举过头顶并随意挥舞，等价于①，故此项必然为真。

(D)项，纯金∧¬实心(空心的纯金杯)→能将它举过头顶并随意挥舞，根据箭头指向原则，由"空心的纯金杯"推不出任何结论，故此项可真可假。

(E)项，由题干无法直接断定"纯金"与"空心"的关系，排除。

30 (D)

秒杀思路

题干中涉及原始动机的定义，要求找出最可能属于原始动机的选项，故本题为定义题。

详细解析

原始动机：是"与生俱来"的动机，是以人的本能需要为基础的。

(A)项，"尊敬老人，孝顺父母"是经过后天学习和发展形成的，属于习得动机。

(B)项，"尊师重教，崇文尚武"是经过后天学习和发展形成的，属于习得动机。

(C)项，"不入虎穴，焉得虎子"比喻不亲临险境就不可能取得成功，是在后天实践过程中所汲取的经验，属于习得动机。

(D)项，"窈窕淑女，君子好逑"的意思是：美丽贤淑的女子，是君子的好配偶，即每一个"君子"都希望找到一个"窈窕淑女"般的配偶，这是人类与生俱来的本能，属于原始动机。

(E)项，"宁可食无肉，不可居无竹"，即宁可没有肉吃，也不能让住处没有竹子。而"竹子"在古代象征人的气节，表明诗人的风雅高洁，属于后天培养的一种情操，这是经过后天学习和发展形成的，属于习得动机。

31 (E)

秒杀思路

题干由事实和假言判断构成，故本题为事实假言模型，一般使用"从事实出发做串联"的方法解题。

详细解析

本题补充新事实：(4)丙主机不相通于自身。

从事实出发，找重复信息"丙"：

由(4)，结合条件(1)"甲主机相通于任一不相通于丙的主机"可知，甲主机相通于丙。

条件(2)"丁主机不相通于丙"也为事实，结合条件(1)可知，甲主机相通于丁。

故，甲主机相通于丁，也相通于丙，即(E)项正确。

32 (C)

详细解析

本题补充新事实：(5)丙主机不相通于任何主机。

从事实出发，由(5)并结合条件(3)"丙主机相通于任一相通于甲的主机"可知，任何主机都不相通于甲，故乙、丁都不相通于甲。

(A)项，由以上结论可知此项为真。

(B)项，丁相通于甲→乙相通于甲，等价于：丁不相通于甲∨乙相通于甲，由于"丁不相通于甲"为真，故此项为真。

(C)项，丁不相通于甲→乙相通于甲，等价于：丁相通于甲∨乙相通于甲，与"乙、丁都不相通于甲"矛盾，故(C)项必为假。

(D)项和(E)项无须再进行分析。

33（D）

秒杀思路

题干由1个性质判断构成的前提和1个性质判断构成的结论组成，选项也均为性质判断；要求找到"最可能使小王的断言不成立"的项，故本题为反驳三段论问题。

详细解析

第1步：将题干中的前提符号化。

前提①：该现象→无法用已有的科学理论进行解释。

第2步：写题干结论的矛盾命题。

题干的结论为：该现象是错觉。

题干结论的矛盾命题为：该现象不是错觉。

可符号化为：该现象→¬错觉。

第3步：补充从前提到结论的矛盾命题的箭头，从而反驳题干的结论。

易知，补充前提②：无法用已有的科学理论进行解释→¬错觉。

即可得：该现象→无法用已有的科学理论进行解释→¬错觉，从而得到：该现象→¬错觉。

故补充的前提②就是答案，等价于：错觉都可以用已有的科学理论进行解释，即(D)项正确。

34（B）

论证结构

此题的提问方式为"以下哪项如果为真，最能支持研究人员的上述发现"，故锁定研究人员的发现：鸟类利用右眼判断地球磁场，从而判断方向。

观察选项，发现选项均为对比实验，可见本题为求异法模型。

选项详解

(A)项，此项说明单独用左眼和右眼都能帮助鸟判断方向，而两只眼同时用则不能判断方向，不能支持鸟类利用右眼判断方向。

(B)项，此项中前半句"没戴眼罩的鸟和左眼戴眼罩的鸟顺利从笼中飞了出去"，根据求同法说明能用右眼的鸟可以判断方向，此项中后半句"右眼戴眼罩的鸟朝哪个方向飞的都有"，说明不能用右眼的鸟不能判断方向，两组形成对比，支持鸟类利用右眼判断方向。

(C)项，此项中前半句"没戴眼罩的鸟和右眼戴眼罩的鸟顺利从笼中飞了出去"，根据求同法说明能用左眼的鸟可以判断方向，此项中后半句"左眼戴眼罩的鸟朝哪个方向飞的都有"，说明不能用左眼的鸟不能判断方向，两组形成对比，说明鸟类利用左眼判断方向，削弱研究人员的发现。

(D)项，左眼和右眼都可以正常使用时才能判断方向，而研究人员则发现鸟类利用右眼判断方向，故此项削弱研究人员的发现。

(E)项,此项中前半句"没戴眼罩的鸟和左眼戴眼罩的鸟朝哪个方向飞的都有",根据求同法说明不能用左眼的鸟不能判断方向,此项中后半句"右眼戴眼罩的鸟顺利从笼中飞了出去",说明能用左眼的鸟可以判断方向,两组形成对比,说明鸟类利用左眼判断方向,削弱研究人员的发现。

35 (D)

秒杀思路

此题是4位员工和10个月份之间的匹配,故本题为两组元素的多一匹配模型。题干已知条件均为不确定条件,且此题的问题"3人同时当选"是比较特殊的情况,故考虑选项排除法。

详细解析

将(A)、(B)、(C)三项代入,则7月无2人同时当选,与题干条件(4)矛盾,故排除。

将(E)项代入,则超过2人在7月同时当选,与题干条件(4)矛盾,故排除。

故(D)项正确。

36 (D)

详细解析

由题干,假设王某在1—4月当选,则郑某在2—5月当选,吴某在1—4月或3—6月当选,则7月无2人当选;假设郑某在1—4月当选,则王某和吴某在2—5月当选,则7月无2人当选;假设吴某在1—4月当选,则郑某在2—5月当选,王某在1—4月或3—6月当选,则7月无2人当选。所以只能周某在1—4月当选,根据题干条件(3)"王某和周某不曾在同一个月当选",可排除(A)、(B)、(C)项。

假设王某在7—10月当选,则根据题干条件(1)和(2),可得7月必有3人当选,与题干条件(4)矛盾,故排除(E)项。

综上,(D)项正确。

37 (E)

题干现象

理论:白领谈婚论嫁时,女性与男性数量应当大致相等。

实际:某市的白领相亲活动中,女性的报名比例多于男性。

结论:文化越高的女性越难嫁,文化低的反而好嫁;男性则正好相反。

秒杀思路

题干涉及两类对象:女性白领和男性白领,需要找到二者的差异因素。

选项详解

(A)项,可以解释,说明女性白领难嫁是因为她们要求高。

(B)项,可以解释,说明该市女性白领难嫁是因为有外地女性的竞争。

(C)项,可以解释,说明更多的男性出国,使得女性比男性多,从而导致女性难嫁。

(D)项,可以解释,说明相亲活动中男性更少是因为男性参加大型相亲会不积极。

(E)项,不能解释,因为如果男性被淘汰的多,剩男应该更多,那么相亲活动中应该是男性多于女性,加剧了题干中的矛盾。

38 (D)

秒杀思路

本题是方位题,需要根据题干的描述,画出座位,再进行人员的安排。

详细解析

整合题干信息，座位见下表：

1	2	
3	4（李丽）	5

从确定位置出发，由"李丽坐在4号位置"并结合"陈露所坐的位置不与李丽相邻"可知，陈露的座位为1号或2号。

若陈露坐在1号位置，由"张霞不坐在与陈露直接相对的位置上"可知，张霞的座位为2号或5号；

若陈露坐在2号位置，由"张霞不坐在与陈露直接相对的位置上"可知，张霞的座位为1号、3号或5号。

综上，张霞所坐位置有4种可能的选择，故(D)项正确。

39 (A)

题干现象

女权主义代表认为：该学校的教师应聘者中，女性录取率低于男性录取率，故歧视女性。

校方认为：管理学院和哲学学院的教师应聘者中，女性录取率均高于男性录取率，故没有歧视女性。

题干要求"解释女权主义代表和该大学之间的分歧"，故本题为<u>解释差异</u>。

秒杀思路

双方的分歧产生于：分析角度不一致。

女权主义代表强调的是大学"整体情况"；校方强调的是个体（各个学院）的情况，二者的性质未必相同，故(A)项正确地指出了这一点。此题考查的是整体性质与个体性质的误用。

选项详解

(B)项，此项指出"整体"的情况是最重要的，支持"女权主义代表"的说法，不能解释题干的分歧。

(C)项，此项指出"有些数学规则不能解释社会现象"，并不直接涉及题干的分歧，无关选项。

(D)项，无关选项，题干并未涉及"男女平等"在执行过程中的困难。

(E)项，无关选项，题干并未涉及局部相加得出整体的情况。

40 (C)

秒杀思路

题干为假言判断，提问方式为"以下哪项一定为假"，故本题为<u>假言判断的负判断模型（矛盾命题）</u>。

详细解析

题干：基础好∧不断努力→肯定更早取得成功。

其矛盾命题为：基础好∧不断努力∧¬肯定更早取得成功。

故，"基础好并且能不断努力，但可能比别人更晚取得成功（说明没有比别人更早取得成功）"为假，即(C)项正确。

41 (B)

论证结构

题干的提问方式为"以下哪项最可能是<u>科学家作出判断所依赖的前提</u>"。

锁定科学家的判断：如果海水变色，飓风的移动路径也会变向。因此，科学家可以根据海水的"脸色"判断哪些地区将被飓风袭击，哪些地区会幸免于难。

秒杀思路

题干判断的是海水的颜色与飓风的移动路径之间的关系，故此题考的是搭桥法模型，搭建二者的桥梁即可秒杀。只有(B)项涉及"海水颜色与飓风移动路径"之间的关系，故此题只能选(B)项。

详细解析

题干中的信息"全球气候变暖可能已经让海水变色"是干扰信息，因为这一信息与科学家无关。观察选项，(A)项、(C)项、(D)项、(E)项，均与干扰信息"温度""变暖"有关，可迅速排除。

42 (D)

秒杀思路

题干已知4个判断"只有一真"，故本题为真假话问题。优先找矛盾关系，如果题干中没有矛盾关系，则根据"只有一真"，找下反对关系或推理关系。

详细解析

题干信息整理如下：

①甲：¬乙→¬甲 = 乙∨¬甲。

②乙：¬乙∧丙。

③丙：甲∨乙。

④丁：乙∨丙。

第1步：找矛盾。

题干中没有矛盾关系。

第2步：找下反对关系或推理关系。

若"甲"为真，则③为真；若"¬甲"为真，则①为真。故①和③至少一真，是下反对关系。又因为"四人中只有一人说了真话"，可知②和④为假、①和③一真一假。

第3步：推出结论。

由②为假，可得：乙∨¬丙。

由④为假，可知丁说的是假话，且乙和丙都不是窃贼。

因此，(D)项必然为假。

43 (C)

秒杀思路

题干由特称(有的)和全称判断构成，故本题为有的串联模型，从"有的"开始串联即可秒杀。

详细解析

题干信息：

①参加运动会→强壮。

②强壮→少生病。

③有的身体不适→参加运动会。

条件③中有"有的"，故从条件③开始串联。

由③、①、②串联可得：④有的身体不适→参加运动会→强壮→少生病。

(A)项，有的身体不适→少生病，由④可知，此项必然为真。

(B)项，有的少生病→身体不适，由④可得：有的身体不适→少生病，等价于：有的少生病→身体不适，故此项必然为真。

(C)项，少生病→参加运动会，根据箭头指向原则，由②和④均可知，"少生病"后无箭头指向，故此项可真可假。

(D)项，参加运动会→少生病，由④可知，此项必然为真。

(E)项，有的强壮→身体不适，由④可得：有的身体不适→强壮，等价于：有的强壮→身体不适，故此项必然为真。

44 (D)

论证结构

锁定关键词"由此得出结论"，可知此前是论据，此后是论点。

记者：①每个强队都必须有一位核心队员，他总能在关键场次带领全队赢得比赛。②在上赛季参加的所有比赛中，有友南参赛的场次，西海队胜率高达75.5%，另有16.3%的平局，8.2%的场次输球；而在友南缺阵的情况下，西海队的胜率只有58.9%，输球的比率高达23.5% ──证明→友南是上赛季西海队的核心队员。

秒杀思路

记者的论据①是一个一般性前提，记者的结论是个别性(只针对友南)结论，故记者的论证是一个演绎论证。质疑演绎论证的常见思路是：质疑一般性前提、质疑隐含假设。

论据①：关键场次→赢得比赛。故，只要有"关键场次∧没有赢得比赛"，即可反驳记者的观点。所以此题选(D)项。

选项详解

(A)、(C)项，这两项均是强调某个人的观点，个人观点是一种主观判断，未必是事实，故不能削弱记者的结论。(干扰项·诉诸主观)

(B)项，核心队员的重点在于"关键场次"，而此项强调的是无关紧要的场次，故不能削弱记者的结论。

(E)项，无关选项，题干讨论的是"上赛季"的情况，而此项讨论的是"本赛季"的情况。(干扰项·转移论题)

45 (B)

秒杀思路

此题的提问方式为"以下哪项与上述论证方式最为相似"，并且题干中出现典型的形式逻辑关联词"只要……就……"，故本题为推理结构相似题。

详细解析

题干：坚守程序正义，履行监督制约职能(A)→结案率大幅提高(B)。去年结案率大幅提高(B)，所以，坚守程序正义，履行监督制约职能(A)。

符号化：A→B。B，所以A。

(A)项，A←B。B，所以A。故与题干的论证方式不同。

(B)项，A→B。B，所以A。故与题干的论证方式相同。

(C)项，A→B。¬B，所以¬A。故与题干的论证方式不同。

(D)项，A→B。¬A，所以¬B。故与题干的论证方式不同。

(E)项，A∧¬B。所以A，不一定B。故与题干的论证方式不同。

46 (C)

秒杀思路

题干出现 5 名研究生和 5 个学院的一一匹配,故本题为两组元素的一一匹配模型。题干中无假言,故使用口诀"事实/问题优先看,重复信息是关键。两组匹配用表格,三组匹配就连线"秒杀。

详细解析

观察题干已知条件,发现"与 X 名选手比赛过"出现的次数最多,故优先考虑。"管理学院"也出现多次,也可进行分析。

找重复信息"与 X 名选手比赛过"。

由条件(1)、条件(2)和条件(6)可知,甲、丁均不是来自化学学院。

由条件(5)可知,管理学院、哲学学院、数学学院的选手都至少比赛过 2 场,再结合条件(6)可知,丁不是来自管理学院、哲学学院、数学学院。

因此,丁来自经济学院。

找重复元素"管理学院"。

由条件(3)"乙不是管理学院的选手,也没有和管理学院的选手对阵过"和条件(5)"管理学院、哲学学院、数学学院的选手相互都交过手"可知,乙不是来自管理学院、哲学学院、数学学院,再结合"丁来自经济学院"可知,乙来自化学学院。

此时出现确定事实。从事实出发,找"乙"和"化学学院"。

由条件(2)和条件(3)中"乙没有和管理学院的选手对阵过"可知,乙和数学学院、哲学学院、经济学院的选手对阵过。故:丁(经济学院)仅和乙(化学学院)对阵过。

再结合条件(5)"管理学院、哲学学院、数学学院的选手相互都交过手"可知,哲学学院、数学学院的人均比赛了 3 场,故甲(比赛 2 场)不是来自哲学学院、数学学院,因此,甲来自管理学院。

再由条件(4)"哲学学院的选手和丙比赛过"可知,丙不是来自哲学学院。

因此,丙来自数学学院、戊来自哲学学院。

47 (B)

秒杀思路

题干将"385 名学生"按照"性别""文理""应届与非应届"三个标准进行了三次划分,故可断定本题为三次划分模型,可使用"双九宫格法"或者"剩余法"进行解题。

详细解析

方法一:双九宫格法。

已知考生共 385 人,女生有 189 人,故男生有 385－189＝196(人)。

根据题干已知信息,可得以下两表:

女生(189 人)	文科	理科
应届	a	b
非应届	c	d

男生(196 人)	文科(41 人)	理科
应届	x	y
非应届(28 人)	z	w

故有:

应届男生：196－28＝168(人)。
理科男生：196－41＝155(人)。
补充上表，可得下表：

男生(196人)	文科(41人)	理科(155人)
应届(168人)	x	y
非应届(28人)	z	w

已知应届理科考生256人，即：$b+y=256$，则$b=256-y$。
由于$y+w=155$，则$y=155-w$。
观察上表，可知w的最大值为28，此时y的最小值为$155-28=127$，此时b取到最大值，为$256-127=129$。
即：应届理科女生少于129人，故(B)项正确。

方法二：剩余法。
根据题干已知信息可得下表：

	应届文科	应届理科	非应届文科	非应届理科
女生	a	b	c	d
男生	x	y	z	w

由题干数据"共有385人，其中女生189人，文科男生41人，非应届男生28人，应届理科考生256人"，可得：
式①：女生＋文科男生＋非应届男生＋应届理科考生＝$(a+b+c+d)+(x+z)+(w+z)+(b+y)=189+41+28+256=514$；
式②：总人数＝$a+b+c+d+x+y+z+w=385$。
由式①－式②可得：$b+z=129$。故b的最大值是129，一定小于130，即(B)项正确。

48 (D)

秒杀思路

此题的题干结构为"不＋简单判断"，故本题为简单判断的负判断模型(矛盾命题)，直接利用替换口诀解题即可。

详细解析

题干：不 可能 所有的 应聘者都 被录用。

等价于：必然 有的 应聘者 不被录用。

故(D)项正确。

49 (E)

秒杀思路

此题的题干相当复杂，因此可以从李默、张嘉开始推理，即可迅速秒杀。另外，观察5个选项，发现只有(D)、(E)项是假言，故本题为选项事实假言模型，可使用口诀"选项事实和假言，假言选项优先选；选项前件当已知，判断后件的真实"进行解题。优先代入含假言的(D)、(E)项进行验证。

详细解析

(D)项，把"李默作了学术报告"看作事实代入题干，无法推出任何结论，故排除(D)项。

(E)项，把"张嘉作了学术报告"看作事实代入题干，由"张嘉并非来自高校"并结合"物理学会作学术报告的人都来自高校"可知，张嘉并非物理学会的。故(E)项的前件能够推出其后件，即(E)项正确。

50 (A)

秒杀思路

题干已知多个特称判断，要求我们根据题干判断各选项的真假情况，故本题为<u>对当关系模型</u>，可使用对当关系图或对当关系口诀解题。

详细解析

题干信息整理如下：

①有的国家希望与某些国家结盟。

②有三个以上的国家不希望与某些国家结盟。

③至少有两个国家希望与每个国家建交。

④有的国家不希望与任一国家结盟。

(A)项，由③可知，每个国家都有至少两个想与之建交的国家，故此项必然为真。

(B)项，由①可知，"有的"无法推出"每个"，故此项可真可假。

由于无法确定题干条件中的"有的国家""三个以上的国家""至少两个国家"等对象是否有交集，故无法确定(C)项、(D)项的真假。

(E)项，由③可知，至少两个(2个到所有都有可能)国家希望与每个国家建交，如果此处的"至少两个"是"所有"时，(E)项为假；如果此处的"至少两个"不是"所有"时，(E)项为真。故此项可真可假。

51 (B)

秒杀思路

题干由多个性质判断组成，选项也由性质判断组成，且能进行串联，故本题为<u>性质判断的串联推理模型</u>，可使用四步解题法。

详细解析

第1步：画箭头。

①翠竹的大学同学→德资。

②溪兰→翠竹的大学同学。

③涧松→德资。

④有的德资→淮安。

⑤德资→德国研修∧会德语。

第2步：串联。

由②、①、⑤串联可得：⑥溪兰→翠竹的大学同学→德资→德国研修∧会德语。

由③、⑤串联可得：⑦涧松→德资→德国研修∧会德语。

此时分析选项，看是否可以得出答案，如果可以得出答案，就不再需要逆否；如果不能得出答案，就逆否。

第3步：分析选项，找答案。

(A)项，由题干信息只能得出涧松是该德资企业员工，曾到德国研修，会说德语，无法确定其是否来自淮安，故此项可真可假。

(B)项，溪兰会说德语，由⑥可知，此项必然为真。

(C)项，由题干信息只能得出涧松是该德资企业员工，曾到德国研修，会说德语，无法确定其是否是翠竹的大学同学，故此项可真可假。

(D)项，由题干信息只能得出涧松是该德资企业员工，曾到德国研修，会说德语，无法确定其是否是溪兰的大学同学，故此项可真可假。

(E)项，由⑥可知，翠竹的大学同学是该德资企业员工，曾到德国研修，会说德语，无法确定是否是部门经理，故此项可真可假。

52 (A)

论证结构

锁定关键词"导致了"，可知题干的结构是前因后果型。

研究人员：心跳过快 —导致→ 心血管疾病。

秒杀思路

前因后果型题目本质上还是找原因模型，故本题为找原因的削弱。常见的削弱方法有：(1)因果倒置；(2)因果无关；(3)另有他因；(4)否因削弱；(5)无因有果；(6)有因无果。

选项详解

(A)项，心血管疾病导致心跳过快，而不是心跳过快导致心血管疾病，指出题干因果倒置，削弱力度最大。

(B)、(C)项，无关选项，这两项仅说明了老年人中长期心跳过快的比例，但不涉及其心跳过快是否引发了心血管疾病。

(D)项，兔子心跳很快(有因)，但是很少发现它们患心血管疾病(无果)，但此项用兔子来说明人的情况，二者差异过大，存在类比不当，故削弱力度小。

(E)项，无关选项，题干的论证并未涉及"老年人"和"年轻人"的比较。(干扰项·无关新比较)

53 (B)

秒杀思路

题干由2个前提和1个结论构成，要求找到"最能对老李的观点提出质疑"的项，故本题为反驳三段论问题。

详细解析

第1步：将题干中的前提符号化。

前提①：粮价稳定→菜价稳定。

前提②：¬油价稳定→¬菜价稳定，等价于：菜价稳定→油价稳定。

第2步：如果有多个前提，将前提串联。

串联①和②可得：③粮价稳定→菜价稳定→油价稳定。

第3步：写题干结论的矛盾命题。

题干的结论为：粮价稳定∧肉价上涨。

题干结论的矛盾命题为：④粮价稳定→¬肉价上涨。

第4步：补充从前提到结论的矛盾命题的箭头，从而反驳题干的结论。

观察③和④，根据"成对出现"的原理，可知答案一定涉及"油价稳定"和"¬肉价上涨"。

易知，补充前提：油价稳定→¬肉价上涨。

即可得：粮价稳定→菜价稳定→油价稳定→¬肉价上涨，从而得到：粮价稳定→¬肉价上涨。

故补充的前提"油价稳定→¬肉价上涨"就是答案，即：如果食用油价格稳定，那么肉类食品价格不会上涨，故(B)项正确。

54 (B)

秒杀思路

题干由事实和假言构成，故本题为<u>事实假言模型</u>，可使用口诀"题干事实加假言，事实出发做串联；肯前否后别犹豫，重复信息直接连"秒杀。

详细解析

本题补充新事实：北区种植龙柏。

从事实出发，由"北区种植龙柏"可知，条件(1)的后件为假，根据口诀"否后必否前"，可得：东区和南区均不种植银杏。

由于"每个区域只种植一种"，结合"东区和南区均不种植银杏、北区种植龙柏"可知，<u>西区种植银杏</u>。

由"西区种植银杏、北区种植龙柏"，结合条件(2)"北区或者东区要种植水杉或者银杏之一"可知，<u>东区种植水杉</u>。

因此，南区只能种植乌柏，即(B)项正确。

55 (D)

秒杀思路

题干全部由假言判断构成，选项均为事实，故本题为<u>假言事实模型</u>，常用两种解题思路：找矛盾法、二难推理法。

详细解析

本题补充新信息：(3)西水杉∨南水杉。

故由"西水杉∨南水杉"可将条件(2)简化为：北银杏∨东银杏。

通过串联，找矛盾法。

第1步：将题干符号化。

①东银杏∨南银杏→¬北龙柏∧¬北乌柏。

②北银杏∨东银杏，等价于：¬北银杏→东银杏。

③西水杉∨南水杉。

第2步：串联、推出答案。

由②、①串联可得：¬北银杏→东银杏→¬北龙柏∧¬北乌柏。

故，如果"¬北银杏"为真，则北区只能种植水杉，与③矛盾。因此"¬北银杏"为假，即"北银杏"为真。

所以，(D)项正确。

四、写作

56 论证有效性分析

谬误分析

①"一个国家的文化在国际上的影响力"仅仅是"软实力"的重要组成部分，而不是全部。一个国家的软实力还包括教育、科技、卫生等多个方面。所以，仅"搞好本国的文化建设并向世人展示"，

未必能增强国家的软实力。

②材料认为"要增强软实力，只需搞好本国的文化建设并向世人展示"即可。但是，仅仅"向世人展示"可能产生影响力，也可能不会产生影响力，自然也未必能够"增强软实力"。

③"文化具有普同性"，不必然"一国文化就一定会被他国所接受"，因为一国文化已经具备了类似的伦理道德和价值观念，为什么还要去接受他国的文化呢？"文化具有特异性"，也不必然"一国文化就一定会被他国所关注"，如果两种文化的特性形成对立的话，则可能吸引来的不是关注，反而是排斥。

④一国文化被"接受和关注"，不见得体现了"该国文化影响力的扩大"，更不意味着"该国软实力的增强"。因为"接受"和"关注"并不意味着受其影响；而且，影响力有可能是正面的，也有可能是负面的。正面的影响力可以增强国家的软实力，但负面的影响力则会削弱国家的软实力。

⑤文艺作品要被他国接受和关注，隐含一个假设，即这一作品会被翻译并传播到其他国家。如果这一作品不能被翻译，或者传播媒介有限，那么将很难对其他国家产生影响力。

⑥"创作更多的具有本国文化特色的文艺作品"未必能"扩大文化影响力"，进而"增强一国软实力"。因为文艺作品的影响力取决于受众的价值观念和接受能力，假如受众对作品中的价值观念无法认同或缺乏接受能力，那么文艺作品就很难"产生文化影响力"；且"扩大文化影响力"只是"增强软实力"的途径之一而非充分条件，因此"创作更多的文艺作品"不必然带来"国家软实力的同步增强"。

（说明：以上谬误分析引用和改编自教育部考试中心公布的官方参考答案。）

参考范文

如此提高软实力未必可行

材料认为只要搞好本国的文化建设并向世人展示，就能提高国家的软实力。其论证存在多处不当，让人难以信服。

第一，"一个国家的文化在国际上的影响力"仅仅是"软实力"的重要组成部分，而不是全部。一个国家的软实力还包括教育、科技、卫生、体育等多个方面。所以，仅"搞好本国的文化建设并向世人展示"，未必能增强国家的软实力。

第二，"文化具有普同性"，不必然"一国文化就一定会被他国所接受"，因为一国文化已经具备了类似的伦理道德和价值观念，为什么还要去接受他国的文化呢？"文化具有特异性"，也不必然"一国文化就一定会被他国所关注"，如果两种文化的特性形成对立的话，则可能吸引来的不是关注，反而是排斥。

第三，一国文化被"接受和关注"，不必然体现了"该国文化影响力的扩大"，更不意味着"该国软实力的增强"。因为"接受"和"关注"并不意味着受其影响。就算受其影响，这种影响有可能是正面的，也有可能是负面的。正面的影响可以增强国家的软实力，但负面的影响则会削弱国家的软实力。

第四，文艺作品虽然"肯定了一种生活方式，宣扬了一种价值观念"，但其影响力还取决于受众的价值观念和接受能力。假如受众对作品中的价值观念无法认同或缺乏接受能力，那么文艺作品所蕴含的生活方式和价值观念就未必会被接受或关注，也就未必"能产生文化影响力"。

综上所述，仅仅创作一些文艺作品，就想搞好本国的文化建设，从而提高本国的软实力的论断显然过于乐观，难以成立。

（全文共611字）

57 论说文

参考立意
①竞争离不开合作/在竞争中合作。
②合作可以创造双赢。

参考范文

合作才能共赢

在面对欧洲放弃竞争选择合作的情况下,"波音"与"麦道"也选择合作,组成新的波音公司。这说明,在激烈的市场竞争中,合作才能共赢。

资源稀缺性决定了我们必须合作。因为,在企业经营中,无论是人才、资金,还是其他资源,都不可能取之不尽、用之不竭。因此,企业的经营不可能面面俱到,只能集中精力在某一领域,以求形成规模效应、降低边际成本、提高边际收益、取得竞争优势。

瓶颈的存在决定了我们必然合作。"尺有所短,寸有所长",以色列学者高德拉特的瓶颈理论也告诉我们,任何企业必然存在着限制其整体效率提高的瓶颈,整个系统的效率等于瓶颈处的效率。当我们自身的力量无法解决这样的瓶颈时,就需要寻求合作。

但是,自利性偏差让合作面临风险。所谓自利性偏差,就是指人们常把功劳归因于自己,把过错推脱于他人。合作成功之时,认为功劳在己,企图分享更多利益;合作失败之后,认为责任在人,试图减少自己的损失。这样的合作很容易因为心理上的利益分配不均衡而导致破裂。

要想规避合作中面临的风险,合作双方应尽量避免陷入自利性偏差。

一方面,人们在合作之前可以预先设定一个"损失限额"——当输掉一定限额时就及时离开。合作失败之时,人的思维往往不够理性,因此在分析原因时,很容易归咎于他人。而事先确定的损失限额可以作为非理性思维下试图减少自己损失的提醒。

另一方面,要树立一个正确的价值观。合作成功之后不骄不躁,多看看别人对自己的帮助;合作失败之后不气不馁,正视自己的不足之处。学会换位思考,才能更加客观理性地看待他人和自己。

《周易》有言:"二人同心,其利断金。"争做"波音"和"麦道",合作共赢,为天下之大道也。

(全文共684字)

全国硕士研究生招生考试
管理类综合能力答题卡（199）

报考单位

考生编号（左对齐）

[0][0][0][0][0][0][0][0][0][0][0][0][0][0][0]
[1][1][1][1][1][1][1][1][1][1][1][1][1][1][1]
[2][2][2][2][2][2][2][2][2][2][2][2][2][2][2]
[3][3][3][3][3][3][3][3][3][3][3][3][3][3][3]
[4][4][4][4][4][4][4][4][4][4][4][4][4][4][4]
[5][5][5][5][5][5][5][5][5][5][5][5][5][5][5]
[6][6][6][6][6][6][6][6][6][6][6][6][6][6][6]
[7][7][7][7][7][7][7][7][7][7][7][7][7][7][7]
[8][8][8][8][8][8][8][8][8][8][8][8][8][8][8]
[9][9][9][9][9][9][9][9][9][9][9][9][9][9][9]

考生姓名

注意事项

1、填（书）写必须使用黑色字迹签字笔，笔迹工整、字迹清楚；涂写必须使用2B铅笔。
2、选择题必须用2B铅笔涂在答题卡指定题号，非选择题必须用黑色签字笔在指定区域作答。不在指定区域作答、在草稿纸、试题本上作答无效。
3、请保持答题卡清洁、请勿做任何标记，否则按无效答卷处理。
4、请务必将试题本上的试题信息条形码贴在答题卡标有"试题信息条形码"的框内。

正确涂卡 ■　　　　　**错误涂卡** ✓ ✗ ▭ ● ⦸ ╱ ─

缺考标记 ▭　　　　缺考考生信息由监考员填涂并加盖缺考章，盖章不要遮盖考生信息。

选择题答案区域

1 [A] [B] [C] [D] [E]	16 [A] [B] [C] [D] [E]	31 [A] [B] [C] [D] [E]	46 [A] [B] [C] [D] [E]
2 [A] [B] [C] [D] [E]	17 [A] [B] [C] [D] [E]	32 [A] [B] [C] [D] [E]	47 [A] [B] [C] [D] [E]
3 [A] [B] [C] [D] [E]	18 [A] [B] [C] [D] [E]	33 [A] [B] [C] [D] [E]	48 [A] [B] [C] [D] [E]
4 [A] [B] [C] [D] [E]	19 [A] [B] [C] [D] [E]	34 [A] [B] [C] [D] [E]	49 [A] [B] [C] [D] [E]
5 [A] [B] [C] [D] [E]	20 [A] [B] [C] [D] [E]	35 [A] [B] [C] [D] [E]	50 [A] [B] [C] [D] [E]
6 [A] [B] [C] [D] [E]	21 [A] [B] [C] [D] [E]	36 [A] [B] [C] [D] [E]	51 [A] [B] [C] [D] [E]
7 [A] [B] [C] [D] [E]	22 [A] [B] [C] [D] [E]	37 [A] [B] [C] [D] [E]	52 [A] [B] [C] [D] [E]
8 [A] [B] [C] [D] [E]	23 [A] [B] [C] [D] [E]	38 [A] [B] [C] [D] [E]	53 [A] [B] [C] [D] [E]
9 [A] [B] [C] [D] [E]	24 [A] [B] [C] [D] [E]	39 [A] [B] [C] [D] [E]	54 [A] [B] [C] [D] [E]
10 [A] [B] [C] [D] [E]	25 [A] [B] [C] [D] [E]	40 [A] [B] [C] [D] [E]	55 [A] [B] [C] [D] [E]
11 [A] [B] [C] [D] [E]	26 [A] [B] [C] [D] [E]	41 [A] [B] [C] [D] [E]	
12 [A] [B] [C] [D] [E]	27 [A] [B] [C] [D] [E]	42 [A] [B] [C] [D] [E]	
13 [A] [B] [C] [D] [E]	28 [A] [B] [C] [D] [E]	43 [A] [B] [C] [D] [E]	
14 [A] [B] [C] [D] [E]	29 [A] [B] [C] [D] [E]	44 [A] [B] [C] [D] [E]	
15 [A] [B] [C] [D] [E]	30 [A] [B] [C] [D] [E]	45 [A] [B] [C] [D] [E]	

阴影部分请勿作答或做任何标记

本答题卡仅供考生熟悉了解整体样式、模拟演练使用。具体考场答题卡样式、尺寸请以实际考场上发放的为准。

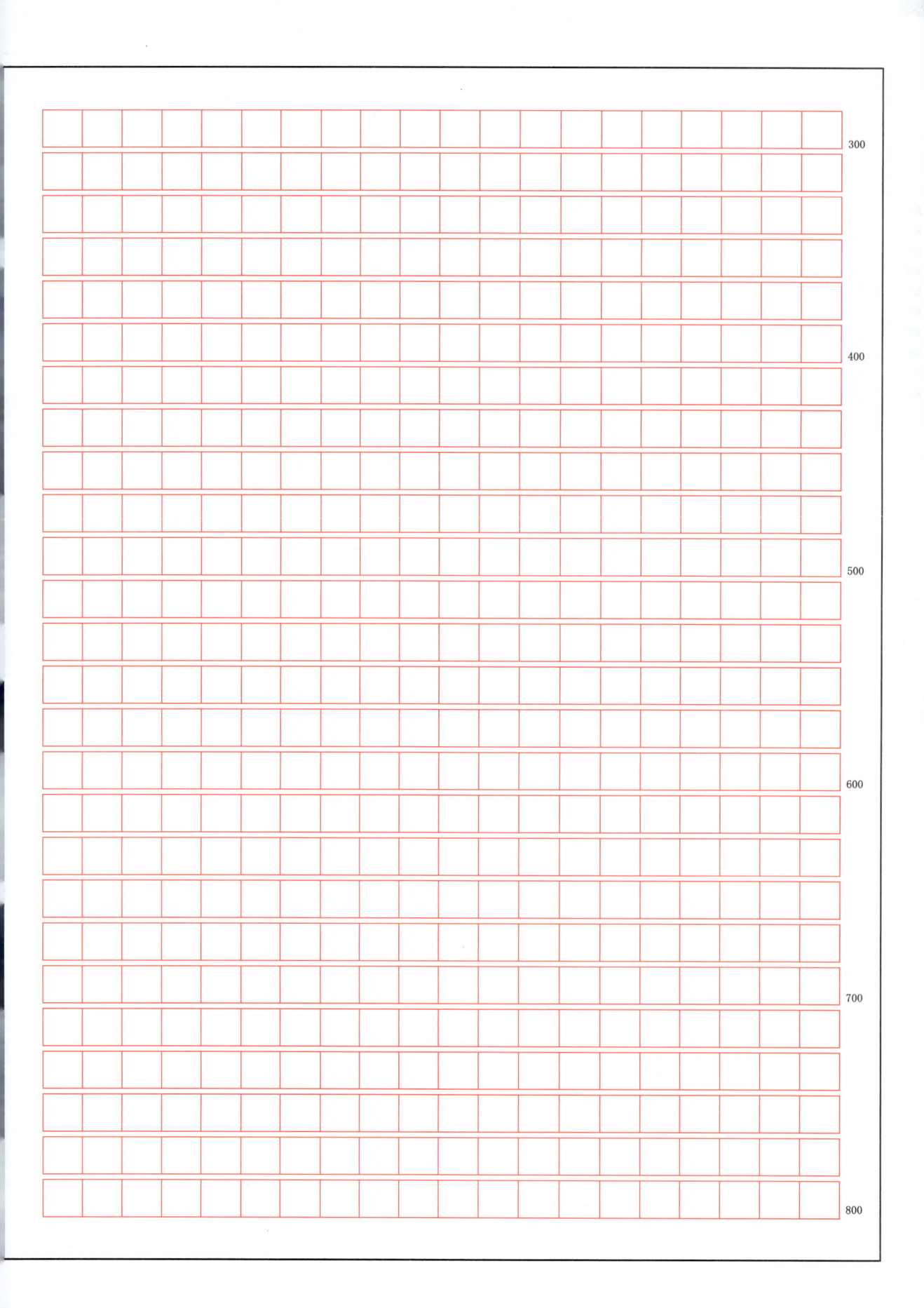

作文 57

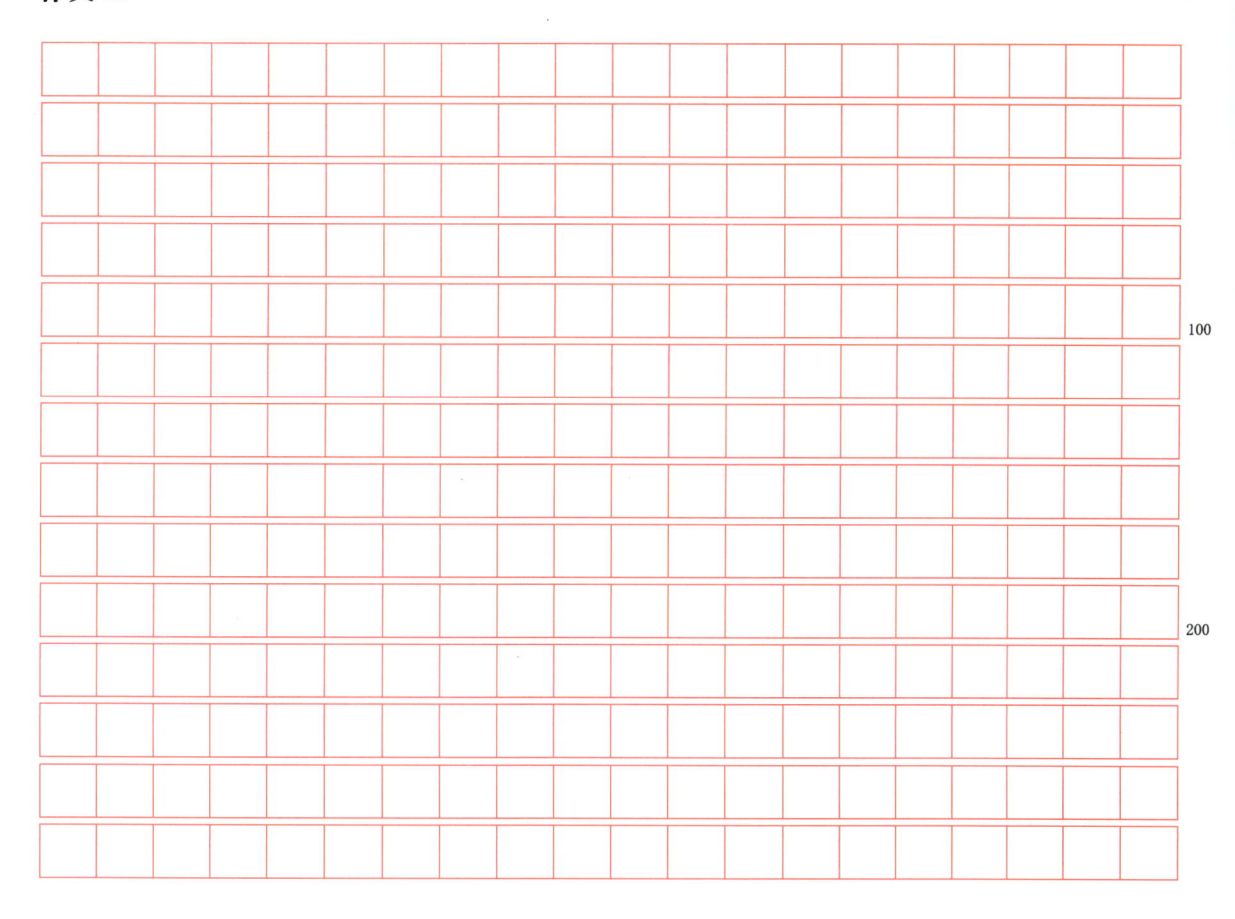

写作 56

全国硕士研究生招生考试
管理类综合能力答题卡（199）

报考单位

考生姓名

考生编号（左对齐）

注意事项
1、填（书）写必须使用黑色字迹签字笔，笔迹工整、字迹清楚；涂写必须使用2B铅笔。
2、选择题必须用2B铅笔涂在答题卡指定题号，非选择题必须用黑色签字笔在指定区域作答。不在指定区域作答、在草稿纸、试题本上作答无效。
3、请保持答题卡清洁、请勿做任何标记，否则按无效答卷处理。
4、请务必将试题本上的试题信息条形码贴在答题卡标有"试题信息条形码"的框内。

正确涂卡 ■　　　**错误涂卡** ✓ ✗ ▯ ● ⊘ ▬

缺考标记 □　　　缺考考生信息由监考员填涂并加盖缺考章，盖章不要遮盖考生信息。

选择题答案区域

1 [A] [B] [C] [D] [E]　　16 [A] [B] [C] [D] [E]　　31 [A] [B] [C] [D] [E]　　46 [A] [B] [C] [D] [E]
2 [A] [B] [C] [D] [E]　　17 [A] [B] [C] [D] [E]　　32 [A] [B] [C] [D] [E]　　47 [A] [B] [C] [D] [E]
3 [A] [B] [C] [D] [E]　　18 [A] [B] [C] [D] [E]　　33 [A] [B] [C] [D] [E]　　48 [A] [B] [C] [D] [E]
4 [A] [B] [C] [D] [E]　　19 [A] [B] [C] [D] [E]　　34 [A] [B] [C] [D] [E]　　49 [A] [B] [C] [D] [E]
5 [A] [B] [C] [D] [E]　　20 [A] [B] [C] [D] [E]　　35 [A] [B] [C] [D] [E]　　50 [A] [B] [C] [D] [E]

6 [A] [B] [C] [D] [E]　　21 [A] [B] [C] [D] [E]　　36 [A] [B] [C] [D] [E]　　51 [A] [B] [C] [D] [E]
7 [A] [B] [C] [D] [E]　　22 [A] [B] [C] [D] [E]　　37 [A] [B] [C] [D] [E]　　52 [A] [B] [C] [D] [E]
8 [A] [B] [C] [D] [E]　　23 [A] [B] [C] [D] [E]　　38 [A] [B] [C] [D] [E]　　53 [A] [B] [C] [D] [E]
9 [A] [B] [C] [D] [E]　　24 [A] [B] [C] [D] [E]　　39 [A] [B] [C] [D] [E]　　54 [A] [B] [C] [D] [E]
10 [A] [B] [C] [D] [E]　　25 [A] [B] [C] [D] [E]　　40 [A] [B] [C] [D] [E]　　55 [A] [B] [C] [D] [E]

11 [A] [B] [C] [D] [E]　　26 [A] [B] [C] [D] [E]　　41 [A] [B] [C] [D] [E]
12 [A] [B] [C] [D] [E]　　27 [A] [B] [C] [D] [E]　　42 [A] [B] [C] [D] [E]
13 [A] [B] [C] [D] [E]　　28 [A] [B] [C] [D] [E]　　43 [A] [B] [C] [D] [E]
14 [A] [B] [C] [D] [E]　　29 [A] [B] [C] [D] [E]　　44 [A] [B] [C] [D] [E]
15 [A] [B] [C] [D] [E]　　30 [A] [B] [C] [D] [E]　　45 [A] [B] [C] [D] [E]

阴影部分请勿作答或做任何标记

本答题卡仅供考生熟悉了解整体样式、模拟演练使用。具体考场答题卡样式、尺寸请以实际考场上发放的为准。

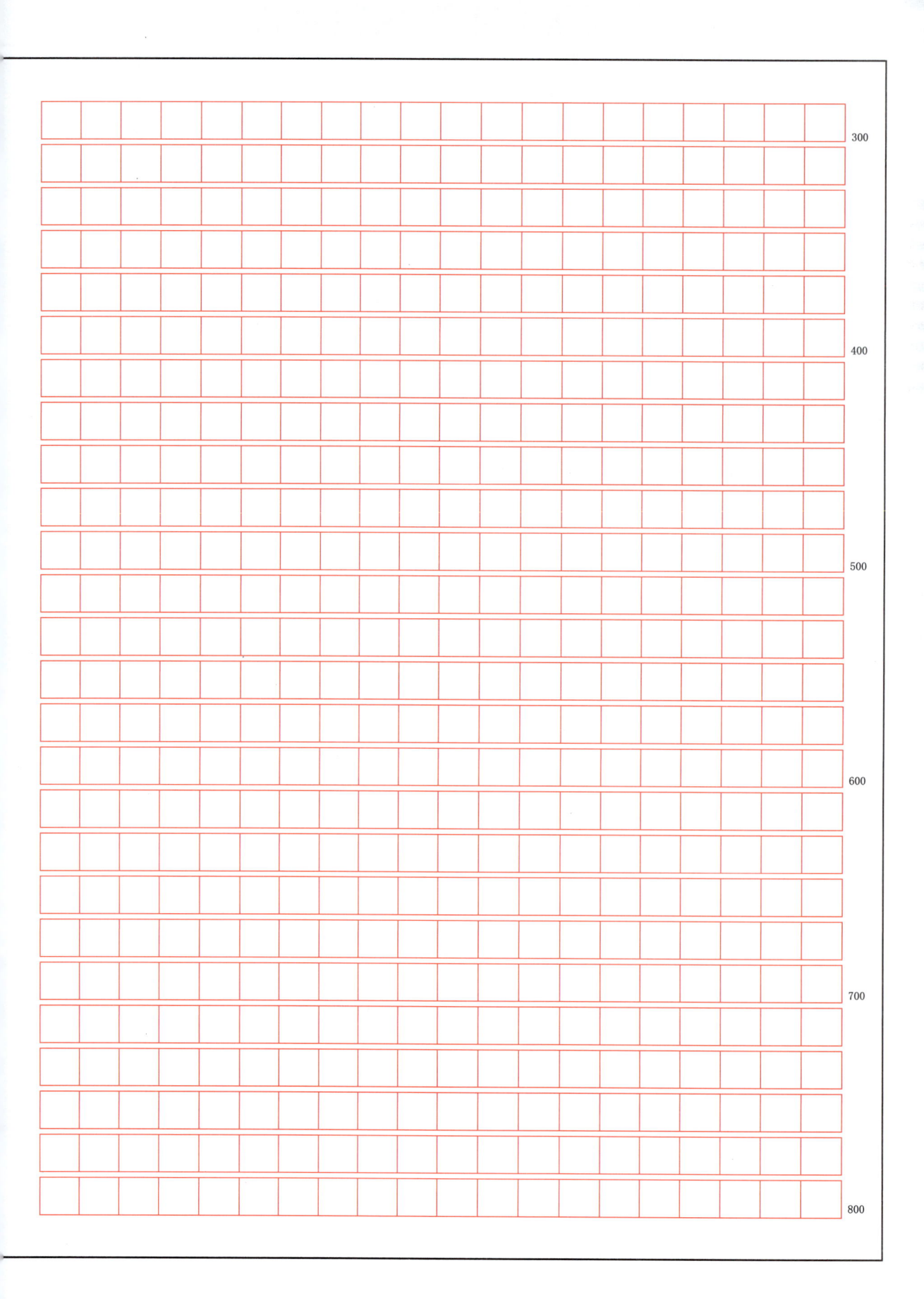

作文 57

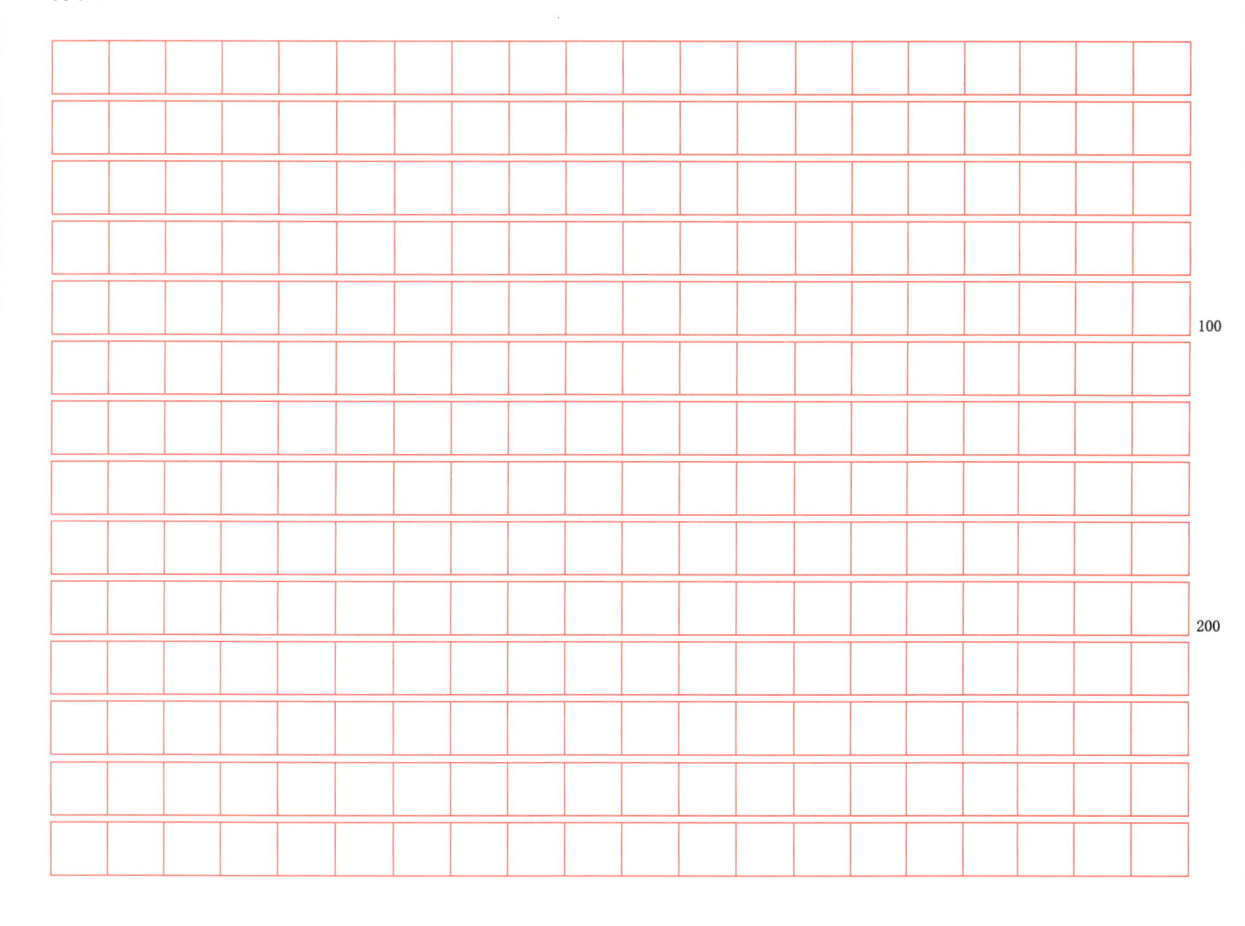

写作 56

全国硕士研究生招生考试
管理类综合能力答题卡（199）

报考单位

考生编号（左对齐）

| [0][0][0][0][0][0][0][0][0][0][0][0] |
| [1][1][1][1][1][1][1][1][1][1][1][1] |
| [2][2][2][2][2][2][2][2][2][2][2][2] |
| [3][3][3][3][3][3][3][3][3][3][3][3] |
| [4][4][4][4][4][4][4][4][4][4][4][4] |
| [5][5][5][5][5][5][5][5][5][5][5][5] |
| [6][6][6][6][6][6][6][6][6][6][6][6] |
| [7][7][7][7][7][7][7][7][7][7][7][7] |
| [8][8][8][8][8][8][8][8][8][8][8][8] |
| [9][9][9][9][9][9][9][9][9][9][9][9] |

考生姓名

注意事项
1、填（书）写必须使用黑色字迹签字笔，笔迹工整、字迹清楚；涂写必须使用2B铅笔。
2、选择题必须用2B铅笔涂在答题卡指定题号，非选择题必须用黑色签字笔在指定区域作答。不在指定区域作答、在草稿纸、试题本上作答无效。
3、请保持答题卡清洁、请勿做任何标记，否则按无效答卷处理。
4、请务必将试题本上的试题信息条形码贴在答题卡标有"试题信息条形码"的框内。

正确涂卡 ■   **错误涂卡** ☑ ☒ ▯ ● ⊘ ▬

缺考标记 ▭   缺考考生信息由监考员填涂并加盖缺考章，盖章不要遮盖考生信息。

选择题答案区域

1 [A] [B] [C] [D] [E]　　16 [A] [B] [C] [D] [E]　　31 [A] [B] [C] [D] [E]　　46 [A] [B] [C] [D] [E]
2 [A] [B] [C] [D] [E]　　17 [A] [B] [C] [D] [E]　　32 [A] [B] [C] [D] [E]　　47 [A] [B] [C] [D] [E]
3 [A] [B] [C] [D] [E]　　18 [A] [B] [C] [D] [E]　　33 [A] [B] [C] [D] [E]　　48 [A] [B] [C] [D] [E]
4 [A] [B] [C] [D] [E]　　19 [A] [B] [C] [D] [E]　　34 [A] [B] [C] [D] [E]　　49 [A] [B] [C] [D] [E]
5 [A] [B] [C] [D] [E]　　20 [A] [B] [C] [D] [E]　　35 [A] [B] [C] [D] [E]　　50 [A] [B] [C] [D] [E]
6 [A] [B] [C] [D] [E]　　21 [A] [B] [C] [D] [E]　　36 [A] [B] [C] [D] [E]　　51 [A] [B] [C] [D] [E]
7 [A] [B] [C] [D] [E]　　22 [A] [B] [C] [D] [E]　　37 [A] [B] [C] [D] [E]　　52 [A] [B] [C] [D] [E]
8 [A] [B] [C] [D] [E]　　23 [A] [B] [C] [D] [E]　　38 [A] [B] [C] [D] [E]　　53 [A] [B] [C] [D] [E]
9 [A] [B] [C] [D] [E]　　24 [A] [B] [C] [D] [E]　　39 [A] [B] [C] [D] [E]　　54 [A] [B] [C] [D] [E]
10 [A] [B] [C] [D] [E]　　25 [A] [B] [C] [D] [E]　　40 [A] [B] [C] [D] [E]　　55 [A] [B] [C] [D] [E]
11 [A] [B] [C] [D] [E]　　26 [A] [B] [C] [D] [E]　　41 [A] [B] [C] [D] [E]
12 [A] [B] [C] [D] [E]　　27 [A] [B] [C] [D] [E]　　42 [A] [B] [C] [D] [E]
13 [A] [B] [C] [D] [E]　　28 [A] [B] [C] [D] [E]　　43 [A] [B] [C] [D] [E]
14 [A] [B] [C] [D] [E]　　29 [A] [B] [C] [D] [E]　　44 [A] [B] [C] [D] [E]
15 [A] [B] [C] [D] [E]　　30 [A] [B] [C] [D] [E]　　45 [A] [B] [C] [D] [E]

阴影部分请勿作答或做任何标记

本答题卡仅供考生熟悉了解整体样式、模拟演练使用。具体考场答题卡样式、尺寸请以实际考场上发放的为准。

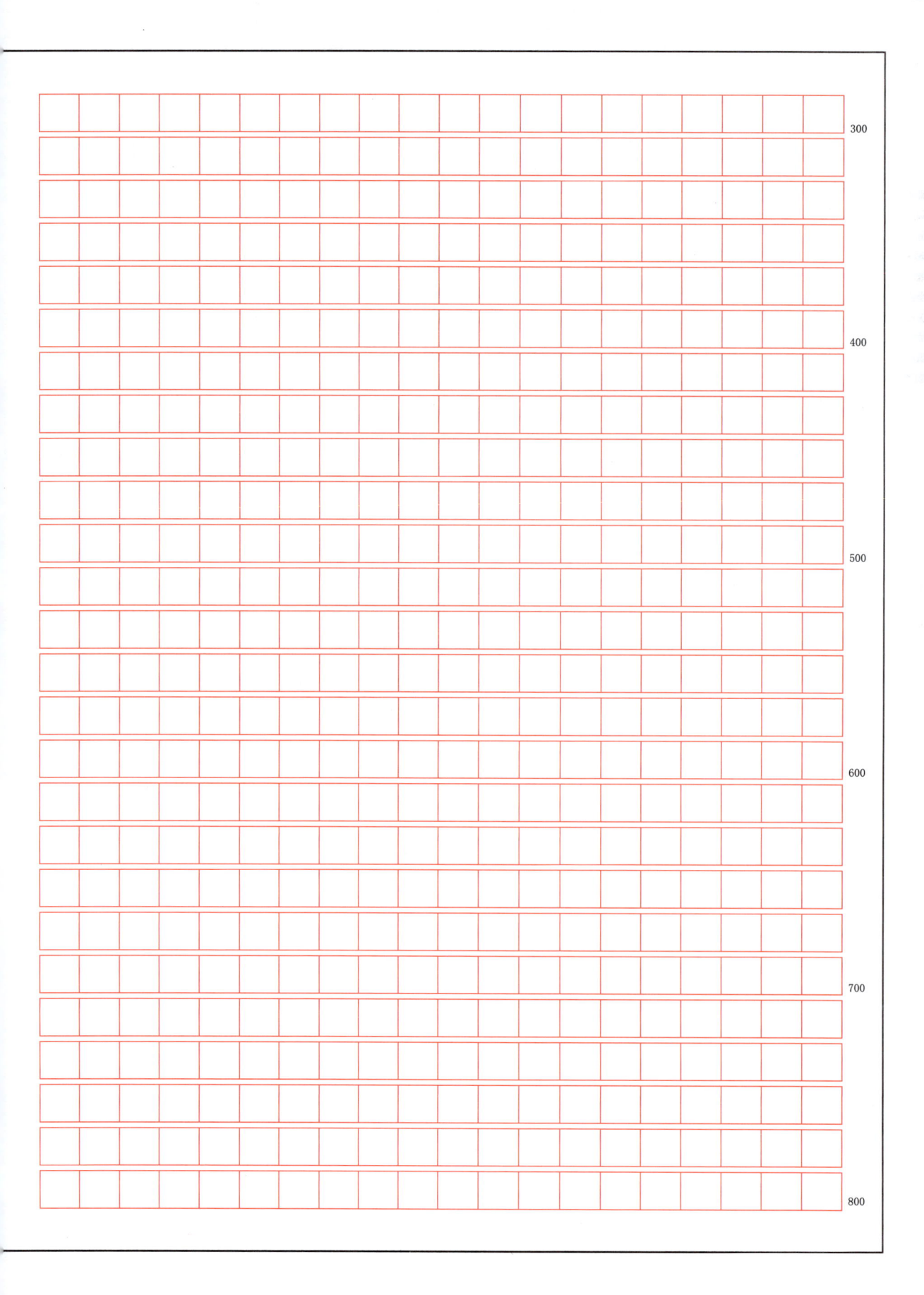

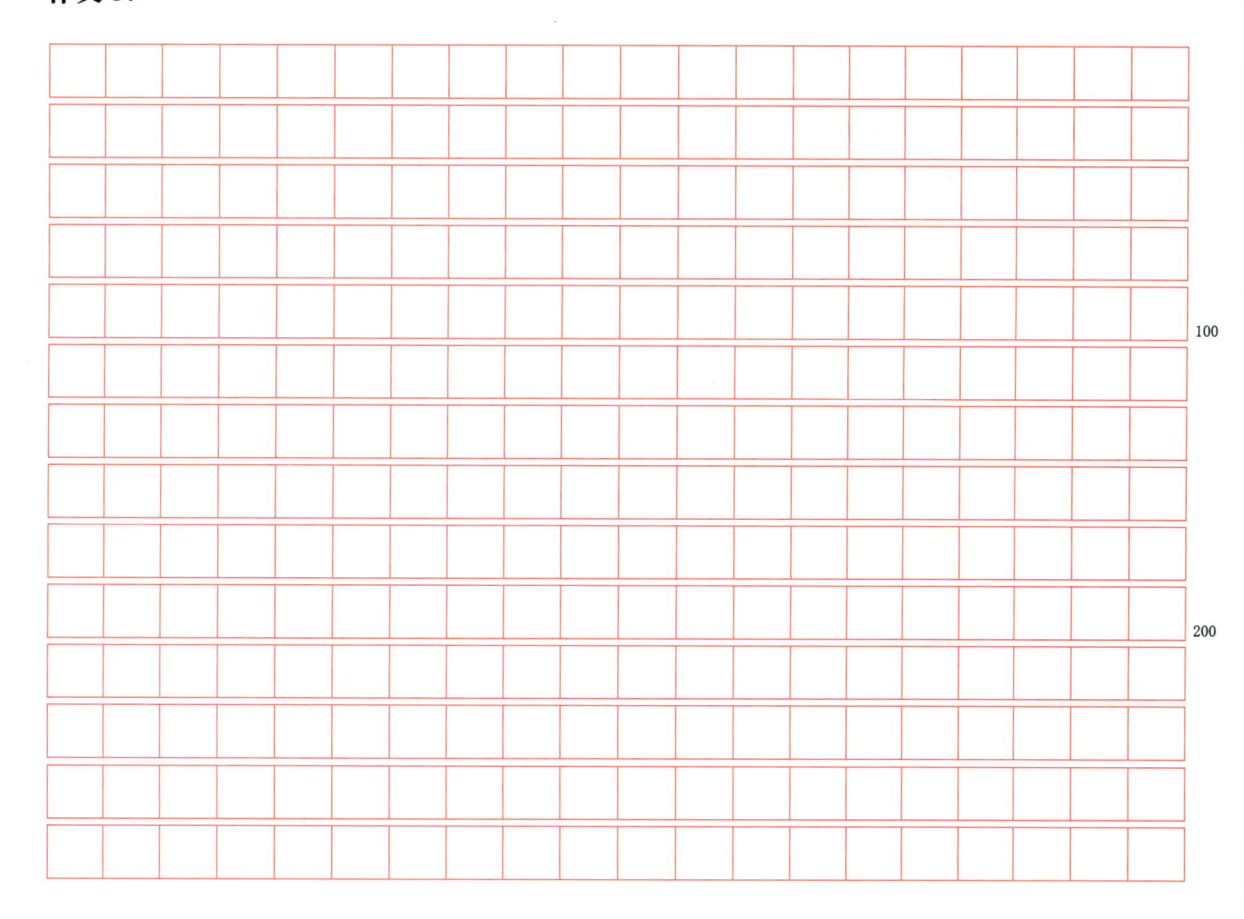

作文 57

写作 56

全国硕士研究生招生考试
管理类综合能力答题卡（199）

报考单位

考生编号（左对齐）

| [0] [0] [0] [0] [0] [0] [0] [0] [0] [0] [0] [0] [0] [0] [0] |
| [1] [1] [1] [1] [1] [1] [1] [1] [1] [1] [1] [1] [1] [1] [1] |
| [2] [2] [2] [2] [2] [2] [2] [2] [2] [2] [2] [2] [2] [2] [2] |
| [3] [3] [3] [3] [3] [3] [3] [3] [3] [3] [3] [3] [3] [3] [3] |
| [4] [4] [4] [4] [4] [4] [4] [4] [4] [4] [4] [4] [4] [4] [4] |
| [5] [5] [5] [5] [5] [5] [5] [5] [5] [5] [5] [5] [5] [5] [5] |
| [6] [6] [6] [6] [6] [6] [6] [6] [6] [6] [6] [6] [6] [6] [6] |
| [7] [7] [7] [7] [7] [7] [7] [7] [7] [7] [7] [7] [7] [7] [7] |
| [8] [8] [8] [8] [8] [8] [8] [8] [8] [8] [8] [8] [8] [8] [8] |
| [9] [9] [9] [9] [9] [9] [9] [9] [9] [9] [9] [9] [9] [9] [9] |

考生姓名

注意事项

1、填（书）写必须使用黑色字迹签字笔，笔迹工整、字迹清楚；涂写必须使用2B 铅笔。
2、选择题必须用 2B 铅笔涂在答题卡指定题号，非选择题必须用黑色签字笔在指定区域作答。不在指定区域作答、在草稿纸、试题本上作答无效。
3、请保持答题卡清洁、请勿做任何标记，否则按无效答卷处理。
4、请务必将试题本上的试题信息条形码贴在答题卡标有"试题信息条形码"的框内。

正确涂卡 ■　　　　　　　　**错误涂卡** ✓ ✗ ⊡ ● ⊘ ▬

缺考标记 □　　缺考考生信息由监考员填涂并加盖缺考章，盖章不要遮盖考生信息。

选择题答案区域

1 [A] [B] [C] [D] [E]　　16 [A] [B] [C] [D] [E]　　31 [A] [B] [C] [D] [E]　　46 [A] [B] [C] [D] [E]
2 [A] [B] [C] [D] [E]　　17 [A] [B] [C] [D] [E]　　32 [A] [B] [C] [D] [E]　　47 [A] [B] [C] [D] [E]
3 [A] [B] [C] [D] [E]　　18 [A] [B] [C] [D] [E]　　33 [A] [B] [C] [D] [E]　　48 [A] [B] [C] [D] [E]
4 [A] [B] [C] [D] [E]　　19 [A] [B] [C] [D] [E]　　34 [A] [B] [C] [D] [E]　　49 [A] [B] [C] [D] [E]
5 [A] [B] [C] [D] [E]　　20 [A] [B] [C] [D] [E]　　35 [A] [B] [C] [D] [E]　　50 [A] [B] [C] [D] [E]

6 [A] [B] [C] [D] [E]　　21 [A] [B] [C] [D] [E]　　36 [A] [B] [C] [D] [E]　　51 [A] [B] [C] [D] [E]
7 [A] [B] [C] [D] [E]　　22 [A] [B] [C] [D] [E]　　37 [A] [B] [C] [D] [E]　　52 [A] [B] [C] [D] [E]
8 [A] [B] [C] [D] [E]　　23 [A] [B] [C] [D] [E]　　38 [A] [B] [C] [D] [E]　　53 [A] [B] [C] [D] [E]
9 [A] [B] [C] [D] [E]　　24 [A] [B] [C] [D] [E]　　39 [A] [B] [C] [D] [E]　　54 [A] [B] [C] [D] [E]
10 [A] [B] [C] [D] [E]　　25 [A] [B] [C] [D] [E]　　40 [A] [B] [C] [D] [E]　　55 [A] [B] [C] [D] [E]

11 [A] [B] [C] [D] [E]　　26 [A] [B] [C] [D] [E]　　41 [A] [B] [C] [D] [E]
12 [A] [B] [C] [D] [E]　　27 [A] [B] [C] [D] [E]　　42 [A] [B] [C] [D] [E]
13 [A] [B] [C] [D] [E]　　28 [A] [B] [C] [D] [E]　　43 [A] [B] [C] [D] [E]
14 [A] [B] [C] [D] [E]　　29 [A] [B] [C] [D] [E]　　44 [A] [B] [C] [D] [E]
15 [A] [B] [C] [D] [E]　　30 [A] [B] [C] [D] [E]　　45 [A] [B] [C] [D] [E]

阴影部分请勿作答或做任何标记

本答题卡仅供考生熟悉了解整体样式、模拟演练使用。具体考场答题卡样式、尺寸请以实际考场上发放的为准。

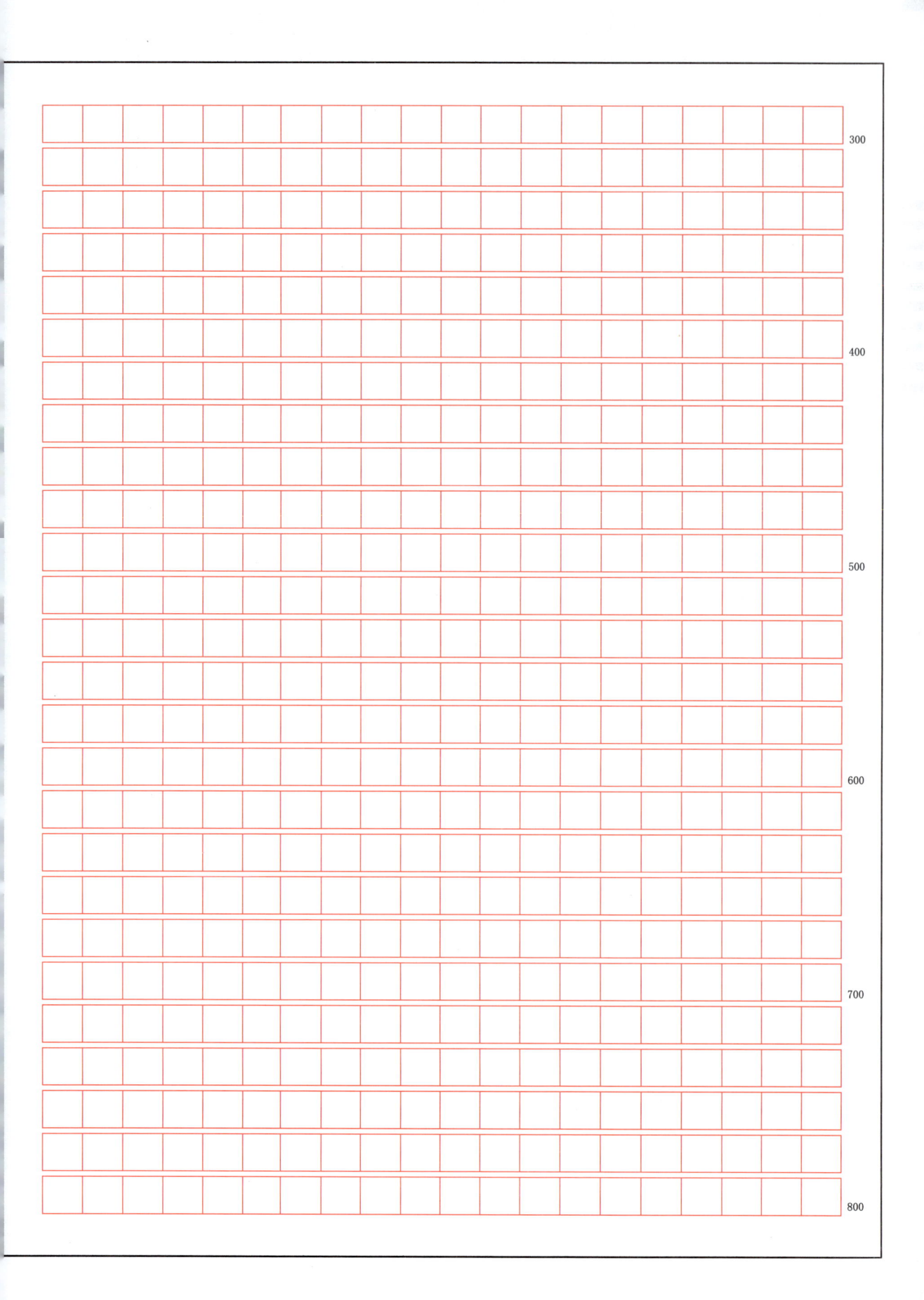

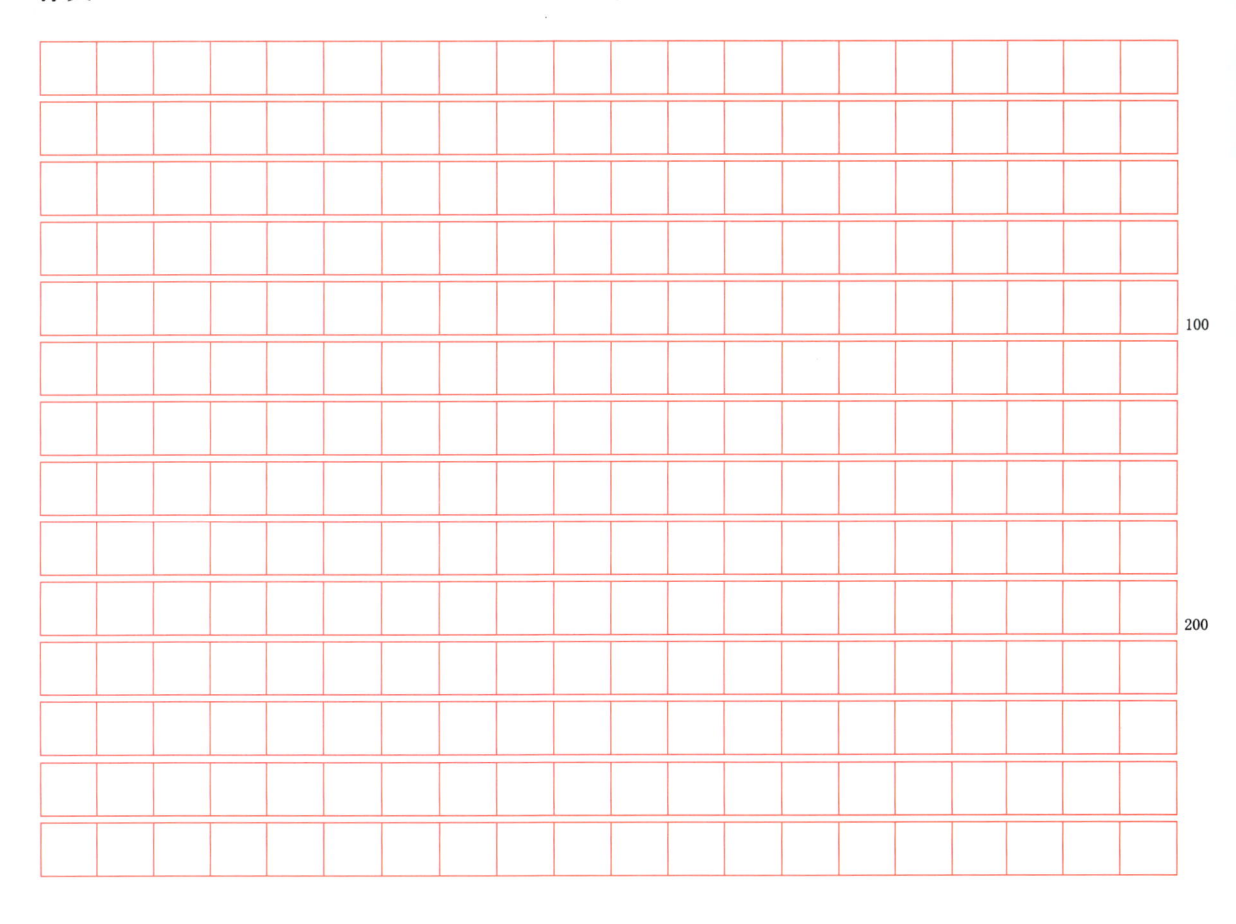

考生姓名：＿＿＿＿＿＿＿＿

600

700

作文 57

100

200

写作 56

全国硕士研究生招生考试
管理类综合能力答题卡（199）

报考单位

考生姓名

考生编号（左对齐）

| [0][0][0][0][0][0][0][0][0][0][0][0][0][0][0] |
| [1][1][1][1][1][1][1][1][1][1][1][1][1][1][1] |
| [2][2][2][2][2][2][2][2][2][2][2][2][2][2][2] |
| [3][3][3][3][3][3][3][3][3][3][3][3][3][3][3] |
| [4][4][4][4][4][4][4][4][4][4][4][4][4][4][4] |
| [5][5][5][5][5][5][5][5][5][5][5][5][5][5][5] |
| [6][6][6][6][6][6][6][6][6][6][6][6][6][6][6] |
| [7][7][7][7][7][7][7][7][7][7][7][7][7][7][7] |
| [8][8][8][8][8][8][8][8][8][8][8][8][8][8][8] |
| [9][9][9][9][9][9][9][9][9][9][9][9][9][9][9] |

注意事项

1、填（书）写必须使用黑色字迹签字笔，笔迹工整、字迹清楚；涂写必须使用 2B 铅笔。
2、选择题必须用 2B 铅笔涂在答题卡指定题号，非选择题必须用黑色签字笔在指定区域作答。不在指定区域作答、在草稿纸、试题本上作答无效。
3、请保持答题卡清洁、请勿做任何标记，否则按无效答卷处理。
4、请务必将试题本上的试题信息条形码贴在答题卡标有"试题信息条形码"的框内。

正确涂卡 ▬　　　　　　　　**错误涂卡** ☑ ☒ ▢ ● ⊘ ▬

缺考标记 ☐　　　　缺考考生信息由监考员填涂并加盖缺考章，盖章不要遮盖考生信息。

选择题答案区域

1 [A] [B] [C] [D] [E]　　16 [A] [B] [C] [D] [E]　　31 [A] [B] [C] [D] [E]　　46 [A] [B] [C] [D] [E]
2 [A] [B] [C] [D] [E]　　17 [A] [B] [C] [D] [E]　　32 [A] [B] [C] [D] [E]　　47 [A] [B] [C] [D] [E]
3 [A] [B] [C] [D] [E]　　18 [A] [B] [C] [D] [E]　　33 [A] [B] [C] [D] [E]　　48 [A] [B] [C] [D] [E]
4 [A] [B] [C] [D] [E]　　19 [A] [B] [C] [D] [E]　　34 [A] [B] [C] [D] [E]　　49 [A] [B] [C] [D] [E]
5 [A] [B] [C] [D] [E]　　20 [A] [B] [C] [D] [E]　　35 [A] [B] [C] [D] [E]　　50 [A] [B] [C] [D] [E]
6 [A] [B] [C] [D] [E]　　21 [A] [B] [C] [D] [E]　　36 [A] [B] [C] [D] [E]　　51 [A] [B] [C] [D] [E]
7 [A] [B] [C] [D] [E]　　22 [A] [B] [C] [D] [E]　　37 [A] [B] [C] [D] [E]　　52 [A] [B] [C] [D] [E]
8 [A] [B] [C] [D] [E]　　23 [A] [B] [C] [D] [E]　　38 [A] [B] [C] [D] [E]　　53 [A] [B] [C] [D] [E]
9 [A] [B] [C] [D] [E]　　24 [A] [B] [C] [D] [E]　　39 [A] [B] [C] [D] [E]　　54 [A] [B] [C] [D] [E]
10 [A] [B] [C] [D] [E]　　25 [A] [B] [C] [D] [E]　　40 [A] [B] [C] [D] [E]　　55 [A] [B] [C] [D] [E]
11 [A] [B] [C] [D] [E]　　26 [A] [B] [C] [D] [E]　　41 [A] [B] [C] [D] [E]
12 [A] [B] [C] [D] [E]　　27 [A] [B] [C] [D] [E]　　42 [A] [B] [C] [D] [E]
13 [A] [B] [C] [D] [E]　　28 [A] [B] [C] [D] [E]　　43 [A] [B] [C] [D] [E]
14 [A] [B] [C] [D] [E]　　29 [A] [B] [C] [D] [E]　　44 [A] [B] [C] [D] [E]
15 [A] [B] [C] [D] [E]　　30 [A] [B] [C] [D] [E]　　45 [A] [B] [C] [D] [E]

阴影部分请勿作答或做任何标记

本答题卡仅供考生熟悉了解整体样式、模拟演练使用。具体考场答题卡样式、尺寸请以实际考场上发放的为准。

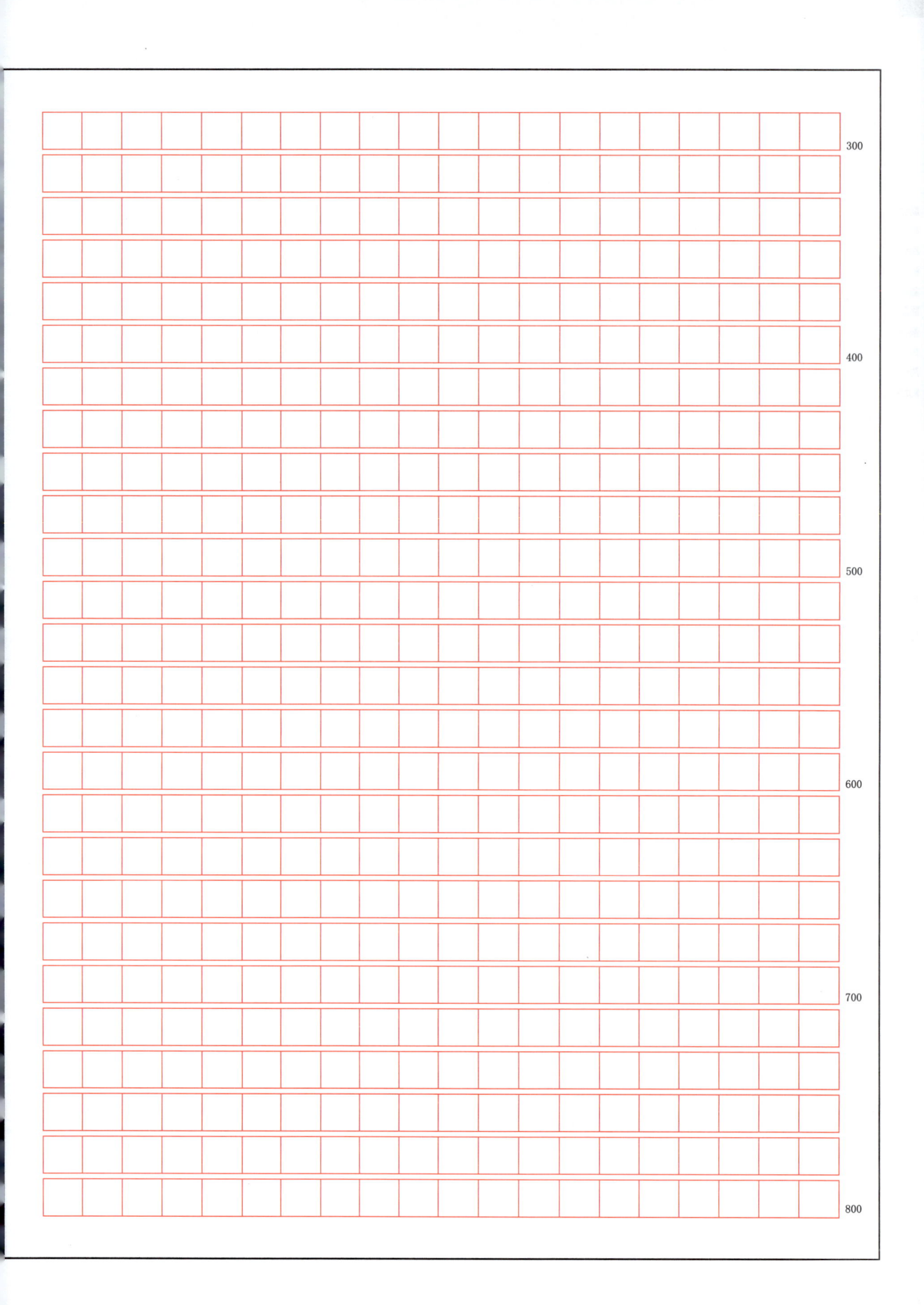

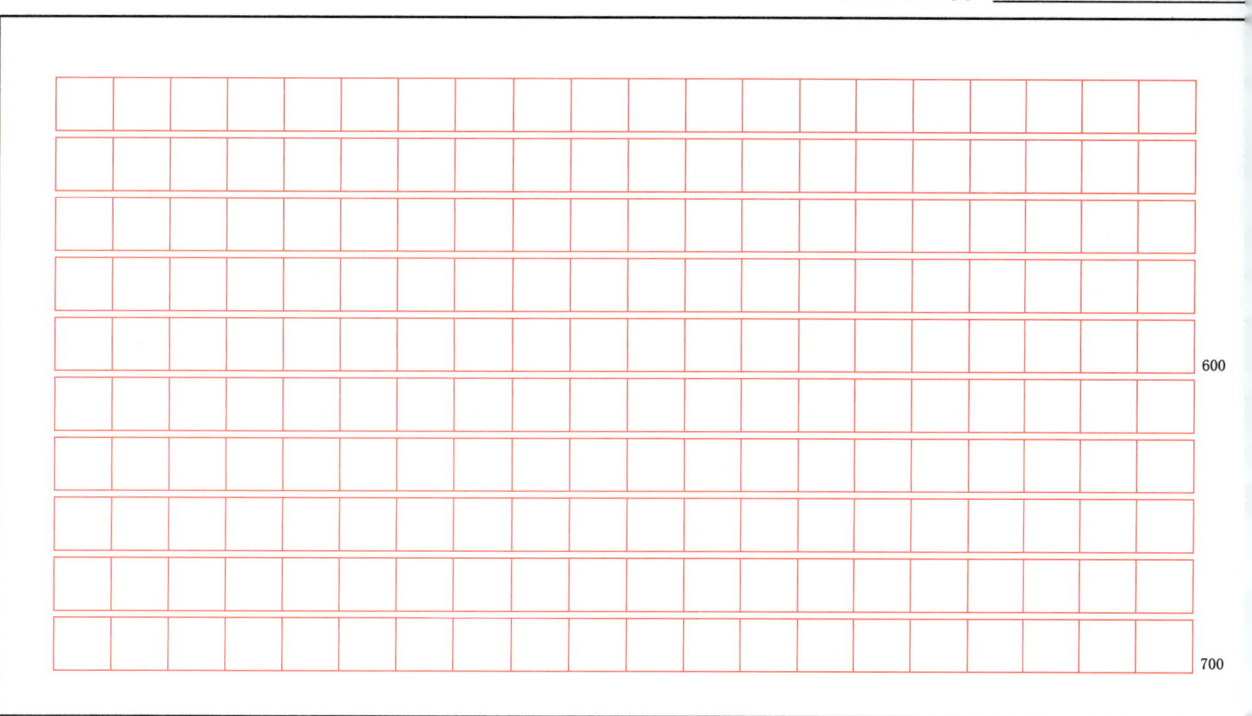

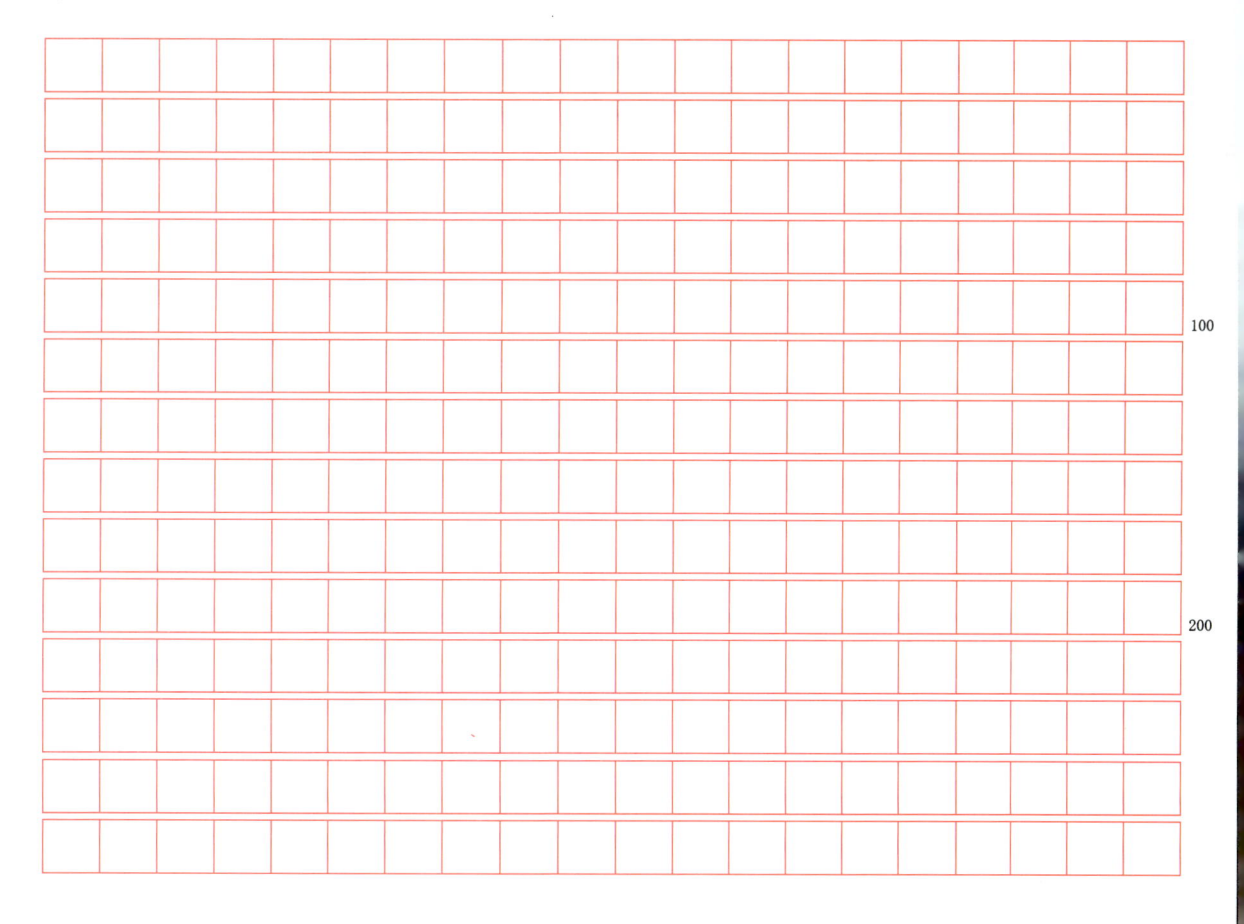

作文 57

写作 56

全国硕士研究生招生考试
管理类综合能力答题卡（199）

报考单位

考生编号（左对齐）

[0]	[0]	[0]	[0]	[0]	[0]	[0]	[0]	[0]	[0]	[0]	[0]	[0]	[0]	[0]
[1]	[1]	[1]	[1]	[1]	[1]	[1]	[1]	[1]	[1]	[1]	[1]	[1]	[1]	[1]
[2]	[2]	[2]	[2]	[2]	[2]	[2]	[2]	[2]	[2]	[2]	[2]	[2]	[2]	[2]
[3]	[3]	[3]	[3]	[3]	[3]	[3]	[3]	[3]	[3]	[3]	[3]	[3]	[3]	[3]
[4]	[4]	[4]	[4]	[4]	[4]	[4]	[4]	[4]	[4]	[4]	[4]	[4]	[4]	[4]
[5]	[5]	[5]	[5]	[5]	[5]	[5]	[5]	[5]	[5]	[5]	[5]	[5]	[5]	[5]
[6]	[6]	[6]	[6]	[6]	[6]	[6]	[6]	[6]	[6]	[6]	[6]	[6]	[6]	[6]
[7]	[7]	[7]	[7]	[7]	[7]	[7]	[7]	[7]	[7]	[7]	[7]	[7]	[7]	[7]
[8]	[8]	[8]	[8]	[8]	[8]	[8]	[8]	[8]	[8]	[8]	[8]	[8]	[8]	[8]
[9]	[9]	[9]	[9]	[9]	[9]	[9]	[9]	[9]	[9]	[9]	[9]	[9]	[9]	[9]

考生姓名

注意事项

1、填（书）写必须使用黑色字迹签字笔，笔迹工整、字迹清楚；涂写必须使用 2B 铅笔。
2、选择题必须用 2B 铅笔涂在答题卡指定题号，非选择题必须用黑色签字笔在指定区域作答。不在指定区域作答、在草稿纸、试题本上作答无效。
3、请保持答题卡清洁、请勿做任何标记，否则按无效答卷处理。
4、请务必将试题本上的试题信息条形码贴在答题卡标有"试题信息条形码"的框内。

正确涂卡	■	错误涂卡	✓ ✗ ○ ● ╱ ╲ ▬
缺考标记	□	缺考考生信息由监考员填涂并加盖缺考章，盖章不要遮盖考生信息。	

选择题答案区域

1 [A] [B] [C] [D] [E]   16 [A] [B] [C] [D] [E]   31 [A] [B] [C] [D] [E]   46 [A] [B] [C] [D] [E]
2 [A] [B] [C] [D] [E]   17 [A] [B] [C] [D] [E]   32 [A] [B] [C] [D] [E]   47 [A] [B] [C] [D] [E]
3 [A] [B] [C] [D] [E]   18 [A] [B] [C] [D] [E]   33 [A] [B] [C] [D] [E]   48 [A] [B] [C] [D] [E]
4 [A] [B] [C] [D] [E]   19 [A] [B] [C] [D] [E]   34 [A] [B] [C] [D] [E]   49 [A] [B] [C] [D] [E]
5 [A] [B] [C] [D] [E]   20 [A] [B] [C] [D] [E]   35 [A] [B] [C] [D] [E]   50 [A] [B] [C] [D] [E]
6 [A] [B] [C] [D] [E]   21 [A] [B] [C] [D] [E]   36 [A] [B] [C] [D] [E]   51 [A] [B] [C] [D] [E]
7 [A] [B] [C] [D] [E]   22 [A] [B] [C] [D] [E]   37 [A] [B] [C] [D] [E]   52 [A] [B] [C] [D] [E]
8 [A] [B] [C] [D] [E]   23 [A] [B] [C] [D] [E]   38 [A] [B] [C] [D] [E]   53 [A] [B] [C] [D] [E]
9 [A] [B] [C] [D] [E]   24 [A] [B] [C] [D] [E]   39 [A] [B] [C] [D] [E]   54 [A] [B] [C] [D] [E]
10 [A] [B] [C] [D] [E]   25 [A] [B] [C] [D] [E]   40 [A] [B] [C] [D] [E]   55 [A] [B] [C] [D] [E]
11 [A] [B] [C] [D] [E]   26 [A] [B] [C] [D] [E]   41 [A] [B] [C] [D] [E]
12 [A] [B] [C] [D] [E]   27 [A] [B] [C] [D] [E]   42 [A] [B] [C] [D] [E]
13 [A] [B] [C] [D] [E]   28 [A] [B] [C] [D] [E]   43 [A] [B] [C] [D] [E]
14 [A] [B] [C] [D] [E]   29 [A] [B] [C] [D] [E]   44 [A] [B] [C] [D] [E]
15 [A] [B] [C] [D] [E]   30 [A] [B] [C] [D] [E]   45 [A] [B] [C] [D] [E]

阴影部分请勿作答或做任何标记

本答题卡仅供考生熟悉了解整体样式、模拟演练使用。具体考场答题卡样式、尺寸请以实际考场上发放的为准。

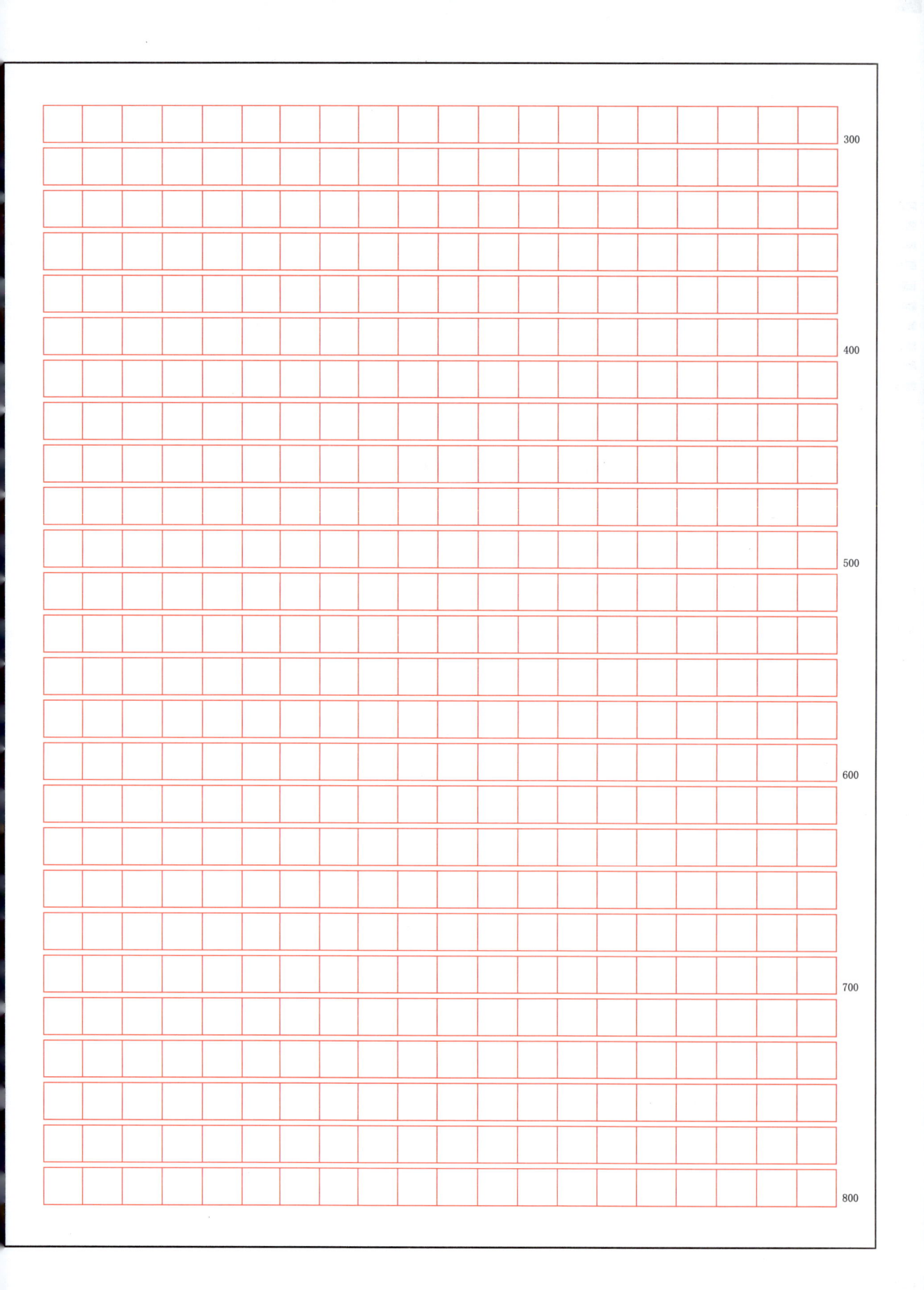

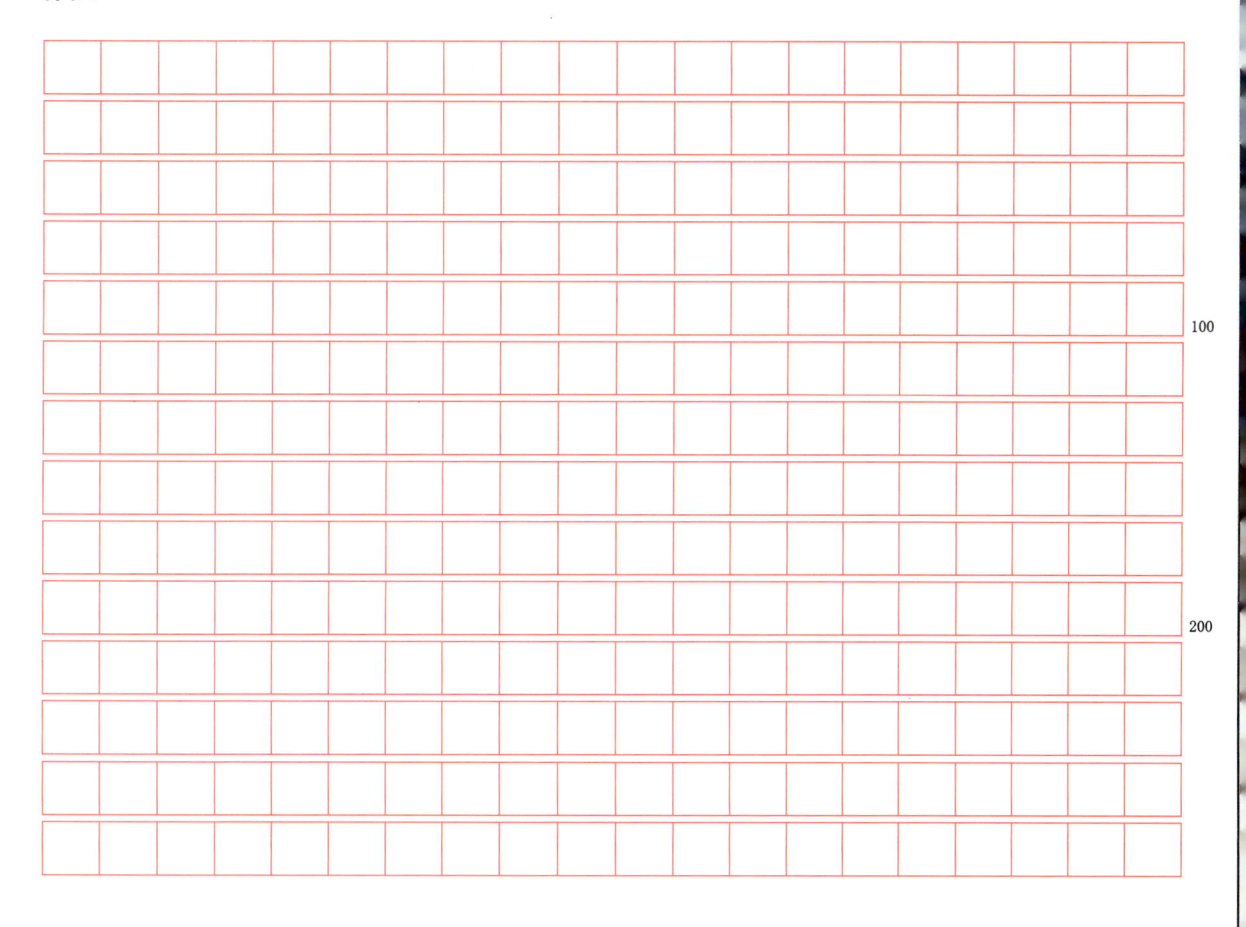

考生姓名：_____

作文57

写作 56

全国硕士研究生招生考试
管理类综合能力答题卡（199）

报考单位

考生编号（左对齐）

| [0][0][0][0][0][0][0][0][0][0][0][0][0][0][0] |
| [1][1][1][1][1][1][1][1][1][1][1][1][1][1][1] |
| [2][2][2][2][2][2][2][2][2][2][2][2][2][2][2] |
| [3][3][3][3][3][3][3][3][3][3][3][3][3][3][3] |
| [4][4][4][4][4][4][4][4][4][4][4][4][4][4][4] |
| [5][5][5][5][5][5][5][5][5][5][5][5][5][5][5] |
| [6][6][6][6][6][6][6][6][6][6][6][6][6][6][6] |
| [7][7][7][7][7][7][7][7][7][7][7][7][7][7][7] |
| [8][8][8][8][8][8][8][8][8][8][8][8][8][8][8] |
| [9][9][9][9][9][9][9][9][9][9][9][9][9][9][9] |

考生姓名

注意事项
1、填（书）写必须使用黑色字迹签字笔，笔迹工整、字迹清楚；涂写必须使用 2B 铅笔。
2、选择题必须用 2B 铅笔涂在答题卡指定题号，非选择题必须用黑色签字笔在指定区域作答。不在指定区域作答、在草稿纸、试题本上作答无效。
3、请保持答题卡清洁、请勿做任何标记，否则按无效答卷处理。
4、请务必将试题本上的试题信息条形码贴在答题卡标有"试题信息条形码"的框内。

正确涂卡 ■   **错误涂卡** [✓][✗][|][●][╲][━]

缺考标记 □   缺考考生信息由监考员填涂并加盖缺考章，盖章不要遮盖考生信息。

选择题答案区域

1 [A] [B] [C] [D] [E]　　16 [A] [B] [C] [D] [E]　　31 [A] [B] [C] [D] [E]　　46 [A] [B] [C] [D] [E]
2 [A] [B] [C] [D] [E]　　17 [A] [B] [C] [D] [E]　　32 [A] [B] [C] [D] [E]　　47 [A] [B] [C] [D] [E]
3 [A] [B] [C] [D] [E]　　18 [A] [B] [C] [D] [E]　　33 [A] [B] [C] [D] [E]　　48 [A] [B] [C] [D] [E]
4 [A] [B] [C] [D] [E]　　19 [A] [B] [C] [D] [E]　　34 [A] [B] [C] [D] [E]　　49 [A] [B] [C] [D] [E]
5 [A] [B] [C] [D] [E]　　20 [A] [B] [C] [D] [E]　　35 [A] [B] [C] [D] [E]　　50 [A] [B] [C] [D] [E]
6 [A] [B] [C] [D] [E]　　21 [A] [B] [C] [D] [E]　　36 [A] [B] [C] [D] [E]　　51 [A] [B] [C] [D] [E]
7 [A] [B] [C] [D] [E]　　22 [A] [B] [C] [D] [E]　　37 [A] [B] [C] [D] [E]　　52 [A] [B] [C] [D] [E]
8 [A] [B] [C] [D] [E]　　23 [A] [B] [C] [D] [E]　　38 [A] [B] [C] [D] [E]　　53 [A] [B] [C] [D] [E]
9 [A] [B] [C] [D] [E]　　24 [A] [B] [C] [D] [E]　　39 [A] [B] [C] [D] [E]　　54 [A] [B] [C] [D] [E]
10 [A] [B] [C] [D] [E]　　25 [A] [B] [C] [D] [E]　　40 [A] [B] [C] [D] [E]　　55 [A] [B] [C] [D] [E]
11 [A] [B] [C] [D] [E]　　26 [A] [B] [C] [D] [E]　　41 [A] [B] [C] [D] [E]
12 [A] [B] [C] [D] [E]　　27 [A] [B] [C] [D] [E]　　42 [A] [B] [C] [D] [E]
13 [A] [B] [C] [D] [E]　　28 [A] [B] [C] [D] [E]　　43 [A] [B] [C] [D] [E]
14 [A] [B] [C] [D] [E]　　29 [A] [B] [C] [D] [E]　　44 [A] [B] [C] [D] [E]
15 [A] [B] [C] [D] [E]　　30 [A] [B] [C] [D] [E]　　45 [A] [B] [C] [D] [E]

阴影部分请勿作答或做任何标记

本答题卡仅供考生熟悉了解整体样式、模拟演练使用。具体考场答题卡样式、尺寸请以实际考场上发放的为准。

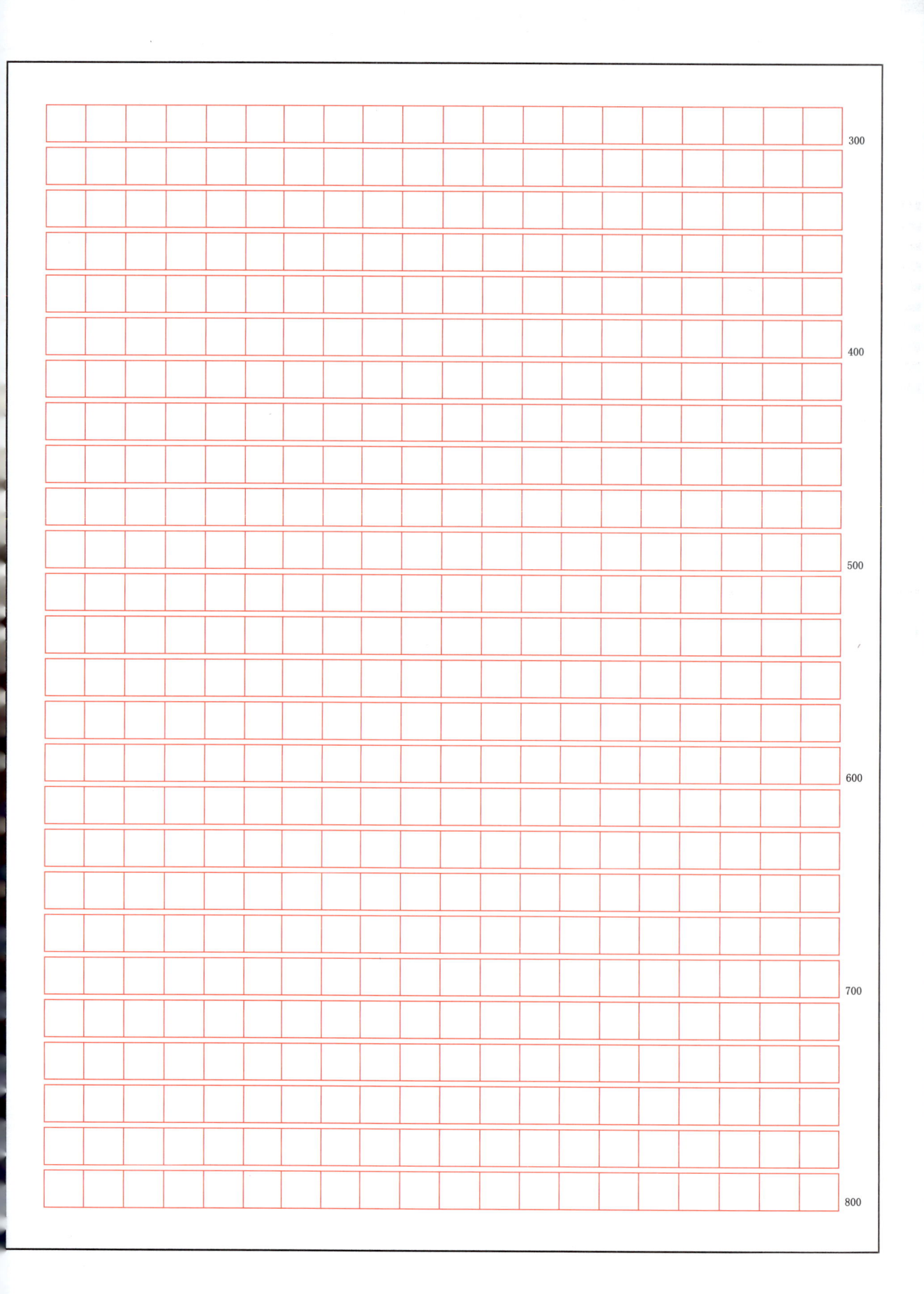

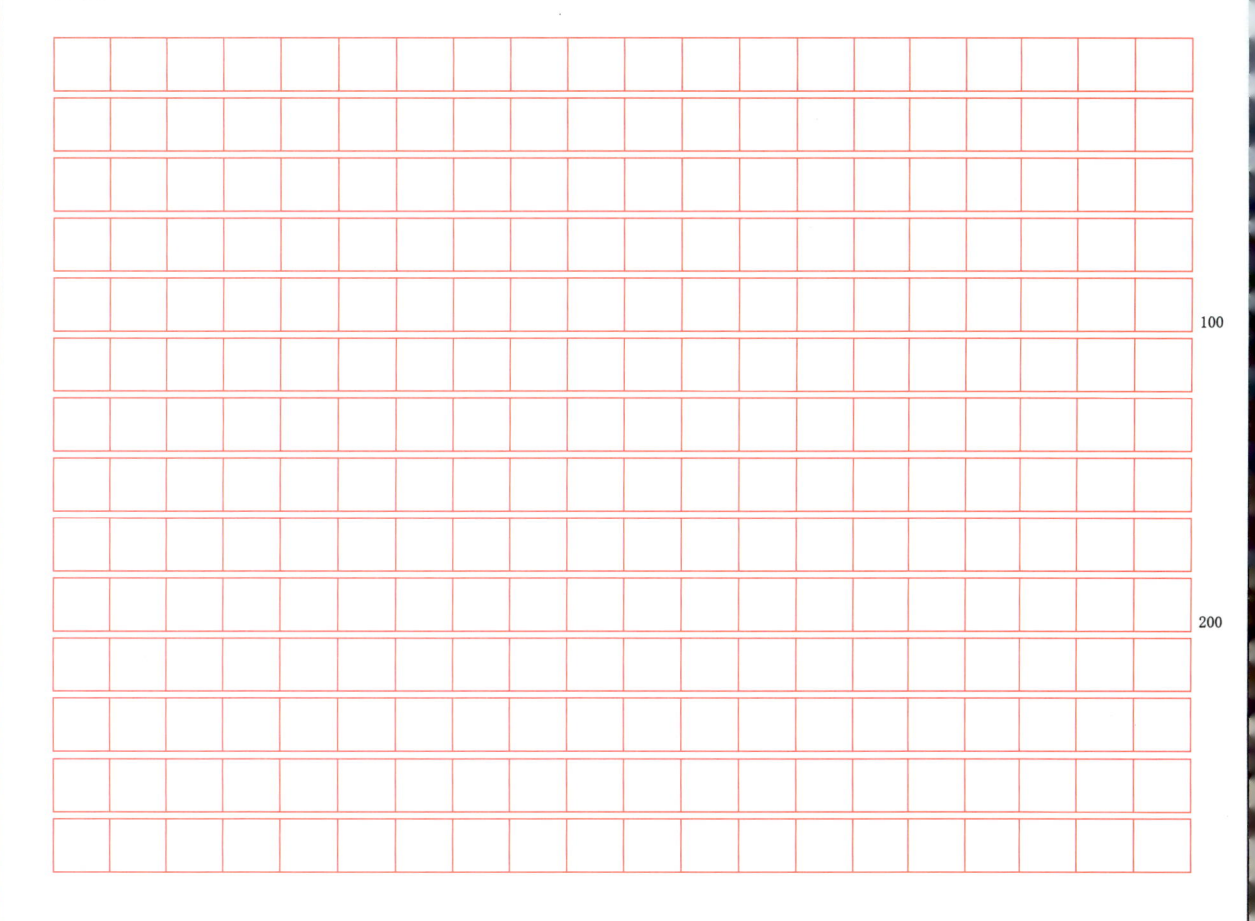

作文 57

写作 56

全国硕士研究生招生考试
管理类综合能力答题卡（199）

报考单位

考生编号（左对齐）

[0]	[0]	[0]	[0]	[0]	[0]	[0]	[0]	[0]	[0]	[0]	[0]	[0]	[0]	[0]
[1]	[1]	[1]	[1]	[1]	[1]	[1]	[1]	[1]	[1]	[1]	[1]	[1]	[1]	[1]
[2]	[2]	[2]	[2]	[2]	[2]	[2]	[2]	[2]	[2]	[2]	[2]	[2]	[2]	[2]
[3]	[3]	[3]	[3]	[3]	[3]	[3]	[3]	[3]	[3]	[3]	[3]	[3]	[3]	[3]
[4]	[4]	[4]	[4]	[4]	[4]	[4]	[4]	[4]	[4]	[4]	[4]	[4]	[4]	[4]
[5]	[5]	[5]	[5]	[5]	[5]	[5]	[5]	[5]	[5]	[5]	[5]	[5]	[5]	[5]
[6]	[6]	[6]	[6]	[6]	[6]	[6]	[6]	[6]	[6]	[6]	[6]	[6]	[6]	[6]
[7]	[7]	[7]	[7]	[7]	[7]	[7]	[7]	[7]	[7]	[7]	[7]	[7]	[7]	[7]
[8]	[8]	[8]	[8]	[8]	[8]	[8]	[8]	[8]	[8]	[8]	[8]	[8]	[8]	[8]
[9]	[9]	[9]	[9]	[9]	[9]	[9]	[9]	[9]	[9]	[9]	[9]	[9]	[9]	[9]

考生姓名

注意事项

1、填（书）写必须使用黑色字迹签字笔，笔迹工整、字迹清楚；涂写必须使用 2B 铅笔。
2、选择题必须用 2B 铅笔涂在答题卡指定题号，非选择题必须用黑色签字笔在指定区域作答。不在指定区域作答、在草稿纸、试题本上作答无效。
3、请保持答题卡清洁、请勿做任何标记，否则按无效答卷处理。
4、请务必将试题本上的试题信息条形码贴在答题卡标有"试题信息条形码"的框内。

正确涂卡 ■   **错误涂卡** ☑ ☒ Ⅰ ● ╲ ━

缺考标记 □   缺考考生信息由监考员填涂并加盖缺考章，盖章不要遮盖考生信息。

选择题答案区域

1 [A] [B] [C] [D] [E]   16 [A] [B] [C] [D] [E]   31 [A] [B] [C] [D] [E]   46 [A] [B] [C] [D] [E]
2 [A] [B] [C] [D] [E]   17 [A] [B] [C] [D] [E]   32 [A] [B] [C] [D] [E]   47 [A] [B] [C] [D] [E]
3 [A] [B] [C] [D] [E]   18 [A] [B] [C] [D] [E]   33 [A] [B] [C] [D] [E]   48 [A] [B] [C] [D] [E]
4 [A] [B] [C] [D] [E]   19 [A] [B] [C] [D] [E]   34 [A] [B] [C] [D] [E]   49 [A] [B] [C] [D] [E]
5 [A] [B] [C] [D] [E]   20 [A] [B] [C] [D] [E]   35 [A] [B] [C] [D] [E]   50 [A] [B] [C] [D] [E]
6 [A] [B] [C] [D] [E]   21 [A] [B] [C] [D] [E]   36 [A] [B] [C] [D] [E]   51 [A] [B] [C] [D] [E]
7 [A] [B] [C] [D] [E]   22 [A] [B] [C] [D] [E]   37 [A] [B] [C] [D] [E]   52 [A] [B] [C] [D] [E]
8 [A] [B] [C] [D] [E]   23 [A] [B] [C] [D] [E]   38 [A] [B] [C] [D] [E]   53 [A] [B] [C] [D] [E]
9 [A] [B] [C] [D] [E]   24 [A] [B] [C] [D] [E]   39 [A] [B] [C] [D] [E]   54 [A] [B] [C] [D] [E]
10 [A] [B] [C] [D] [E]   25 [A] [B] [C] [D] [E]   40 [A] [B] [C] [D] [E]   55 [A] [B] [C] [D] [E]
11 [A] [B] [C] [D] [E]   26 [A] [B] [C] [D] [E]   41 [A] [B] [C] [D] [E]
12 [A] [B] [C] [D] [E]   27 [A] [B] [C] [D] [E]   42 [A] [B] [C] [D] [E]
13 [A] [B] [C] [D] [E]   28 [A] [B] [C] [D] [E]   43 [A] [B] [C] [D] [E]
14 [A] [B] [C] [D] [E]   29 [A] [B] [C] [D] [E]   44 [A] [B] [C] [D] [E]
15 [A] [B] [C] [D] [E]   30 [A] [B] [C] [D] [E]   45 [A] [B] [C] [D] [E]

阴影部分请勿作答或做任何标记

本答题卡仅供考生熟悉了解整体样式、模拟演练使用。具体考场答题卡样式、尺寸请以实际考场上发放的为准。

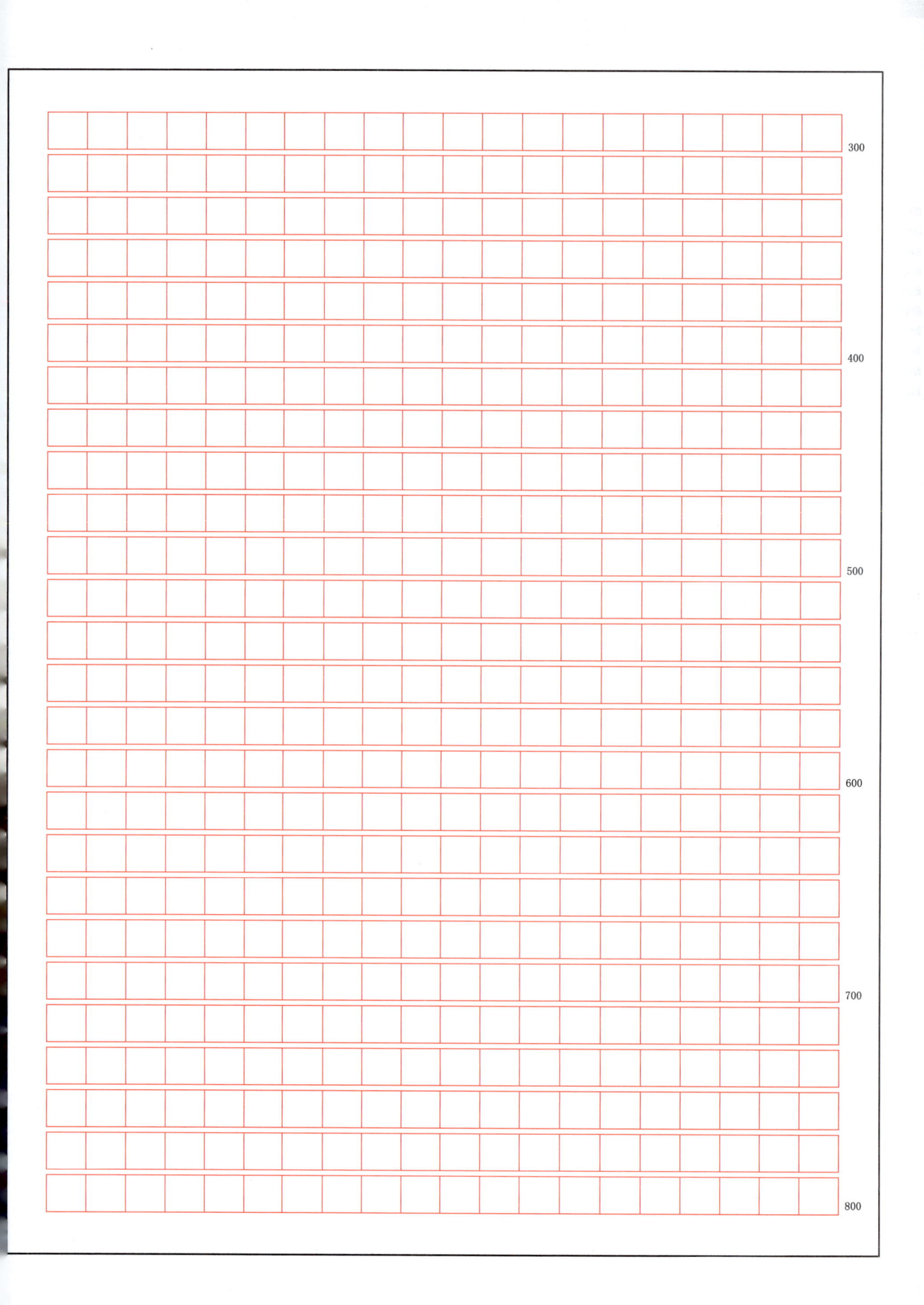

考生姓名：_____

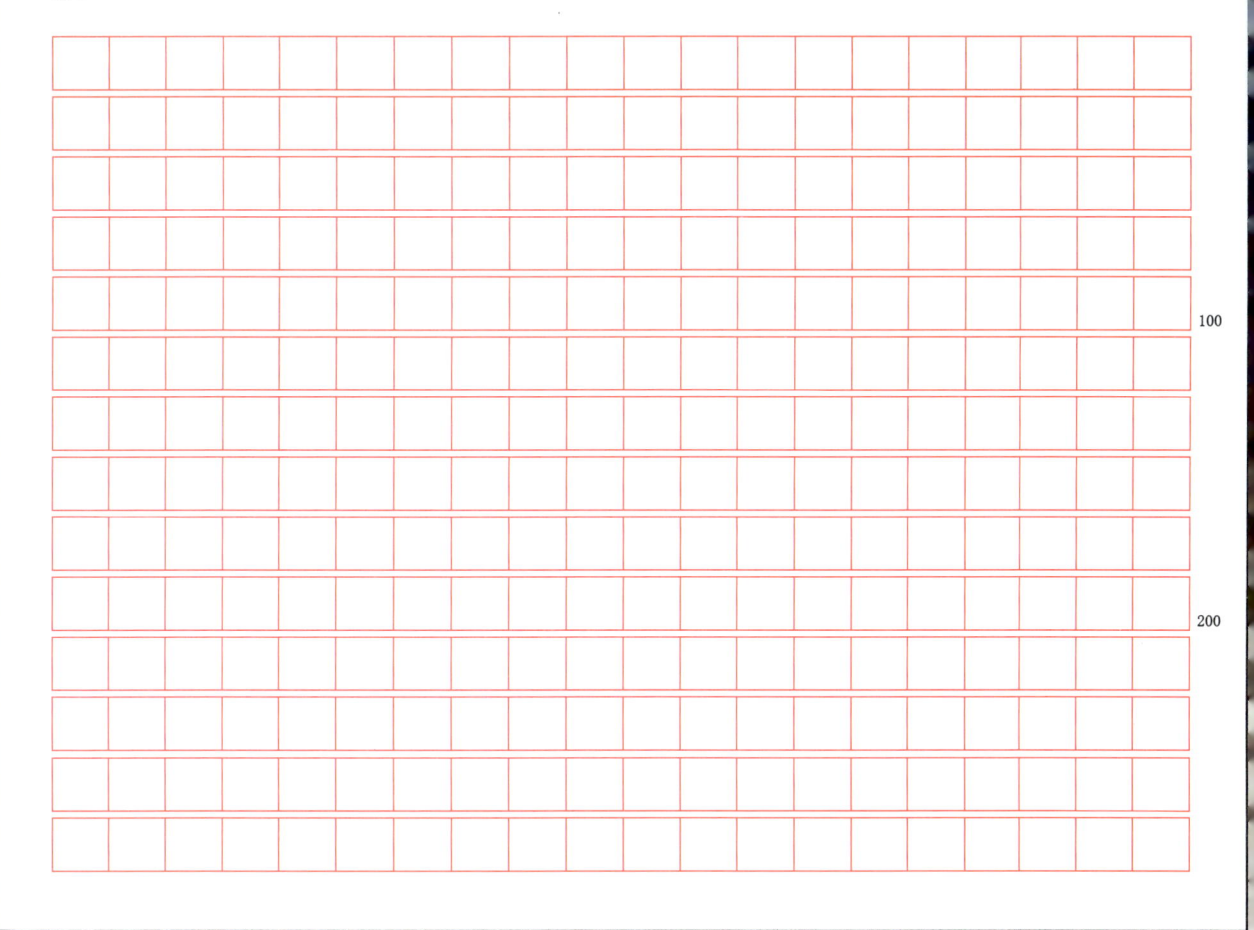

作文 57

写作 56

全国硕士研究生招生考试
管理类综合能力答题卡（199）

报考单位

考生编号（左对齐）

[0]	[0]	[0]	[0]	[0]	[0]	[0]	[0]	[0]	[0]	[0]	[0]	[0]	[0]	[0]
[1]	[1]	[1]	[1]	[1]	[1]	[1]	[1]	[1]	[1]	[1]	[1]	[1]	[1]	[1]
[2]	[2]	[2]	[2]	[2]	[2]	[2]	[2]	[2]	[2]	[2]	[2]	[2]	[2]	[2]
[3]	[3]	[3]	[3]	[3]	[3]	[3]	[3]	[3]	[3]	[3]	[3]	[3]	[3]	[3]
[4]	[4]	[4]	[4]	[4]	[4]	[4]	[4]	[4]	[4]	[4]	[4]	[4]	[4]	[4]
[5]	[5]	[5]	[5]	[5]	[5]	[5]	[5]	[5]	[5]	[5]	[5]	[5]	[5]	[5]
[6]	[6]	[6]	[6]	[6]	[6]	[6]	[6]	[6]	[6]	[6]	[6]	[6]	[6]	[6]
[7]	[7]	[7]	[7]	[7]	[7]	[7]	[7]	[7]	[7]	[7]	[7]	[7]	[7]	[7]
[8]	[8]	[8]	[8]	[8]	[8]	[8]	[8]	[8]	[8]	[8]	[8]	[8]	[8]	[8]
[9]	[9]	[9]	[9]	[9]	[9]	[9]	[9]	[9]	[9]	[9]	[9]	[9]	[9]	[9]

考生姓名

注意事项

1、填（书）写必须使用黑色字迹签字笔，笔迹工整、字迹清楚；涂写必须使用2B铅笔。
2、选择题必须用2B铅笔涂在答题卡指定题号，非选择题必须用黑色签字笔在指定区域作答。不在指定区域作答、在草稿纸、试题本上作答无效。
3、请保持答题卡清洁、请勿做任何标记，否则按无效答卷处理。
4、请务必将试题本上的试题信息条形码贴在答题卡标有"试题信息条形码"的框内。

正确涂卡 ■   **错误涂卡** ✓ ✗ ∣ ● ╲ ▬

缺考标记 ☐   缺考考生信息由监考员填涂并加盖缺考章，盖章不要遮盖考生信息。

选择题答案区域

1 [A] [B] [C] [D] [E]　　16 [A] [B] [C] [D] [E]　　31 [A] [B] [C] [D] [E]　　46 [A] [B] [C] [D] [E]
2 [A] [B] [C] [D] [E]　　17 [A] [B] [C] [D] [E]　　32 [A] [B] [C] [D] [E]　　47 [A] [B] [C] [D] [E]
3 [A] [B] [C] [D] [E]　　18 [A] [B] [C] [D] [E]　　33 [A] [B] [C] [D] [E]　　48 [A] [B] [C] [D] [E]
4 [A] [B] [C] [D] [E]　　19 [A] [B] [C] [D] [E]　　34 [A] [B] [C] [D] [E]　　49 [A] [B] [C] [D] [E]
5 [A] [B] [C] [D] [E]　　20 [A] [B] [C] [D] [E]　　35 [A] [B] [C] [D] [E]　　50 [A] [B] [C] [D] [E]
6 [A] [B] [C] [D] [E]　　21 [A] [B] [C] [D] [E]　　36 [A] [B] [C] [D] [E]　　51 [A] [B] [C] [D] [E]
7 [A] [B] [C] [D] [E]　　22 [A] [B] [C] [D] [E]　　37 [A] [B] [C] [D] [E]　　52 [A] [B] [C] [D] [E]
8 [A] [B] [C] [D] [E]　　23 [A] [B] [C] [D] [E]　　38 [A] [B] [C] [D] [E]　　53 [A] [B] [C] [D] [E]
9 [A] [B] [C] [D] [E]　　24 [A] [B] [C] [D] [E]　　39 [A] [B] [C] [D] [E]　　54 [A] [B] [C] [D] [E]
10 [A] [B] [C] [D] [E]　　25 [A] [B] [C] [D] [E]　　40 [A] [B] [C] [D] [E]　　55 [A] [B] [C] [D] [E]
11 [A] [B] [C] [D] [E]　　26 [A] [B] [C] [D] [E]　　41 [A] [B] [C] [D] [E]
12 [A] [B] [C] [D] [E]　　27 [A] [B] [C] [D] [E]　　42 [A] [B] [C] [D] [E]
13 [A] [B] [C] [D] [E]　　28 [A] [B] [C] [D] [E]　　43 [A] [B] [C] [D] [E]
14 [A] [B] [C] [D] [E]　　29 [A] [B] [C] [D] [E]　　44 [A] [B] [C] [D] [E]
15 [A] [B] [C] [D] [E]　　30 [A] [B] [C] [D] [E]　　45 [A] [B] [C] [D] [E]

阴影部分请勿作答或做任何标记

本答题卡仅供考生熟悉了解整体样式、模拟演练使用。具体考场答题卡样式、尺寸请以实际考场上发放的为准。

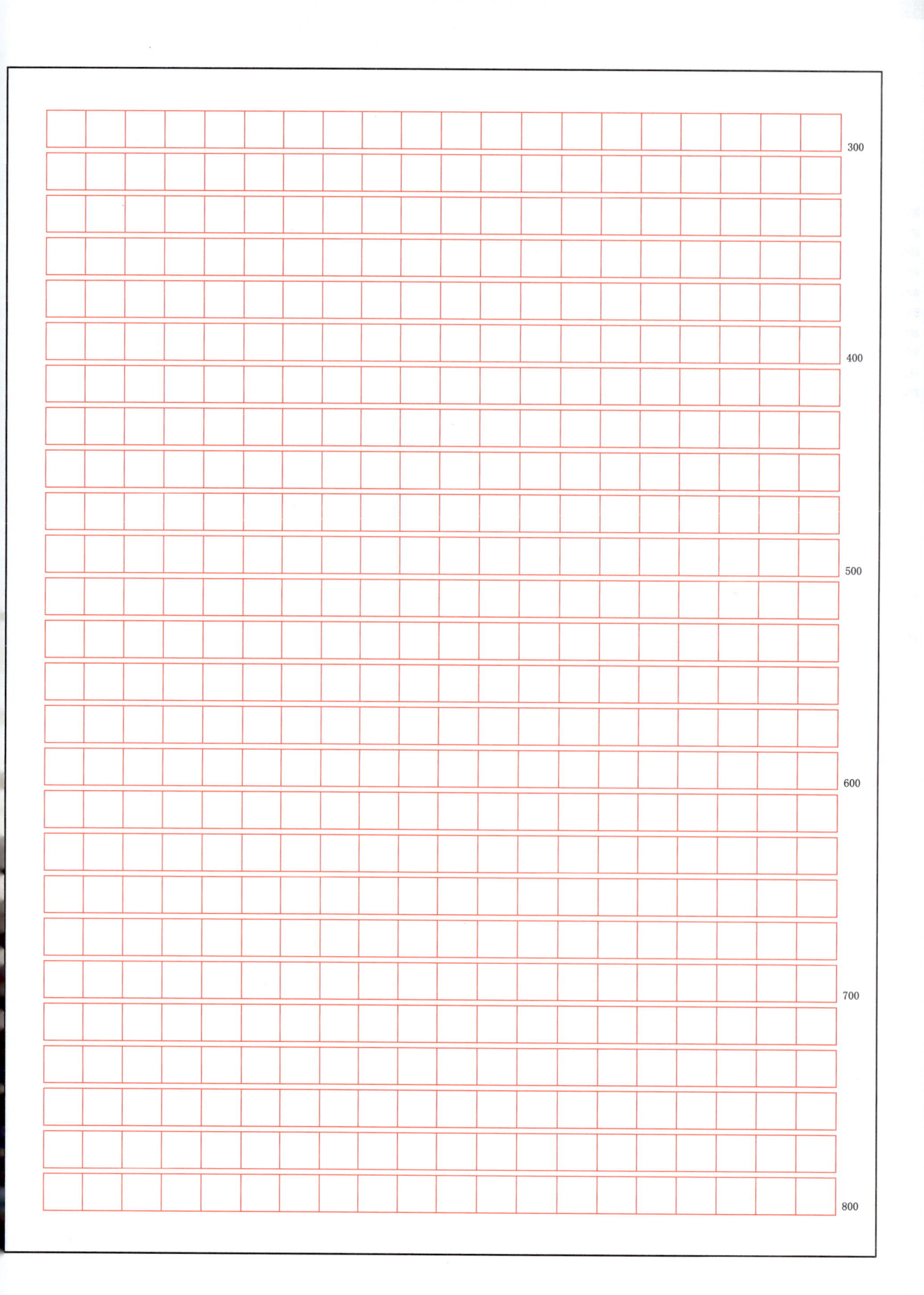

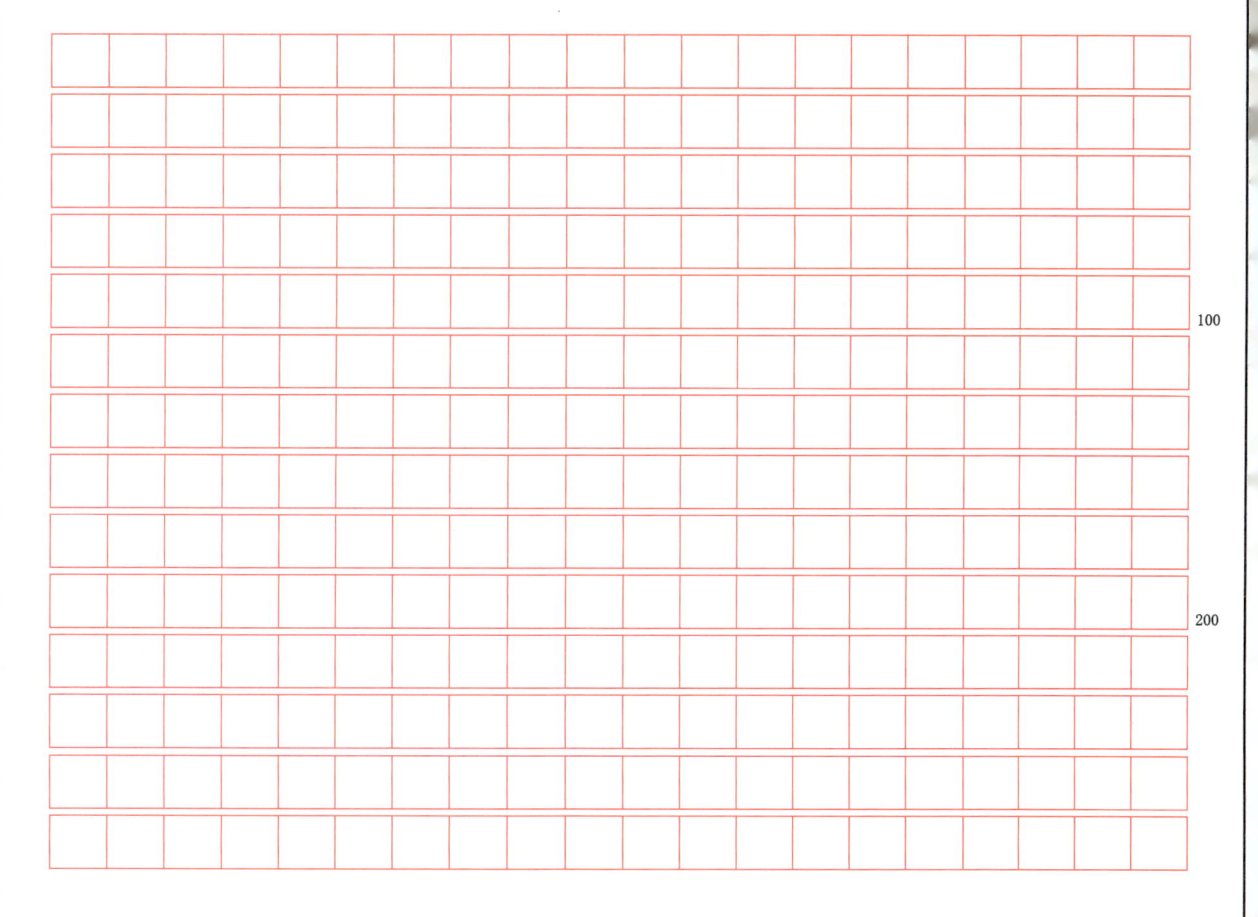

考生姓名：＿＿＿＿＿＿

作文 57

写作 56

写作 56

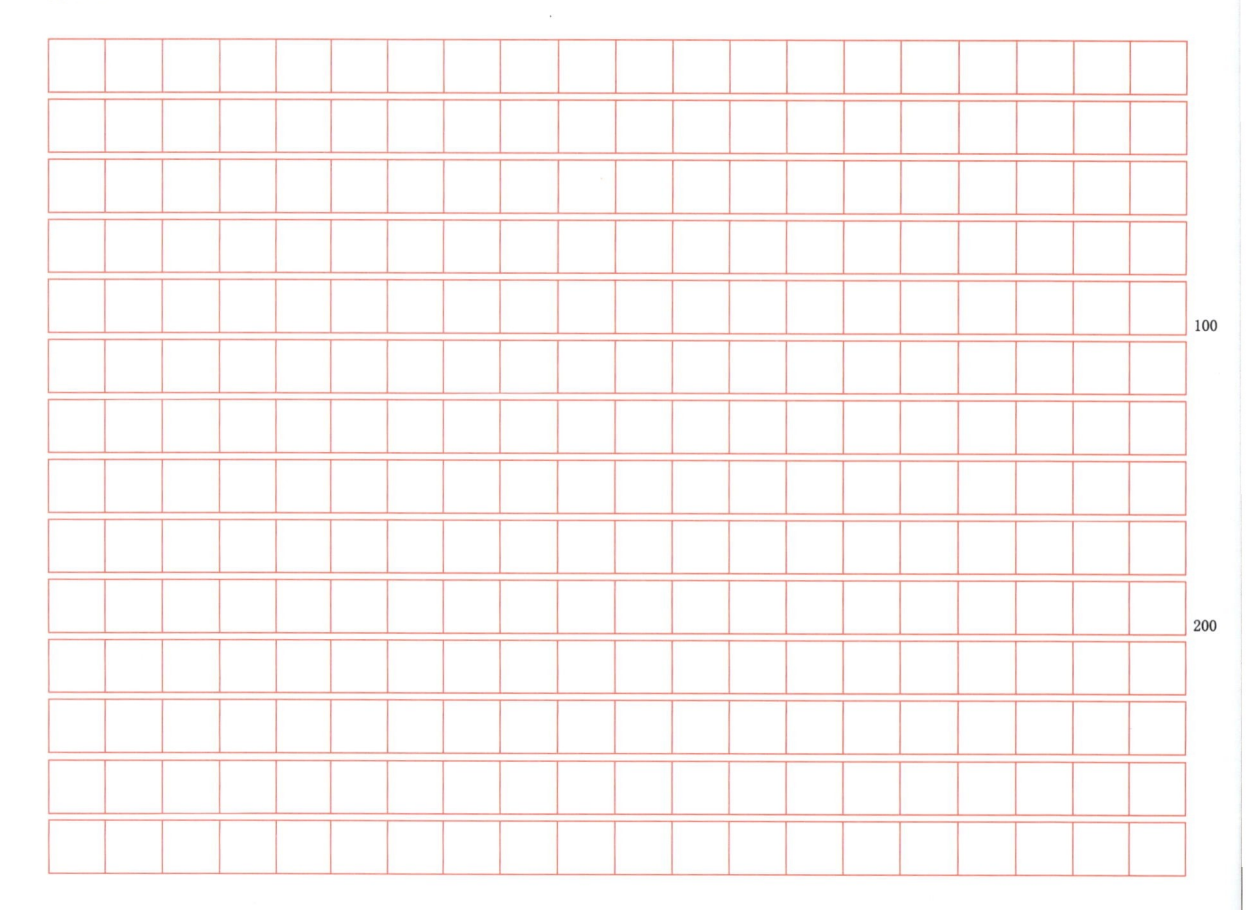

作文 57

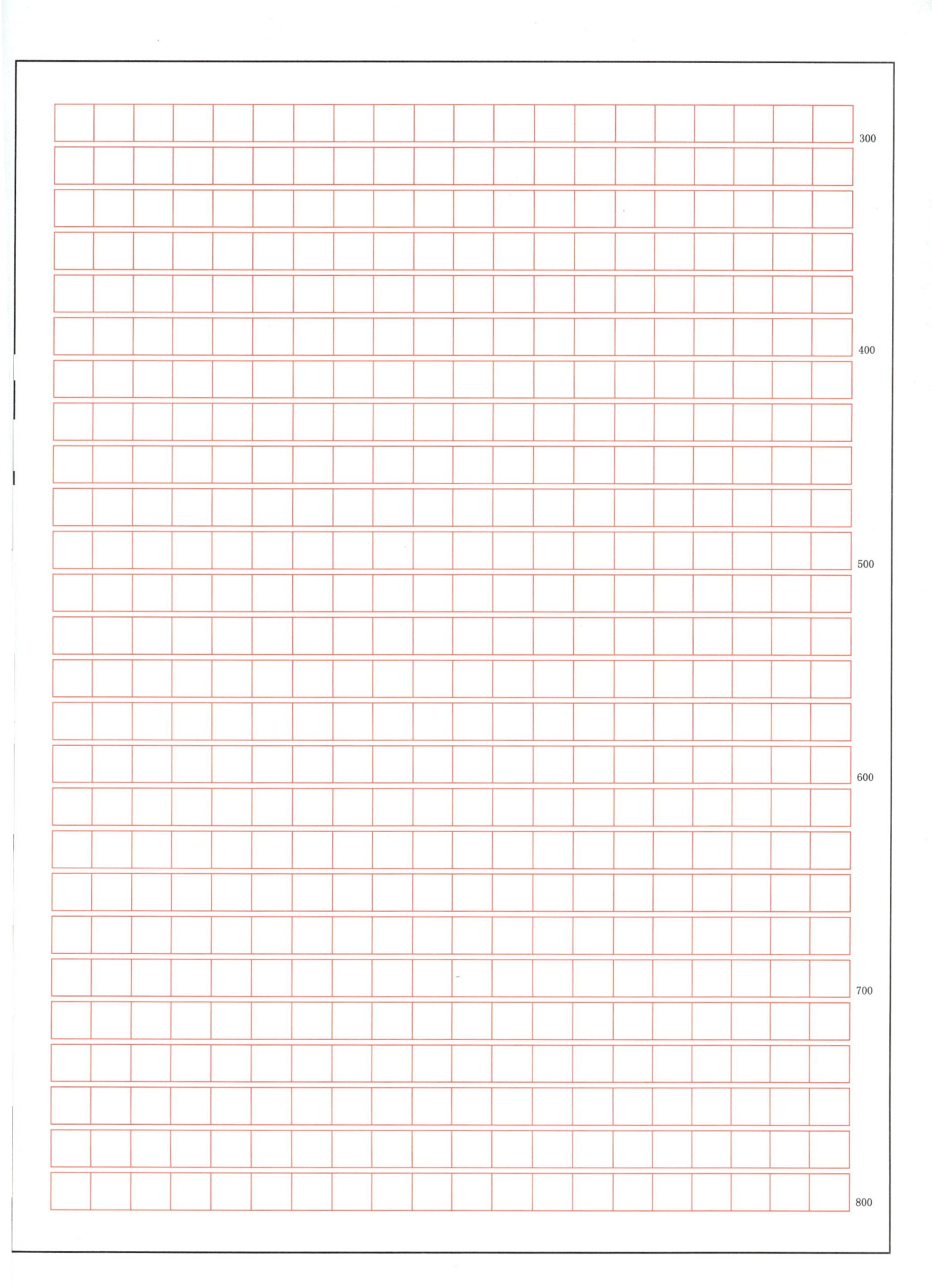

全国硕士研究生招生考试
管理类综合能力答题卡（199）

报考单位

考生编号（左对齐）

[0]	[0]	[0]	[0]	[0]	[0]	[0]	[0]	[0]	[0]	[0]	[0]	[0]	[0]	[0]
[1]	[1]	[1]	[1]	[1]	[1]	[1]	[1]	[1]	[1]	[1]	[1]	[1]	[1]	[1]
[2]	[2]	[2]	[2]	[2]	[2]	[2]	[2]	[2]	[2]	[2]	[2]	[2]	[2]	[2]
[3]	[3]	[3]	[3]	[3]	[3]	[3]	[3]	[3]	[3]	[3]	[3]	[3]	[3]	[3]
[4]	[4]	[4]	[4]	[4]	[4]	[4]	[4]	[4]	[4]	[4]	[4]	[4]	[4]	[4]
[5]	[5]	[5]	[5]	[5]	[5]	[5]	[5]	[5]	[5]	[5]	[5]	[5]	[5]	[5]
[6]	[6]	[6]	[6]	[6]	[6]	[6]	[6]	[6]	[6]	[6]	[6]	[6]	[6]	[6]
[7]	[7]	[7]	[7]	[7]	[7]	[7]	[7]	[7]	[7]	[7]	[7]	[7]	[7]	[7]
[8]	[8]	[8]	[8]	[8]	[8]	[8]	[8]	[8]	[8]	[8]	[8]	[8]	[8]	[8]
[9]	[9]	[9]	[9]	[9]	[9]	[9]	[9]	[9]	[9]	[9]	[9]	[9]	[9]	[9]

考生姓名

注意事项

1、填（书）写必须使用黑色字迹签字笔，笔迹工整、字迹清楚；涂写必须使用 2B 铅笔。
2、选择题必须用 2B 铅笔涂在答题卡指定题号，非选择题必须用黑色签字笔在指定区域作答。不在指定区域作答、在草稿纸、试题本上作答无效。
3、请保持答题卡清洁、请勿做任何标记，否则按无效答卷处理。
4、请务必将试题本上的试题信息条形码贴在答题卡标有"试题信息条形码"的框内。

正确涂卡 ▬　　　**错误涂卡** ✓ ✗ ▭ ● ／ ▬

缺考标记 ▭　　缺考考生信息由监考员填涂并加盖缺考章，盖章不要遮盖考生信息。

选择题答案区域

1 [A] [B] [C] [D] [E]　　16 [A] [B] [C] [D] [E]　　31 [A] [B] [C] [D] [E]　　46 [A] [B] [C] [D] [E]
2 [A] [B] [C] [D] [E]　　17 [A] [B] [C] [D] [E]　　32 [A] [B] [C] [D] [E]　　47 [A] [B] [C] [D] [E]
3 [A] [B] [C] [D] [E]　　18 [A] [B] [C] [D] [E]　　33 [A] [B] [C] [D] [E]　　48 [A] [B] [C] [D] [E]
4 [A] [B] [C] [D] [E]　　19 [A] [B] [C] [D] [E]　　34 [A] [B] [C] [D] [E]　　49 [A] [B] [C] [D] [E]
5 [A] [B] [C] [D] [E]　　20 [A] [B] [C] [D] [E]　　35 [A] [B] [C] [D] [E]　　50 [A] [B] [C] [D] [E]

6 [A] [B] [C] [D] [E]　　21 [A] [B] [C] [D] [E]　　36 [A] [B] [C] [D] [E]　　51 [A] [B] [C] [D] [E]
7 [A] [B] [C] [D] [E]　　22 [A] [B] [C] [D] [E]　　37 [A] [B] [C] [D] [E]　　52 [A] [B] [C] [D] [E]
8 [A] [B] [C] [D] [E]　　23 [A] [B] [C] [D] [E]　　38 [A] [B] [C] [D] [E]　　53 [A] [B] [C] [D] [E]
9 [A] [B] [C] [D] [E]　　24 [A] [B] [C] [D] [E]　　39 [A] [B] [C] [D] [E]　　54 [A] [B] [C] [D] [E]
10 [A] [B] [C] [D] [E]　　25 [A] [B] [C] [D] [E]　　40 [A] [B] [C] [D] [E]　　55 [A] [B] [C] [D] [E]

11 [A] [B] [C] [D] [E]　　26 [A] [B] [C] [D] [E]　　41 [A] [B] [C] [D] [E]
12 [A] [B] [C] [D] [E]　　27 [A] [B] [C] [D] [E]　　42 [A] [B] [C] [D] [E]
13 [A] [B] [C] [D] [E]　　28 [A] [B] [C] [D] [E]　　43 [A] [B] [C] [D] [E]
14 [A] [B] [C] [D] [E]　　29 [A] [B] [C] [D] [E]　　44 [A] [B] [C] [D] [E]
15 [A] [B] [C] [D] [E]　　30 [A] [B] [C] [D] [E]　　45 [A] [B] [C] [D] [E]

阴影部分请勿作答或做任何标记

本答题卡仅供考生熟悉了解整体样式、模拟演练使用。具体考场答题卡样式、尺寸请以实际考场上发放的为准。